VOLKSMARINE IN AKTION

Schnellboote – Raketen – Kampfflugzeuge

Klaus-Peter Gödde

Motor buch Verlag

Einbandgestaltung: Luis dos Santos

Bildnachweis
Einbandvorderseite: Grafische Darstellung der Stoß- und Sicherstellungskräfte, Eberhard Marx
Einbandrückseite: UAW-Hubschrauber Mi-14PL bei Überflug Kap Arkona

Widmung

Dieses Buch widmen die Autoren allen Angehörigen der Volksmarine der DDR und der 6. Grenzbrigade Küste.

ISBN 978-3-613-04661-0

1. Auflage 2024

Sie finden uns im Internet unter www.motorbuch-verlag.de

Lektorat: Bernd Keidel
Innengestaltung: WS – WerbeService Linke, 76185 Karlsruhe
Druck und Bindung: DZS GRAFIK d.o.o, 1210 Ljubljana
Printed in Printed in Slovenia

Inhalt

Stützpunkt Bug im Jahr 1986, (Archiv MHMD)

Rees an Backbord Sept.1990. (Quelle: Thomas Machowina)

TS Boot Projekt 206 beim Schuss. (Quelle: Peter Seemann)

Vorwort - Danksagung

Sie haben eine gute Wahl getroffen, legen Sie das Buch nicht wieder zurück. Der Inhalt des Buches wird Ihre Erwartungen vollständig erfüllen. Sind Sie ein ehemaliger Angehöriger der Bundesmarine oder der Volksmarine der DDR, dann wird Ihnen Lesenswertes vermittelt. Mit Sicherheit werden Sie über das Eine oder Andere aus Ihrem ehemaligen Marineleben nachdenken.

Mein Name ist Kapitän zur See Werner Murzynowski, ab dem 27.07.1959 bis zum 31.12.1990 Angehöriger der 6. Flottille der Volksmarine. Vom Kommandanten eines TS-Bootes bis zum Flottillenchef habe ich in allen Kommandeursdienststellungen gedient. Der Chef der 6. Flottille war in höheren Stufen der Gefechtsbereitschaft gleichzeitig Chef der Stoßkräfte der Volksmarine. Ich verfüge über ausreichend Erfahrung, um die Aussagen der Autoren, die hier zu Wort kommen, beurteilen zu können. Darin liegt auch die Begründung meiner obigen Empfehlung an Sie.

Zur Orientierung: **In der Einleitung** finden Sie eine ausführliche Beschreibung der Entwicklung der Volksmarine seit ihrer Gründung bis zum 02.10.1990. Diese Entwicklung orientierte sich ausschließlich an der Kampfkraft der Bundesmarine und an den Erfordernissen zur Abwehr einer Aggression seitens der NATO-Streitkräfte in der Ostsee. Dabei handelte die Volksmarine als 3. Flotte im Koalitionsbestand der drei Ostseeflotten in ihrem Verantwortungsbereich Mecklenburger Bucht/ Arkonasee. Östlich Bornholm handelten die Polnische Seekriegsflotte und die Baltische Rotbanner Flotte der UdSSR.

Die Aufgabe der Volksmarine in der ersten Operation war die Abwehr der ersten Schläge des Gegners aus der Luft und von See, Erringung der Seeherrschaft und Gewährleistung eines günstigen operativen Regimes im Verantwortungsbereich und auf den Seeverbindungswegen.

Die Stoßkräfte der Volksmarine trugen dabei die Hauptverantwortung. Das ist in den Berichten sehr deutlich erkennbar.

Erkennbar ist auch die Kompliziertheit des gemeinsamen Handelns der beteiligten Kräfte. Um erfolgreich zu sein, war ihr Zusammenwirken eine Grundvoraussetzung. Das erforderte eine effektive Gefechtsausbildung sowie hohes Können in der Planung, Organisation und Führung eines Gefechtes.

Boote der Schulbootbrigade Parow. (Quelle: Holger Neidel)

Die Autoren beschreiben **das taktische Zusammenwirken** der handelnden Kräfte, sowohl bei den Schiffs- als auch Fliegerkräften ausführlich und anschaulich und verdeutlichen die Priorität in der Führungstätigkeit auf allen Kommandoebenen.
Das operative Zusammenwirken der Stoßkräfte der Volksmarine wurden vom Gefechtsstand des Chefs der 3.Flotte über den Führungspunkt Stoßkräfte geführt. Auf dem Gefechtsstand befanden sich alle an einem Gefecht beteiligten Führungskräfte. Der Chef Stoßkräfte hatte unmittelbare und persönliche Kontakte zu allen Führungspunkten (Gefechtsführungszentrum, KRK, MFK, Aufklärung, Nachrichten und Funkelektronischer Kampf) für die Entschlussfassung und Gefechtsführung. Damit waren die Wege im Informationsaustausch und Entscheidungsfindung sowie zur Befehlsgebung an die beteiligten Kräfte relativ kurz, was sich günstig auf die Handlungen der Unterstellten auswirkte.
Nachteilig war die Unterstellung des Marinefliegergeschwaders-28 bei den Luftstreitkräften. Weiteres lesen Sie im Abschnitt 4 zur Entwicklung des MFG-28.
Im Gegensatz dazu war das Hubschraubergeschwader der Volksmarine direkt unterstellt. Das ermöglichte die direkte Führung auf kurzen Wegen.
Zur Führung von Gefechtshandlungen waren den Stoßkräften der Volksmarine oft Schiffsschlaggruppen der Polnischen Seekriegsflotte und / oder der Baltischen Rotbannerflotte unterstellt. Sie wurden direkt über den FP- Stoßkräfte über gedeckte Nachrichtenkanäle geführt. Sichere Nachrichtenverbindungen und Formen des Funkelektronischen Kampfes hatten Priorität.
Diese Form der Führung und des Zusammenwirkens der Stoßkräfte wurde mehrfach unter Beteiligung handelnder Schiffs- und Fliegerkräfte geübt.

Die Rolle des Menschen in der Gesamtheit der Prozesse des Zusammenwirkens, sein Wissen und Können, seine Fähigkeiten in der Menschenführung und seine Einstellung spielt eine wesentliche Rolle. Wir haben vieles sehr erfolgreich praktiziert, aber auch Fehler waren nicht zu vermeiden. In den einzelnen Abschnitten wird die Kompliziertheit dieses Prozesses herausgearbeitet und klargestellt, dass gutes Gelingen viel Übung erfordert.

Umfangreich wird über die Technik und Bewaffnung berichtet. Im Verlaufe der Dienstzeit tritt auch der Prozess der Veralterung ein. Das erfordert über die Nachfolge nachzudenken und dabei die Entwicklung in den NATO-Seestreitkräften, speziell der Bundesmarine, in Betracht zu ziehen.
Die 6. Flottille war Ende der 80er-Jahre in der Phase der Außerdienststellung alter und Einführung neuer Technik. Über die Einführung der kleinen Raketenschiffe Projekt 1241 (NATO-Bezeichnung Tarantul) deren Vorbereitung auf das Gefecht wird berichtet.
Die Einführung eines weiteren Raketenträgers, das Projekt 151 (Nato-Bezeichnung Balcom 10), war in Vorbereitung. Das Projekt wurde als Gemeinschaftsprojekt der UdSSR, Polen und der DDR beschlossen. Bei der Entwicklung, Bau und Einführung dieser Raketenträger fand die Entwicklung der Schnellbootskräfte der Bundesmarine sowie deren Einsatzkonzeption in der Ostsee entsprechende Berücksichtigung. Die geplante Anzahl unserer Schiffskräfte, ihre Bewaffnung und Ausrüstung, hätten das Gleichgewicht der Kräfte in der Ostsee wieder hergestellt.
Es kam anders. Die Wiedervereinigung beider deutscher Staaten wurde vollzogen und der Kalte Krieg war vorbei. Wir glaubten daran, die Zeit der Kriegsgefahr wäre vorbei.

Den Autoren der einzelnen Kapitel bezeuge ich meinen aufrichtigen Respekt. Alle trugen in unterschiedlichen Dienststellungen Verantwortung für die Erfüllung der gestellten Aufgaben, aber auch für Leben und Gesundheit ihrer Unterstellten. Sie zeichneten sich aus durch Liebe zu unserem Land, durch Achtung ihrer Unterstellten, gute Menschenführung und Konsequenz in der Gefechtsausbildung im Hafen sowie auf See.
Es wird die überdurchschnittliche Moral und Leistungsbereitschaft unserer Matrosen, Maate, Fähnriche und Offiziere im täglichen Dienst, in der Gefechtsausbildung und in der Wartung ihrer Technik und Ausrüstung über ihre gesamte Dienstzeit bis zum 02.10.1990 beschrieben und es wird der Stolz ihrer Unterstellten sichtbar, bis zum letzten Tag der Existenz der DDR an der Sicherung des Friedens aktiv beteiligt gewesen zu sein. Auch über Probleme und Entbehrungen die sie und ihre Angehörigen im Interesse der Sicherung einer hohen Gefechtsbereitschaft auf sich nehmen mussten, wird berichtet.
Seit 1990 treffen sich immer noch viele Besatzungsangehörige in Bordgemeinschaften, Marinekameradschaften sowie anderen Begegnungen und blicken mit Stolz auf ihre Dienstzeit zurück.

Die nachfolgenden Seiten sind eine interessante Lektüre für jeden Leser/ Leserin und für den Militär- bzw. Marinehistoriker ein wahrer Fundus der unsere Zeit sehr real widerspiegelt.

Werner Murzynowski
Kapitän zur See a.D.

1. Einleitung

1.1. Militärpolitische und militärhistorische Aspekte in der zweiten Hälfte des 20.Jahrhunderts auf dem Seekriegsschauplatz Ostsee

Beitrag von Fregattenkapitän a.D. Klaus-Peter Gödde

In den folgenden einführenden Gedanken wird die historische Entwicklung über den Einsatz der raketentragenden Überwasser-, Küstenraketen- und den Marinejadbomberkräften, die im Weiteren als Stoßkräfte der Volksmarine (VM) bezeichnet werden, erläutert. Der Zeitraum begrenzt sich auf die Jahre 1960 bis 1990. Es versteht sich von selbst, dass bei diesen Betrachtungen auch eine hinreichende Bewertung des potentiellen Gegners im Ostseeraum unumgänglich ist. Denn das Eine bedingt das Andere.

Der 2.Weltkrieg endete mit der bedingungslosen Kapitulation der deutschen Wehrmacht. Die Siegermächte hatten schon zuvor in Teheran (1943) und Jalta (1945) Deutschland aufgeteilt und auf der Potsdamer Konferenz im August 1945 das Schicksal der deutschen Bevölkerung sowie die politische und wirtschaftliche Entwicklung Deutschlands festgelegt. Die UdSSR ging als Sieger hervor, die militärisch unschlagbar, wirtschaftlich aber sehr geschwächt war. Die Vereinigten Staaten von Amerika, welche auf dem Machthöhepunkt ihrer Entwicklung standen, begannen, im Gegenspiel zur Sowjetunion, die Geschicke der Welt dirigieren zu wollen, stießen dabei immer an deren Interessensphären. Der „Kalte Krieg" setzte den gerade beendeten Weltkrieg fort. Das gegenseitige Wettrüsten begann. Dem Atomwaffenmonopol der Amerikaner wollte die Sowjetunion nicht nachstehen. Eine Rüstungsspirale unsagbarer Dimension wurde durch beide Nationen, später durch die sich gegenüberstehenden Militärblöcke, in Gang gesetzt. Nahezu im wechselseitigen Rhythmus sorgte immer eine Seite für den Auslöser, die andere Seite zog nach. Unrühmliche Höhepunkte dieser gefährlichen Machtdemonstrationen waren:

- Berlinblockade 1948
- Koreakrieg 1950-53
- Bildung feindlich sich gegenüberstehender Machtblöcke – NATO 1949 und Warschauer Vertrag 1955
- Suezkrise 1956
- **Mauerbau in der DDR 1961**[1]
- Kubakrise 1962
- Vietnamkrieg 1964-75
- Sechstage-Krieg 1967 und der
- 1.Golfkrieg 1990

Bei einer Reihe der oben aufgeführten Konflikte balancierte das Schicksal der Welt oft auf des Messers Schneide – eher zum Krieg als zum Frieden. Die Welt erinnert sich zum Beispiel noch an die Ereignisse im Zusammenhang mit der Kuba-Krise. Für unsere Betrachtung hat besonders das Jahr des Mauerbaus eine unmittelbare Relevanz. Wenige Tage danach, genau am 31.August 1961 unterzeichnete die Sowjetunion ein Regierungsabkommen mit der DDR über die Lieferung von Spezialausrüstung und der Erweisung von technischen Hilfeleistungen für die Nutzung dieser Ausrüstung in den Jahren 1961-1965. Um welche Spezialausrüstung handelte es sich hier? Es ging um die grundlegende Neuausrüstung der gesamten Nationalen Volksarmee (NVA), mit modernen Raketen. Jetzt ist dem Leser auch klar, dass dieses Regierungsab-

Andrej A. Gromyko (Quelle:Wikipedia)

[1] Die in „fett" markierten Textteile in der Auflistung verweisen hier und im Weiteren auf den unmittelbaren Zusammenhang zu den Kräften und Mittel, die den später entstandenen Stoßkräften der VM zu zuordnen sind.

Raketenschnellboot des Projektes 205 (Quelle: Peter Prast)

kommen kein geringerer als der Mann, der die außenpolitischen Geschicke der UdSSR lenkte – Andrej Gromyko - auf dem Deckblatt des Abkommens anweisend unterschrieben hat.

Erst auf Seite 10 unterschrieben Keßler und Sergejtschik in Vollmacht für die jeweilige Seite das Abkommen. Die wichtigsten materiellen Inhalte, die die Volksmarine betrafen, sind auszugsweise in der Anlage 1 beigefügt
Der Mauerbau war somit auch aus dieser Sicht ein notwendiger und ein von sowjetischer Hand lange vorbereiteter militärpolitischer Schritt in dieser Angelegenheit. In der Regel blieben derartige Zusammenhänge in der öffentlichen Diskussion bis heute unerwähnt. Die Schaffung einer vorgeschobenen militärischen Bastion des östlichen Militärbündnisses an der Nahtstelle zur NATO wäre in einem nur in Zonen unterteilten Deutschland unter den damals gegebenen Bedingungen der steten Zuspitzung der politischen Lage nicht möglich gewesen.

Alle Teilstreitkräfte der jungen NVA erhielten moderne Raketentechnik und die dazugehörigen Einsatzmittel. Die Volksmarine wurde ab 1962 beginnend mit einem Dutzend Raketenschnellboote vom Projekt 205 und 144 Seezielraketen des Typs „P-15" sowie den ersten Küstenverteidigungskomplex 4K87 „Sopka" ausgestattet.

In den folgenden Fünfjahresplänen setzte sich die Ausrüstung, entsprechend den militärischen Erfordernissen, fort. Die dazu notwendige Anpassung der Gefechtsausbildung und der Führung der Kräfte sowie deren spezialtechnische Sicherstellung folgten auf dem Fuße. Die Volksmarine verfügte ab diesem Zeitpunkt, wie sie stolz vermerkte, über land- und seegestützte Raketenkräfte, *„denen die imperialistischen Flotten keine gleichwertigen Waffen hätten entgegensetzen können"*.[2] Die VM besaß nun in ihrem Bestand über fast alle Seekriegsmittel (mit Ausnahme der Marinejagdbomber), die für die Randmeerkriegsführung in der westlichen Ostsee und den Ostseeausgängen erforderlich und nach dem damaligen Stand der Technik realisierbar waren. Diese Kampfmittel revolutionierten die Randmeerkriegsführung im Ostseeraum.
Die hier aufgeführte Tabelle[3] über den Zulauf von Seekriegsmitteln in den Jahren von 1956 bis 1972 verdeutlicht nochmals, welchen bedeutenden Qualitäts- und Kampfkraftschub die maritimen Kräfte der DDR erfuhren und welchen großen Anteil die Importe aus der UdSSR daran hatten – zumal auch für die in der DDR gebauten Schiffe alle Waffen, Munitionsarten, Sensoren, Feuerleitanlagen und in der Mehrzahl der Fälle auch Antriebsanlagen aus der UdSSR importiert wurden.

Indes ist auch die organisatorische und Ausbildungsleistung der maritimen Kräfte der DDR bei der Aufnahme all dieser neuen Waffensysteme und bei der Herstellung ihrer Gefechtsbereitschaft als beträchtlich einzuschätzen.
Jedenfalls ist es zulässig, ab 1965 die VM als ausgewogene und kampfkräftige Randmeermarine zu bewerten, die im Prinzip alle bis 1990 bestehenden Kampfkraftelemente enthielt. Ab 1965 waren die schwimmenden Kräfte konsequent durchstrukturiert und

[2] Quelle: Peter Barth, Über den Beitrag der Volksmarine der NVA als Teil der verbündeten sozialistischen Ostseeflotten zum Schutz des Sozialismus und des Friedens, Berlin(Ost) 1969, S.203

[3] *„Volksmarine der DDR – Deutsche Seestreitkräfte im Kalten Krieg"* erschienen 1999 Verlag E.S. Mittler & Sohn GmbH Hamburg –Berlin- Bonn, Autorenkollektiv F. Elchlepp, W. Jablonsky u.w.

Übergabe einer Rakete Typ P-15 an Bord eines Raketenschnellbootes im Stützpunkt der 6.Fottille Bug (Quelle: Ernst Heinemann)

ab Jahr	Seekriegsmittel	Bau
1956	Küstenschutzschiffe (KSS) Projekt 50 RIGA	UdSSR
1957	Minenleg- und –räumschiffe KRAKE	DDR
1957	**Torpedoschnellboote Projekt 183**	**UdSSR**
1959	U-Jäger Projekt 201 M	UdSSR
1961	Aufklärungsschiff HYDROGRAPH	UdSSR
1962	**Raketenschnellboot Projekt 205**	**UdSSR**
1962	**Küstenverteidigungssystem SOPKA**	**UdSSR**
1962	Hubschrauber Mi-4 A	UdSSR
1962	Landungsboot Projekt 46 LABO	DDR
1964	Mittlere Landungsschiff Projekt 47	DDR
1964	**Leichte Torpedoschnellboot Projekt 63.3 ILTIS**	**DDR**
1964	**Leichte Torpedoschnellboot Projekt 68.2 HYDRA**	**DDR**
1965	U-Jagdhubschrauber Mi-4 M	UdSSR
1965	U-Jäger Projekt 12.4 M	DDR
1968	**Torpedoschnellboot Projekt 206**	**UdSSR**
1969	Minensuch- und Räumschiff Projekt 89.1	DDR
1971	Minensuch- und Räumschiff Projekt 89.2	DDR
1972	Aufklärungsschiff Projekt 65.2	DDR

dafür in Aufgaben- sowie in drei an Verantwortungsräume orientierte Flottillen gegliedert – die Flottille der Stoßkräfte (Torpedo- und Raketenträger - 6.Flottille) und zwei Flottillen der Sicherungskräfte (UAW- und MAW-Kräfte - 1. und 4.Flottille). Die Abteilung, die Flugkörper von Land aus gegen Seeziele einsetzen konnte, unterstand in der Folgezeit direkt dem Chef der VM und wurde als Spezialküstenartillerieabteilung geführt. Diese Abteilung existierte von 1962 bis 1972. Als 1.Generation, der in der VM existierenden Flugkörper, konnte die neugeschaffene Waffengattung in Form von zwei semi-mobilen Startrampen (je eine stellte mit der dazugehörigen Sicherstellungstechnik eine Startbatterie dar) nur mit befriedigenden Leistungsparametern hinsichtlich Reichweite und Trefferwahrscheinlichkeit aufwarten. Sie wurden nicht verstärkt. Das MfNV bemühte sich bereits 1968 um Ablösung dieses Systems. Der Oberkommandierende der Vereinten Streitkräfte (OKVSK), Marschall der Sowjetunion Jakubowski antwortete: *„Der Volksmarine der DDR ein neues System zur Ablösung des Komplexes „Sopka" zu empfehlen, ist in den nächsten Jahren nicht möglich."* Jakubowski begründete in einem, an den Minister für Nationale Verteidigung persönlich gerichtete Schreiben diese Auskunft nicht – ein ungewöhnlicher Hinweis auf die Art, wie der OKVSK noch 1968 mit dem Verteidigungsminister der DDR umging, was entweder auf die Geheimhaltungsmanie der Sowjetunion oder auf das

Selbstfahrende Startrampe des Komplexes „Rubesh" (Quelle: Wehrtechnische Dienststelle UK)

Startendes Flügelgeschoß „S-2" des Komplexes „Sopka". Hier ein Erinnerungsfoto des letzten Kommandeurs für seine Unterstellten im Rahmen der Auflösung der SKA-Abteilung. (Quelle: Wolf-Peter Petruschka)

Selbstverständnis der UdSSR als Führungsmacht der Warschauer Vertagsorganisation (WVO) verwies. Ende 1972 wurde das System „Sopka" aus technischen Gründen ersatzlos außer Dienst gestellt. Erst 1979 empfahl der OKVSK, Marschall der Sowjetunion Kulikow, der NVA die Beschaffung des mobilen Küstenraketensystems 4K51 „Rubesh". Seit dieser Zeit begann der Wiederaufbau von Küstenraketenkräften mit dem Ziel, ein vollwertiges Küstenraketenregiment mit drei Abteilungen zu je 4 selbstfahrenden Raketenstartrampen zu schaffen.

Das System „Rubesh" war voll mobil und wies weit bessere Leistungsparameter hinsichtlich Reichweite und Trefferwahrscheinlichkeit auf als das viel ältere System „Sopka".
Den Inhalt und den zeitlichen Ablauf der weiteren Modernisierung der VM soll die nächste Tabelle[4] beschreiben.

ab Jahr	Seekriegsmittel	Bau
1978	Küstenschutzschiff Projekt 1159	UdSSR
1979	Gefechtsversorger Projekt 109	DDR
1979	**U-Jagdhubschrauber Mi-14 PL**	**UdSSR**
1980	**Küstenraketensystem RUBESH**	**UdSSR**
1981	UAW-Schiff Projekt 133.1	DDR
1983	Hochseeversorger Projekt 602	DDR
1984	**Kleines Raketenschiff Projekt 1241 RÄ**	**UdSSR**
1985	Aufklärungsschiff Projekt 602.137	DDR
1986	**Minenräum-Hubschrauber Mi-14 BT**	**UdSSR**
1990	**Patrouillenboot Projekt 151 (kleines Raketenschiff)**	**DDR**

[4] Quelle: siehe oben

1.2. Die weitere Entwicklung des Zusammenwirkens der Stoßkräfte der Volksmarine

Zwei Su-22M4 des MFG-28 über See. Unten eine der Eisenbahnfähren zwischen Mukran und Klaipeda (Quelle: Hannes Mallwitz)

Diese „Runderneuerung" begann schon Mitte der Sechziger Jahre, die sowohl zu neuen Fähigkeiten als auch zur Verbesserung vorhandener führte. Eine dieser neuen Fähigkeiten stellt das taktische Zusammenwirken der unterschiedlichen Waffengattungen der Marine dar. Diese Thematik bildet den Schwerpunkt dieses Buches. Bevor wir uns darin weiter vertiefen, ist es unerläßlich den militärischen Begriff **Zusammenwirken** im Sinne der Kriegskunst an Hand der sowjetischen Militärwissenschaft zu vergegenwärtigen.

Unter **Zusammenwirken**, als einem Prinzip der Kriegskunst, wurde (und wird) das gemeinsame abgestimmte Handeln von gleich- oder verschiedenartigen Kräften zur Erreichung des Zieles einer Operation, von Gefechtshandlungen oder eines einzelnen Gefechts verstanden. Die Abstimmung der teilnehmenden Kräfte erfolgte nach zu bekämpfenden Zielen, den Aufgaben der beteiligten Kräfte, dem Ort oder Raum der bevorstehenden Kampfhandlungen, der Zeit sowie den Methoden der Aufgabenerfüllung. In Abhängigkeit vom Maßstab der militärischen Handlungen unterscheidet man zwischen taktischem, operativen und strategischen Zusammenwirken von Kräften[5].

Im vorliegenden Buch wird hauptsächlich das taktische Zusammenwirken der Stoßkräfte der Volksmarine beschrieben. Hier geht es also um das abgestimmte Handeln von Schnellbooten, Küstenraketenabteilungen und Marinefliegerkräften, im erweiterten Sinne auch über das Zusammenwirken dieser Kräfte mit stationären technischen Beobachtungsstationen entlang der DDR-Küste, den sogenannten TBK (Technische Beobachtungskompanien) der 6.Grenzbrigade Küste (GBK).

Wenn bis zu diesem Zeitpunkt das Zusammenwirken im klassischen Sinne über Befehle, Anweisungen und Pläne durch den Befehlshaber, in unserem Fall durch den Chef der VM oder den Chef der Baltischen Flotte, organisiert wurde, so trug die sich weiterentwickelnde Kommunikations- und Informationstechnik dazu bei, dass die Organisation des Zusammenwirkens sowohl bei den Waffengattungen im Seegefecht als auch die Sicherstellung sich immer weiter in die unteren Strukturelemente verlegte und damit eine wesentlich bessere Koordination von Handlungen und aller Arten der Sicherstellung erzielt wurde. Trotzdem möge der Leser immer bedenken, in diesem Buch geht es um die Beschreibung des Zusammenwirkens in den Jahren 1960 bis 1990, also rund ein halbes Jahrhundert zurück gedacht. Der Mensch lebt in der Regel mit der Zeit und vergisst gelegentlich, dass im Vergleich zum heutigen Technikstand alles mal einfacher, sozusagen aus heutiger Sicht „umständlicher" begann. In diesem Zusammenhang werden wir auch manche Gedanken auf den Boden der Tatsachen zurückholen, die insbesondere mit dem Zusammenwirken der Marinejagdbomberkräfte standen. Dieses Zusammenwirken befand sich in der Anfangsphase seiner Entwicklung und war in Kommandostabsübungen auf den Lage- und Entschlusskarten oft weiter entwickelt als es in der Realität zustande kam.

Das Zusammenwirken der Einheiten, Truppenteile und Verbände erstreckte sich auch über die Ländergrenzen der östlichen Anrainerstaaten - Polen, der UdSSR und der DDR hinweg. Die einheitliche Kommandosprache war Russisch, die durch die eingesetzten Kom-

5 Военная энциклопедия, т. 2. - М.: Воениздат, 2003 (Militärenzyklopädie, Bd.2 - M.: Militärverlag, 2003)

mandeure der Truppenteile und Verbände beherrscht wurde. In jährlichen Übungen wurde das Zusammenwirken in Kommandostabsübungen (KSÜ), in Raketenschießabschnitten (RSA), Manövern und Überprüfungen trainiert und bewertet. Im Buch werden auch Gedanken angedeutet, in denen das operativ-taktische Zusammenwirken der Land- und Luftstreitkräfte sowie der Verbündeten Ostseeflotten (VOF) im Rahmen von Seeanlandungsmanövern wie zum Beispiel bei Waffenbrüderschaft 1970 und 1980 demonstriert wurde.

Das im Sommer 1980 durchgeführte Militärmanöver „Waffenbrüderschaft" demonstrierte das gemeinsame Zusammenwirken zwischen Teilstreitkräften, Waffengattungen und Spezialdiensten aller Teilnehmer der WVO (Quelle: Peter Gödde)

1.3. Darstellung und Bewertung der potentiellen Gegner in der westlichen Ostsee[6]

Der Aufbau, der Einsatz und das Zusammenwirken der hier erwähnten Seekriegsmittel der Volksmarine kann nur verstanden werden, wenn im Weiteren der Einsatz der Kräfte und Mittel beschrieben wird, der durch den potentiellen Gegner in der Ostsee vorgesehen war. Als Gegner der VM müssen die Seestreitkräfte der NATO verstanden werden. Die NATO sah für den Einsatz in der Ostsee und in dem zum Operationsgebiet des NATO-Kommandos Ostseeausgänge gehörenden Teil der Nordsee eine Gruppierung der Seestreitkräfte vor, die aus den Flottenkräften der Bundesrepublik Deutschland und Dänemarks bestanden und sich aus etwa 20 Raketenzerstörern und Fregatten, 28 U-Booten, 54 Raketen- und Torpedoschnellbooten, 8 Minenlegern, 12 U-Jägern, ca. 60 Minenabwehrfahrzeugen, 30 Landungsbooten und ca. 120 Flugzeugen und Hubschraubern der Seefliegerkräfte zusammensetzte.

Diese Gruppierung konnte durch Flotten- und Fliegerkräfte benachbarter Kommandos unterstützt werden. Ihre Aufgabe wird von der NATO aus der strategischen Bedeutung ihres Operationsgebietes abgeleitet. Diese Bedeutung bestand darin, dass die Ostsee in ihrer geografischen Ausdehnung tief in die Nordflanke der Staaten des Warschauer Vertrages hineinreichte, die Ostseemeerengen das Bindeglied zwischen Mittel- und Nordeuropa sind und einen natürlichen Sperrriegel für den Zugang aus der Ostsee zu den Weltmeeren darstellen und die für den NATO-Bereich Zentraleuropa strategisch wichtigen Seeverbindungen in den Seehäfen der Nordsee endeten. Davon ausgehend hatte die Gruppierung der NATO-Seestreitkräfte die Aufgabe, gemeinsam mit den Land- und Luftstreitkräften des NATO-Kommandos Ostseeausgänge die Meerengen zu blockieren, den Raum der Ostseeausgänge als Ausgangsbasis offensiver Kampfhandlungen in die Tiefe der Ostsee und zur Unterstützung der Kampfhandlungen der NATO-Landstreitkräfte entlang der Meeresküste zu nutzen sowie zur Gewährleistung des Schutzes der Seeverbindungen der NATO in der Nordsee beizutragen
Die konzeptionellen Auffassungen der Führung der NATO-Seestreitkräfte, insbesondere der Führung der Seestreitkräfte der BRD, zur Erfüllung dieser Aufgabe gingen davon aus, dass auf der Grundlage der „Vorneverteidigung" ein tiefgestaffelter operativer Aufbau der Gruppierung geschaffen wurde, bei dem die zur Verfügung stehenden Kräfte möglichst optimal und ihren spezifischen Gefechtsmöglichkeiten entsprechend zum Einsatz kamen.
Besondere Beachtung wurde dabei den Gefechtsmöglichkeiten der Kampfschiffe, Kampfflugzeuge und Hubschrauber, der Flexibilität der Gefechtsorganisation der Kräfte, der Ausnutzung geografischer Faktoren sowie den meteorologischen und hydrologischen Bedingungen geschenkt.

Diesen Ansichten zufolge sollten die U-Boote der Gruppierung in die Tiefe der Ostsee entfalten und dort in offensiver Form zum Einsatz gebracht werden. Ihre Aufgaben bestanden dabei hauptsächlich in der Bekämpfung von Überwasserkampfschiffen und Gelei-

6 Quelle der eingearbeiteten Textpassagen und Abbildungen: „Die Streitkräfte der NATO auf dem Territorium der BRD" herausgegeben von Dr. sc. Wolfgang Weber im Militärverlag der DDR 1985, Seite 313 und 315, sowie die Seiten 370-375

Raketenschnellboote der Typen 148 und 143A der Bundesmarine waren Vorrangziele der Stoßkräfte der Volksmarine. (Quelle: Peter Prast)

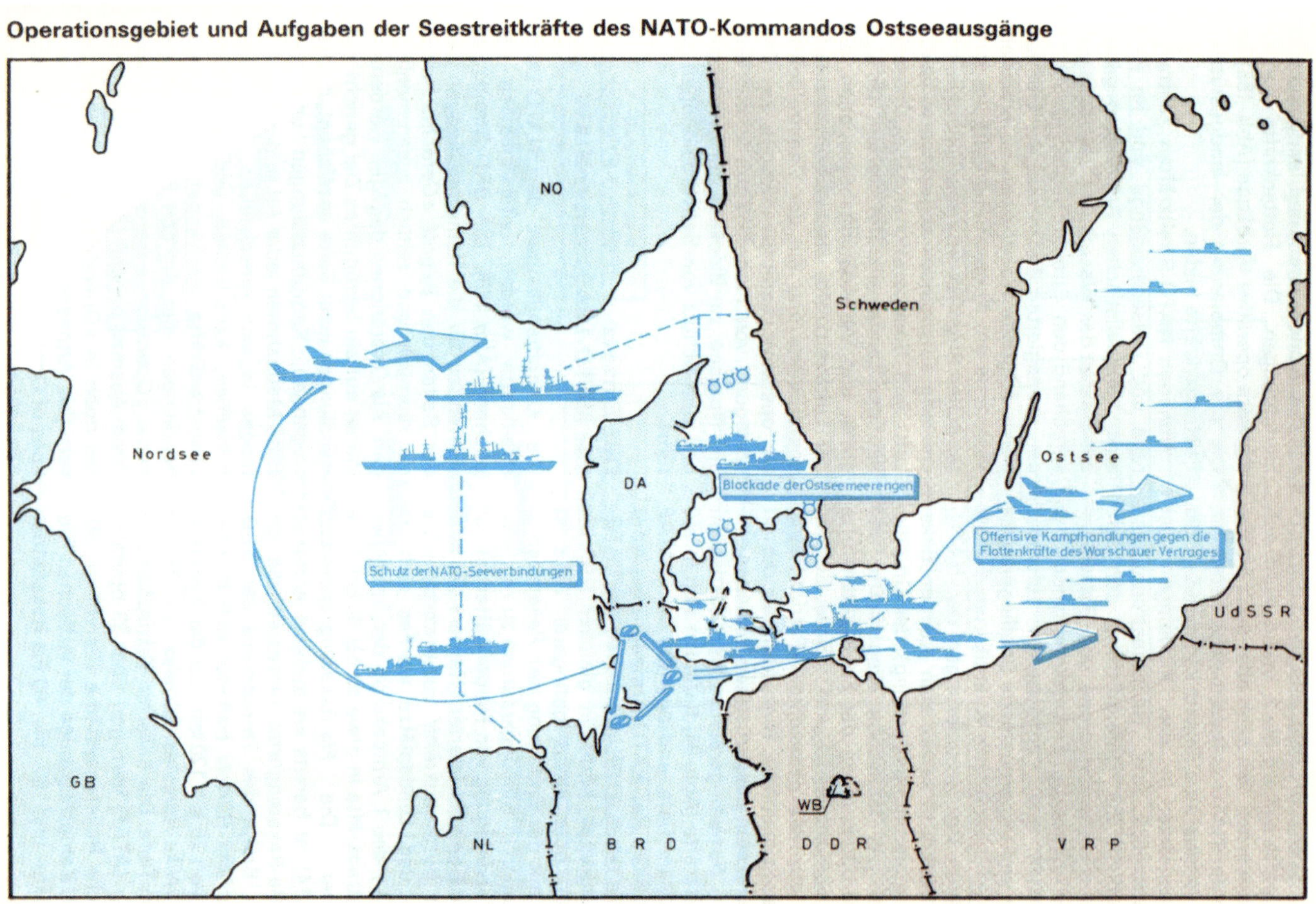

Aufgaben und Operationsgebiet der Seestreitkräfte des NATO-Kommandos Ostseeausgänge. (Quelle: „Die Streitkräfte der NATO auf dem Territorium der BRD" herausgegeben von Dr. sc. Wolfgang Weber im Militärverlag der DDR 1985 S.313)

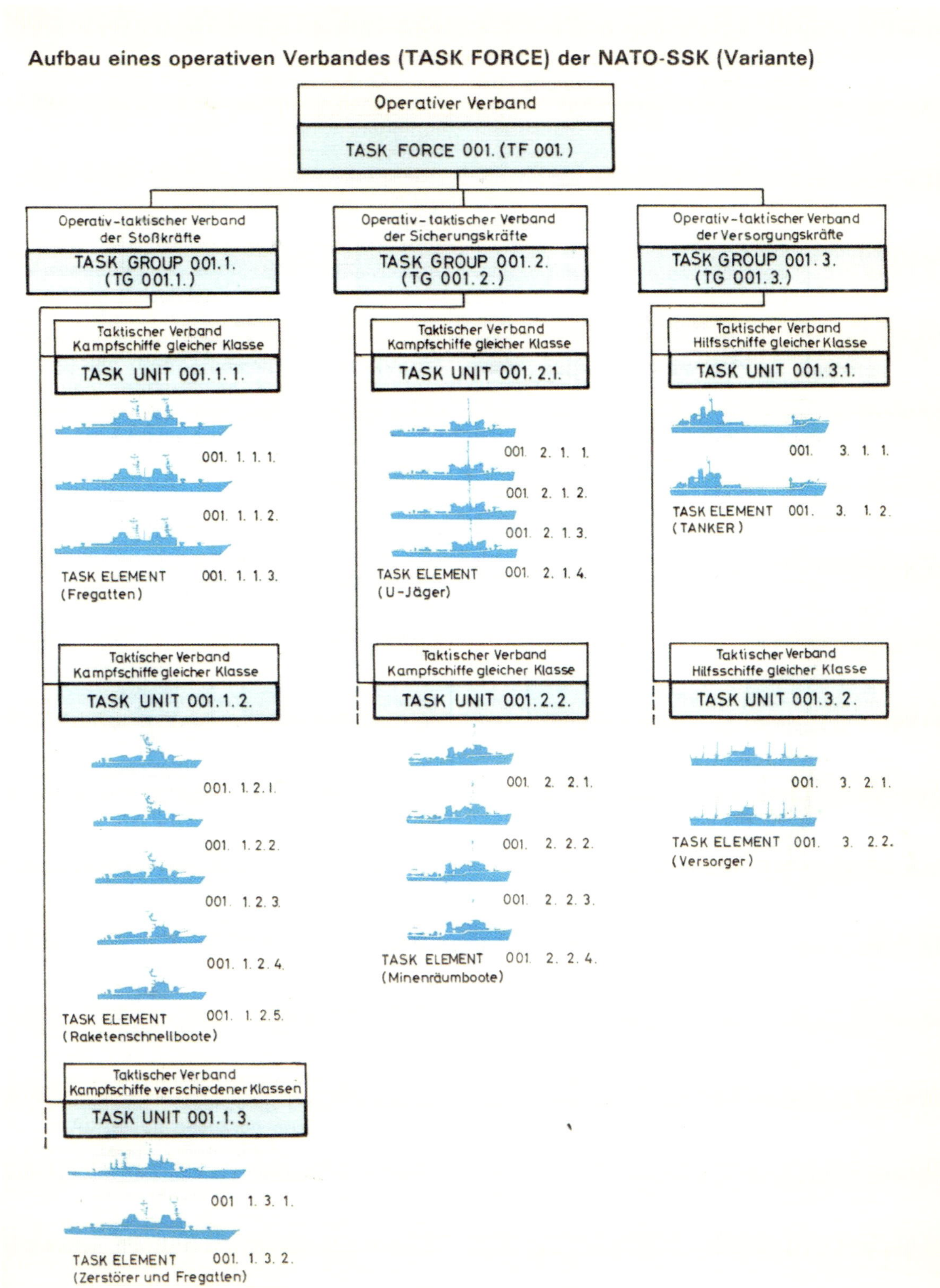

Aufbau eines operativen Verbandes (TASK FORCE) der NATO-Seestreitkräfte (Variante). (Quelle: „Die Streitkräfte der NATO auf dem Territorium der BRD" herausgegeben von Dr. sc. Wolfgang Weber im Militärverlag der DDR 1985 S.315)

ten sowie im Legen offensiver Minensperren in der Ostsee vor den Küsten der Staaten des Warschauer Vertrages.
Für die bedeutende Anzahl von Raketen- und Torpedoschnellbooten waren als Operationsgebiete vorwiegend die Ostseemeerengen, insbesondere die für ihren Einsatz geografisch günstigen Belte und Sunde, sowie die den Inseln und Küsten vorgelagerten Seegebiet vorgesehen. Die Hauptaufgaben bestanden in der Führung von Raketenschlägen gegen Überwasserkampfschiffe und Geleite in den westlichen Gebieten der Ostsee, vor allem in den Seegebieten vor der Küste der DDR und der Volksrepublik Polen.
Ihr Einsatz erfolgte in der für kleine Kampfschiffe typischen Form des Gruppeneinsatzes im engen Zusammenwirken mit den nach 1985 zur Verfügung stehenden Kampfhubschraubern. Unter Ausnutzung der spezifischen Flachwassergebiete, engen Fahrwassern und gedeckten Entfaltungsmöglichkeiten sollten sie überraschend, massiert und konzentriert zum Einsatz kommen.
Sie konnten, abhängig von der Ortungsreichweite, Raketenschläge auf Entfernungen von ca. 22 sm (40 km) und zum Teil unter Ausnutzung der Ortungsdaten vorgeschobener Aufklärungskräfte auch über eine Distanz bis zu 60 sm (110 km) führen.
Auf Ausführungen über den Einsatz der Minenlegkräfte, der Raketenzerstörer und Fregatten, sowie der Minenabwehrkräfte (Minenjagd/Minenräumen) wird an dieser Stelle verzichtet. Ihre Einsatzgebiete befanden sich vorrangig im geo grafisch zur Nordsee gehörenden Teil des Operationsgebietes der Seestreitkräfte des NATO-Kommandos Ostseeausgänge und damit gehörten sie nicht zu den Vorrangzielen der Stoßkräfte der VM (zumindest so lange, wie sie nicht in die Ostsee einliefen) bzw. keine aktive Gegenwirkung erwiesen z.B. auf die Küstenraketenkräfte. Wesentlich aktiver müssen deshalb die Kampfflugzeuge und Hubschrauber der Seefliegerkräfte einbezogen und berücksichtigt werden. Sie erfüllten ihre Aufgaben entsprechend ihren Gefechtsmöglichkeiten und den Schwerpunkten der Kampfhandlungen im gesamten Operationsgebiet, besonders in der Tiefe der Ostsee, zur Aufklärung und zur Führung von Schlägen gegen Kampfschiffverbände und Geleite. Sie waren nicht vorrangig an spezielle Einsatzräume gebunden. Ihre Aufgaben bestanden in der Aufklärung und Seeraumüberwachung, der Bekämpfung von Überwasserkräften und U-Booten sowie im Such- und Rettungsdienst. Ihr Gefechtseinsatz sollte selbständig und im Zusammenwirken mit anderen Flotten- und Luftwaffenkräften (zum Beispiel auf die Küstenraketentruppen (KRT) der VM erfolgen. Sie wurden zentral von den operativen Führungsstäben geführt. Die Aufklärungs- und Jagdbomberfliegerstaffeln, die zum Teil mit Kampfflugzeugen Typ „Tornado" ausgerüstet wurden, zählten zu den Hauptstoßkräften der Gruppierung. Sie waren mit gelenkten Luft-Schiff-Raketen mit einer Reichweite von ca. 16 sm (30 km) bewaffnet. Die zu Kampfhubschraubern modifizierten Hubschrauber „Sea King", die ebenfalls mit gelenkten Luft-Schiff-Raketen ausgerüstet waren, standen zum Einsatz im Küstenvorfeld zur Verfügung und konnten im Zusammenwirken mit Raketenschnellbooten, aber auch als selbständig handelnde Stoßkräfte, zur Bekämpfung von Überwasserzielen eingesetzt werden. Die Fernaufklärungs- und U-Bootabwehrflugzeuge Typ „Atlantic" wurden zur Aufklärung sowie U-Bootsuche und –bekämpfung in weiträumigen Seegebieten (Nordsee), eingesetzt.

Die Zusammensetzung der Gruppierung zur Durchführung von Kampfhandlungen erfolgte nach der bei den NATO-Seestreitkräften üblichen Form der TASK-Organisation. Danach wurden für Seeoperationen und Gefechtshandlungen operative bzw. operativ-taktische Verbände gebildet, deren Zusammensetzung sich nach den Aufgaben richtete und die nach Erfüllung der Aufgabe wieder aufgelöst bzw. umgruppiert oder auch umunterstellt werden konnten. Ein solcher operativer Verband hatte die Bezeichnung TASK FORCE mit einer dazu gehörigen Kennnummer. Eine TASK FORCE, deren Befehlshaber die Bezeichnung „Commander TASK FORCE" (CTF) trug, setzte sich aus mehreren TASK GROUPS (taktische Verbände) zusammen, die sich wiederum in TASK UNITS (Einsatzgruppen) untergliederten. Am System der Nummerierung sind die Zugehörigkeit und die Stellung einer TASK GROUP, TASK UNIT oder eines TASK ELEMENTS (Schiff oder Boot) im Verband zu erkennen.
Die Zusammensetzung der TASK GROUP erfolgte so, dass sie in der Lage war, als relativ selbständiger taktischer Verband zu handeln und dementsprechende Gefechtsaufgaben zu lösen. Sie konnte also über Kampfschiffe (TASK ELEMENTS) verschiedener Zweckbestimmung, Klassen bzw. Unterklassen verfügen. In TASK UNITS waren in der Regel Schiffe derselben Klasse zusammengefasst. Je nach Größe, Zusammensetzung und Handlungsgebiet konnte die Führung einer TASK FORCE von einem Flaggschiff (Führungsschiff) oder einer landgebundenen Führungsstelle aus erfolgen. Für die Gruppierung der Seestreitkräfte des NATO-Kommandos Ostseeausgänge wurde geschlussfolgert, dass die für dieses Operationsgebiet eingesetzten NATO-Befehlshaber

- Flag Officer Germany (FOG), zugleich Befehlshaber der Flotte der BRD-Seestreitkräfte,
- Flag Officer Denmark (FOD), zugleich Befehlshaber des operativen Kommandos der Seestreitkräfte Dänemarks,
- COMGERNORSEA, zugleich Befehlshaber der Seestreitkräfte der BRD in der Nordsee,

mit den ihnen unterstellten Flottenkräften je eine TASK FORCE bilden konnten.
Jedem dieser NATO-Befehlshaber war ein Teil des Operationsgebietes der Seestreitkräfte als Verantwortungsgebiet zugeordnet, in dem er mit ihm im Kriegsfall unterstellten Kräften die Kampfhandlungen entsprechend seiner Aufgabe selbständig zu führen hatte. Der Verantwortungsbereich des Befehlshabers der Flotte der BRD-Seestreitkräfte umfasste den südwestlichen Teil der Ostsee mit

der Kieler Bucht, der Mecklenburger Bucht und weiter in östliche Richtung das Seegebiet nördlich der Insel Rügen. Der Befehlshaber des operativen Kommandos der dänischen Seestreitkräfte war für den Bereich der Meerengen mit Sund, Belt und Kattegat verantwortlich und der Befehlshaber der Seestreitkräfte der BRD in der Nordsee für einen Teil des in der Nordsee liegenden Operationsgebietes der Seestreitkräfte des NATO-Kommandos Ostseeausgänge.

1.4. Unsere Stärken

Wie die militärische Abwehr der BRD und der Bundesnachrichtendienst (BND) unsere NVA einschätzte, geht aus einer „Information über die Beurteilung der militärischen Bedeutung der DDR im Warschauer Vertrag durch die BRD“ (Schreiben des Ministeriums für Staatssicherheit (MfS) vom 28.04.1986 hervor - siehe Anlage 2). Auszugsweise wird aus diesem Dokument nur die VM zitiert. Die NVA-Führung wurde aufgefordert die nachrichtendienstlichen Angaben des Gegners auf den tatsächlichen Stand zu korrigieren und das dem MfS zurückzumelden. Gesamtbetrachtet wusste unser Gegner über uns Bescheid, teils aber mit erheblichen Wissenslücken, die in diesem Informationsbericht oft als Annahmen und Vermutungen beschrieben wurden.[7]

Wir, als Angehörige der VM, betrachteten die Bundesmarine Deutschlands und die Seestreitkräfte Dänemarks zu jener Zeit immer als äußerst ernst zu nehmende Gegner, deren Ausrüstung, Kompetenz sowie deren Gefechtsmöglichkeiten und militärische Fähigkeiten außer jedem Zweifel standen. So beurteilte uns Anfang der 90er-Jahre auch der Chef des Amtes für Studien und Übungen der Bundeswehr Kapitän zur See a.D. Walter Jablonsky in einem Beitrag des in 1996 vom Generalinspekteurs K. Naumann herausgegebenen Buches „NVA - Anspruch und Wirklichkeit“, dass die Volksmarine bedeutsame Stärken wie Schwächen hatte. Als Stärke wertete er das professionelle, einsatzbereite und kriegsnah denkende Offizierskorps, das hochentwickelte Selbst- und Leistungsbewusstsein, die zweckmäßige Organisation der schwimmenden Kräfte in Kampftruppen (z.B. Stoßkräfte), die hochentwickelte Fähigkeit zum Übergang Frieden-Krieg mit den Elementen Gefechtsbereitschaft und Mobilmachungsfähigkeit, **die große Beachtung, die man dem Zusammenwirken der Kräfte und Mittel auf allen Ebenen schenkte,** das ausgefeilte Dezentralisierungssystem.[8]

In vielen persönlichen Gesprächen und im Schriftverkehr mit Jablonsky und weiteren führenden Marineangehörigen im BMVg und Flotte wurde auf das Zusammenwirken der Stoßkräfte der VM analysiert und bewertet. Die Bundesmarine hatte diesen Grad des gemeinsamen Einsatzes verschiedener Waffengattungen nicht derart entwickelt wie wir es in unserem militärischen Alltag praktiziert hatten. Sie hatten andere Stärken, aber zum Beispiel keine Küstenraketentruppen. Woher auch. Nach ihren maritimen Grundsätzen fährt eine Marine zur See oder sie fliegt über See, bewegt sich aber nie zu Lande. Diese „Religion“ war in allen Gesprächen weit bis in die 90er-Jahre hinein der Grundtenor. Wir können froh sein, dass das Exempel dieses Leistungsvergleiches life nie statuiert wurde.

Somit wollen wir in diesem Buch über unsere Stärke des Zusammenwirkens der Stoßkräfte der Volksmarine berichten. Jeder der Mitautoren legt in seiner Sichtweise die Sachverhalte zum Zusammenwirken dar, weil auch jeder von ihnen Teil diese Stoßkräfte war. Als Herausgeber bin ich froh, dass sich die ehemaligen Mitstreiter unserer kleinen Flotte und der Marinefliegerkräfte bereit erklärt haben, nach 40 Jahren, die Erinnerungen zu unserem gemeinsamen militärischen Wirken in diesem Buch festzuhalten. In zehn weiteren Jahren können eventuell Militärhistoriker, soweit überhaupt ein Interesse besteht, zu diesem Thema noch forschen, aber authentische Aussagen mit diesem Hintergrundwissen dürften wohl angezweifelt werden. Wichtig ist, dass wir unsere Geschichte so niederschreiben, wie wir sie erlebt haben. Ein Exemplar dieses Buches wird dem Militärarchiv Freiburg für die Nachwelt übergeben. Allen namentlich in diesem Buch aufgeführten Autoren möchte ich als Herausgeber meinen uneingeschränkten Dank aussprechen. Auch den ehemaligen Mitstreitern aus den unterschiedlichen Truppenteilen und Verbänden, die uns beratend zur Seite standen und die Beiträge fachlich begutachtet haben, gilt mein Dank. Namentlich sind hier Kapitän zur See a.D. Werner Murzynowski, Fregattenkapitän a.D. Wolfgang Schwarzer und Korvettenkapitän a.D. Egbert Lemcke zu nennen. Für die Bereitstellung mit Fotomaterial und für die Überarbeitung von Dokumenten aus der 6.Flottille und des Küstenraketenregiments sei Fregattenkapitän a.D. Peter Prast und Korvettenkapitän a.D. Peter Seemann zu danken. Für die elektronische Aufarbeitung von qualitätsgeminderten Dokumenten und Fotos sowie bei Recherchen und permanenter Unterstützung bei der Manuskripterarbeitung bin ich dem Meister a.D. Thomas Kuplin zu Dank verpflichtet.

[7] Die gesamte Dokumentation zu diesem Vorgang können unter *https://www.kuestenraketen.de/die-geschichte/gegnerbeurteilung-1986/* komplett und aufbereitet eingesehen werden.

[8] K. Naumann (Hrsg.), „NVA - Anspruch und Wirklichkeit“, Mittler & Sohn, S.165

2. Aufbau der 6. Flottille – der Verband der Schnellbootskräfte der Volksmarine

Beitrag von Korvettenkapitän a.D. Holger Neidel

Der Volksmarine (VM) war die Aufgabe gestellt, im Bestand der vereinten Ostseeflotte im engen Zusammenwirken mit der baltischen Rotbanner- und der polnischen Seekriegsflotte sowie anderen Teilstreitkräften der NVA, bereit zu sein an der Abwehr eines Angriffes von See- und aus der Luft teilzunehmen, die in der Verantwortungszone der VM handelnden Flottenkräfte des Gegners zu vernichten, die in Küstenrichtung handelnden Kräfte der Landstreitkräfte zu unterstützen, die Zivilflotte der DDR und die der anderen Staaten des WV in ihrer Verantwortungszone zu schützen sowie ein günstiges operatives Regime zu schaffen und aufrecht zu erhalten.

Dazu hatte die VM in ihrem Bestand ein ausgewogenes Potential an Kräften und Mitteln. Das heißt, sie war im Frieden und im Krieg in der Lage, unter Beachtung der notwendigen Verstärkung, die gestellten Aufgaben zu erfüllen.

Während der 1. und 4. Flottille der VM ein bestimmtes Verantwortungsgebiet innerhalb der Verantwortungszone der VM zugewiesen war, handelten die Kräfte der 6. Flottille in der gesamtem Verantwortungszone. Dazu war sie mit dem entsprechenden Schiffs- und Bootsbestand ausgerüstet, welcher im Laufe der Jahre immer weiterentwickelt und verbessert wurde.

Zur Erfüllung ihrer Aufgaben war die Struktur der Flottille autark. Das heißt, neben der Führung seiner Einheiten in See unterstanden dem Chef der 6. Flottille auch alle Einrichtungen der Rückwärtigen Dienste der Flottille. Über seinen Stellvertreter für Rückwärtige Dienste und dessen Führungsorgan konnte er nach Auslösung höherer Stufen der Gefechtsbereitschaft oder im Verteidigungsfall die Ausrüstung der Schiffe und Boote mit Kampfsätzen (Seezielraketen, Torpedos, Minen, Wasserbomben und Artilleriemunition), Treibstoff und Proviant ohne Zeitverzug und entsprechend der sich entwickelten Lage vornehmen. Dabei waren keinerlei Rücksprachen oder Genehmigungen seitens höherer Kommandeure oder Stäbe erforderlich. Diese Struktur gestattete nicht nur eine zeitnahe und flexible Führung, sondern auch eine zielgerichtete Ausbildung und Planung für mögliche Situationen in Krisen- oder Kriegszeiten.

2.1. Die Anfangsjahre der 6. Flottille

2.1.1. Die Torpedoschnellboote

Diese Aufgaben (siehe Vorwort) der SSK der DDR konnten mit den vorhandenen Schiffen und Booten nicht annähernd erfüllt werden. Es fehlten Stoßkräfte, die zu aktiven Handlungen in diesem Seegebiet fähig waren. Das konnten nur verschiedene Typen leichter und schneller Überwasserschiffe sein.

Nachdem die Pläne der Bundesmarine zum Bau von zum Dienst in der Ostsee geeigneten U-Booten Realität wurden, mussten auch Schiffe für die U-Boot-Abwehr (UAW) in Dienst gestellt werden. So wurden 1959 12 sowjetische UAW-Schiffe und Ende 1956 zwei universell einsetzbare Küstenschutzschiffe (KSS) importiert. Dem folgte dann im Oktober 1957 der Import der ersten Torpedoschnellboote des Projektes 183 aus der UdSSR. Bis September 1960 entstand eine Torpedoschnellbootsbrigade (TS-Brigade) mit 27 Booten.

Die Einführung von neuen Schiffs- und Bootsklassen stärkte die Seestreitkräfte der DDR und war ein wichtiger Schritt auf dem Weg zu einer ausgewogenen Flotte. Um diesem Anspruch gerecht zu werden, bedurfte es der Zuführung weiterer Schiffsklassen, des Aufbaus von Seefliegerkräften und von Marineinfanterie-Einheiten, insgesamt einer Modernisierung der Marinestruktur. Dazu benötigte man Zeit. Um diesem Ziel näher zu kommen, wurde in Ab-

stimmung mit den Bündnispartnern in den 60er Jahren die Struktur der Marine vervollkommnet und Waffensysteme eingeführt, die den Bedingungen der westlichen Ostsee (Ostsee-Ausgänge) besser angepasst waren.
Für die Seestreitkräfte bedeutete das u.a. die Aufstellung der Torpedoschnellbootsbrigade, die gemäß Befehl Nr. 55/59 des Chefs der Seestreitkräfte mit Wirkung vom 01.01.1960 erfolgte. Die bereits vorhandene 6. TS-Abteilung und die in Aufstellung befindliche 4. TS-Abteilung bildeten die Grundlage der Brigade. Auf dem Dänholm (Stralsund) wurde das Führungsorgan stationiert. Die Aufstellung der TS-Brigade ordnete sich ein in die Notwendigkeit, die Seegrenze der DDR zuverlässig zu schützen und verlief insgesamt unter komplizierten personellen Bedingungen. Auch mangelte es an Erfahrung in Ausbildung und Sicherstellung.
Mit dem Befehl Nr. 55/59 wurde gleichzeitig die 6. Flottille (1956 gegründet- im Bestand hatte sie TS-Boote und KS-Schiffe) aufgelöst und der Chef der TS-Brigade direkt dem Chef der Seestreitkräfte unterstellt.

Die Struktur der Brigade war wie folgt geplant:
- Stab und Politabteilung der TS-Brigade,
- 2. TSA mit 9 TS-Booten,
- 4. TSA mit 9 TS-Booten und dem Wohnschiff Grobian,
- 6. TSA mit 9 TS-Booten,
- 1 Torpedofangbootsgruppe mit 4 Booten Projekt Sperber.

Später sollte die Zuführung von drei schwimmenden Stützpunkten des Projektes 62 erfolgen.
Nach der Aufstellung des Stabes der Brigade begann mit der Zuversetzung von mehr als 50 jungen Offizieren des 7. und 8. Seeoffizierslehrgangs und der entsprechenden Ingenieur-Offizierslehrgänge am 01. 12.1959 die Auffüllung der 4. TSA, die Neuformierung der 6. TSA und die Aufstellung der 2. TSA.
Der personelle Bestand der TS-Brigade betrug Anfang des Jahres 1960 117 Offiziere, 74 Unteroffiziere und 308 Matrosen.
Die Ausbildung begann in der 4. und 6. TSA mit je 7 Booten. Die 2. TSA wurde am 21. 04. 1960 zeitweilig aufgelöst und am 15.08.1960 erneut aufgestellt. Mit der Zuführung von weiteren 13 TS-Booten am 07.09. 1960 war die Aufstellung der TS-Brigade im Wesentlichen abgeschlossen.
Die Zuführung der schwimmenden Stützpunkte erfolgte für die 4. TSA am 29.03.1961, für die 2. TSA am 30.09.1961 und für die 6. TSA am 05.04.1962.
Mit seiner Anordnung Nr. 02/59 stellte der Chef der TS-Brigade die ersten Aufgaben für die Gefechtsausbildung im Ausbildungsjahr 1959/60. Auf dieser Grundlage wurden während des Winterslips Kommandantenlehrgänge, Ausbildungslehrgänge für Ing. Offiziere im Motorenwerk Wurzen und eine intensive Unteroffiziers- und Matrosenausbildung durchgeführt.
Ab März 1960 begannen die 4. und 6. TSA ihre Gefechtsausbildung jeweils im Bestand von 7 Booten. Erst ab Anfang November, nach der Zuführung der letzten Boote, hatten alle Abteilungen ihren vollen Bestand von je 9 TS-Booten. Die Stationierung erfolgte auf dem Dänholm (Stab und 6.TSA), in Gager (4. TSA mit Wohnschiff Grobian) und in Parow (2. TSA). In der 6. TSA wurde ab Mai 1960 eine sechswöchige intensive Seeausbildung durchgeführt, die mit der Kommandantenprüfung begann und mit der Ablegung aller Bootsaufgaben endete. Für die 4. TSA standen gemeinsame Ausbildungsmaßnahmen mit TS-Bootsabteilungen der 24. Selbstständigen Brigade der Baltischen Rotbannerflotte (BRF) in Świnoujście im Mittelpunkt. Weitere Übungen, wie z.B. eine Kommandostabsübung vom 23. - 26.08.1960 sahen die TS-Brigade als Teilnehmer. Aber den eigentlichen Höhepunkt und Abschluss der Ausbildung stellte die nationale, zweiseitige, zweistufige Flottenübung der Seestreitkräfte vom 13. - 23.09.1960 dar, an der der Stab der TS-Brigade und die 4. und 6. TSA mitwirkten. Die Übung zum Thema: „Schaffung und Aufrechterhaltung günstiger operativer Bedingungen im Verantwortungsgebiet der Manöverseiten“ stand unter Leitung des Chefs der Seestreitkräfte. An der Übung waren der Stab der SSK, die 1. und 4. Flottille, die TS-Brigade, die KSS-Abteilung, eine Hubschrauberkette sowie Boote der Grenzpolizei, ein U-Boot und 6 Jagdbomber der PSKF und eine IL-28 der BRF beteiligt; insgesamt 110 Schiffe und Boote und 5.542 Angehörige der Seestreitkräfte.
Am 07.10.1960 wurde der Brigade durch den Chef des Stabes der Seestreitkräfte, Konteradmiral Heinz Neukirchen, in einem feierlichen Zeremoniell auf dem Sportplatz Dänholm die Truppenfahne verliehen.
Am 19.10.1960 fasste der Nationale Verteidigungsrat der DDR den Beschluss zur Umbenennung der Seestreitkräfte in Volksmarine und zur Einführung einer neuen Dienstflagge. Aus diesem Anlass fand am 04.11.1960 auf dem Greifswalder Bodden eine Flottenparade statt, an der 14 Boote der 4. und 6. TSA teilnahmen.
Am 01.10.1960 wurde die Torpedofangbootsgruppe aufgelöst und die Boote den TS-Abteilungen übergeben sowie ein Boot dem Brigadestab unterstellt.

Mit Beginn des neuen Ausbildungsjahres hatte die TS-Brigade folgenden Personalbestand:
Stab 25 Offiziere 1 Unteroffizier 5 Mannschaften
2. TSA 32 Offiziere 38 Unteroffiziere 94 Mannschaften
4. TSA 32 Offiziere 33 Unteroffiziere 110 Mannschaften
6. TSA 35 Offiziere 32 Unteroffiziere 102 Mannschaften
Zur Baubelehrung für die schwimmenden Stützpunkte waren 7 Offiziere, 27 Unteroffiziere und 63 Mannschaften kommandiert.

Mit dem Beschluss des Ministerrates der DDR vom 12.08.1961 begannen am 13.08.1961 die Sicherungsmaßnahmen an der Staatsgrenze der DDR zur BRD. Es wurde Erhöhte Gefechtsbereitschaft (EG) für die NVA ausgelöst. Entsprechend dem Entschluss des Chefs der Volksmarine vom 13.08.1961 sollte die Volksmarine das Beobachtungssystem der täglichen Organisation an der Seegrenze durch Entfaltung von Schiffsvorposten und die Seeaufklärung verstärken sowie Unterstützungs- und Bereitschaftskräfte bilden. Deshalb wurden zwei Fernvorposten (im Fehmarnbelt und am Südausgang des Öre-Sundes) und fünf Reedevorposten an den Hafenansteuerungen aufgestellt. Aus dem Bestand der Stoßkräfte wurden Bereitschaftsgruppen gebildet. In der TS-Brigade übernahmen die 4. und 6. TSA sowie eine Bereitschaftsgruppe der 2. TSA Gefechtstorpedos,

- verlegte die 6. TSA nach Warnemünde und wurde dem Chef der 4. Flottille unterstellt,
- verlegte die 4. TSA nach Parow (6 Boote) und Barhöft (3 Boote) als zentrale Reserve,
- verlegte die 2. TSA nach Saßnitz und wurde dem Chef der 1. Flottille unterstellt.

Alle TS-Bootsabteilungen hatten zur sofortigen Lösung von Gefechtsaufgaben bereit zu sein. Während der EG führte man eine verstärkte operativ-taktische und Gefechtsausbildung in den Häfen durch. Mit Befehl Nr. 67/61 hob der Minister für Nationale Verteidigung am 23.09.1961 die EG auf. Die TS-Abteilungen kehrten in ihre Basen zurück und holten mit verstärktem Einsatz Rückstände in der Seeausbildung auf. Den dadurch erreichten Stand der Ausbildung bewertete das Kommando der Volksmarine wie folgt:

- insbesondere die verstärkte Nachtausbildung und das Zusammenwirken mit Fliegerkräften erhöhten den Ausbildungsstand;
- der Kampfkern I ist in der Lage, alle ihm gestellten Aufgaben unter allen Bedingungen zu erfüllen;
- der Kampfkern II ist auch in der Lage, alle ihm gestellten Aufgaben zu lösen. Er hat die Voraussetzungen für die Übernahme in den Kampfkern I erfüllt;
- die Kampfreserve ist bereit zur Übernahme in den Kampfkern II.

Mit dem 01.01.1962 wurde die TS-Brigade aus der direkten Unterstellung unter den Chef der Volksmarine gelöst und dem Chef der 1. Flottille unterstellt. Gleichzeitig verlegte der Brigadestab vom Dänholm nach Parow und bezog im Block 8 sein Stabsquartier.
Durch die Zuführung von drei schwimmenden Stützpunkten während der Jahre 1961/62 verbesserten sich die Arbeits- und Lebensbedingungen der Besatzungen, aber auch die Mobilität der TS-Abteilungen und die Sicherstellung ihrer Einsätze.
Neben den Einsätzen im Diensthabenden System war die TS-Brigade weiterhin an Übungen und Manövern beteiligt.
Im Rahmen einer Überprüfung der Gefechtsbereitschaft erfolgte Ende Januar 1962 das alarmmäßige Abslippen der 6. TSA in Parow. Durch einen plötzlichen Kälteeinbruch vereisten Hafen und Strelasund. Unter diesen ungünstigen Bedingungen stellten Kommandanten und Besatzungen unter Einsatz aller Kräfte die Gefechtsbereitschaft her und verließen mit Hilfe der als Eisbrecher und Schlepper eingesetzten Boote der Schulbootsabteilung den Hafen. Die Eskorte endete bei Tonne Gellen im Fahrwasser der Nordansteuerung Stralsund. Von dort erfolgte die gruppenweise Überfahrt nach Saßnitz. Wenige Tage später nahm die 6. TSA nach einer Verlegung in den Stützpunkt Świnoujście, die durch starken Eisgang auf der Świna erschwert wurde, an einer Übung mit der BRF in der Oderbucht teil und erzielte sehr gute Ergebnisse.
Das erfolgreiche Ausbildungsjahr näherte sich seinem Ende. Es sollte jedoch noch zur Anspannung aller Kräfte kommen, denn die Kubakrise hielt die Welt in Atem. Auch die TS-Brigade stellte die EG her und das zu einem Zeitpunkt, zu dem die Auswertung des abgelaufenen Ausbildungsjahres und die Vorbereitung des neuen Ausbildungsjahres bevorstanden, also umfangreiche organisatorische Aufgaben gelöst werden mussten. Die 6. TSA (KK-1) sollte Ende Oktober eine planmäßige Werftliegezeit in der Werft in Rostock- Gehlsdorf beginnen, in der eine zweite UKW-Anlage aufgebaut und die Funkmessanlage „Sarniza“ gegen die modernere Anlage „Reja“ ausgetauscht werden sollte. Das Personal stand nach Ableistung der Dienstzeit vor der planmäßigen Entlassung.
Die 4. TSA arbeitete letzte Ausbildungsaufgaben durch, um in den Kampfkern II übernommen zu werden.
Die 2. TSA hatte als Kampfkern II eine umfangreiche Ausbildung absolviert und bereitete sich auf die Übernahme in den Kampfkern 1 vor.
Am Nachmittag des 23.10.1962 wurde in der TS-Brigade die EG ausgelöst. Der Chef der Volksmarine befahl in seiner Anordnung Nr. 60/62:

- die 2. TSA verlegt mit ihrem schwimmenden Stützpunkt nach Darßer Ort und stellt die Bereitschaft zur Übernahme von Gefechtstorpedos her;
- die 4. TSA wird in Bug/Dranske basiert;
- die 6. TSA bricht das Abrüsten ab und rüstet die mehrheitlich schon werftklaren Boote im Stützpunkt Warnemünde wieder auf. Sie stellt die Gefechtsbereitschaft her und übernimmt Gefechtstorpedos;
- der Stab der TS-Brigade bleibt in Dranske stationiert.

Während der EG wurde die Gefechtsausbildung verstärkt.
Am 09.11.1962 kam es zu einem Rettungseinsatz durch die 2. TSA. Ein mit 9 Mann besetzter Kutter eines MLR-Schiffes der 4.Flottille war in schwerer See in der Kadettrinne von dem nur noch beschränkt manövrierfähigen MLR nicht mehr aufzunehmen und drohte in dänische Hoheitsgewässer abgetrieben zu werden. Durch den schnellen Einsatz der 3. Gruppe der 2. TSA konnte die Kutterbesatzung unbeschadet geborgen werden.

Für das Ausbildungsjahr 1962/63 wurden noch einige wichtige Befehle erlassen, die in den weiteren Jahren die Gefechtsausbildung beeinflussten. So wurde mit den Befehlen Nr. 144/62 und 145/62 des Ministers für Nationale Verteidigung das Drittelsystem der Personalzuführung und die in der Praxis schon existierende Einteilung der Kampfschiffe und -boote in KK-I, KK-II und KR (Kampfkern und Kampfreserve) offiziell eingeführt sowie die gesellschaftswissenschaftliche Weiterbildung für Berufssoldaten einheitlich geregelt.

Im Ausbildungsjahr 1962/63 wurden auch die Abteilungsstäbe voll aufgefüllt. Mit dem Befehl Nr. 14/63 des Ministers für Nationale Verteidigung vom 01.05.1963 über die neue Struktur in der Volksmarine erfolgte die Neubildung der 6. Flottille als Flottille der Stoßkräfte. Das Führungsorgan hatte seinen Sitz auf Stubbenkammer. Damit endete die Zeit der wechselnden Unterstellungen der TS-Brigade.

Am Ende des Ausbildungsjahres schätzte der Chef der Volksmarine ein: „Aufgrund einer mehrjährig zielstrebig durchgeführten Gefechtsausbildung war die TS-Brigade befähigt, Kampfhandlungen zur Vernichtung gegnerischer Überwasserkampfschiffe durchzuführen. Der Brigadestab war in der Lage, die Gefechtsausbildung zu planen, zu organisieren und durchzuführen. Er hat die Fähigkeit erlangt, die Kräfte sowohl im täglichen Dienst als auch im Gefecht von Bord eines TS-Bootes, von einem Überwasserschiff als auch von Land mit Hilfe einer Küstenbeobachtungsstation zu führen."

Mit Befehl Nr. 35/65 des Ministers für Nationale Verteidigung wurde mit Wirkung vom 01.05.1965 die 6. Flottille umstrukturiert. Sie erhielt eine neue Basierung. Durch Herauslösung der KSS-Abteilung (Unterstellung unter den Chef der 4. Flottille) und der Landungsbrigade (Unterstellung unter den Chef der 1. Flottille) sowie der vollen Integration der neu aufgestellten RS- und LTS-Brigade wurde die 6. Flottille ein typenreiner Verband der Stoßkräfte.

Am 08.05.1965 fand mit einem feierlichen Akt die Einweihung des neuen Stützpunktes Bug/Dranske statt. Die aus diesem Anlass durchgeführte Parade absolvierte die 6. TSA. Ab Anfang Mai 1965 verlegten schrittweise alle Einheiten der Flottille in den neuen Stützpunkt. Nur die Kampfkern-Abteilung verlegte wieder nach Barhöft.

In der Zeit vom 19.-24.07.1965 fand die erste Inspektion durch das Ministerium für Nationale Verteidigung in der 6. Flottille statt. Überprüft wurden der Stab der TS-Brigade sowie die 2. und 4. TSA. Die Überprüfung der Gefechtsbereitschaft, der Gefechtsausbildung und der Dienstorganisation, der allgemein-militärischen Ausbildung und der militärischen Körperertüchtigung sowie der Alarm- und Ausbildungsdokumente erbrachten der Brigade eine befriedigende Bewertung und die Einschätzung „Gefechtsbereit".

Mitte des Ausbildungsjahres wurden die formalisierten Gefechtsdokumente eingeführt, die eine erhebliche Zeiteinsparung bei der Ausarbeitung und Übermittlung von Gefechtsbefehlen über die Nachrichtenmittel mit sich brachten, aber auch ein hohes Maß an einheitlichen operativ-taktischen Auffassungen voraussetzten.

In diesem Ausbildungsjahr wurden auch die so genannten Härtekomplexe eingeführt, die das Personal bis an die physische Leistungsgrenze belasteten.

Im August 1966 ereignete sich im Übungsgebiet Adlergrund ein Seeunfall. Ein sowjetisches Forschungsschiff, das in diesem Gebiet Prospektierungsarbeiten durchführte, missachtete die Signale einer im Übungseinsatz befindlichen MLR-Abteilung, die Hohlstäbe führte, und fuhr durch deren Räumformation. Dabei kam es zur Kollision mit einem Hohlstab. Das Forschungsschiff sank und seine Besatzung wurde von zwei Booten der 6. TSA übernommen und in Saßnitz abgesetzt.

Mit Befehl Nr. 78/67 des Ministers für Nationale Verteidigung vom 03.10.1967 wurden mit Wirkung vom 01.11.1967 8 TS-Boote des Projektes 183 planmäßig nach Ablauf der Nutzungsdauer außer Dienst gestellt und ein Boot an die Schulbootsabteilung in Parow übergeben. Dieser Befehl änderte den Bootsbestand auf 6 Boote je Abteilung.

Auf der Grundlage der Anordnung Nr. 36/67 des Chefs der Volksmarine und der 1. Durchführungsbestimmung des Chefs des Stabes der Volksmarine zu dieser Anordnung wurden Offiziere der TS-Brigade ausgewählt und in drei Qualifizierungslehrgängen an der Seeoffiziersschule vom November 1967 – Juni 1970 auf ihre neue Dienststellung als Kommandanten der neuen TS-Boote Projektes 206 vorbereitet.

Das bedeutete erhebliche personelle Veränderungen zu Beginn des Ausbildungsjahres 1967/68. Trotzdem wurden alle Aufgaben gelöst.

Im 2. Halbjahr 1969 dienten drei umgebaute TS-Boote Projekt 183 der 6. TSA mit Besatzungen als darstellende Kräfte für den Fernsehfilm „Rottenknechte".

Im Ausbildungsjahr 1969/70 nahm vorwiegend die 2. TSA die Aufgaben des Diensthabenden Systems wahr. In der 4. und 6. TSA waren alle Kräfte auf die schnelle und effektive Beherrschung der neuen Technik gerichtet und die erste Seeausbildung im Zusammenwirken mit RS-Booten durchgeführt worden.

Mit der Außerdienststellung der letzten 6 TS-Boote Projektes 183 am 04.08.1970 ging die erfolgreiche Ära dieser bewährten Torpedoschnellboote in der Volksmarine zu Ende.

Mit dem Befehl Nr. 129/71 des Ministers für Nationale Verteidigung vom 14.09.1971 wurde die 6. Flottille mit Wirkung vom 01.12.1971 erneut umstrukturiert. Es wurden die RS- und TS-Brigade aufgelöst und in drei gemischte Raketen-Torpedo-Schellbootbrigaden neu gegliedert, die der Struktur der Schiffsschlaggruppen entsprachen.

Damit endete ein ereignisreiches, erfolgreiches und ehrenvolles Kapitel der Schnellbootsgeschichte der Volksmarine.

Gefechtseigenschaften und Gefechtsaufgaben der Torpedoschnellboote

Torpedoschnellboot Projekt 183

Das Torpedoschnellboot Projekt 183 wurde auf Werften in der Sowjetunion in großer Stückzahl gebaut und diente über Jahrzehnte als Standardtyp in den sozialistischen Flotten. Der Bootskörper war als Gleitboot entworfen und vollständig aus sibirischer Kiefer gefertigt. Die Außenhaut war doppeldiagonal beplankt und mit zwischenliegender verleimter Leinwand durch Kupfernägel verbunden. Dadurch wurde beim Arbeiten des Bootes auf See eine hohe Elastizität erreicht. Sieben Querschotten unterteilten den Bootskörper in acht wasserdichte Abteilungen.
Zur U-Boot-Bekämpfung konnten in acht Wasserbombenablauflagern befindliche Wasserbomben eingesetzt werden. Die Nebelanlage DA-7 und vier Nebelbojen ermöglichten das Legen von Nebelwänden. Die Funkausrüstung bestand aus einer, später bei den Gruppenbooten aus zwei, UKW-Anlagen (Sendeleistung: 6 Watt) und einer KW-Anlage (Sendeleistung: 50 Watt), die eine stabile Nachrichtenverbindung sicherstellten.

Taktisch-technische Daten des TS-Bootes Projekt 183
Deplacement
normal 63.0 t
voll 68.5t
Länge ü. A. 25.5m
Breite ü. A. 6.18m
Tiefgang vorn 1.07 m
hinten 1.68 m (an den Propellern)
Höhe über Kiel 8.50 m (5.20 m bei eingefahrenen bzw. umgelegten Masten)
Antriebsanlage 4 Dieselmotoren M-50-F-3
Leistung 4.800 PS (3.530 KW)
Geschwindigkeit 42.6 kn
Bewaffnung 2 Torpedos Kaliber 533 mm
2 Universalgeschütze DL2M3, Kaliber 25 mm
8 Wasserbomben, bis zu 18 Minen

Die Besatzung betrug 15 Mann (2 Offiziere, 2 Unteroffiziere, 11 Matrosen).

Torpedoschnellboot Projekt 206

Die TS-Boote Projektes 183 erreichten Mitte der 60er-Jahre ihre Dienstaltersgrenze. Sie hatten vom ersten Tag ihrer Indienststellung an im harten Einsatz gestanden. Das Aufklärungs- und Begleitsystem wurde zu wesentlichen Teilen von ihnen getragen, auch in der Gefechtsausbildung waren die Belastungen groß. Das war auf den Zustand der holzbeplankten Bootskörper und auf die Technik nicht ohne Einfluss geblieben. Außerdem waren inzwischen technisch ausgereiftere und moderner ausgerüstete Nachfolgetypen verfügbar. Sie wurden deshalb planmäßig außer Dienst gestellt.
Seit Anfang der 60er-Jahre war in der Sowjetflotte als Nachfolgetyp für das Projekt 183 das größere Projekt 206 eingeführt worden. Ab Oktober 1968 erfolgte die schrittweise Einführung in der TS-Brigade. Bis Oktober 1971 wurden insgesamt 18 Boote Projekt 206 für die 4., 6. und 2. TSA zugeführt, von denen ab 1970 drei Boote der Schulbootsbrigade unterstellt wurden.
Diese TS-Boote verfügten zwar über größere Gefechtsmöglichkeiten, im Wesentlichen blieben aber Gefechtsaufgaben und Einsatzgrundsätze gleich denen des Projektes 183.
Das als großes Torpedoschnellboot klassifizierte Projekt 206 war als Dreischrauben-Kielgleitboot ausgelegt. Der vollgeschweißte Bootskörper aus Schiffbaustahl war in neun wasserdichte Abteilungen unterteilt; die Aufbauten - ein schmales Deckshaus - aus Aluminium gefertigt.

Taktisch-technische Daten des TS-Bootes Projekt 206
Deplacement
normal 145t
voll 170t
Länge 34,6 m
Breite 6,7 m
Tiefgang maximal 2,5 m
Höhe über Kiel 11,7 m
Antriebsanlage 3 Dieselmotoren M-503-A-1 mit je 4.000 PS
Die TS-Boote Projekt 206 erreichten eine Maximalgeschwindigkeit von 46 kn bis See 4.
Marschfahrt von 30 kn konnte bis zu Wellenhöhen von 3 m gelaufen werden. Kleine Fahrtstufen mit 13 kn waren bis Wellenhöhen von 4.5 m möglich. Die Fahrstrecken betrugen bei Marschfahrt 800 sm (bei 29 t Dieselkraftstoff [DK]) bzw. 1.000 sm (bei 35 t DK).
Bei einer Besatzung von 25 Mann konnten Proviant für 5 Tage und 3.800 Liter Trinkwasser an Bord genommen werden.
Das Boot war so konzipiert, dass es eine Kernwaffendetonation von 30 kt in einem Abstand von 4.000 m ohne Beschädigung überstehen konnte.
Die Besatzung betrug in der Regel 25 Mann (6 Offiziere, 5 Unteroffiziere, 14 Matrosen.

Aufgabenstellung und Gefechtsmöglichkeiten der Torpedoschnellboote

Den TS-Booten wurden folgende Gefechtsaufgaben gestellt:
- Durchführung von Torpedoangriffen unter allen Lagebedingungen;
- Aufklärung im befohlenen Seegebiet;
- Suche und Fühlunghalten im Interesse anderer Stoßkräfte;
- Aussetzen von Kampfschwimmern und Landungsgruppen;

- Legen von Manöverminensperren und Minenverseuchung im Seegebiet;
- Teilnahme an der U-Bootjagd;
- Legen von Nebelwänden.

Durchführung von Torpedoangriffen
Die TS-Boote waren schlagkräftige Einheiten zur Führung von zielstrebigen Torpedoschlägen im Seegefecht. Sie konnten als Einzelboot, in der Gruppe, Abteilung und Brigade selbständig oder im Zusammenwirken mit Artillerieträgern, Raketenschnellbooten, Flugzeugen oder Küstenraketeneinheiten Torpedoschläge unter allen Lagebedingungen führen. Dabei wurden sie für den Hauptschlag, zur Ausweitung des Erfolges oder zur Gefechtssicherstellung eingesetzt.

Ziele für Torpedoangriffe waren:
- Transport- und Landungsschiffe;
- mittlere Überwasserkriegsschiffe, die zur Geleitsicherung, Feuerunterstützung bei Anlandungen oder als Vorposten eingesetzt waren;
- Minenleg- und -räumschiffe in Minenleg- und -Räumgruppierungen;
- Hilfsschiffe.

Beim Zusammenwirken mit Überwasser- und Fliegerkräften wurden die TS-Boote in der Regel im Rahmen einer Abteilung oder Brigade eingesetzt. Unabhängig davon basierte der Torpedoangriff immer auf dem Manöver des Einzelbootes. Die Boote hatten so zu manövrieren, dass die befohlene oder günstigste Schussposition unter Ausnutzung aller Möglichkeiten zur Abwehr gegnerischer Einwirkungen in kürzester Zeit eingenommen wurde.

Sicherstellung des Einsatzes von TS-Booten
Um alle beschriebenen Gefechtsmöglichkeiten der TS-Boote effektiv nutzen zu können, bedurfte es bei Basierung, Marsch und Einsatz umfangreicher sicherstellender Handlungen und Maßnahmen. Zur Sicherstellung in Basierungsräumen gehörten u. a.:
- Organisation der Basierung und allseitigen rückwärtigen Sicherstellung,
- Organisation der Beobachtung und der Nachrichtenverbindung,
- navigatorische Sicherstellung im Basierungs- und Einsatzgebiet,
- Organisation der Tarnung und Täuschung,
- Organisation der Luftabwehr und des Schutzes vor Massenvernichtungswaffen,
- Abwehr von Diversanten und Kampfschwimmern,
- Schutz vor Angriffen leichter Überwasserkräfte,
- Minenabwehr.

TS-Boot bei hoher Fahrt. (Bild Sammlung Dieter Flohr)

Torpedoangriff! (Bild Sammlung Peter Seemann)

Für den Gefechtseinsatz der TS-Boote musste bereits im Frieden ein Basierungssystem im Verantwortungsgebiet geschaffen werden, das aus Haupt- und Manöverstützpunkten bestand. In den Hauptstützpunkten waren.
- die TS-Abteilung oder TS-Brigade zu versorgen (auch über die schwimmenden Stützpunkte),
- die TS-Boote und alle an Bord befindlichen Geräte und die Ausrüstung zu reparieren sowie die Gefechtsschäden zu beseitigen,
- die TS-Boote zum Austrocknen und zur Beseitigung von Schäden am Bootskörper aufzuslippen,
- alle Vorräte an Treib- und Schmierstoffen, Torpedos, Munition, Trinkwasser und Verpflegung aufzufüllen,
- die Nachrichtenverbindung sicherzustellen,
- die sanitäre Behandlung, die Entaktivierung und der Schutz vor Massenvernichtungswaffen zu gewährleisten,
- die Verteidigung der Stützpunkte, Liegeplätze und Boote zu organisieren.

Mit dem Ausbau der Stoßkräfte wurde eine größere Mobilität der Einheiten außerhalb der Hauptstützpunkte gefordert. Eine schnelle Verlegung und allseitige rückwärtige Sicherstellung bei normalen Dienst- und Lebensbedingungen sollten ermöglicht werden. Kleinere Häfen und Anleger an der gesamten Küste der DDR, wie z. B. Gager, Lauterbach, Anleger Glewitz, Dänholm, Parow, Barhöft, Holzanleger Dranske, Darßer Ort, Tarnewitz, Kirchdorf u. a., waren dafür zu nutzen. Das erforderte die Beschaffung schwimmender Mittel, auf denen die Besatzungen untergebracht und versorgt werden konnten und die den Einsatz der TS-Boote sicherstellten. Mit der Indienststellung des Wohnschiffs „Grobian" wurden ab 1958 diesbezüglich gute Erfahrungen in der 6. TSA gemacht. Anfang 1959 begann deshalb in der Peenewerft Wolgast der Serienbau der schwimmenden Stützpunkte Projekt 62.

Diese schwimmenden Stützpunkte dienten
- der Unterbringung, Versorgung und Betreuung der Besatzungen einer Abteilung, des Stabes und der Stammbesatzung,
- der Ausrüstung der TS-Boote mit Treib- und Schmierstoffen, Trinkwasser, Torpedos, Munition und Verpflegung,
- der Lagerung, Regelung und Übergabe von Torpedos,
- der Versorgung längsseits liegender Boote mit Elektroenergie und Heizdampf,
- der Führung der Abteilung über die Nachrichtenmittel des Stützpunktes.

In den Manöverstützpunkten und in nichteingerichteten Häfen übernahmen die schwimmenden Stützpunkte die Aufgaben der Hauptstützpunkte. Sie wurden durch die rückwärtigen Dienste der vorgesetzten Stäbe auf Anforderung versorgt.

Ging es in den Anfangsjahren vorwiegend um den Einsatz typenreiner Verbände, so wurde ab Mitte der 60er-Jahre die Ausbildung in gemischten Schiffsschlaggruppen in den Mittelpunkt gestellt, weshalb Themen dominierten wie:
- Führung von Torpedoschnellbooten unter beliebigen Bedingungen selbständig und im Zusammenwirken mit RS-Booten in gemischten Schiffsschlaggruppen,
- Vorbereitung auf alle typischen Varianten des Einsatzes gemischter Schiffsschlaggruppen im Zusammenwirken mit Küstenraketeneinheiten und Fliegerkräften,
- Planung von Versorgungsaufgaben zur Sicherstellung auf See und in Dezentralisierungsräumen,
- Planung und Organisation aller Abwehrarten und deren Sicherstellung.

2.1.2. Die leichten Torpedoschnellboote

Ausgangspunkt der Entwicklung dieses volksmarinespezifischen Bootstyps war eine verbale Forderung des Chefs der Seestreitkräfte der DDR, Vizeadmiral Waldemar Verner im Februar 1958: „Sehr kleines und sehr schnelles Boot, 2 Mann Besatzung, zum Einsatz von Torpedos geeignet." Die Grundlage war also eine nicht durch operativ-taktische Forderungen (OTF) untermauerte Aufgabenstellung, sondern eher eine persönliche Meinung des Chefs der SSK. Neben Auswertungen von Ergebnissen der Kriegsmarine waren sicher für die Meinungsbildung des Chefs der SSK auch vorhandene Erfahrungen in der Entwicklung und dem Bau von kleinen Schnellbooten in der Elbewerft Roßlau und in der Yachtwerft Berlin ausschlaggebend. Die Elbewerft Roßlau besaß ausreichende theoretische und praktische Erfahrungen durch Ingenieure von der Sachsenberg-Werft. Die Yachtwerft Berlin besaß vorwiegend praktische Erfahrungen durch Ingenieure, die bereits im 2. Weltkrieg in der Engelbrecht-Werft am kleinen Schnellbootstyp „Hydra" gearbeitet hatten. Ein weiterer Grund für die Forderung des Chefs der VP-See war wahrscheinlich das Vorhandensein einer ausreichend vorhandenen Anzahl von Motoren M50F (Import aus der UdSSR). Damit wurde die Lücke geschlossen, die mit dem Abbruch der Eigenentwicklung des Motors 20KVD25 (Projekt Forelle) entstand. 1958 kam es zu einer Art Ausschreibung, im Rahmen derer eine neue Generation von maritimen Kleinkampfmitteln entstehen sollte, die durchaus als DDR-spezifisch anzusehen sind. Obwohl es verschiedene Vorläufer dieser Kleinst-Torpedoboote bereits im 1. und 2. Weltkrieg gab (z.B. brit. CBM, ital. MAS, dt. LS, sowj. G5), gestattete es der Entwicklungsstand des Schiffbaus, der Motorenfertigung sowie der E-Technik / Elektronik, Anfang der 60er Jahre neue Typen von kleinen Torpedoträgern zu entwickeln, die spezifischen Anforderungen voll gerecht werden konnten und eine hohe Zuverlässigkeit aufwiesen.
An der Entwicklung der LTS-Boote wurden ab 1958 im Rahmen einer Aufgabenstellung das Institut für Schiffbautechnik (ISW) in Wolgast, die Yachtwerft Berlin mit dem übernommenen Rennbootkollektiv Johannisthal und das Konstruktionsbüro der Roßlauer Schiffswerft beteiligt. Die allgemeinen Forderungen für einen kleinen Torpedoträger beinhalteten folgende Rahmenbedingungen:
- Ausreichende Stabilität und Festigkeit für eine max. Geschwindigkeit von 50 sm/h;
- Bewaffnung mit zwei Ausstoßrohren für 533 mm-Torpedos;
- Funkelektronische Ausrüstung zum Einsatz bei verschiedenen Wetterbedingungen zu jeder Tages- und Nachtzeit;
- Kurzzeitiges Herstellen der Gefechtsbereitschaft;
- Einsatz der Boote durch eine Besatzung von drei Mann

Das vom ISW unter der Projekt-Nr. 63 entwickelte Boot sah Wellenanlagen und eine Bewaffnung mit zwei 533 mm Torpedorohren vor, für das eine Ausstoßvariante mittels Druckluft gewählt wurde,

bei der die Torpedos entgegen der Fahrtrichtung, ausgestoßen wurden. Im Vorschiff war eine kleine Fahrerkabine eingelassen, von der aus das Boot anfänglich durch zwei, später durch drei Mann Besatzung gefahren wurde. Für dieses Projekt waren von Anfang an zwei sowjetische Dieselmotoren M50F mit jeweils 1200 PS vorgesehen. Die geplante Geschwindigkeit sollte mindestens 50 kn bei glatter See betragen. Die Entwicklung dieses Bootes schloss umfangreiche Versuche mit Schleppmodellen, Propellern sowie technologische Entwicklungen zur Verarbeitung von Leichtmetall ein.
Erstmalig wurden solide Gedanken im Jahr 1959 in operativ-taktischen Forderungen niedergelegt. Dazu fand am 21.01.1959 eine Beratung beim Chef des Stabes der Seestreitkräfte, Konteradmiral Neukirchen statt. Beraten wurde dabei über den Bau eines „Leichten Torpedoschnellbootes das einzelbootsweise oder in Gruppen Torpedoangriffe auf Überwasserziele durchführen konnte und folgende taktischen Parameter haben sollte (Durchschnittswerte):

- Wasserverdrängung 15-18t
- Länge 15 m
- Breite 4 m
- Tiefgang max. 1,20 m
- Geschwindigkeit max. 50 kn, Fahrstrecke max. 300 sm (wurde später auf 200 sm korrigiert)
- Waffeneinsatz bis See 3
- Manövrierfähigkeit bis See 4 (Ostsee)

Mit dem Bau der leichten Torpedoschnellboote des Projektes 63.300 (VEB Peenewerft Wolgast) und dem Projekt 68.200 (VEB Yachtwerft Berlin) ist den Schiffbauern der DDR eine einmalige Spitzenleistung gelungen, die durch aufopferungsvollen und mutigen Einsatz der Erprobungsbesatzungen in kurzer Zeit zur „Frontreife“ gebracht werden konnte. Im Interesse der Herstellung einer schnellen Einsatzbereitschaft wurde die taktische Erprobung von Beginn an parallel durchgeführt, so dass Schiffbauer und Spezialisten für Schiffsführung (Navigation), Waffeneinsatz und Funk/ Funkmess, gemeinsam in See und in der Werft bzw. im Wissenschaftlich-Technischen Zentrum arbeiteten. Da die LTS-Boote selbständig im freien Seeraum handeln sollten, mussten minimale Bedingungen für die navigatorische Sicherstellung des Seeaufenthaltes gewährleistet sein – eine Forderung, die auf erhebliche Probleme stieß. Der zur Erprobung gebrachte kleinste verfügbare Kreiselkompass „Girja-M“, der sich zum Beispiel auf den Torpedoschnellbooten des Projektes183 bestens bewährte, erfüllte die Anforderungen auf LTS nicht. Die große Belastung des Bootskörpers im Seegang sowie kurzzeitiges plötzliches Auslaufen des Bootes aus dem Ruder, besonders bei starkem Seegang oder beim Durchlaufen der Hecksee eines vorauslaufenden Bootes führten zu technischen Ausfällen bzw. zu Kursabweichungen bis zu 20 Grad. So musste auf den sehr kleinen, aber robusten Flugzeugkompass DGMK-3 zurückgegriffen werden.

Die Hauptanstrengungen wurden auf den Torpedo-Sperr-Gefechtsabschnitt gelegt. Den Waffenspezialisten gelang es, unter Ausnutzung von Erfahrungen aus der Kriegsmarine eine Torpedoausstoßanlage zu entwickeln, die den Heckausstoß auf geringsten Wassertiefen ermöglichte. Der Torpedo, Kaliber 533 mm, wurde mittels Druckluft (40 kp/cm^2) mit dem Schwanzteil voraus entgegen der Fahrtrichtung des Bootes ausgestoßen. Da die Bootsgeschwindigkeit ungefähr doppelt so groß war wie die Ausstoßgeschwindigkeit des Torpedos nach achtern, kam der Torpedo immer noch mit einer relativen Vorausbewegung in das Wasser (ca. 20 kn) und konnte sich so unter günstigen Bedingungen ohne den beim Torpedoschuss von großen Schnellbooten so gefürchteten „Sack“ (tiefes Eintauchen des Torpedos bis teilweise 15m nach dem Ausstoß) – sofort auf die eingestellte Lauftiefe einsteuern. Diagramme eines Übungsschusses zeigen, dass der Torpedo die eingestellte Lauftiefe von 3m kaum unterschritten hat.
Damit war eines der wesentlichsten Probleme des Gefechtseinsatzes der Torpedowaffe gelöst - Torpedoschießen bei geringer Wassertiefe. Das bedeutete einen einmaligen taktischen Vorteil und eröffnete für die LTS-Boote das gesamte Seegebiet der südwestlichen Ostsee und der Ostseeausgänge als Operationsgebiet.

Der Torpedoangriff wurde durch den Kommandanten nach optischen Beobachtungen geführt. Angaben durch die Funkmess-Station unterstützten bestenfalls die Orientierung. Der Kommandant peilte das Ziel über eine einfache Visiereinrichtung (senkrechte Linie auf der Frontscheibe der Kabine und kurzer Peilstab auf dem Vorschiff) an, hatte so das Ziel genau voraus und stellte die geschätzten Gegnerwerte, wie Gegnerkurswinkel, Gegnergeschwindigkeit und die Torpedogeschwindigkeit in die vor ihm angebrachte „Torpedo-Ziel -und Einstellanlage“ ein. Das Gerät bestimmte elektromechanisch den Vorhaltewinkel, der in das Antriebsgerät für das sogenannte „Manövergerät“ des Torpedos (Gerät PM) übertragen wurde. Bei Erfordernis wurden auch Werte für den Schleifenlauf

Erprobungsboot bei hoher Fahrt. (Bild Sammlung Peter Seemann)

Torpedoausstoß. (Bild Sammlung Peter Seemann)

des Torpedos über Spindeln des Antriebsgerätes, das auf dem Torpedoausstoßrohr angebracht war, in den Torpedo eingegeben. Im Moment des Schusses wurden die Spindeln pneumatisch gehoben und gaben so den Torpedo frei.

Den Schiffbauern des VEB Yachtwerft Berlin gelang es in Zusammenarbeit mit den Waffentechnikern des Wissenschaftlich-Technischen Zentrums in Wolgast eine einsatzfähige Minenabrollvorrichtung für die LTS-Boote des Projektes 68.200 zu bauen. Damit konnte jedes Boot nach entsprechender Umrüstung, d.h. nach Demontage zweier Torpedorohre und Aufbau von zwei Abrollvorrichtungen sechs Grundfernzündungsminen der Baureihe KMD 500 an Bord nehmen. Im Bestand der Seestreitkräfte der DDR waren Minen des Typs KMD 2-500 (elektromagnetischer Zünder) und KMD 4-500 (hydrodynamischer Zünder). Der Minenwurf erfolgte durch Auslösen elektrischer Kontakte, konnte in der Notvariante auch von Hand unmittelbar am Oberdeck erfolgen. Eine LTS -Abteilung konnte somit innerhalb kürzester Zeit 60 Minen bis auf Wassertiefen von 4-5 m legen. Die Geheimhaltung von Minenaufgaben als eine wesentliche Bedingung für den Erfolg war gegeben durch die hohen Geschwindigkeiten, die geringe Bootsgröße und damit ihrer weitestgehenden Unsichtbarkeit gegenüber Funkmessstationen. Zur Gewährleistung der operativen Führung in See und natürlich auch zur nautischen Sicherheit war die Ausrüstung der LTS-Boote mit je einer UKW- und KW-Funkstation sowie einer Funkmessstation vorgesehen.

Die LTS-Boote des Projektes 63.300 waren mit je vier Nebelkörpern „C-weiß“ ausgerüstet, die das Legen einer kurzzeitigen Nebelwand erlaubten und beim Lösen vom Gegner nach Torpedoangriff durchaus ihre Berechtigung hatten. Bei den Booten des Projektes 68.200 wurde wegen der hohen Brandgefahr (Holzbootskörper) auf den Einbau der Nebelanlage verzichtet.

Abschließend sei zur Beschreibung der LTS-Boote erwähnt, dass alle 3 Besatzungsmitglieder (Kommandant, FuM-Maat, Obermaschinist) in einem durch je 2 starke Teleskopfedern gesicherte Sessel saßen, ohne die die hohen Belastungen im Seegang nicht auszuhalten gewesen wären.

Die erste Serie, die in den Dienst der Volksmarine ging, und zwar 30 Stück, waren die Boote des Projektes 63.300 (Umgangssprachlich, „das Wolgaster“ genannt). Es war ein Leichtmetall-Gleitboot mit drei Mann Besatzung und 2 Torpedoausstoßrohren an Oberdeck. Diese Boote erfüllten ihre Aufgaben in den Jahren 1963 bis 1977.

Von dem Projekt 68.200 (Umgangssprachlich „Berliner“ genannt) kamen zwischen 1964 und 1975 27 Boote in Dienst.

Dieser Besatzung von drei Mann standen vier Varianten der Ausrüstung zur Verfügung, die auf Befehl jeweils eingerüstet werden konnten. Die Normalvariante war eine dreirohrige Torpedovariante, die zweite war ein Torpedoausstoßrohr mittig und Back- und Steuerbord jeweils drei Minenhalterungen und die dazu notwendigen Ablaufgerüste. Eine dritte Möglichkeit war die Mineneinrichtungen durch Sitzreihen mit Seitenblenden zu vertauschen, das Torpedoausstoßrohr blieb mittig. Je Seite konnten so sieben Kampfschwimmer transportiert und abgesetzt werden. Die vierte und letzte Variante war eine Transportvariante ohne ein Torpedorohr. Auf beiden Seiten und in der Mitte wurden je acht Sitzplätze befestigt, auf denen 24 Mot.-Schützen oder ähnliche Einsatztruppen transportiert werden konnten. Das Absetzen der Landungstruppen erfolgte in Häfen, an nicht strukturmäßigen Anlegern oder nicht eingerichteten ähnlichen Einrichtungen.

Diese Personentransporte erforderten immer eine ruhige Wetterlage, das heißt bis max. Seegang 2. Alles andere wären Ausnahmen gewesen und hätten gesundheitliche Probleme für die zu Transportierenden zur Folge gehabt.

Mit der Bildung der Flottille der Stoßkräfte (6. Flottille) am 01.05.1963 wurde auch die “Leichte Torpedoschnellboot Brigade“ aufgestellt. Im Befehl Nr. 14/63 des Ministers für Nationale Verteidigung über organisatorische und strukturelle Veränderungen hieß es unter Ziffer 12: „... mit Wirkung vom 02.05.1963 ist umzugliedern: die LTS-Boot-Abteilung in eine LTS-Boot-Brigade.“

Diese Grundstruktur wurde im Laufe der Ausbildungsjahre nur in Einzelheiten durch Streichung oder Neuschaffung einzelner Planstellen geändert. Ausnahme, im Ausbildungsjahr 1965/66 wurden die Abteilungsstäbe aufgelöst und die verbleibenden 6 LTS-Boot-Gruppen zu je 6 Booten wurden dem Brigadechef direkt unterstellt. Diese Entscheidung hat sich aber in der Praxis nicht bewährt und wurde mit Wirkung vom 01.12.1966 wieder rückgängig gemacht.

Mit der Einführung einer neuen Struktur in der 6. Flottille ab 01.12.1971 wurde aus der LTS-Boot-Brigade die 7. LTS-Boot-Brigade mit der schon existierenden Abteilungsstruktur.

Die LTS-Boot-Abteilungen, die ständig die Bezeichnung 7., 8. und

9. LTSA führten, verfügten neben einem kleinen Stab (4 Offiziere: ACH, TO, APV, AI) über je 10 Boote. Die Abteilungen waren in 2 LTS-Boot-Gruppen gegliedert mit je 5 Booten. Jede Gruppe wurde von einem Gruppenchef (GCH) geführt, der zugleich Kommandant eines Bootes war. Auf dem Boot des GCH fuhr auch der Gruppen-Obermaschinist. Die GCH`s waren dienstältere Kommandanten, die Gruppen-Obermaschinisten Berufsunteroffiziere, ab 1974 Fähnriche.

Da sich der Bootsbestand der LTS-Brigade auf insgesamt 45 LTS-Boote belief, das heißt, 30 Boote des Projektes 63.300 und 15 Boote des Projektes 68.200, jedoch nur 30 Besatzungen zur Verfügung standen gab es die verschiedenartigsten Verantwortlichkeiten für die Boote. Dazu kamen anfangs noch 6 Halbserien-Boote des Projektes 63.3 und 3 Halbserien-Boote des Projektes 68.2, die nach und nach außer Dienst gestellt wurden. Die wohl extremste Methode war die Einführung des sogenannten Pilotsystems, eine aus den Luftstreitkräften entlehnte Variante. Dabei sollte eine kleine Wartungsgruppe, die aus Besatzungsangehörigen des Schwimmenden Stützpunktes stammte, die gesamte Wartung der Boote übernehmen und dabei von den LTS-Besatzungen unterstützt werden. Das war eine untaugliche Methode, die unter Marinebedingungen nicht anwendbar war und die Wartungsgruppe völlig überforderte. Andererseits wurde das Verantwortungsbewusstsein der LTS-Besatzungen für die Boote nur wenig gefordert, da jede Besatzung auf Befehl auf ein beliebiges Boot einsteigen musste. Von dieser Methode hat man sich schnell getrennt, so dass dann überwiegend jede Besatzung mindestens für die Dauer eines Ausbildungsjahres für ihr eigenes Boot voll verantwortlich war und auf der Grundlage des Ausrüstungsnachweises auch materiell übernahm. Damit waren 30 LTS-Boote ständig im Wasser und die restlichen 15 Boote lagen in der LTS-Halle im Stützpunkt Dranske-Bug auf Slip. Diese Boote wurden einer speziellen Wartungsgruppe des Stützpunktes der 6. Flottille übergeben, von diesem Personal gewartet, zu Werftreparaturen vorbereitet und auch als technische Reserve für ausgefallene Einsatzboote bereitgehalten.

2.1.3. Raketenschnellboote des Projektes 205

Am 26.November 1962 wurden durch den Stellvertreter des Chefs der VM, Konteradmiral Felix Scheffler, die ersten beiden Raketenschnellboote des sowjetischen Projektes 205 im Hafen Peenemünde Nord feierlich in Dienst gestellt. Sie wurden zuvor unter großer Geheimhaltung überführt, aber, wie wir später erfuhren, schon auf der Überfahrt durch den Gegner aufgeklärt. Damit erhielten die Stoßkräfte der VM einen erheblichen Zuwachs an Kampfkraft. Sie bildeten fortan den Kern der Stoßkräfte. Mit der Einführung dieser Boote erhielt die VM gleichfalls einen technologischen Vorsprung gegenüber den Flotten der NATO in der Ostsee. Sie waren besonders geeignet, gegnerische Überwasserkräfte zu vernichten. Das

Transportvariante ohne Torpedorohr. (Bild Sammlung Peter Seemann)

LTS-Boote in Kiellinie. (Bild Sammlung Peter Seemann)

LTS- Boot in Minenvariante. (Bild Sammlung Peter Seemann)

allerdings setzte ein enges Zusammenwirken mit anderen Flotten- und Fliegerkräften voraus.

Der CVM, Vizeadmiral Ehm, schrieb zur Rolle der RS- Boote: „Die RS-Boote sind die schlagkräftigsten Einheiten der VM. Sie sind in der Lage Überwasserkräfte, Geleite und Landungsabteilun-

RS-Boot Projekt 205 in See. (Bild Sammlung Peter Seemann)

gen des Gegners zu bekämpfen. Moderne Funkmess-, Feuerleit- und Schiffsführungsanlagen gewährleisten einen wirkungsvollen Waffeneinsatz".

Die Vorteile der RS-Boote sind hohe Geschwindigkeit, ausgezeichnete Manövereigenschaften und die große Reichweite der Raketen. Damit waren diese Boote aber auch eine Herausforderung an die allgemeine und Spezialausbildung des Personalbestandes, an die taktische Ausbildung und den Einsatz der Boote, an das ZW mit anderen Flottenkräften, an die Basierung und alle Arten der Sicherstellung sowie an die Gewährleistung der Sicherheit.

Für die Seite des potentiellen Gegners bereitete die Einführung dieser Boote einen Schock, da man damit nicht gerechnet hatte und dem auch nichts Gleichwertiges gegenüberstellen konnte. Die amerikanische Seite ging davon, dass sich auf dem „Bug eine elitäre Truppe von Schnellbootfahrern und Raketenspezialisten herausgebildet hatte, gegen die in den NATO-Marinen der 60er Jahre keine wirkungsvollen Abwehrmittel vorhanden waren". Man ging von einer hohen Zuverlässigkeit der Seezielrakete P-15 in der Hand der Volksmarine aus. Die Parole „Jede Rakete ein Treffer" wurde ernst genommen.

Neben der Entscheidung zur Einführung der neuen Boote musste auch die Ausbildung der ersten Besatzungen geklärt werden. Die Auswahl der wichtigsten Kader und ihre Vorbereitung war von erstrangiger Bedeutung. Aus diesem Grund wurde beschlossen, die Ausbildung an der Kaspischen Höheren Seekriegsschule der SSK in Baku in der Zeit vom 01.09.1961 bis 31.10.1962 durchzuführen. An der Ausbildung nahmen 40 Offiziere teil, die sich im Flottendienst ausgezeichnet haben. Sie sollten im Nachhinein verantwortungsvolle Posten in der Flottille, den Rückwärtigen Diensten und an Schulen übernehmen. Eine besondere Herausforderung waren die Russischkenntnisse. Außer 2 Offizieren, die die Seekriegsakademie in Leningrad und einen Speziallehrgang besucht hatten, verfügten die anderen über Kenntnisse auf Abiturniveau. Der Lehrgang wurde in 2 Gruppen geteilt, einer für die RS -Boote und die andere Gruppe für die Küstenraketenabteilung. Der Ausbildungsort wurde erst kurz vor der Abreise, der Ausbildungsgrund in der Lehreinrichtung, mitgeteilt. Nach der Überwindung der Anfangsphase mit verstärktem Russischunterricht, begann die Ausbildung, die alle Teilnehmer mit guten Ergebnissen abschlossen.

Das dazugehörige Flottenpraktikum wurde in Wladiwostok auf RS-Booten der Pazifikflotte durchgeführt. Die VM -Offiziere haben an allen Maßnahmen der Bordorganisation bis hin zum Raketenschiessen teilgenommen.

Nach der Rückkehr aus Baku begann die Formierung der Küstenschnellbootsabteilung (KSB-Abteilung). Offiziere, Meister, Maate und Matrosen wurden hinzuversetzt und die Ausbildung erfolgte vor Ort. Die Abteilung war dem CVM unmittelbar unterstellt und im Kommando der Volksmarine wurde eine Unterabteilung Spezialbewaffnung gebildet.

Am 20. November 1962 trafen die ersten beiden Boote in Peenemünde Nord ein, am 26.November 1962 erfolgte der Flaggenwechsel und die Indienststellung.

Mit der Bildung der 6.Flottille am 01.Mai 1963 wurde aus der KSB- Abteilung und der technischen Abteilung die Schnellbootsbrigade (SB) formiert. Der erste Raketenschießabschnitt wurde in der Zeit vom 05.-13.Mai 1964 im Gebiet vor Baltijsk durchgeführt und war ein voller Erfolg. Genauso wie alle folgenden Abschnitte.

Im April 1965 wurde die Brigade überraschend im Rahmen einer Überprüfung der Gefechtsbereitschaft durch den Chef der 6. Flottille nach Bug/Dranske verlegt. Die 1. und die 3. Abteilung waren voll aufgefüllt, die 5. im Aufbau. Die erste Abteilung war schon Kampfkern I, die dritte Abteilung noch Kampfreserve. Die 3. Abteilung lief als erste ein und machte an der Pier 4 fest. Diese Pier war bis zum Ende der 6. Flottille 1990 die Gefechtsdienstpier, d.h. hier lag die jeweilige Gefechtsdienstabteilung mit scharfen Raketen. Auf Grund der Sicherheitsbedingungen für die Lagerung scharfer Raketen an Bord musste für den Fall eines Havariestartes (besonderes Startregime der Raketen im Falle einer Havarie an Bord -es erfolgt nur die Zündung des Starttriebwerkes) in Vorausrichtung der Boote ein freier Sektor verfügbar sein.

Ostern 1965 befand sich die RS- Brigade als erster geschlossener Truppenteil im Stützpunkt Bug/Dranske.

Am 4. November 1965 wurden den Booten der Brigade Ehrennamen verliehen. Gleichzeitig erfolgte die Umbenennung der Schnellbootsbrigade in Raketenschnellbootsbrigade.

1965 begann die Modernisierung der Boote. Die ersten Boote wurden ohne Funkmesswaffenleitanlage (System MR-104) aus der SU geliefert. Die zuletzt übernommenen Boote hatten diese schon. Somit wurde diese auf 4 Booten in 2 Durchgängen von jeweils 3 Monaten auf einer Werft in Tallinn nachgerüstet. So war der Plan. Die

ersten Boote waren allerding 8 Monate dort, da sie auf Grund der Eislage im Finnischen Meerbusen und eines Maschinenschadens nicht zurückkonnten. Die Boote 732 und 733 wurden von November 1965 bis Juni 1966, 711 und 712 von Juni bis Oktober 1966 umgerüstet. Die Boote 713, 714, 734 und 751 wurden auf der Peenewerft Wolgast von Juni 1966 bis Januar 1967 umgerüstet.
Im Dezember 1965 wurde das zwölfte RS- Boot der Brigade zugeführt. Damit war sie voll aufgefüllt.
1966 kamen die ersten 27 Offiziere, die ein komplettes Studium an der Kaspischen Höheren Schule der SSK der UdSSR absolviert hatten in die RS-Brigade. Sie besaßen eine ausgezeichnete taktische und technische Ausbildung, beherrschten die russische Sprache und waren außerdem an ein entbehrungsreiches Leben gewöhnt. Die Brigade profitierte von der hervorragenden technischen Ausbildung.

Raketenübernahme auf Projekt 205. (Bild Berndt Borrmann)

Die sowjetischen RS-Boote vom Projekt 205 waren 39,60 m lang, 7,60 m breit und hatten einen Tiefgang von 2,93 m. Die Verdrängung betrug im Volldeplacement 209 t. Die Besatzung bestand aus 29 Mann. Die Seezielrakete P-15 hatte eine Reichweite von 40 km. Die Flughöhe musste in der Raketentechnischen Abteilung voreingestellt werden und konnte auf 100, 200, oder 300m festgelegt werden. Die Masse des Gefechtsteiles betrug 512 kg, die Fluggeschwindigkeit 312 m/s.

Episoden aus dem Leben der Flottille

In der Zeit des Bestehens der 6. Flottille gab es natürlich auch einige wenige Ereignisse, die eng mit dem Einsatz der Hauptbewaffnung verbunden waren und damals entweder ein besonderes Vorkommnis darstellten oder als tollkühne Aktion einzelner Bordoffiziere in die Geschichte eingingen. Sie sollen hier als Episoden geschildert werden und man schmunzelt heute darüber.
1. Episode: 1979 war der damalige I.WO der 734 im Stab der 6. Flottille für die Ausbildung der Besatzungen der RS- Boote und die Vorbereitung der jährlichen Raketenschießen als Oberoffizier für den Einsatz der Raketenbewaffnung (Raketenwaffenoffizier, kurz RWO) verantwortlich. Beim Raketenschießen im Seegebiet vor Baltijsk befand sich FK Illgen als Kontrolloffizier an Bord des Bootes 752. An Bord befanden sich zusätzlich drei Offiziersschüler, zwei im Einarbeitungspraktikum und einer (ich) im ersten Bordpraktikum. Das Schießen war natürlich für mich etwas Besonderes, aber eigentlich stand ich nur im Weg. Deshalb suchte ich mir während des Schießens einen Platz auf den oberen Stufen des Niedergangs zum O-Deck. Aus dieser Perspektive konnte ich die Handlungen, ohne, zugegebenermaßen, viel davon zu verstehen, beobachten. Damit nach der Vorstartkontrolle und dem Liegen auf dem Gefechtskurs die Raketen starten können, musste als letztes im Gerät 75/II auf der Brücke eine Steckverbindung hergestellt werden. Das passierte auch und der Kommandant drückte den Startknopf. Ruhe - nichts passierte. Plötzlich großes Grollen- die Rakete ging mit etwas Verzögerung von Bord und der RWO sprang durch die Brücke. Was war passiert? Im Moment des Drückens des Startknopfes brannte im Gerät 75/II eine darin befindliche Sicherung durch. Da die Deckel des Gerätes während des Startes immer offen waren bemerkte das der RWO und überbrückte geistesgegenwärtig die Sicherung mit 2 Fingern. Die Rakete vernichtete das Ziel.
2. Episode: Etwas ähnliches passierte 1987, und zwar auf der 731. Der Kommandant drückte den Startknopf und die Rakete ging nicht von Bord. Da rannte der RWO der Brigade, FK Lange, quer durchs Boot nach achtern auf die GS 18. Hier befand sich die Apparatur der Vorstartkontrolle und weitere Geräte. Darunter auch das Gerät 211, von welchem die Signale zur Freigabe des Startes bei positiver Stampfbewegung und der Einhaltung bestimmter Krängungswinkel kamen. Er riss die Haube vom Gerät, sah eine durchgebrannte Glassicherung und steckte einen Schraubenzieher in die Sicherungshalterung. Gleich darauf ging die Rakete von Bord.

Ergo: Die Handlungen der beiden Episoden war nur möglich, wenn man seine Systeme aus dem Effeff kennt und beherrscht. Und das war bei beiden Offizieren der Fall. FK Lange wurde während der Durchführung dieses Raketenschießabschnittes eine Anerkennungsurkunde seiner Fachoffiziere (RWO`s der anderen Brigaden und der Flottille) für die erfolgreiche Teilnahme an sage und schreibe zehn Raketenschießabschnitten überreicht. Siebenmal davon als Kommandant und dreimal als Raketenwaffenoffizier. Als Kommandant der 733 schoss er zwei Raketen aus den Hangaren Steuerbord vorn und Backbord achtern. 1981, beim 18.RSA, schoss die 754 unter Kommandant Axel Freiwald drei Raketen. Alle trafen ins Ziel.

2.2. Die Entwicklung ab den 70er-Jahren

2.2.1 Die Konsolidierung des Bestandes

Mit dem Befehl Nr. 129/71 des Ministers für Nationale Verteidigung vom 14.09.1971 wurde die 6. Flottille mit Wirkung vom 01.12.1971 umstrukturiert. Es wurden die RS- und die TS-Brigade aufgelöst und in drei gemischte Raketen-Torpedo-Schnellbootsbrigaden (1., 3., 5. RTSB) neu gegliedert, die der Struktur der Schiffsschlaggruppen entsprachen. Damit endete ein ereignisreiches, erfolgreiches und ehrenvolles Kapitel der Schnellbootsgeschichte der Volksmarine und es begann gleichzeitig ein neues.

Mitte der 70er Jahre standen die LTS-Boote durchschnittlich zehn Jahre, teilweise länger, im Flottendienst. Sie haben sich in diesen Jahren als ein effektives Waffensystem erwiesen. Voraussetzungen für den erfolgreichen Einsatz waren in erster Linie mutige und seeerfahrene Besatzungen mit einem hohen Ausbildungsstand sowie eine umsichtige Führung der Einheiten in See. Die größte Gefahr für die Erfüllung von Aufgaben bestand bei einer Überforderung der Besatzungen bei Witterungsbedingungen, bei denen die Seezulassung der Boote überschritten wurde. Solche Situationen entstanden, wenn Wettermeldungen auf den Gefechtsständen nicht ausreichend beachtet wurden oder aber fehlerhaft von den Küstenbeobachtungsstationen eingingen. Dabei wurde der Seegang oftmals unterschätzt, so dass die Kommandeure der LTS-Einheiten in See dann im Widerstreit zwischen Befehlserfüllung und fehlender objektiver Möglichkeit zur Befehlserfüllung standen. Abgesehen von solchen Ausnahmeerscheinungen, die natürlich in der operativen Planung berücksichtigt werden mussten, bewährten sich die LTS-Boote bei allen Flottenübungen im nationalen und internationalen Maßstab. Besonderes Interesse riefen die kleinen und universell einsetzbaren Boote sowohl bei den verbündeten Flotten als auch bei Flotten der 3. Welt hervor. Davon zeugen viele Militärdelegationen, denen die LTS-Boote im Stützpunkt und bei Handlungen in See vorgeführt wurden. Aber neue taktische und technische Forderungen führten dazu, dass man sich entschied neue, kleine Torpedoträger einzuführen. Das erfolgte im Austauschverfahren. In den Jahren 1974 bis 1977 wurden 30 KTS-Boote an Stelle der Boote der Projekte 63.300 und 68.200 in Dienst gestellt.

2.2.2. Kleines Torpedoschnellboot, Projekt 131.4

Im April 1969 wurde durch das Kommando der Volksmarine die operativ-taktische Forderung gestellt, ein Gleitboot ohne Tragflügel als Nachfolger der LTS-Boote zu entwickeln. Es sollte folgende Zweckbestimmung erfüllen:

- Torpedoangriffe gegen Überwasserziele und stationäre Küstenanlagen führen
- Legen von Fernzündungsminen des Typs UDM (Import UdSSR)
- Transport, Überführen, Anlanden bzw. Absetzen und Aufnehmen von Kampfschwimmern oder Spezialeinheiten mit Ausrüstung
- Begrenzte Aufklärungsaufgaben
- Kurierdienst und Begleitaufgaben

Damit sollten die neuen Boote die wesentlichen Kampfeigenschaften ihrer Vorgänger Projekt 63.300 und 68.200 in sich vereinen. Verbessert werden sollten der Aktionsradius, die Seetüchtigkeit, die funkelektronische Ausrüstung und zusätzlich wurde eine leichte Ari-Bewaffnung zur Selbstverteidigung gefordert. Bis August 1970 erfolgte in der PWW eine Studie für ein kleines Mehrzweckschnellboot KMS-55 (eingestellt September 1970). Der Bootskörper wurde bei Modellerprobungen in Potsdam und Leningrad als gut eingeschätzt. Die vorgesehene Antriebsanlage von einem DM M503A und 2 x M50F ergab Probleme im Fahrtregime. Deshalb schlug die PWW vor, drei Maschinen M50F einzusetzen und auf dieser Grundlage das Boot zu entwickeln. Daraufhin schloss die Volksmarine mit der PWW vertraglich eine geregelte Entwicklung für das Projekt 131 ab. Es sollten drei Versuchsboote und 30 Serienboote gebaut werden. Zur Erfüllung der Ari-Bewaffnung wurde auf Boot 131.1 eine 14,5 mm sMG auf einer Konsole auf dem Vorschiff aufgebaut. Die Volksmarine lehnte diese Variante ab, da der Ari-Gast bei 50 kn auf dem Vorschiff stehen müsste und auch eine Sichtbeeinträchtigung des Kommandanten vorlag. Die bessere Variante war die modifizierte Fla- Waffe ZU 23, die schon in der NVA eingesetzt wurde. Auf dem Heck aufgesetzt und mit Schutzschild versehen bot sie eine optimale Variante für den Einsatz. Im Oktober 1971 begann die PWW mit dem Bau der Versuchsboote 131.1 bis

KTS-Boot in Kampfschwimmervariante vor Sassnitz. (Bild Sammlung Peter Seemann)

KTS-Boot bei hoher Fahrtstufe. (Sammlung Peter Seemann)

131.3. Ab Juni 1972 begann die technische Erprobung der Boote von Darßer Ort aus, Schwerpunkt waren die Geschwindigkeit und die Waffeneinsätze (Torpedo, Mine, Artillerie).

Noch im Mai 1972 legte die VVB Schiffbau fest, dass die Produktion der Bootskörper für die Serienboote 131.4 in die Schiffswerft Rechlin verlegt wird. Die Bootskörper wurden über Land nach Wolgast transportiert (150 km) und dort fertiggestellt. Im Mai 1973 begann die Werft in Rechlin mit dem Serienbau. Das erste Boot wurde von der Volksmarine nicht abgenommen, weil es erhebliche Mängel aufwies. Deshalb wurde die Baunummer 131.400 als 4. Versuchsboot eingestuft. Die Mängel wurden beseitigt und der Serienbau begann mit Boot 131.401. Beginnend am 20.12.1974 wurden bis 31.03.1977 30 KTS-Boote, Projekt 131.4 in der Flotte eingeführt und in Dienst gestellt. Wie schon erwähnt erfolgte diese Einführung im Austauschverfahren mit den LTS-Booten 63.300 und 68.200. Die Boote wurden bis Mitte 1976 in Abteilungsstruktur in Dienst gestellt. In Vorbereitung der Gründung der 9. LTS-Brigade wurde dann auf die Gruppenstruktur über gegangen. Ab 01.12.1976 gab es dann die 7. LTS-Brigade „Fritz Globig" mit drei Gruppen (1., 3. und 5. Gruppe) und die 9. LTS-Brigade mit drei Gruppen (2., 4. und 6. Gruppe). Zur 7. Brigade gehörte der SSP H-97 und zur 9. Brigade der SSP H-98. Das KTS-Boot war wie seine Vorgänger ein Gleitboot, allerdings im Vergleich dazu wesentlich besser mit nautischen Anlagen ausgerüstet. Ein automatischer Koppelrechner, ein Log, ein kleiner Kartentisch, mehrere Funkanlagen sowie die TSR 222. Als Antrieb dienten drei Dieselmotoren M50F3 mit je 1.200 PS. Die KTS-Boote waren wie das Projekt 68.200 variabel einsetzbar, das heißt als ständige Bewaffnung waren zwei Torpedos 533 mm, eine Flak ZU-23 sowie zwei Minenwerfer an Bord.
Die Besatzung bestand aus dem Kommandanten (Offizier), dem Obersteuermann (BU oder UaZ), dem Mot-Meister (BU oder UaZ), dem E-Gast (SaZ) und dem Ari-Gast (SaZ).

Mit der Einführung der KTS-Boote veränderte sich gegenüber den LTS-Booten auch die Dienstorganisation an Bord im Hafen und beim Seeeinsatz. Die einzelnen Besatzungsangehörigen hatten nach besetzen der Gefechtsstation keinen Sichtkontakt untereinander, ausgenommen Mot- Meister und E-Gast. Die Kommandoverbindung bestand über die Bordsprechanlage (BÜ), über die alle GS erreichbar waren. Auch hier hatte jedes Besatzungsmitglied seinen festen Aufgabenbereich und dazu noch Vertreterfunktionen im Rahmen der gegenseitigen Ersetzbarkeit.
Der Torpedoausstoß erfolgte wie bei den beiden Vorgängerbooten nach achtern, mit dem Schwanzstück zuerst. Durch diese Art des Torpedoschießens konnten diese in sehr geringer Wassertiefe eingesetzt werden. Die Auslösung des Torpedo- und Minenausstoßes erfolgte durch den Kommandanten. Die KTS-Boote besaßen an Steuer- und Backbordseite direkt neben den Aufbauten, wie oben beschrieben, je eine Minenausstoßanlage. Sie hatten beide einen Ausstoßwinkel von ca. 30° nach achteraus. Das Prinzip war wie beim Ausstoßen der Torpedos, nur das die Minen auf der ausgestoßenen Position liegen blieben.
Beide Ausstoßrohre waren demontierbar und durch je acht Sitze für Kampfschwimmer oder Mot-Schützen zu ersetzen, die in Fahrtrichtung mit Sicht- und Wetterschutzblenden versehen waren. Das Absetzen der Kampfschwimmer erfolgte jeweils nach Steuer- und Backbord seitlich achtern und das Absetzen der Mot. Schützen über das Achterdeck zur angelegten Seite des Bootes an Land.
Ein Novum gegenüber den LTS-Booten war die leichte Artilleriebewaffnung der KTS-Boote. Die Waffe ZU-23 diente vorwiegend dem Eigenschutz des Bootes gegen Luft- und kleine Überwasserziele. Die Waffe befand sich auf dem Heckteil, der Ari-Gast saß mit dem Rücken zur Fahrtrichtung des Bootes und war für die Luftraumbeobachtung verantwortlich. Der Schwenkbereich der Waffe betrug von 30° Backbord über achtern bis 30° Steuerbord.

Eine Bemerkung am Rande: Auf Grund der besonderen körperlichen Herausforderungen an Bord der LTS- und KTS-Boote wurde die wöchentliche Anzahl der MKE-Stunden verdoppelt (von 2 -NVA üblich- auf 4). Zusätzlich wurden in den ersten Jahren im Winter Konditionslehrgänge in Johanngeorgenstadt oder Prora durchgeführt.

2.3. Die Entwicklung in den 80er-Jahren – Einführung neuer Technik

Ende der 70er/Anfang der 80er Jahre gab es in der Volksmarine Überlegungen, Nachfolgemuster für die RS- Boote einzuführen. Eigenentwicklungen auf Basis der KTS- Boote wurden erdacht (Boote der Projekte 141R, 141.1 „Wiesel“ und 141.2 „Nerz“). Diese wurden verworfen, da man die sowjetische Raketen- und Feuerleittechnik nicht an Bord unterbringen konnte. Hierbei muss ich an die ersten Projekte der DDR aus dem Jahr 1961 erinnern, da man damals schon Eigenentwicklungen des ISW - Raketenschnellboot, Artillerieschnellboot und Torpedoschnellboot -jeweils mit Gasturbinenantrieb-, zumindest aktenmäßig, auf den Weg brachte.
1981 wurden die ersten 3 RS-Boote außer Dienst gestellt und verschrottet. Die Schulbootbrigade in Parow wurde aufgelöst und die dort vorhandenen 3 RS-Boote in die 6. Flottille verlegt.
Im Frühjahr 1983 begann die Auswahl des Personalbestandes für die neuen kleinen Raketenschiffe. Ein Großteil des Berufsunteroffiziersbestandes der neuen Besatzungen kamen von den außer

Kleines Raketenschiff im Stützpunkt Bug vor der Übernahme in den Bestand der VM. (Bild Peter Prast)

Dienst gestellten KTS-Booten der Flottille, die Offiziere aus den anderen Brigaden, die Maaten kamen frisch von der Flottenschule. Matrosen wurden erst im dritten Ausbildungsabschnitt zuversetzt. Die Ausbildung wurde im Ausbildungszentrum der baltischen Flotte in Riga durchgeführt und dauerte 15 Monate. Sie gliederte sich in 3 Abschnitte:

1. Sprachausbildung Russisch
2. Fachausbildung
3. Ausbildung der ersten beiden kompletten Besatzungen an Bord des Schulschiffes

An der Ausbildung nahmen Vertreter des Kommandos der VM, der VM-Schulen, der Instandsetzungsbasis und der Personalbestand der zukünftigen 7. RS- Brigade teil.
Im Sommer 1984 wurden die KTS-Boote der 7. LTS-Bootbrigade außer Dienst gestellt. Mit Zuführung des ersten Schiffes des Projekt 1241 RÄ wurde mit Befehl 77/84 des Ministers für Nationale Verteidigung vom 16.07.1984 am 07.11.1984 die 7. RTSB auf der Basis der 7. Torpedoschnellbootsbrigade aufgestellt. Mit Befehl Nr. 72/86 des MfNV wurde sie in 7. Raketenschiffsbrigade umbenannt.

Mit der Zuführung der neuen kleinen Raketenschiffe (kRS) wurde nicht nur eine neue Klasse von Schiffen in, sondern auch die alten "Wohnschiffe" (schwimmende Stützpunkte) außer Dienst gestellt. Seit Gründung der TS-Abteilungen und später der Brigaden hatten diese Schiffe die rückwärtige Sicherstellung der Schnellboote wahrgenommen. An Bord waren Kammern, Messen und spezielle Räume zum Klarmachen der Torpedobewaffnung vorgesehen. Ganze Generationen von Matrosen und Offizieren haben an Bord gewohnt.
Mit der Zuführung der neuen schwimmenden Stützpunkte wurden verbesserte Wohn- und Versorgungsdienstleitungen für die Brigaden erbracht. An Bord gab es modernere Kammern, Messen, Spezialisten- und Lagerräume, eine Bäckerei, eine größere Kombüse, Sauna und auch eine Arrestzelle. Dadurch, dass die Schiffe einen Eigenantrieb, verbunden mit einem Bugstrahlruder hatten, konnten sie die Brigaden in See begleiten. Zumindest bis 1986. Danach gingen sie nicht mehr in See.
Mit der Zuführung weiterer Schiffe stellte sich auch die Frage der Ausbildung an der Technik für die nächsten Besatzungen. Bereits ca. 6 Monate vor Indienststellung des dritten Schiffes wurde die Besatzung formiert. Sie bestand aus Angehörigen der ersten beiden Besatzungen und aus neu von der Flottenschule hinzu versetzten Matrosen und Maaten. Junge, gerade ernannte Offiziere vervollkommneten die Besatzungen. Die Ausbildung, bald auch des 4. und 5.Schiffes, erfolgte in der Brigade, da an den schulischen Einrichtungen der Flotte die neue Technik erst nach und nach eintraf und ebenfalls noch keine einheitlichen neuen Ausbildungsmaterialien zur Verfügung standen. Hierzu wurde noch das Ausbildungsmaterial (eigene Mitschriften und sowjetische technische Dokumentationen, die mit den Schiffen geliefert wurden) aus Riga genutzt.

3 Schiffe der 7.RS-Brigade mit Wohnschiff und Schlepper in Sassnitz, 1988. (Bild Sammlung Holger Neidel)

Die verbesserte Raketen- und Artilleriebewaffnung verbunden mit einer leistungsstarken Antriebsanlage gaben der Volksmarine mit dem Projekt 1241RÄ eine Waffe in die Hand, die die Möglichkeiten der Stoßkräfte erheblich verbesserte. Aber auch für die Besatzungen wurden damit die Arbeits- und Lebensbedingungen auf ein neues Niveau gehoben. Das zeigte sich u.a. auch darin, dass ab 1986 mit der Indienststellung des 5. Schiffes, „Hans Beimler", die Entscheidung getroffen wurde, dass alle Besatzungen an Bord die Mahlzeiten einzunehmen hätten. Die Möglichkeiten der neuen schwimmenden Stützpunkte reichten doch nicht aus, um alle Besatzungen 7. RS-Brigade komplett im Hafen an Bord dieser Schiffe zu verpflegen. Das war auch nur möglich, da an Bord der kRS großzügig bemessene Lasten für Kartoffeln, Gemüse sowie Tiefkühlware zur Verfügung standen. Die Trinkwasserzellen waren ausreichend bemessen und eine Seewasserentsalzungsanlage stand zur Verfügung. Ebenfalls geräumige sanitäre Einrichtungen.
Das wiederum bedingte eine längere Aufenthaltsdauer in See und die Möglichkeit, für andere SSG`n als Führerschiff eingesetzt werden zu können. Durch neue Geräte an Bord der kRS wurden die Einsatzmöglichkeiten der Raketenbewaffnung entscheidend verbessert. Größere Reichweite der Raketen, geringere Flughöhe, höhere Geschwindigkeiten des Schiffes, verbesserte Artilleriebewaffnung sowie Möglichkeiten der elektronischen Tarnung und Täuschung sowie technische Möglichkeiten der FuM Anlage „Harpun", begünstigten das.
Die Einschränkungen beim Ein- und Auslaufen der Schiffe in bzw. aus dem Stützpunkt Bug (war nur mit Schlepperhilfe möglich),

RSK nach dem Schuss im Seegebiet vor Kap Taran. (Bild Peter Prast)

Kleines Raketenschiff Projekt151 während der Erprobung. (Bild Sammlung Holger Neidel)

waren mit der Verlegung der 7. RS-Brigade am 2. Mai 1988 in den Stützpunkt Sassnitz Vergangenheit. Hier hatte man zum Manövrieren im Hafenbecken und im Seeraum gute Möglichkeiten.

Mit Einführung der Schiffe kam ein anderes Problem auf uns zu. Die Übernahme der Raketen an Bord gestaltete sich schwierig und langwierig. Mit den in der Flottille vorhandenen Kranen war es nicht möglich, die jeweils andere Bordseite zu beladen. Somit mussten die Schiffe gedreht werden. Die von der SU gelieferten Übernahmegerüste waren sehr sperrig und konnten an Bord nicht mitgeführt werden. So konnten schon mal 4 Stunden für die Übernahme veranschlagt werden, während es beim Projekt 205 eine Stunde war. Eine Verbesserung sollte mit in der PWW entwickelten eigenen Übernahmegerüsten erfolgen. Das wurde aber erst auf einem Schiff, und auch nur auf einer Bordseite, im September/Oktober 1990 realisiert.

Ab Mitte der 80er Jahre begann auch die planmäßige Außerdienststellung der TS- Boote des Projektes 206. Die TS- Abteilungen verringerten sich von anfangs 6, dann auf 5 und schließlich auf jeweils 4 Boote.
In der Peenewerft begann der Bau eigener, kleiner Raketenschiffe des Projektes 151. Die entsprechenden Vorprojekte und Planungen liefen schon seit Anfang der 80er Jahre und wurde mit Ministerratsbeschluss vom 23.02.1984 als Staatsauftrag bestätigt. Auf einer Beratung mit Flottenadmiral der Sowjetunion Gorschkow 1983 wurde signalisiert, dass die SU 18-20 Schiffe bestellen würde und man es auch der VR Polen anbieten sollte. Diese signalisierte im August 1983, das man auf eigenen Werften 12-14 Schiffe bauen könnte. Damit sollte auch die Werftindustrie der SU entlastet werden. Gleichzeitig übernahm man in der DDR, ausgelöst durch einen Politbürobeschluss von 1983, die Projektierung eines Zielsuchkopfes, der Start- und Transporteinrichtung sowie des Bordrechners für eine neue Seezielrakete zum Einsatz auf ebendiesen Schiffen. Dieses Projekt konnte auf Grund vielfältiger Gründe nicht beendet werden. Allerdings wurde in der Peenewerft der Start- und Transportcontainer entwickelt, konstruiert und gebaut. Einige Container wurden in die SU exportiert und waren noch bis 2021 aktiv in der russischen Schwarzmeerflotte im Einsatz. Da die Entwicklung in der SU parallel lief, man selbst aber ebenfalls dieses Seezielraketenprojekt nicht beenden konnte, wurde der DDR 1988 mitgeteilt, dass man die Rakete nicht liefern könne. Die Schlussfolgerung war dann, diese Schiffe als Patrouillen- bzw. als Artillerieschiffe zu klassifizieren.

Am 2.Oktober 1990 24.00 Uhr endete mit der Außerdienststellung aller Schiffe und Boote der Volksmarine auch die Geschichte der 6. Flottille, der Flottille der Stoßkräfte.

Quellen:
- Die Torpedoschnellbootsbrigade der Volksmarine 1959-1971- Die Chronik
- Raketenschnellbootsbrigade der Volksmarine 1962-1971- Beiträge zur Geschichte
- Die Geschichte der LTS-Brigade(n) der Volksmarine
- Erinnerungen Theodor Hoffmann
- Buch „Raketen über See“

2.4. Das Zusammenwirken verschiedener Flottenkräfte der Volksmarine

Die Volksmarine war eine Koalitionsmarine, die eng mit den anderen Marinen des Warschauer Vertrages im Ostseeraum zusammen handelte. Das Zusammenwirken der Volksmarine wurde auf Grundlage von Befehlen des MfNV, u.a. der Befehl 76/63 über die „Grundprinzipien des Zusammenwirkens der Baltischen Rotbannerflotte, der Seekriegsflotte der Polnischen Volksrepublik und der Volksmarine der DDR“ organisiert.
Auf Grund dieses Befehls wurde unter anderem ein System der Vorposten- und Aufklärungstätigkeit erarbeitet, auf dessen Grundlage die Vorposten im Fehmarn Belt, im Südausgang des Sundes ständig, sowie weitere Vorposten periodisch bzw. auf Befehl besetzt wurden. Mängel, die im Zusammenhang mit der Ausführung dieses Befehles verbunden waren, wurden periodisch ausgewertet. Lange bevor dieser Befehl das Zusammenwirkens regelte, gab es schon gemeinsame Handlungen der TS-Bootsbrigade mit anderen Einheiten der Volksmarine und der anderen Flotten. In der DV-350/4 „Gefechtsvorschrift für TS-Boote“ von 1960 war das Zusammenwirken mit anderen Schiffseinheiten und Fliegerkräften erläutert und festgelegt worden. Ab 1960 standen für die 4.TSA gemeinsame Ausbildungsmaßnahmen mit TS-Bootsabteilungen der 24. Brigade der Baltischen Rotbannerflotte (BRF) in Świnoujście im Mittelpunkt. Einen Höhepunkt der Ausbildung bildete vom

TS-Boote in Bereitschaft. (Quelle: Bild Peter Seemann)

17.-19.05.1960 eine dreistufige Nachrichtenübung mit darstellenden Kräften, in der die Führung von Kampfhandlungen auf See geübt wurde. Der Brigadestab und zwei Boote der 4. TSA nahmen daran teil.

Auch weitere Übungen, wie z.B. eine Kommandostabsübung vom 23. - 26.08.1960, sahen die TS-Brigade als Teilnehmer. Aber den eigentlichen Höhepunkt und Abschluss der Ausbildung stellte die nationale, zweiseitige, zweistufige Flottenübung der Seestreitkräfte vom 13. - 23.09.1960 dar, an der der Stab der TS-Brigade und die 4. und 6. TSA mitwirkten. Die Übung zum Thema „Schaffung und Aufrechterhaltung günstiger operativer Bedingungen im Verantwortungsgebiet der Manöverseiten" stand unter Leitung des Chefs der Seestreitkräfte. An der Übung waren der Stab der Seestreitkräfte (SSK), die 1. und 4. Flottille, die TS-Brigade, die KSS-Abteilung, eine Hubschrauberkette sowie Boote der Grenzpolizei, ein U-Boot und 6 Jagdbomber der PSKF und eine IL-28 der BRF beteiligt; insgesamt 110 Schiffe und Boote und 5.542 Angehörige der Seestreitkräfte. Der Chef der TS-Brigade, die mit 13 Booten an der Übung teilnahm, hatte neben der normalen Versorgung die Ausrüstung der 4. und 6. TSA mit Minen, Torpedos und Treibstoff außerhalb der ständigen Stationierung zu organisieren. Die TS-Brigade hatte bereit zu sein, eine aktive Minensperre zu legen und gemeinsame Schläge im Zusammenwirken mit Küstenschutzschiffen und Jagdbombern zu führen. Nach Übernahme der Minen und Torpedos wurden die TS-Boote dezentral basiert. Die aktiven Handlungen erfolgten in der zweiten Stufe der Übung. Die 6. TSA legte eine Minensperre im Übungsgebiet vor Kühlungsborn. Die Aufgabe wurde erfüllt, aber auf dem Rückmarsch kam es bei plötzlich auftretendem starkem Nebel zur Kollision zweier Boote. Aus dieser Übung wurde geschlussfolgert, dass die Gefechtsausbildung noch keinen befriedigenden Stand erreicht hatte, da von 13 teilnehmenden Booten 6 an Havarien beteiligt waren (4. TSA: Kollision zweier Boote; 6. TSA: Kollision der Boote 205 und 209 sowie Schraubenverluste bei 203 und 206). Trotz dieser Einschätzung wurde der TS-Brigade in Würdigung bisheriger Leistungen am 07.10.1960 durch den Chef des Stabes der Seestreitkräfte, Konteradmiral Heinz Neukirchen, die Truppenfahne verliehen.

TS-Boot Projekt 183. (Quelle: Sammlung Peter Seemann)

Wenn man heute rückschauend diese erste großangelegte Übung bewertet, so wurden hier die Grundpfeiler des gemeinsamen Zusammenwirkens bei den zukünftigen Stoßkräften der VM errichtet, denn wie der Volksmund sagt: „*...aller Anfang ist schwer.*" In den weiteren Übungen wurden dem Chef der VM die Raketenschnellboote unterstellt, bzw. in Kommandostabsübungen wurde mit ihnen geplant, obwohl sie noch nicht im Bestand der VM vorhanden

waren. Es diente aber dazu, die Stabsmitarbeiter an das Arbeiten mit raketentragenden Kräften heranzuführen. Gleiches gilt auch für die Küstenraketenkräfte und Marineflieger, wenngleich es damals Marine-Torpedofliegerkräfte waren.
Der Aufbau eines Vorpostensystems wurde im Rahmen der Sicherungsmaßnahmen aus Anlass des 13. Augusts 1961 geübt. Auf Befehl des Chefs der VM vom 13.08.1961 sollte die Volksmarine das Beobachtungssystem der täglichen Organisation an der Seegrenze durch Entfaltung von Schiffsvorposten und die Seeaufklärung verstärken sowie Unterstützungs- und Bereitschaftskräfte bilden. Deshalb wurden zwei Fernvorposten (im Fehmarnbelt und am Südausgang des Öre-Sundes) und fünf Reedevorposten an den Hafenansteuerungen aufgestellt. Bei vielen dieser Übungen im Bestand der vereinten, wie es damals hieß, „Baltischen Flotte", wurde schon mit Raketenschnellbooten operiert, obwohl diese physisch noch nicht vorhanden waren.

Ab 1963 begannen die großen Übungen der VM im Bestand der VOF. Vom 10. - 16.08.1963 fand die gemeinsame einseitige Flottenübung „Flut" der VOF mit darstellenden Kräften statt. Die Übung zum Thema: „Durchführung gemeinsamer Kampfhandlungen der VOF zur Unterstützung der Landfront" stand unter Leitung des Oberkommandierenden der Sowjetflotte Flottenadmiral Gorschkow. Handlungsräume waren Nordatlantik, europäisches Nordmeer, Nordsee und westliche Ostsee. Neben den Flottillenstäben der Volksmarine mit unterstellten Einheiten nahm auch der Stab der TS-Brigade mit der 4. und 2. TSA und einem schwimmenden Stützpunkt teil. Beide Abteilungen handelten dabei aus dem polnischen Hafen Ustka. Höhepunkt der Handlungen auf See war ein Brigadeangriff beider Abteilungen unter der Leitung des Brigadechefs, Fregattenkapitän Gerhard Regner, auf ein Landungsgeleit bei Nacht und grober See im Seegebiet nördlich Hel. Das Geleit umfasste eine Unmenge von Zielen. Der Angriff war ein voller Erfolg. Danach folgte ein getrennter Rückmarsch beider Abteilungen, der zur echten Sturmfahrt wurde.
Im Weiteren folgten: die Teilnahme des Stabes der TS-Brigade am Manöver **Quartett** vom 10. - 14.09.1963 und die Teilnahme des Stabes der TS-Brigade und der 4. TSA an der ersten gemeinsamen Übung von Raketen- und Torpedoschnellbooten im Zusammenwirken mit der speziellen Küstenartillerie-Abteilung (SKA) in Peenemünde vom 02.-12.09.1963.

Am Ende des Ausbildungsjahres schätzte der Chef der Volksmarine ein: „Aufgrund einer mehrjährig zielstrebig durchgeführten Gefechtsausbildung war die TS-Brigade befähigt, Kampfhandlungen zur Vernichtung gegnerischer Überwasserkampfschiffe durchzuführen. Der Brigadestab war in der Lage, die Gefechtsausbildung zu planen, zu organisieren und durchzuführen. Er hat die Fähigkeit erlangt, die Kräfte sowohl im täglichen Dienst als auch im Gefecht

Besatzung eines TS-Bootes bei der Beseitigung der Folgen eines Kernwaffeneinsatzes. (Quelle: Bild Sammlung Peter Seemann)

Raketenübernahme in den frühen 60er Jahren. (Quelle: Bild Sammlung Holger Neidel)

von Bord eines TS-Bootes, von einem Überwasserschiff als auch von Land mit Hilfe einer Küstenbeobachtungsstation zu führen."
Im Ausbildungsjahr 1963/64 war die 4. TSA wiederum als Kampfkern 1 eingesetzt und leistete mit geringen Unterbrechungen den Bereitschaftsdienst vom Manöverstützpunkt Darßer Ort aus. Höhepunkte bildeten dabei Aufklärungsfahrten in die westliche Ostsee und die Sund- und Belt-Zone sowie Trainingsangriffe auf sowjetische Schiffsgruppierungen, die die Operationszone der Volksmarine in westlicher Richtung durchliefen. Solche Übungen wurden

LTS-Boote beim Angriff. (Quelle: Bild Sammlung Marinehistorisches und Heimatmuseum Dranske)

auch in den folgenden Jahren, dann vor allem im Zusammenwirken mit RS-Booten, durchgeführt.
Wie für alle Typenkräfte der Seestreitkräfte, wurde auch die Einsatztaktik der LTS-Boote auf der Grundlage einer Gefechtsvorschrift, der DV 200/0/011, geregelt. Entsprechend den vielseitigen taktisch-technischen Möglichkeiten, die die LTS-Boote aufzuweisen hatten, waren die zu erfüllenden Hauptaufgaben festgelegt.
Dabei wurden insbesondere solche positiven taktischen Eigenschaften ausgenutzt, wie z.B.:

- geringe funktechnische und optische Ausmachentfernung (bei Nacht und unklarem Wetter bei Seegang 3 bis 4 war die Ausmachwahrscheinlichkeit fast Null)
- geringe Vernichtungswahrscheinlichkeit durch gegnerische Waffeneinwirkung (geringe Reflexionsfläche des Bootskörpers, wenig Infrarot-Abstrahlung, weitgehend unempfindlich gegen Minenzündgeräte, da der Bootskörper aus Holz bestand)
- Möglichkeiten des massiven Torpedoeinsatzes bei Wassertiefen bis zu 5 m
- Möglichkeiten des Minenlegens, selbst in flachen Gewässern und engen Fahrwassern
- Stationierung in kleinen Buchten, an einfachen Anlegern und leichte Tarnmöglichkeiten
- schnelles Seeklarmachen u.v.m.

Zwei wesentliche taktische Nachteile mussten jedoch im Einsatz der LTS-Boote immer wieder beachtet werden: Das war die merkliche Einschränkung des Einsatzes bei Seegang über 3 und die Unmöglichkeit des Einsatzes bei Seegang über 4. Ein weiteres Problem war die Kompliziertheit der Führung einer Gruppierung von LTS-Booten in See zur Erfüllung von Gefechtsaufgaben, bedingt durch geringe technische Reichweiten der eigenen Funkmessstation (geringe Antennenhöhe), Vorhandensein von nur je einem UKW- und KW-Gerät, nur geringe Möglichkeiten der Standortbestimmung usw. Da besonders der Torpedoangriff einer LTS-Boot-Abteilung möglichst genaue Angaben über den Gegner verlangte (Position, Kurs, Geschwindigkeit, Formation, wichtigste Ziele), mussten dem Abteilungschef Hilfen bei der Vorbereitung und Durchführung des Torpedoangriffes gegeben werden, das heißt, er musste vom Vorgesetzten an das Ziel herangeführt und mit den erforderlichen Gegnerangaben versorgt werden.

Solche Führungsvarianten wurden in den ersten Jahren des Bestehens der LTS-Brigade entwickelt, in der Truppenpraxis erprobt und danach in der Gefechtsvorschrift festgelegt.

LTS-Boot in freier Jagd. (Quelle: Sammlung Marinehistorisches und Heimatmuseum Dranske)

Solche Führungsvarianten waren:

- die Führung von einem Raketenschnellboot aus
- die Führung von einem Torpedoschnellboot aus
- die Führung von einer Führungsstelle an Land aus
- die freie Jagd

Bei den ersten drei Führungsvarianten arbeitete der Brigadechef mit einer Führungsgruppe, bestehend aus dem Leiter der Politabteilung, dem Navigationsoffizier, dem Sperr- und Torpedooffizier, dem Nachrichtenoffizier, dem Offizier zum Schutz vor Massenvernichtungswaffen und dem Chiffreur des Brigadestabes auf dem Führerboot bzw. dem Führungspunkt an Land. Die Variante „freie Jagd“ wurde in Ermangelung von Führerbooten bzw. Führungspunkten an Land befohlen und dabei dem Abteilungschef ein begrenztes Seegebiet zum Handeln auf eigenen Entschluss zugewiesen. Es war eine selten praktizierte Variante, weil hier nur Erfolg bei einfachen taktischen Lagen und gutem Wetter zu erwarten war. Als erste Hauptvariante wurde die Führung von einem RS-Boot erprobt. Die Grundidee war, den Erfolg des Raketenangriffes einer RS-Boot-Gruppe oder -Abteilung durch eine LTS-Boot-Abteilung auszuweiten. Der Nachteil, der bald zum Verwerfen dieser Variante führte, war die erforderlich größere Annäherung des als LTS-Führerbootes fungierenden RS-Bootes an den Gegner. Damit wurde das wertvolle RS-Boot eines seiner größten taktischen Vorteile – dem Handeln außerhalb der Artilleriereichweite des Gegners – beraubt und in Gefahr gebracht. Deshalb wurde im Weiteren die Führung der LTS-Boot-Abteilung durch ein TS-Boot (Projekte 183 oder 206) erprobt und für zweckmäßig befunden und ging so als Hauptvariante in den taktischen Einsatz ein. So bestand die bereits genannte SSG aus zehn LTS-Booten und einem TS-Boot. Die SSG lief unter Führung des Brigadechefs aus, war mit dem Flottillengefechtsstand bzw. auch mit dem Gefechtsstand des Flottenchefs (Chef der Volksmarine) über KW- und UKW-Netze verbunden, wurde so mit erforderlichen Aufklärungsangaben versorgt und erhielt die Gefechtsaufgabe zugeteilt. Der Brigadechef klärte dann das zugewiesene Ziel auf (funktechnisch oder durch Einsatz eigener LTS-Aufklärungsboote), gab den Befehl zur Entfaltung in die Such-Schlag-Formation an den Abteilungschef, der sich grundsätzlich auf einem LTS-Boot befand und gab bei einer Entfernung zum Gegner ab ca. 100 kbl. den Befehl zum Torpedoangriff. Ab diesem Zeitpunkt übernahm der Abteilungschef den Befehl über die zehn LTS-Boote, führte die Boote unmittelbar zum Angriff und gab den Befehl zum Torpedoschuss. Danach sammelten sich die LTS-Boote wieder beim Führerboot und der Verband lief zur Wiederherstellung der Gefechtsbereitschaft den befohlenen Stützpunkt an.

Die Führung von einem landgestützten Führungspunkt erfolgte entsprechend der taktischen Gesamtlage auf dem Seeschauplatz bzw. besonders dann, wenn Gefechtshandlungen in der Mecklenburger Bucht oder in anderen begrenzten Seegebieten und in Küstennähe erfolgen sollten. Die Führung erfolgte nach den gleichen Prinzipien, wie bei der Führung vom TS-Boot aus beschrieben. In der Gefechtsausbildung wurden z.B. die Funktechnischen Beobachtungskompanien an der DDR-Küste, wie Darßer Ort, Dornbusch, Arkona, Stubbenkammer oder Sellin genutzt. Der entscheidende taktische Vorteil dieser Variante war die größere Geheimhaltung, da das Führerboot als relativ gutes Funkmessziel nicht in See war und zwischen dem Brigadechef und seinem Vorgesetzten über Drahtnachrichtenverbindungen die Verbindung gehalten werden konnte. In den Stoßkräften der Volksmarine hatten die Gruppierungen der LTS-Brigade (SSG, MLG) einen festen Platz. Während die Minenleggruppe ihre festen Aufgaben hatte, wurden die Schiffsschlaggruppen variabel eingesetzt. Beim Fehlen ausreichender Aufklärungsangaben auf dem Seeschauplatz wurden aus der SSG kurzzeitig Aufklärungsgruppen gebildet, die in kurzer Zeit präzise Meldungen über die konkrete Lage brachten. Im Gefechtseinsatz der Torpedowaffe handelten die LTS-Boote in der Hauptsache zur Ausweitung des Erfolges der anderen SSG´en, bestehend aus

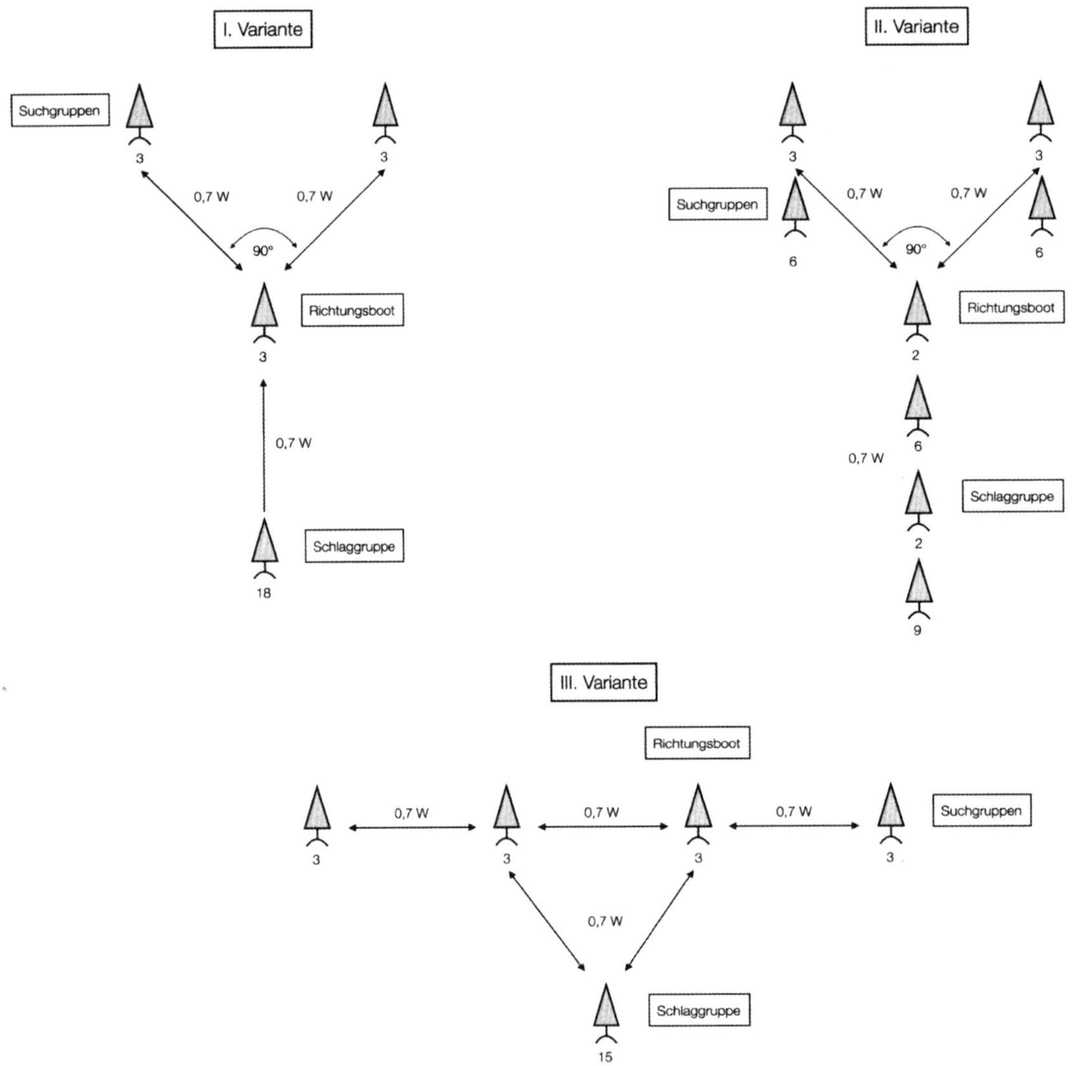

Schema Such-Schlag Formation TS-Boote. (Quelle: Sammlung Dienstvorschriften Neidel)

Raketen- und großen Torpedoschnellbooten. Der Angriffsbefehl an die LTS-Boote erfolgte in der Regel 10 bis 15 Minuten nach dem letzten Raketenschlag. Wurde das Seegefecht im Zusammenwirken mit Marinefliegerkräften oder den Luftstreitkräften durchgeführt, erfolgte die Führung der Fliegerkräfte grundsätzlich durch den Hauptgefechtsstand des Flottenchefs, teilweise auch durch den Flottillenchef. Das Zusammenwirken der Schiffsschlaggruppen konnte im nationalen (Volksmarine der DDR) oder auch internationalen Rahmen (VOF) erfolgen. Zu bestimmten Höhepunkten der operativen und taktischen Ausbildung übten die Schiffsschlaggruppen der BRF, der PSKF und der VM gemeinsame Handlungen. Das Gesamtkommando über alle gemeinsamen Gefechtseinsätze hatte abwechselnd ein sowjetischer, polnischer oder deutscher Kommandeur. Es wurden auch gemischte SSG´en gebildet, das heißt, in einer SSG handelten Boote verschiedener Nationalitäten. Im Unterschied dazu wurden die LTS-Boote grundsätzlich typenrein eingesetzt, da nur die Volksmarine der DDR über leichte Torpedoschnellboote verfügte.

Im Sommer 1963 wurde zum ersten Mal das Zusammenwirken der Raketen- und Torpedoschnellboote mit Küstenraketentruppen der Volksmarine trainiert. Schlussfolgernd daraus konnte man nun größere Aufgaben in Angriff nehmen. Dazu gehörten u.a. die Raketenschießabschnitte der Volksmarine im Seegebiet vor Baltijsk / Kap Taran. Die Bedingungen für die Schießen und die Anforderungen an die Besatzungen und Stäbe wurden dabei immer fordernder. Ende August 1965 fand die erste gemeinsame Übung der Stoßkräfte der verbündeten Ostseeflotten statt. Sie stand unter der Leitung des Chefs der Baltischen Flotte, Vizeadmiral Michailin. In Vorbereitung auf diese Übung fand auf dem schwimmenden Stützpunkt

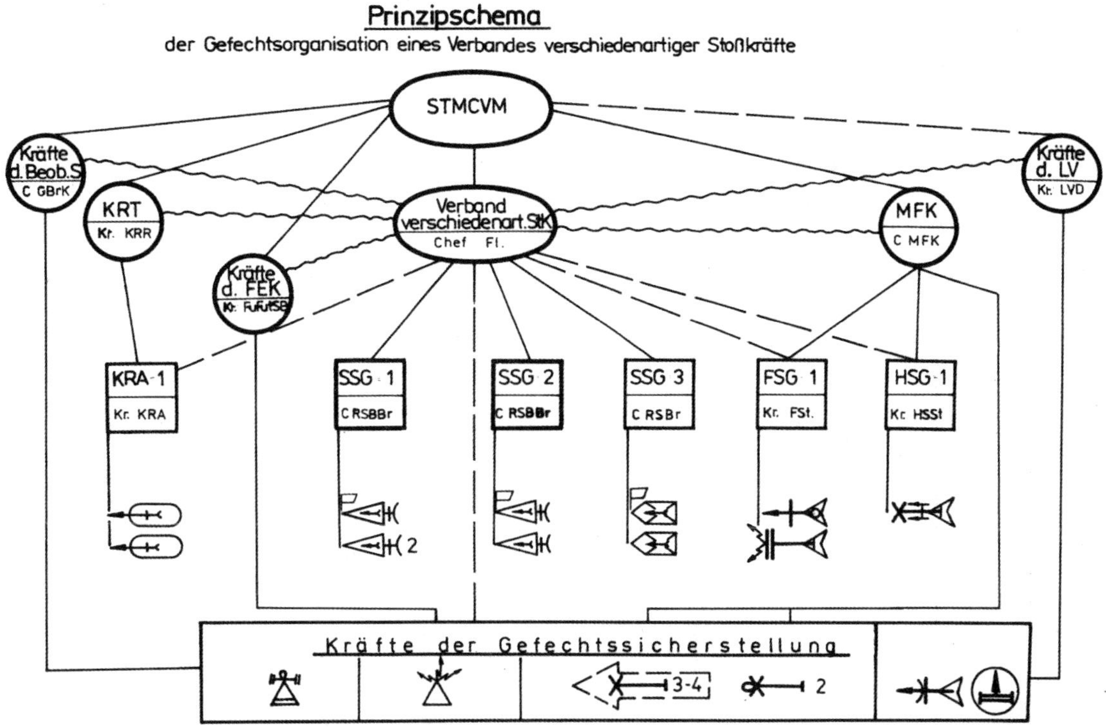

Prinzipschema der Gefechtsorganisation eines Verbandes verschiedenartiger Stoßkräfte. (Quelle: Sammlung Dienstvorschriften Holger Neidel)

(Wohnschiff) H-91 eine Gruppenübung unter Leitung des Chefs der Schnellbootsbrigade statt, an der auch der Stabschef der sowjetischen 24. Brigade teilnahm. Hier wurden wichtige Aspekte des Zusammenwirkens zwischen den Stoßkräften abgestimmt, die später in den Komplex der Dokumente des Zusammenwirkens „Baltika“ Eingang fanden. Diese Dokumente wurden jährlich präzisiert. 1966 fand im Seegebiet vor Polen die Übung „Baikal“ statt, die unter dem Kommando des Oberkommandierenden der Streitkräfte des Warschauers Vertrages, Marschall der Sowjetunion Gretschko stand. Die Kommandeure der SSG`n der verbündeten Flotten bekamen den Befehl, einen gemeinsamen Schlag gegen ein Landungsgeleit und die Deckungskräfte während der Überfahrt und Wiederholungsschläge im nationalen Bestand auf ein Landungsgeleit im Raum Ustka zu führen. Trotz Verschlechterung der Wetterlage wurden die Raketen- und Torpedoschläge überraschend und auf große Entfernung durchgeführt.

Zum ersten Mal wurde während der Kommandostabsübung „Sewer“ im Juli 1968 eine neue Stufe des Zusammenwirkens eingeführt. An dieser Übung nahmen unter Leitung des OB der sowjetischen Seekriegsflotte, Flottenadmiral der Sowjetunion Gorschkow, vier Flotten teil: die sowjetische Nordmeerflotte, die Baltische Flotte, die Volksmarine und die Polnische Seekriegsflotte. Der Übungsraum umfasste das Nordmeer, die Barentssee, die Nordsee, Teile des Atlantiks und die Ostsee. Von der VM nahmen zwei SSG`n teil. Die SSG unter Befehl von FK Hoffmann handelte gemeinsam mit der sowjetischen SSG, wobei FK Hoffmann die Führung übertragen wurde. Im Verlauf der Übung wurden zwei Schläge auf die gegnerischen Gruppierungen geführt, die im Abschlussbericht besonders hervorgehoben wurden. Sie zeichneten sich durch zielstrebiges Manövrieren und große Schussdistanz aus.
Während des Manövers „Oder-Neiße“ 1969 wurde zum ersten Mal ein DDR RS-Boot mit einer von sowjetischen Spezialisten geregelten Rakete und ein sowjetisches RS-Boot mit einer von Volksmarine-Spezialisten geregelten Rakete ausgerüstet und erfolgreich verschossen. Das vertiefte das Vertrauen zum Waffenbruder und in die eigene Bewaffnung.

Am Manöver „Waffenbrüderschaft 1970“ nahmen 140 Schiffe und Boote der verbündeten Ostseeflotten, darunter vier Boote der RS -Brigade teil. Bei den faktischen Handlungen wurde zum ersten Mal im Seegebiet vor Karlshagen eine Seezielrakete P-15 gestartet. Zum Ende des Jahres 1971 wurden die TS- und die RS- Brigade umstrukturiert und in drei RTSB aufgegliedert. Damit wurde die tägliche Struktur der Gefechtsorganisation angeglichen, da die RS- und TS- Boote in See sowieso schon immer gemeinsam handelten.

Mit der Weiterentwicklung der theoretischen Grundlagen für den prinzipiellen Einsatz der Bewaffnung der Stoßkräfte auf den Militärakademien der UdSSR und der DDR und deren Überprüfung auf

KTS-Boote beim Auslaufen nach Alarmierung. (Quelle: Bild Peter Seemann)

KTS-Boote beim Auslaufen. (Quelle: Bild Peter Seemann)

Praxistauglichkeit während Übungen und Manövern kamen neue Ansätze in die Truppe und wurden in Form von Dienstvorschriften, Anordnungen und Befehlen umgesetzt. So wurden zum Beispiel in der DV 246/0/003 „Gemeinsame taktische Handlungen verschiedenartiger Stoßkräfte der Volksmarine" die allgemeinen Grundsätze, Ziele und Aufgaben der Stoßkräfte sowie die Varianten des gemeinsamen Einsatzes bei einem Seegefecht und bei taktischen Schlägen beschrieben. Oder wie es heißt „Die vorliegende Dienstvorschrift regelt die Taktik des gemeinsamen Einsatzes von Stoßkräften verschiedener Waffengattungen der Volksmarine…". In ihr war das angesammelte Wissen der letzten Jahre vereint. Sie ersetzte keinesfalls andere Vorschriften, wie z.B. DV 200/0/012 „Gefechtseinsatz der Raketenschnellboote", DV 200/0/018 „Gefechtseinsatz der Torpedoschnellboote", DV 200/0/011 „Gefechtseinsatz der kleinen Torpedoschnellboote", DV 246/0/030 „Gefechtseinsatz der kleinen Raketenschiffe" sowie die DV 246/0/027 „Gefechtseinsatz der Küstenraketentruppen". Diese blieben natürlich weiter in Kraft und regelten typbezogen die verschiedenen Einsatz-, Sicherstellungs- und Schutzmöglichkeiten dieser Kräfte.

Wissenschaftliche Arbeiten wie z.B. die Dissertation von Kapitän zur See Loleit zum Thema „Der Einsatz der Küstenraketenkräfte im Gefechtsdienst und bei Beginn offensiver Kampfhandlungen zur Vernichtung von Stoß- und Sicherungskräften des Gegners selbständig und im Zusammenwirken mit anderen Stoßkräften der Seestreitkräfte", die Diplomarbeit von Kapitänleutnant Werner Blankenhagen „Der Einsatz leichter Torpedokräfte in der südwestlichen Ostsee und den Ostseeausgängen nach der Methode der „freien Jagd"" sowie viele andere Arbeiten dienten der Verbesse-

RS-Boot beim Schuss. (Quelle: Sammlung Peter Seemann)

rung des Einsatzes der Kräfte. Grundsätzlich wurden besonders die Erfahrungen der sowjetischen Seekriegsflotte als Grundlage unserer Handlungen gesehen, aber an die Besonderheiten unseres voraussichtlichen Kriegsschauplatzes angepasst.

Die taktische Ausbildung während des Studiums an den Offiziershochschulen in Stralsund und in Baku legten die Grundlagen für das Handeln der späteren Kommandanten und Kommandeure unserer Flotte. Während in Stralsund seemännische Offiziersschüler für die erste Offiziersdienststellung als GA-Kmdr. oder Zugführer ausgebildet wurden, wurden in Baku Spezialisten in bestimmten Fachrichtungen ausgebildet (Rakete, Artillerie, Navigation, Torpedo- und U-Jagd, Funk und Funkmeß). Allerdings nahm in den ersten vier genannten Fachrichtungen die Ausbildung in „Taktik der Seekriegsflotte" und „Gefechtseinsatz der Bewaffnung" einen großen Anteil der Ausbildung ein und endete auch mit einem Staatsexamen im Fach „Taktik der Seekriegsflotte". In der Ausbildung wurde allerdings schon das grundlegende Fachwissen für eine Dienststellung höher vermittelt. Wer Kommandant werden sollte oder wollte, wurde auf einen Kommandantenlehrgang delegiert, wo ihm das Wissen für seine neue Dienststellung vermittelt wurde (was er allerdings in vielen Fällen schon hatte, da meistens schon eine Kommandantenprüfung – die Berechtigung zur Schiffsführung und zum Waffeneinsatz - vorlag und viele schon als Kommandantenvertreter gefahren sind. Aber die Ausbildung in taktischer Hinsicht war insoweit von Vorteil, da sie auch hier wieder auf die Entscheidungsebene darüber ausgerichtet wurde. Entschlüsse in der Funktion als Brigadechef mussten erarbeitet, vorgetragen und verteidigt (auch auf Russisch) werden. Und dabei spielte es keine Rolle auf welchem Schiffstyp man eingesetzt wurde. Jeder musste Entschlüsse als Chef einer SSG erarbeiten, Entschlüsse zur U-Boot-Suche und Bekämpfung, zur Vorbereitung einer Landungsoperation u.s.w. Also Grundlagen der Stabsarbeit wurden auch hier weiter vertieft. Man wollte damit die Kommandanten befähigen, über die Reling ihrer Schiffe hinauszusehen und die von ihm umzusetzenden Entschlüsse seiner Kommandeure besser zu verstehen.

Auf den Akademien wurden Kommandeure und Spezialisten von Truppenteilen ausgebildet. Aber wie schon geschrieben, auch immer mit dem Blick auf die jeweils darüber liegende Entscheidungsebene. Viele neue Erkenntnisse, die auf diese Weise in die Flotte kamen, sorgten dafür, dass die Boote und andere Einheiten effektiver eingesetzt werden konnten. Viele Verbesserungen wurden auch mit staatlichen Preisen bedacht, so z.B. (Friedrich-Engels-Preis 3. Klasse) für ein Offizierskollektiv, welches sich um die Verkürzung der Vorstartzeit und das Schießen der Raketen nach Angaben von Fühlunghaltern verdient gemacht hatte.

Die Raketen P-15 hatten eine Reichweite von bis zu 40 km. Im Gefecht kommt es darauf an als erster zu schießen und den Gegner zu

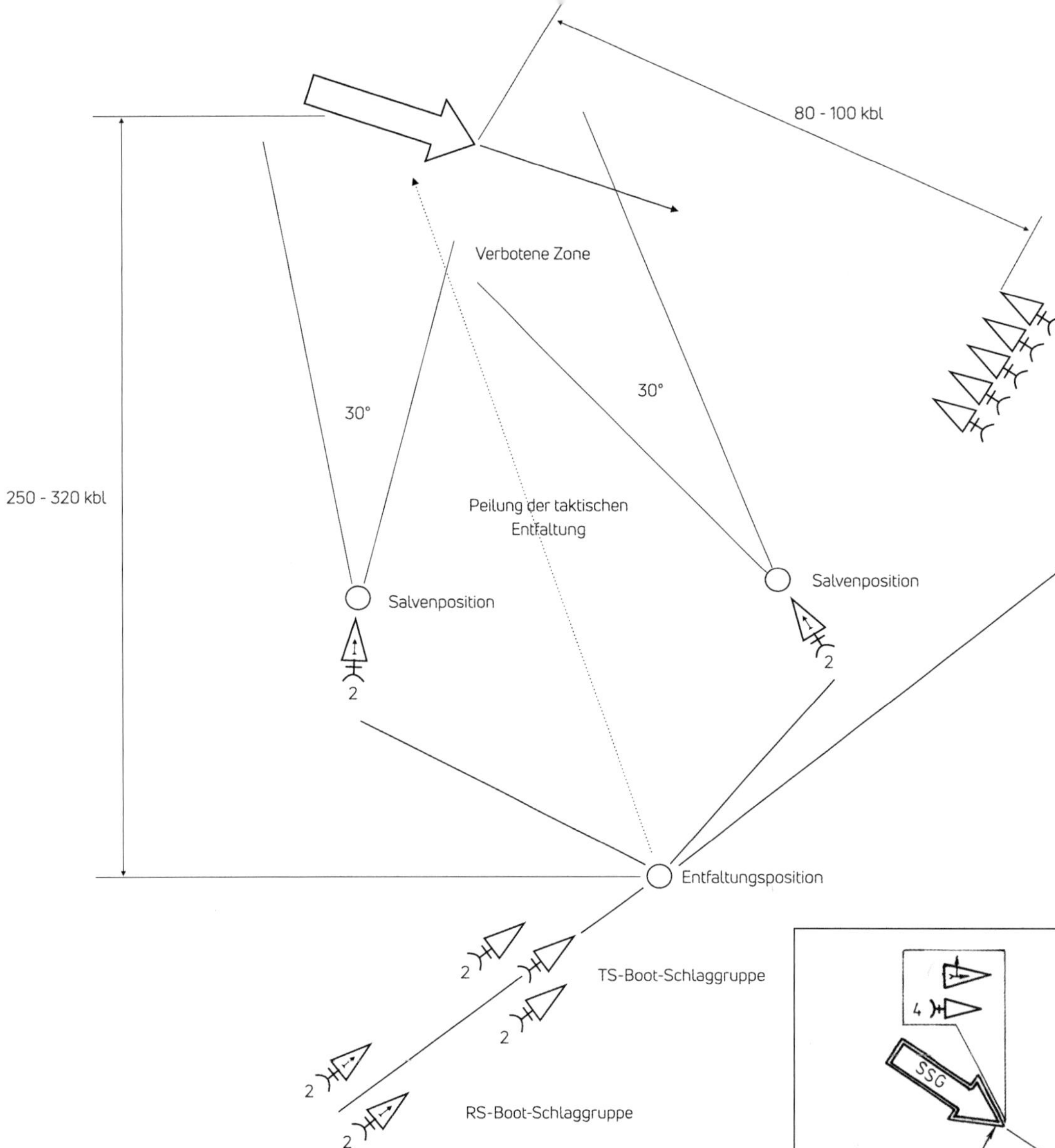

Oben: Schema der Entfaltung und Führung eines Schlages. (Quelle: Sammlung Dienstvorschriften Holger Neidel)

Rechts: Schema Zusammenwirken. (Quelle: Sammlung Dienstvorschriften Holger Neidel)

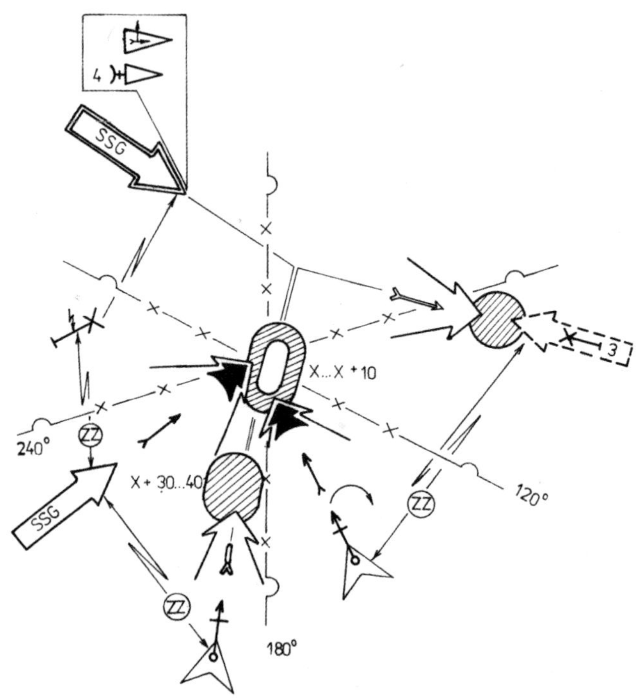

Bild III/1 Zusammenwirken nach Sektoren und Zeit bei der Führung von Schlägen

vernichten. Natürlich möchte man dabei nicht ausgemacht werden, um das Überraschungsmoment auf seiner Seite zu haben. D.h., man sollte so lange wie möglich unentdeckt bleiben. Also musste der Einsatz der eigenen Bordmittel (eigene Funkmessanlage) so weit hinausgezögert werden, wie es möglich war. Um jetzt keine falschen Schlüsse aufkommen zu lassen und auch einigen Bemerkungen in anderen Veröffentlichungen entgegenzutreten, - die Boote des Projektes 205, die Küstenraketenrampen und die kleinen Raketenschiffe waren in der Lage, den Einsatz ihrer Hauptbewaffnung P-15 (40 km), P-21 und P-22 (80 km) auf die volle Reichweite mit eigenen Mittel sicher zu stellen. Um den Gegner aber gedeckt, unter Ausnutzung aller Mittel der Tarnung und Täuschung auszumachen und zu bekämpfen, setzte man Fühlunghalter ein. Das waren land- oder seegestützte Einheiten, die mit Beobachtungs- und Nachrichtenmitteln ausgerüstet sind, über einen begrenzten Zeitraum stabil Kontakt mit dem Ziel halten und einer oder mehreren schießenden Einheiten, die keinen direkten Kontakt mit dem Ziel haben, die für das Raketenschießen erforderlichen Zielparameter (Gegnerkurs, Geschwindigkeit, Position in Beziehung zu einem vorher festgelegten Punkt entsprechend der FH-Methode) übermitteln. Sie sind eines der wichtigsten Mittel zur Sicherstellung des Raketeneinsatzes. Das konnten Schiffsfühlunghalter, fliegende Fühlunghalter oder landgestützte Einheiten sein. Entsprechend der Methode konnten sie frei manövrieren oder gebunden sein, beobachtbar oder nicht beobachtbar durch die schießende Einheit. Diese wiederum hätten Raketenschnellboote, SSG`n oder Startrampen der Küstenraketenkomplexe sein können. Besonderheiten beim Einsatz von Fühlunghaltern waren, dass sie den Gegner rechtzeitig ausmachten, den Kontakt ständig hielten, dabei aber trotzdem weitgehend unentdeckt blieben und sich nicht in der Zone der startenden Raketen aufhielten. In erster Linie wurden im Interesse der schießenden Einheiten TS-Boote eingesetzt, die mit der an Bord befindlichen funktechnischen Ausrüstung in der Lage waren, diese Anforderungen zu erfüllen. In zweiter Linie kamen landgestützte Einheiten zum Einsatz, z.B. die Küstenbeobachtungsstationen. Ab 1986 wurden verstärkt fliegende Fühlunghalter eingesetzt - U-Jagd Hubschrauber Mi-14PL.

In der Volksmarine wurden unterschiedliche Methoden des FH-Einsatzes angewendet. Das waren die Methoden 11, 12, 13, 21, 31 und 41.

Konkret heißt das:
Methode 11, 12, 13 - es besteht entweder ein ununterbrochener Funkmesskontakt des FH mit der schießenden Einheit und dem Ziel, oder der Standort der schießenden Einheit ist dem FH bekannt.
Methode 21 und 31- FH hat keinen Funkmesskontakt zur schießenden Einheit.

Methode 41 ist ein Sonderfall für solche FH, die keine Möglichkeit haben die Peilung genau zu bestimmen.

Bei der Methode 11 wird eine auf dem Funkmessschirm des Sichtgerätes der Funkmessanlage befindlichen Plottscheibe genutzt. Zielimpuls und der Impuls der schießenden Einheit werden durch Drehen dieser in eine Linie gebracht. Dann wird die Peilung des schießenden Schiffes abgelesen, mit einem Zirkel direkt auf der Plottscheibe die Entfernung genommen und beide Werte an das schießende Boot per Kurztabelle übermittelt. Das war die meistgenutzte Methode, da es am schnellsten ging und die Boote unabhängig voneinander manövrieren konnten.

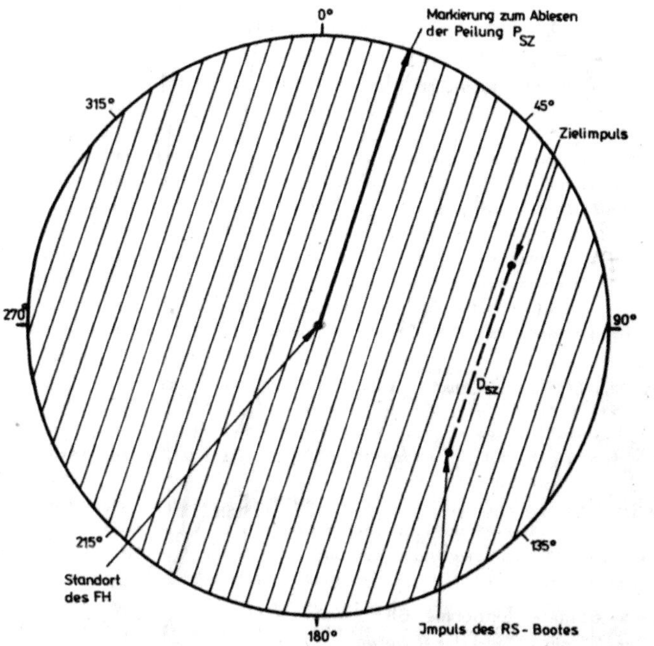

Plottscheibe. (Quelle: Sammlung Dienstvorschriften Holger Neidel)

Mit der Zuführung der TS-Boote des Projektes 206 und der an Bord befindlichen Funkmessanlage System MR 102 und dem Rechner „Onega 4“ wurde das Fühlunghalten erleichtert. Bei den Aufenthalten in See wurden im Abteilungs-, Brigade- und/oder Flottillenbestand diese Arten des ZW geübt und vervollkommnet. Überprüft wurde sie bei den praktischen Raketenschießen im Seegebiet vor Baltijsk, z.B. 1980.

Seit dem ersten Raketenschießabschnitt im Jahr 1964 waren Einheiten der 6. Flottille vor Ort. Schiffseinheiten anderer Flottillen der VM nahmen zu Sicherstellungsaufgaben bei der Absicherung des Schießgebietes immer teil.
Es fuhren nicht immer alle RS- Boote dorthin, sondern immer eine Abteilung. Prinzipiell kann man sagen, dass jeder Matrose, Maat oder Offizier, der an Bord von Raketenschnellbooten der VM diente, in seiner Dienstzeit mindestens einmal mit zum Raketenschießen fuhr und so auch ein praktisches Schießen erlebte. Die Überfahrten nach Baltijsk wurden genutzt, um bestimmte taktische Elemente zu trainieren.
Am grundsätzlichen Ablauf der Raketenschießabschnitte änderte sich von 1964 bis 1989 nichts. Änderungen ergaben sich im Laufe der Zeit dadurch, dass neue taktische Verfahren eingesetzt wurden, Schiffe aller drei Flotten der VOF zu Sicherungszwecken eingesetzt waren und die Fahrt zur Scheibenbesichtigung entfiel, da die Beobachtung durch Flugzeuge und Hubschrauber durchgeführt

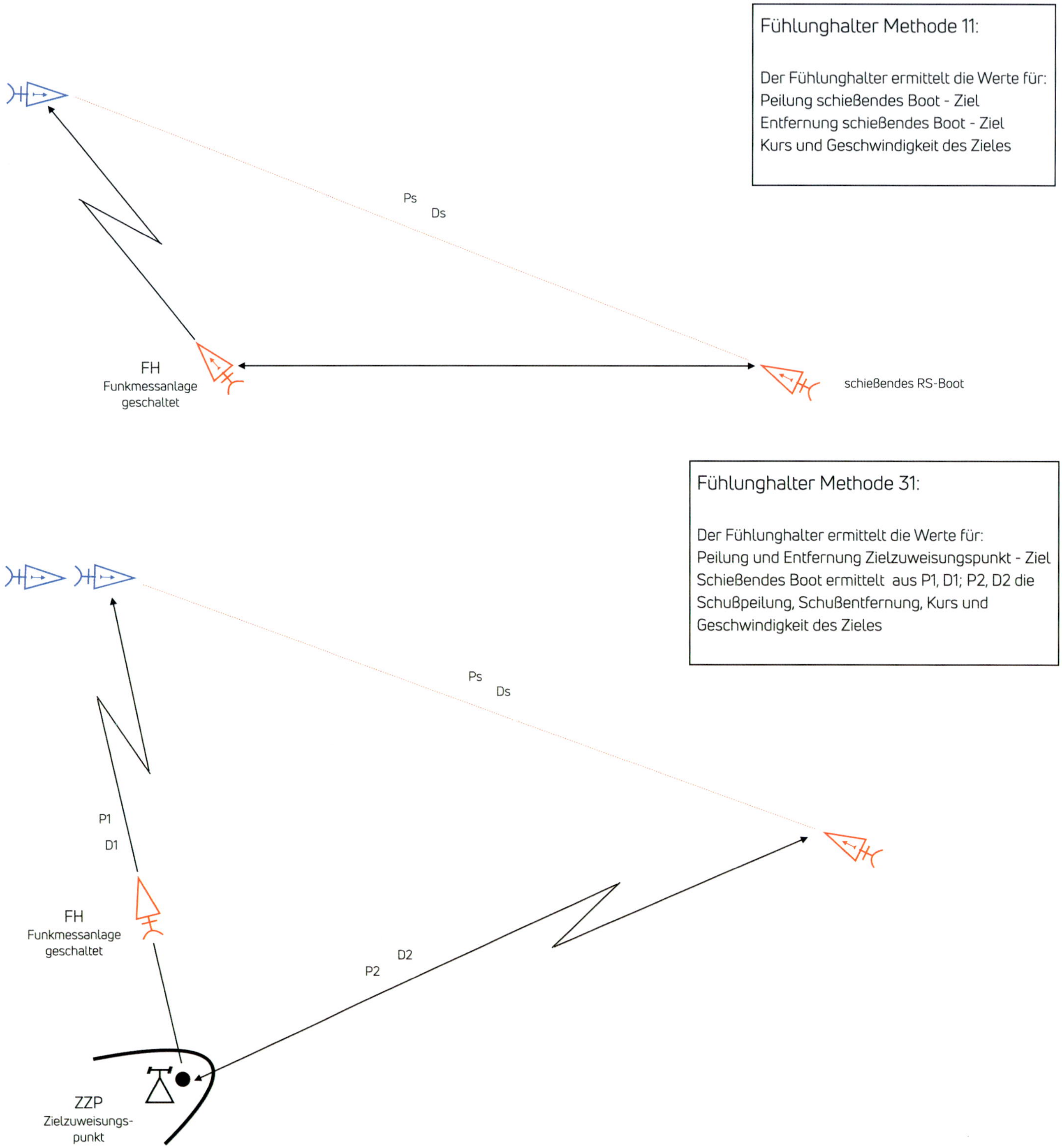

Schema Fühlunghaltermethode 11 und 31

Zielboot Projekt 183Z. (Quelle: Sammlung Holger Neidel)

wurde. Ab 1965 wurde der Einsatz der Raketenbewaffnung auf größere Entfernungen, Einsatz in der Gruppe, verschiedene Flughöhen und der Start mehrerer Raketen von einem Boot geübt. Die Einführung neuer Raketenschnellboote in der Bundesmarine führte dazu, dass die Bekämpfung kleiner, schneller Ziele in den Vordergrund trat. Geschossen wurde auf verankerte Scheiben und auf ferngesteuerte Zielboote.

1970 erhielten Oberleutnant Karnowka und Oberleutnant Tribanek den Befehl, Verschussraketen im Stützpunkt Bug zu übernehmen, und sofort nach Baltijsk zu verlegen. Dort erhielten sie den Befehl ein schnell laufendes, ferngesteuertes Ziel zu bekämpfen. Diese Aufgabe wurde erfüllt.

Schießen nach Angaben von Fühlunghaltern – TS-Boot, KSS oder eine Funkmessstation des Küstenraketenkomplexes „Rubesh" – wurden durchgeführt. Aber auch das Schießen auf Zieldarstellungsraketen zur Überprüfung der Luftabwehr der schwimmenden Einheiten (MSR, Landungsschiffe, KSS) sowie zu Erprobungszwecken gehörten zu den Aufgaben bei den alljährlichen Raketenschießen in der Sowjetunion.

Torpedoangriff! (Quelle: Bild Peter Seemann)

Beim Raketenschießabschnitt 1974 verließ das Boot 734 unter dem Kommando von Oberleutnant Fitz Baltijsk mit vier Raketen an Bord. Er hatte die Aufgabe zwei Seeziele nach Angaben eines Landfühlunghalters, einer Funkmesstation, zu bekämpfen. Nach Auslösung „Gefechtsalarm zum Raketenangriff" bekam er im Minutentakt von Kap Taran (dort befand sich eine VM Gruppe) die Peilung und Distanz zum Ziel. Die Werte wurden eingegeben, der Gefechtskurs erarbeitet, auf den Befehl „Raketenangriff" auf Gefechtskurs gegangen und zwei Raketen gestartet. Wenige Minuten später wurden die Daten für das zweite Ziel übermittelt, der Gefechtskurs zu dem zweiten Ziel, einem TS-Boot, erarbeitet und wieder wurden zwei Raketen gestartet. Die Besichtigung beider Ziele ergab, dass alle vier Raketen getroffen hatten. Für die Volks-

Treffer! (Quelle: Sammlung Holger Neidel)

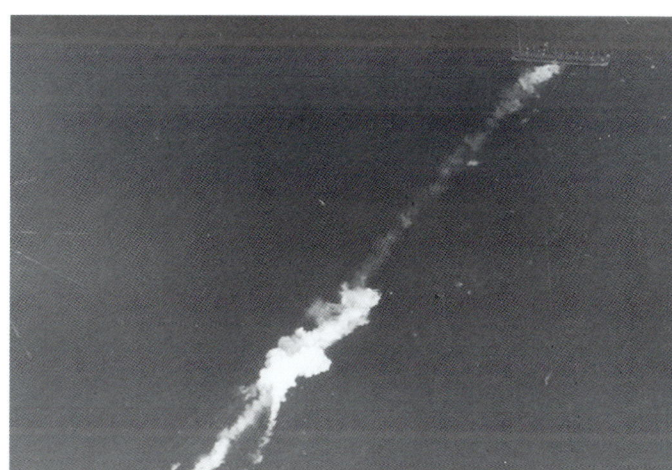

marine war das ein Novum, aber auch die sowjetischen Genossen erzählten nach dem Schießen, dass sie so etwas noch nicht gesehen hätten. Oberleutnant Fitz blieb der einzige Kommandant eines RS-Bootes der VM, der vier Raketen geschossen hat.

Durch die Einführung des neuen Küstenraketenkomplexes „Rubesh“ ab 1980 in die Bewaffnung der Volksmarine wurden dem Zusammenwirken mit anderen Einheiten der Volksmarine neue Impulse gegeben. Auf Grund der taktischen Eigenschaften der Seezielraketen P-21 und P-22 (das ist die Exportbezeichnung, in der sowjetischen und russischen Seekriegsflotte ist das die P-15 M) wurden die effektiven Reichweiten, innerhalb derer der Gegner vernichtet werden konnte, vergrößert (bis zu 80km). Die funktechnischen Mittel der Komplexe ließen das Schießen nach eigenen Angaben auf die volle Distanz zu und die schnelle Verlegbarkeit vergrößerte das Überraschungsmoment, aber auch die Möglichkeiten Schusspositionen schnell zu wechseln. Der erste Kommandeur des Küstenraketenregiments äußerte später einmal, die VM hätte gut daran getan, nur die Rampen zu kaufen und weniger Raketenschiffe. Damit stimme ich nicht überein. Die Rampen konnten nur aus einer Richtung, von Land aus, auf den Gegner einwirken. Mit Hilfe der in See stehenden Einheiten war es möglich, ihn zu umfassen und aus verschiedenen Richtungen zu schlagen. Ebenfalls ließen es die technischen Möglichkeiten der Seezielraketen nicht zu, sie über mehrere Wegpunkte fliegen zu lassen, also mehrmals gegebenenfalls den Kurs zu wechseln.
Mit Einführung der neuen kleinen Raketenschiffe vom Projekt 1241RÄ ab 1984 kam auch in die Gefechtsausbildung frischer Wind.

Die technische Ausrüstung der Schiffe ermöglichte es, das Zusammenwirken mit den anderen Einheiten der VM auf ein neues Niveau zu heben. Großen Anteil daran hat der damalige Brigade-

Kleine Raketenschiffe auf dem Marsch. (Quelle: Bild Sammlung Holger Neidel)

Beim Zusammenwirken. (Quelle: Bild Sammlung Rainer Engel)

chef, Fregattenkapitän, später Kapitän zur See, Heese. Er war bestrebt, die technischen Möglichkeiten der Schiffe voll auszunutzen. Die gleiche Raketenbewaffnung wie die der Küstenraketenkomplexe und die gleiche funktechnische Ausrüstung ermöglichten ein schnelles und koordiniertes Handeln der Stäbe.
Seit 1979 führte die Volksmarine neue Hubschrauber zur U-Jagd ein, die Mi-14PL. Auf Grund ihrer funktechnischen Ausrüstung waren sie in der Lage, in See Unter- und Überwasserziele aufzuklären, zu begleiten und zu vernichten. Und das befähigte sie auch zum Einsatz als Fühlunghalter. Ab 1985 wurden in der 7. Raketenschiffsbrigade Untersuchungen durchgeführt, mit Hilfe von fliegenden Fühlunghaltern Raketenangriffe in See zu fahren. Die entsprechenden Dokumente und Befehle wurden erarbeitet und wir übten in See. Die Hubschrauber hielten sich dabei seitlich vom schießenden Schiff, führten die Zielsuche durch und gaben die Zieldaten an die Schiffe per Kurztabelle weiter. Die Möglichkeit, mit der an Bord der Raketenschiffe befindlichen Funkmessanlage „Harpun" im Sektor abstrahlen zu können, begünstigte das.
Das Schiff hatte den Hubschrauber, der in einer bestimmten Höhe flog, aufgefasst und begleitete ihn, der Hubschrauber wiederum begleitete das Ziel und flog dabei in einer Höhe zwischen 100 m und 200 m. Wenn alle Daten erarbeitet waren, drehte er ab, flog zurück und hielt sich im Warteraum in Bereitschaft zum Wiederholungsschlag bzw. war bereit zur Ausweitung des Erfolges.
Dieses Szenario hat der Autor dieses Beitrages 1982, also lange vor Einführung der Raketenschiffe in seiner Diplomarbeit zum Abschluss der höheren Schule der SSK in Baku zum Thema gehabt. »Einschätzung der Effektivität eines Raketenschlages auf eine gegnerische Schiffsgruppierung unterschiedlichen Bestandes unter Berücksichtigung der Waffengegenwirkung«. In der Diplomarbeit ist der Gefechtseinsatz von RS-Booten der Projekte 205 und 1241 RÄ beim Führen eines Schlages auf eine gegnerische Schiffsgruppierung beschrieben. Sie werden dabei von drei Hubschraubern, die Mittel des funkelektronischen Kampfes einsetzen und als Fühlunghalter dienen, unterstützt. Ob diese Arbeit je in die Volksmarine gelangte, kann ich leider nicht sagen. Sie wurde in der VS-Stelle in

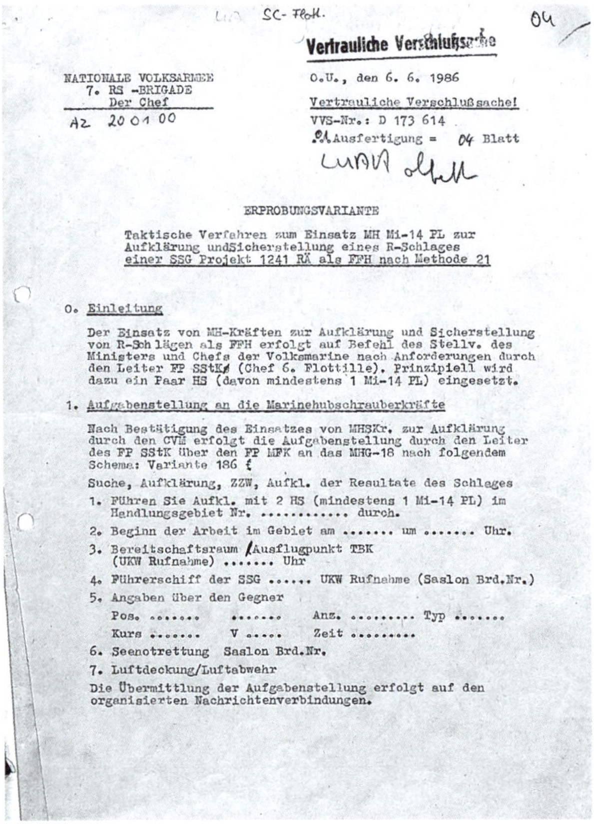

Vertrauliche Verschlußsache

NATIONALE VOLKSARMEE
7. RS -BRIGADE
Der Chef

O.U., den 6. 6. 1986

Vertrauliche Verschlußsache!
VVS-Nr.: D 173 614
Ausfertigung = 04 Blatt

ERPROBUNGSVARIANTE

Taktische Verfahren zum Einsatz MH Mi-14 PL zur Aufklärung undSicherstellung eines R-Schlages einer SSG Projekt 1241 RÄ als FFH nach Methode 21

0. Einleitung

Der Einsatz von MH-Kräften zur Aufklärung und Sicherstellung von R-Schlägen als FFH erfolgt auf Befehl des Stellv. des Ministers und Chefs der Volksmarine nach Anforderungen durch den Leiter FP SStK (Chef 6. Flottille). Prinzipiell wird dazu ein Paar HS (davon mindestens 1 Mi-14 PL) eingesetzt.

1. Aufgabenstellung an die Marinehubschrauberkräfte

Nach Bestätigung des Einsatzes von MHSKr. zur Aufklärung durch den CVM erfolgt die Aufgabenstellung durch den Leiter des FP SStK über den FP MFK an das MHG-18 nach folgendem Schema: Variante 186

Suche, Aufklärung, ZZW, Aufkl. der Resultate des Schlages

1. Führen Sie Aufkl. mit 2 HS (mindestens 1 Mi-14 PL) im Handlungsgebiet Nr. .... durch.
2. Beginn der Arbeit im Gebiet am .... um .... Uhr.
3. Bereitschaftsraum /Ausflugpunkt TBK (UKW Rufnahme) .... Uhr
4. Führerschiff der SSG ...... UKW Rufnahme (Saslon Brd.Nr.)
5. Angaben über den Gegner
   Pos. .... Anz. .... Typ ....
   Kurs .... V ..... Zeit ....
6. Seenotrettung Saslon Brd.Nr.
7. Luftdeckung/Luftabwehr

Die Übermittlung der Aufgabenstellung erfolgt auf den organisierten Nachrichtenverbindungen.

Erklärung taktisches Verfahren zum Einsatz Mi-14PL als FH. (Quelle: Bundesarchiv)

Scheibe nach dem Schießen 1986. (Quelle: Sammlung Holger Neidel)

der Schule in Baku abgegeben, und was dann passierte, weiß ich nicht. Sie ist bisher in keinem Archiv auffindbar.

1986 sollte, nach langer Erprobung, in Baltijsk das erste Mal durch die Schiffe 573 und 574 diese Variante beim faktischen Raketenschießen durchgeführt werden. Auf Grund schlechter Wetterbedingung wurde aber nach Angaben aus der Seekarte geschossen. Das Schießen auf eine Entfernung von 69 km war ein voller Erfolg. Denn trotz aller Ärgernisse konnten die Daten des Schiffsstandortes mit hoher Zuverlässigkeit mit dem an Bord befindlichen Navigationssystem „BRAS/GALS" ermittelt werden.

Unabhängig davon wurde 1987 und auch 1988 erfolgreich geschossen und auch weiter geübt. Allerdings wäre es im Ernstfall sicherlich zu einer Abwägung des Einsatzes gekommen. Denn, die Hauptaufgabe der Hubschrauber bestand in der U-Jagd, und da sich damals nur 8 derartige Hubschrauber im Bestand der Volksmarine befanden, hätte dies eine ernsthafte Einschränkung des U-Jagd Potentials bedeutet.

Dieser Einsatz brachte die Führung der Brigade auf die Idee, die Fühlunghaltermethode 71 „Rechnergestützte Ermittlung der Schusswerte nach Funknavigationssystem „BRAS/GALS" zu entwickeln. Hier war die Besonderheit, dass zum ersten Mal mit einem Bürorechner gearbeitet wurde. Ein oder mehrere schießende Schiffe können die Daten des Fühlunghalters nutzen und dieser kann völlig unabhängig manövrieren. Diese Methode wurde wiederum maßgeblich von FK Heese in Zusammenarbeit mit FK Gammelin von der OHS der Volksmarine in Stralsund entwickelt. Die Softwarelösung wurde durch zwei Stabsmatrosen der 7. Raketenschiffsbrigade erarbeitet. Am Rande muss ich noch bemerken, dass 1985 auf Initiative und unter Leitung des damaligen Chefs der 7. Raketenschiffsbrigade ein Neuererkollektiv einen Computer gestützten Taktikverfahrenstrainer entwickelt hat, der in der Ausbildung der Stabs- und Bordoffiziere der Brigade genutzt wurde. Hier konnten taktische Lagen dargestellt und die Handlungen der Besatzungen einschließlich Übungsangriffen an Bord der Schiffe kontrolliert werden. Dieser Taktikverfahrenstrainer bildete die Grundlage für die Entwicklung und den Bau des neuen Taktikkabinetts der Lehrbasis der 6.Flottille. In genanntem Kabinett waren die Darstellung und Simulation taktischer Lagen in der südwestlichen Ostsee möglich. Mit wenig Aufwand wurden hier Brigadestäbe, Kommandanten und Wachoffiziere sowie GA I-Personal trainiert. Nach durchgeführten Gruppenübungen standen die Ergebnisse der Handlungen der Schiffsschlaggruppen sofort zur Verfügung und konnten grafisch dargestellt werden. Später waren Mitglieder der Entwicklungsgruppe dieses Trainers maßgeblich mit an der Entwicklung des Führungssystems der VM beteiligt. Dieses System wäre dann, sofern es denn in Dienst gestellt worden wäre, moderner als das damalige Pendant der Bundesmarine gewesen.

Zur Sicherstellung der ununterbrochenen Führungsfähigkeit des CVM und der Flottillenchefs wurden schon ab 1966 die entsprechenden Befehle erarbeitet, um geschützte Führungsstellen an der Küste der DDR zu bauen. Für die 6. Flottille war zuerst ein Gebiet im Raum Nonnewitz/Rügen vorgesehen gewesen. Etwas später wurde der Südbug ins Auge gefasst. Gebaut wurde dann ab 1979 auf Kap Arkona. Vorgesehen war hier ebenfalls eine Bunkerröhre

Projekt 1241 RÄ beim Schuss vor Kap Taran 1988. (Quelle: Sammlung Holger Neidel)

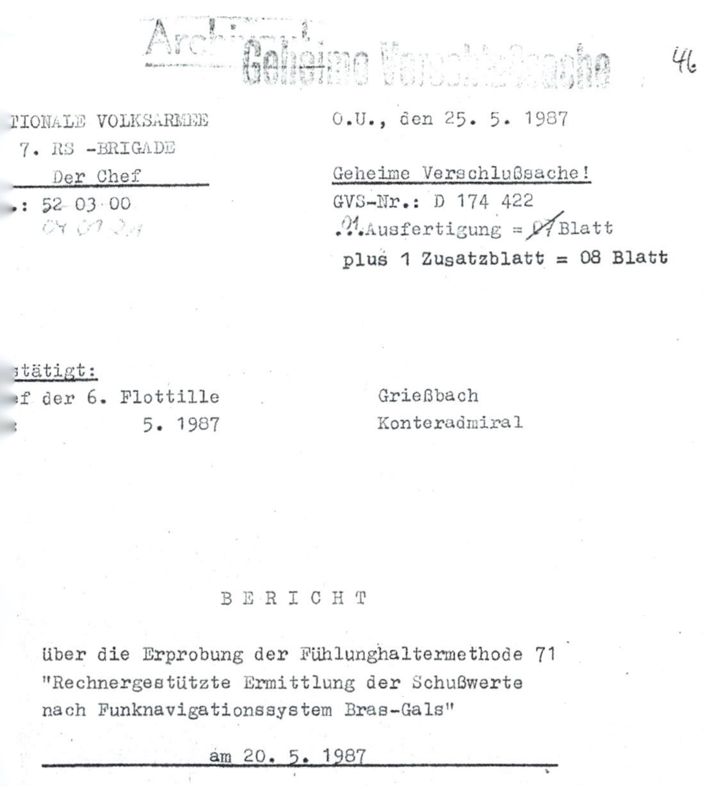

Arch...
Geheime Verschlußsache
46

...TIONALE VOLKSARMEE
7. RS -BRIGADE
Der Chef
.: 52 03 00

O.U., den 25. 5. 1987

Geheime Verschlußsache!
GVS-Nr.: D 174 422
.01.Ausfertigung = 07 Blatt
plus 1 Zusatzblatt = 08 Blatt

...stätigt:
...ef der 6. Flottille
... 5. 1987

Grießbach
Konteradmiral

B E R I C H T

über die Erprobung der Fühlunghaltermethode 71
"Rechnergestützte Ermittlung der Schußwerte
nach Funknavigationssystem Bras-Gals"

am 20. 5. 1987

Bericht Erprobung Fühlunghalter-Methode 71.
(Quelle: Bundesarchiv)

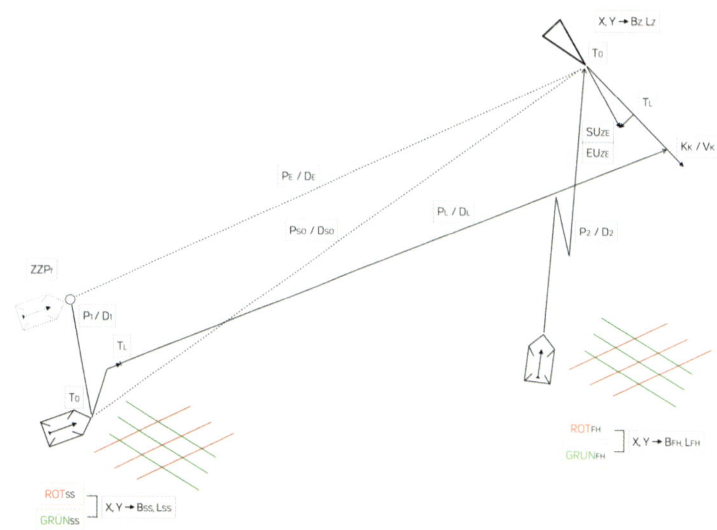

Schema Fühlunghalter Methode 71.
(Quelle Sammlung Holger Neidel)

für den Stab der 24. selbstständigen Raketenschnellbootsbrigade der Baltischen Flotte. Allerdings verlegte der Stab nur einmal dorthin - zur letzten Übung der VM 1990. Von hier aus führte der Chef der 6. Flottille die ihm unterstellten Einheiten, aber schon zu sehr geänderten gesellschaftlichen Bedingungen in der DDR. Unser Bericht unter Punkt 3.3.3. gibt näher Aufschluss.

Auf Grund von bestimmten Vorkommnissen während der Bauphase dieser Anlage, war sie schon im Westen bekannt und aufgeklärt worden. Aber das war sicher nicht der einzige Grund, warum entschieden wurde, die Organisation der Führung der Stoßkräfte umzugliedern. Schon immer waren im Ernstfall die Stoßkräfte der VM und die 24. selbstständige RS-Brigade der Baltischen Rotbannerflotte dem Chef der Volksmarine unterstellt gewesen. Dieser übte die Führung unmittelbar durch den Chef der 6. Flottille aus. Dazu wurde im Ernstfall der Chef der 6. Flottille mit seinem Führungspunkt der Schiffsstoßkräfte auf dem HGS des CVM entfaltet. Die Küstenraketen- und die Marinefliegerkräfte hatten auf dem HGS ebenfalls eigene Führungspunkte entfaltet und unterstellten auf Befehl dem Chef der 6. Flottille entsprechende Kräfte.

Zusammenwirken mit sowjetischen Einheiten vor Kap Taran – Projekt 1241RÄ -DDR, Projekt 205 – DDR, Projekt 1234 -UdSSR. (Bild Sammlung Holger Neidel)

Die ersten Handlungen zum Beginn der Operation zur Abwehr der ersten Schläge aus der Luft und von See, wurden auf der Grundlage vorgefasster Gefechtsdokumente geplant und ausgeführt. Die Dokumente zur Führung der Einheiten im Ernstfall wurden jedes Jahr konkretisiert und waren in den jeweiligen VS-Stellen eingelagert. Diese wurden vor Beginn der Kampfhandlungen geöffnet und in Kraft gesetzt.
Die Thematik des Zusammenwirkens spielte eine herausragende Rolle. Die Umsetzung befohlener Gefechtshandlungen gleichzeitig und durch verschiedenartige Kräfte war stark vom Wissen und Können des Kommandeursbestandes abhängig. Erste Handlungen waren in den vorgefertigten Gefechtsdokumenten zwar angewiesen, aber jedes Gefecht entwickelt seine eigene Dynamik, die vorab in der Ausbildung nicht trainiert werden kann. Das Zusammenwirken kann also nicht standardmäßig organisiert werden. Dazu sind Wissen und Können, Initiative und mutige Entschlusskraft notwendig, um schnelle Entscheidungen zur Erfüllung der befohlenen Gefechtsaufgabe zu treffen und das unter minimalen eigenen Verlusten bei Personal und Material.
Mir ist bekannt, dass Kommandeure der VM ihre eigenen Pläne im Kopf hatten, die sie im Ernstfall umgesetzt hätten. Sie gingen davon aus, dass der potenzielle Gegner seine Schlussfolgerungen zu unserem wahrscheinlichen Handeln in der Anfangsphase von Kampfhandlungen aus der Aufklärung unserer Ausbildung an Land und in See und auch aus dem Geheimnisverrat aus den eigenen Reihen gezogen hatte. Unsere Kommandeure hielten es für angebracht eigene Ideen zum Einsatz ihrer Unterstellten zu entwickeln.
Nach der Wahl der Volkskammer der DDR im März 1990 wurden die Veränderungen im Land auch in der 6. Flottille direkt spürbar. In Folge der Änderung der Wehrgesetzgebung lösten die meisten Unteroffiziere und Matrosen ihr Dienstverhältnis. Es war danach nicht mehr möglich, den gesamten Schiffs- und auch Fahrzeugbestand einsatzbereit zu halten. Durch Umbesetzungen von Offizieren und Berufssoldaten konnte die 7.Raketenschiffsbrigade und zwei RTS-Brigaden sowie deren Sicherstellung bis zum Herbst 1990 einsatzbereit gehalten werden. Bei einer durchgeführten Übung der Volksmarine, die unter den Augen des damaligen Ministers für Abrüstung und Verteidigung stattfand, stellte der Personalbestand der Flottille ein letztes Mal seine hohe Professionalität unter Beweis. Am 02. Oktober 1990 wurden auf Befehl des Chefs der Volksmarine alle RS-Boote Projekt 205 außer Dienst gestellt. Die TS-Boote und KTS-Boote waren bereits vorher abgerüstet worden. Der Befehl über die Außerdienststellung der RS-Boote und der Tagesbefehl des Ministers für Abrüstung und Verteidigung der DDR vom 02.10.1990 (Anlage 3), der den Übergang der NVA in die Unterstellung der Bundeswehr zum Inhalt hatte, wurde auf einer Flottillenmusterung verlesen, bevor zum letzten Mal der Ausmarsch der Truppenfahnen der Truppenteile und Einheiten des Verbandes zelebriert wurde. Somit stand der gesamte Personalbestand einer ungewissen Zukunft gegenüber. Nach der Herstellung der Deutschen Einheit am 03. Oktober 1990 und der Übernahme der Flottille in den Bestand der nunmehr Deutschen Marine wurden alle Offiziere, die keine Kommandeursdienststellung innehatten, um einen Dienstgrad herabgesetzt. Mit diesem Dienstgrad wurden sie dann mit der Bemerkung „vorläufiger Dienstgrad" auch entlassen. Wenige Tage nach dem Eintreffen der Unterstützungsgruppe des Marinekommandos Ost wurde dem Personalbestand bekannt gegeben, dass der Stützpunkt Bug aufgelöst wird. Damit war klar, dass die

meisten Berufssoldaten und Zivilbeschäftigten mit ihren Familien den Standort Dranske verlassen mussten. Für die verantwortlichen Bereichsleiter war die sogenannte „Abwicklung“ der Flottille keine leichte Aufgabe. Einerseits waren weiterhin Spezialkenntnisse erforderlich, andererseits musste Personal entlassen werden und das möglichst unter Berücksichtigung sozialer Aspekte. Von den Schiffen wurde je eine Einheit der Projekte 1241RÄ und 151 unter Anwesenheit hochrangiger Offiziere und Admirale in See getestet. Im Weiteren wurde dann eine Besatzung aus freiwilligen Offizieren und Berufssoldaten zusammengestellt, die die ehemalige 572, dann „Hiddensee“, für Erprobungsaufgaben in den USA vorbereiten sollte. Die Verlegung des Schiffes und der Besatzung erfolgte im November 1991 bzw. Januar 1992.

Die 6.Flottille verlor Ende Mai 1991 ihren Status als Flottille. Das verbleibende Personal vollzog als Nachkommando bis Ende des gleichen Jahres die endgültige Auflösung und den Abtransport der verbliebenen materiellen Mittel.

Nach 30 Jahren und mehr verblassen einige Ereignisse oder man sieht sie aus einer anderen Sicht. Andere Erlebnisse waren so einprägsam, dass man sie nicht vergessen wird. Wir hatten das Glück, dass unsere Kenntnisse und Fertigkeiten nicht in einem Krieg zur Anwendung gebracht werden mussten. Die 6. Flottille war Teil der Geschichte der DDR und verschwand mit dem Beitritt der Deutschen Demokratischen Republik zur Bundesrepublik Deutschland. War unser Dienst in der Volksmarine deshalb sinnlos? Ich denke, er war es nicht.

Quellen:

- Die Torpedoschnellbootsbrigade der Volksmarine 1959-1971- Die Chronik
- Raketenschnellbootsbrigade der Volksmarine 1962-1971- Beiträge zur Geschichte
- Die Geschichte der LTS-Brigade(n) der Volksmarine
- Erinnerungen Theodor Hoffmann
- Buch Raketen über See“
- DV Gefechtseinsatz der Fühlunghalter“
- DV „Gemeinsame taktische Handlungen verschiedenartiger Stoßkräfte der Volksmarine“

Letztes Auslaufen! (Quelle: Bild Peter Prast)

2.5. Zeitgenössischer Einsatzbericht über das taktischen Zusammenwirken – von See aus berichtet

Beitrag von Fregattenkapitän a.D. Wolfgang Domigalle

Kommandant Kapitänleutnant Domigalle auf der Außenbrücke seines RSB links im Bild. (Quelle: W. Domigalle)

Raum für Eintragungen

Berechtigung zur Seewache
RS-Boot Pr. 205
Befehl 36/78
11.09.80

Berechtigung zur Schiffsführung
und zum Waffeneinsatz eines
RS-Bootes Proj. 205
Befehl 112/78 vom 15.11.78
11.09.80

Einträge der, nach erfolgter Ausbildung und abgelegten Prüfungen, erteilten Berechtigungen von KL Domigalle im Wehrdienstausweis. (Quelle: W. Domigalle)

Ich bin 28 Jahre alt und seit 1981 Kommandant der 754 „Paul Wieczorek" – ein Raketenschnellboot des Projektes 205 im Stützpunkt der 6.Flottille Dranske/Bug auf Rügen. Ich habe alle Berechtigungen für den faktischen Waffeneinsatz erfolgreich abgelegt und habe das Kommando über ein RSB mit einer Besatzung, bestehend aus 26 Matrosen, Unteroffizieren und Offizieren.
Eine Mannschaft, die ich in militärischer Hinsicht während harter Seeausbildung herangezogen habe. Nichts wird an Bord eines Bootes oder Schiffes in See geschenkt. Und jeder muss sich auf den Anderen verlassen können, jeder gibt sein Bestes. An Bord unseres Schnellbootes befinden sich vier einsatzklare und wirkmächtige Seezielraketen P-15, deren Treffergenauigkeit ich schon als 1.WO auf der 753 unter Beweis gestellt habe. Damals, 1979, diente ich noch auf der 753 als 1.WO und an Bord befand sich Fregattenkapitän Förster. Er war mein ACH und gleichzeitig Kommandant des Führungsbootes, so dass ich die „Ehre" hatte, als 1.WO den Raketeneinsatz im Schießgebiet vor Baltijsk durchzuführen.

Unsere Schnellboote handeln in der Regel mit anderen RS- und TS-Booten zusammen und nutzen die Zielzuweisungsverfahren, über die ich heute berichten möchte.
Und nochmal – entscheidend sind zwei Grundsätze, die ich während meiner gesamten Bordzeit eingehalten habe:
Erstens: ein militärisches Kollektiv erfolgreich auszubilden und zu führen, welches aus Menschen nicht nur verschiedener Dienstgrade, sondern auch unterschiedlicher Charaktere besteht. Diese weisen erhebliche Altersunterschiede und auf Grund verschiedener Einstellungsjahrgänge auch ein unterschiedliches Ausbildungsniveau auf.
Und zweitens: Verantwortung zu übernehmen, um die gestellte Gefechtsaufgabe mit meiner Mannschaft in See zu erfüllen.
Gefechtsalarm für die 5.RSA! Die 754 liegt an der Gefechtsdienstpier 4 im Stützpunkt. 60 Minuten nach Auslösung des Gefechtsalarms hat diese Abteilung im Bestand von vier RS-Booten auszulaufen.

Der 1.WO leitet das Seeklarmachen und meldet dem Kommandanten das Boot See- und Gefechtsklar. Für die bevorstehenden Ausbildungsaufgaben in See wurde die Gefechtsbereitschaft auf allen GS und auf allen vier Booten der Abteilung hergestellt. Während dieser

Zeit werde ich als Kommandant beim Abteilungschef in die bevorstehende Aufgabe eingewiesen. Dort bekomme ich den Befehl in die Tromper Wiek zu verlegen und dort weitere Befehle über Funk verschlüsselt zu empfangen. Kaum haben wir das Seegebiet erreicht, erhalten wir den Befehl zum „Raketenangriff". Bei unseren durchgeführten Einsätzen habe ich regelmäßig mit Fühlunghalter zusammengewirkt. Das Zusammenwirken wird vom Vorgesetzten befohlen, der Algorithmus dafür ist bekannt. Besonders hervorheben möchte ich die gemeinsame Aufgabenerfüllung mit der landgestützten TBK Arkona. Die Werte Peilung und Distanz von der TBK aus zum "gegnerischen Ziel" werden an uns übermittelt. Mein GA-1 wertet diese Daten parallel sowohl auf der Seekarte als auch auf der „Manöverspinne"[9] umgehend aus. Die Erfassung und das Mitkoppeln auf der Manöverspinne war meine Stärke. Schnell und zeitnah trage ich Kurse, Distanzen und Peilungen für mein Boot, den Gegner sowie die Angaben der TBK für den bevorstehenden Raketenschlag in das vorgegebene Planschet der Manöverspinne ein. Wir errechnen daraus die erforderliche Peilung und Distanz zum "Gegner". Der Gegner, das waren für diese Überprüfung der Gefechtsbereitschaft und des Ausbildungsstandes schnelllaufende TS-Boote unserer Flottille, die als darstellende Kräfte fungierten und auf die ein imitierter Raketenschlag mit je einer Rakete pro Boot, also eine Salve bestehend aus vier Raketen, auszuführen war.

Das erste RSB legt von Pier 4 ab und sticht in See zur Erfüllung der gestellten Aufgaben. (Quelle: Peter Seemann)

Das Wetter spielte hierbei im Grunde genommen eine untergeordnete Rolle, wir waren keine "Schönwettermatrosen". Eine andere Variante war, das die TBK uns Peilung und Distanz zum Ziel von unserer Schiffsposition aus übermittelte. Voraussetzung dafür ist, dass die TBK den "Gegner" und mein Boot auf dem Radarschirm hatte. Diese Daten werden umgehend in unser System übertragen und der Gefechtskurs wird eingenommen.

Berücksichtigt haben wir, bei der Vielzahl der bisher erfolgten Darlegungen, noch nicht den wichtigsten Bestandteil bei diesen Handlungen – die Start- und Schlagzeit des Raketenangriffs. Der Vor-

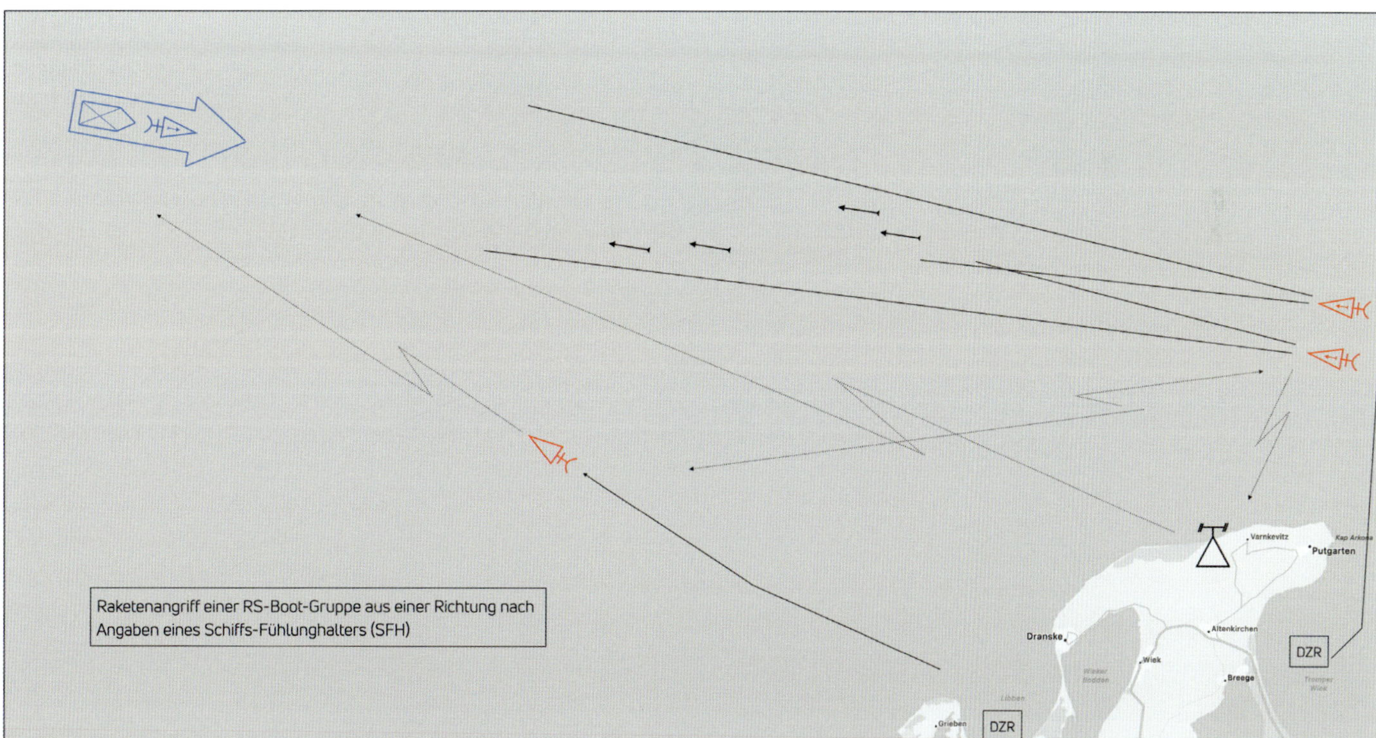

Raketenangriff einer RS-Bootsgruppe aus einer Richtung nach Angaben eines Schiffsfühlungshalter (SFH). (Quelle: Peter Prast gemäß DV 200/0/012)

[9] Die Manöverspinne ist eine Methode der militärischen Navigation, mittels derer die Bewegungselemente des Gegners ermittelt werden; siehe Gefechtskoppeln.

TS-Boote fungieren als Zieldarstellung für den Raketenangriff bei dieser Überprüfung. (Quelle: Peter Prast)

gesetzte in der jeweiligen Befehlshierachie, das kann der ACH, der BCH, aber auch der FCH oder sogar der Befehlshaber der Flotte sein. Er legt die Schlagzeit fest. Die Schlagzeit stellt die Zeit dar, wenn die Wirkmittel, also in unserem Fall alle Raketen und Torpedos der am Seegefecht teilnehmenden Einheiten und Truppenteile, beim Gegner gleichzeitig einzuschlagen haben. Jeder versteht, dass Torpedos und Raketen aus unterschiedlichen Richtungen und Positionen zu unterschiedlichen Zeiten gestartet werden müssen, um gleichzeitig im Ziel einzuschlagen. Jeder, am Raketenschlag teilnehmende Kommandeur/Kommandant, bestimmt daraus folgend die Startzeit seiner Einsatzmittel.

Das heißt die unterschiedlichen Distanzen zum Ziel müssen bei den jeweiligen Einheiten berücksichtigt werden (Flugzeit bzw. Laufzeit). Diese Zeit wurde als X-Zeit bezeichnet, d.h. X-Zeit 22:00 Uhr bedeutete, dass alle Raketen um 22:00 Uhr im Ziel eintreffen müssen. Schlussfolgernd heißt X+30 z.B. dass alle Torpedos unserer TS-Boote oder Bomben von unseren Marinejagdbombern in 30 Minuten nach der Schlagzeit das Ziel bekämpfen und somit den Erfolg ausweiten. Das Zusammenwirken in unterschiedlichen Schießmethoden illustrieren die beiden Skizzen aus der Dienstvorschrift DV 200/0/012 „Gefechtseinsatz der Raketenschnellboote" von 1977.

Weitergehende Informationen zu diesem Thema sind aus dem Beitrag von Kapitän zur See Genzow (Kapitel 3.3.2.) zu entnehmen.

In meiner praktischen Tätigkeit waren die Ergebnisse im Zusammenwirken mit Torpedoschnellbooten des Projektes 206 als Fühlungshalter nicht so positiv wie die mit einer TBK, vermutlich war die FM-Anlage MR102 dafür nicht besonders gut geeignet (geringe Reichweite). Fregattenkapitän Lothar Schmidt, der damals auch mein BCH war, hatte angestoßen, das Zusammenwirken mit den Hubschraubern des Typs Mi-14PL des MHG-18 zu verwirklichen. Theoretisch wurde diese Methode einstudiert und war eine weitere Variante Daten vom Gegner und die Zielzuweisungen zu erhalten. Als es aber zur praktischen Umsetzung kam, klappte aus irgendwelchen Gründen die Kommunikationsaufnahme mit den Hubschraubern nicht. Ende 1985 wurde ich in das Küstenraketenregiment versetzt und habe seitdem keine Kenntnis mehr, ob diese neue Art der Zielzuweisung in die Praxis in den Bordeinheiten der 6.Flottille umgesetzt wurde. Trotzdem war insgesamt gesehen die Arbeit mit Fühlunghalter sehr gut und trug wesentlich zum effektiveren Einsatz unserer Waffensysteme bei.

Soweit mein Bericht über das Zusammenwirken mit anderen beweglichen und stationären Flottenkräften während meiner Zeit als Kommandant eines Raketenschnellboots. Ich melde mich in gleicher Angelegenheit ein paar Jahre später als Abteilungskommandeur einer Küstenraketenabteilung unter Punktes 3.3.3. wieder.

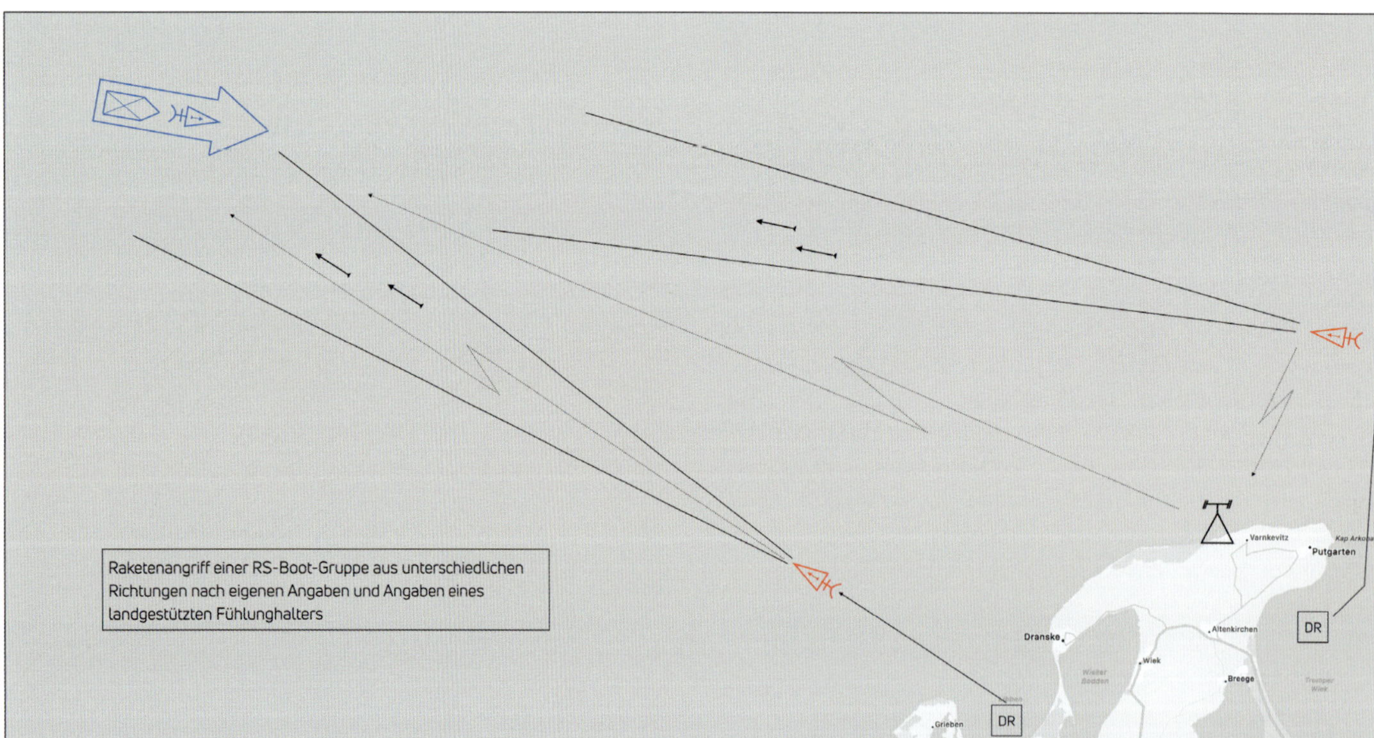

Raketenangriff einer RS-Bootsgruppe aus unterschiedlichen Richtungen nach eigenen Angaben und Angaben eines landgestützten Fühlungshalter. (Quelle: Peter Prast gemäß DV 200/0/012)

3. Die Küstenraketentruppen der Volksmarine

3.1. *Historischer Abriss der Entstehung der Küstenartillerie- und Raketentruppen der Volksmarine*

Beitrag von Fregattenkapitän a.D. Klaus-Peter Gödde

Die Gründe, warum die Führung der Volksmarine der DDR sich Anfang der 60er-Jahre für die Einführung von Spezialküstenartillerie- und Anfang der 80er-Jahre von Küstenraketenkräften – überhaupt für diese neue Waffengattung moderner Seestreitkräfte – entschied, wurden in der Einleitung dieses Buches dargelegt.

3.1.1. Die Spezialküstenartillerie-Abteilung der Volksmarine 1962-1972

Unter dem Begriff *Spezialküstenartillerie* ist ein Komplex von Einsatzmittel, Zielerfassungs-, Waffenleit- sowie Sicherstellungs- und Gefechtsführungstechnik zu verstehen, der mit dem Ziel eingesetzt wird, auf See befindliche gegnerische Überwasserkräfte (ÜW-Kräfte) aus dem unmittelbaren Küstenstreifen heraus zu bekämpfen. Die Einsatzmittel sind Flügelgeschosse, die im Unterschallgeschwindigkeitsbereich fliegen. Diese flugzeugähnlichen Flugkörper werden durch automatische Lenksysteme gesteuert. Da sie außer dem Pulver-Starttriebwerk kein Raketentriebwerk als Antrieb besaßen, sondern ein herkömmliches Flugturbinenstrahltriebwerk, wurden sie aus dieser technischen Sichtweise, sicherlich auch aus Geheimhaltungsgründen im offiziellen Sprachgebrauch der *speziellen* Küstenartillerie zugeordnet und in der Fachliteratur auch als Küstenverteidigungs-Flugkörper bezeichnet. Die 2.Bodenversion übernahm die Küstenverteidigung der UdSSR zwischen 1957 und 1959 als Komplex 4K87. Das System erhielt den Namen „Sopka" (dt. Hügel), der Flugkörper die Bezeichnung S-2. In den weiteren Darlegungen betrachten wir die Spezialküstenartillerie als Vorläufer der Küstenraketen und ordnen, entgegen der ursprünglichen Terminologie, sie der Kategorie der Raketenbewaffnung zu. Die Spezial-Küstenartillerieabteilung bezeichnen wir im Weiteren kurz mit SKA.

Der Aufbau der SKA

Die Aufstellung der SKA erfolgte am 02.01.1962 am Standort Kühlungsborn Postschließfach 3959. Durch Befehl-Nr.121/62 vom 1.Oktober 1962 des Chefs der Volksmarine (CVM), Konteradmiral Wilhelm Ehm, wurde diese Einheit offiziell in Dienst gestellt. Kommandeur der Abteilung wurde Kapitänleutnant, später Fregattenkapitän, Gerhard Nahlik. Zur dieser Zeit erfolgte noch keine matrielle Auffüllung. Die personelle Auffüllung zum Beginn des Ausbildungsjahres 1962/63 war auch noch nicht abgeschlossen.
Die umfangreiche Lieferung moderner Raketenbewaffnung für alle Teilstreitkräfte der NVA erfolgte auf Grundlage eines Regierungsabkommens zwischen der UdSSR und der DDR vom 31.August 1961. (Anlage 1) Der Gesamtwert der Ausrüstung, die gemäß Anlage zu diesem Abkommen geliefert wurde, betrug 123.000.000,00 Rubel. Der Anteil für den gelieferten Komplex „System Sopka" differiert in der Literatur zwischen 4.200 - 4.782 Millionen Mark der DDR. Bei der Realisierung dieses Abkommens traten für „Sopka" anfängliche Lieferschwierigkeiten auf. 1961 wurden die letzten 20 Stück S-2 von der sowjetischen Rüstungsindustrie an die sowje-

Die Startrampe B-163 mit dem Flügelgeschoß S-2 des Küstenverteidigungskomplexes (KVK) „Sopka". Hier eine Aufnahme aus dem Polish Arms Museum in Kolobrzeg. (Quelle: Peter Gödde)

Taktisch-technische Daten des Küstenraketenkomplexes "Sopka" und der Rakete "S-2"

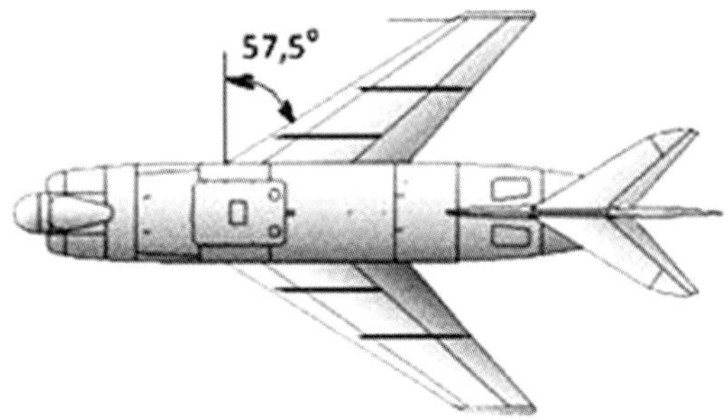

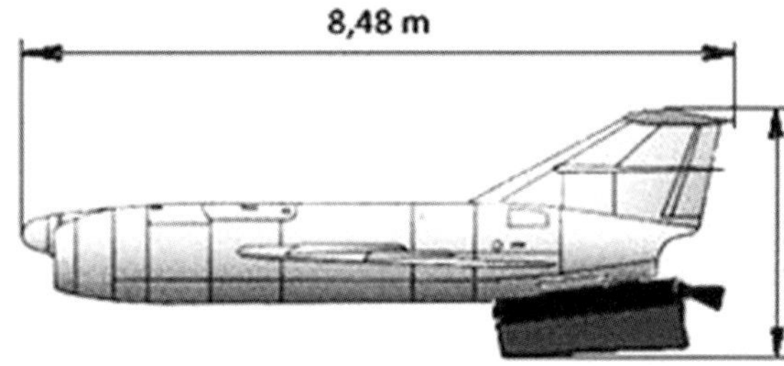

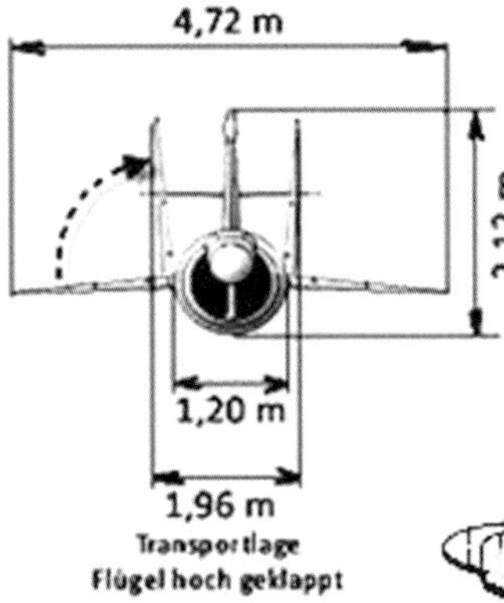

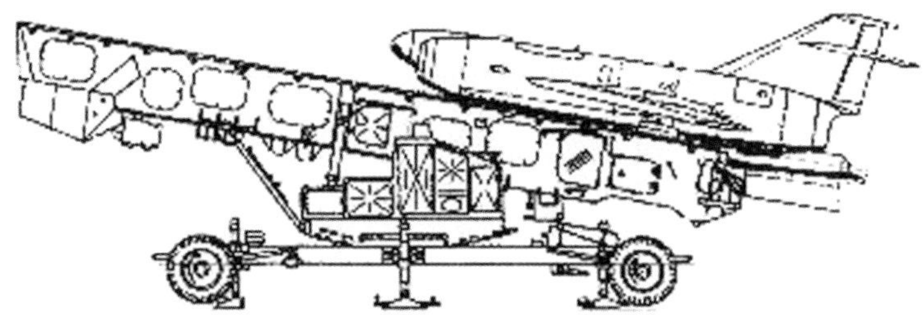

„S-2“ auf Startrampe „B-163“

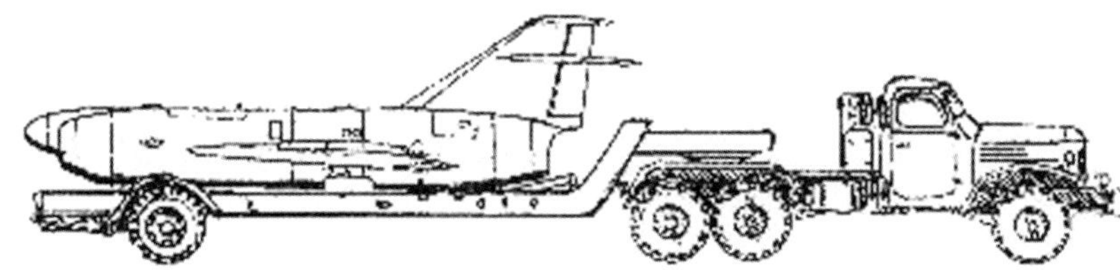

„S-2“ auf Raketentransportanhänger „PR-15“

Herstellerbezeichnung des Komplexes: 4K87
NATO-Bezeichnung: Samlet SSC-28

Allgemeine taktische Daten des Flügelgeschosses "S-2"
Schußsektor jeder Abteilung in °: 85
Schussdistanz in Abhänigkeit der Höhe der "S-1M"
über Null in km: 15-35
Vorbereitungsteitraum zum Schuss in min.: bis 17
Anzahl der Raketen in einer Salve: bis 4
Fluggeschwindigkeit in m/s (km/h): 300 (1.050)
Flughöhe in m: 400

Massenangaben
Startmasse des Fluggeschosses in kg: 3.420
Fluggewicht in kg: 2.929
Starttriebwerk in kg: 479
Masse des Treibstoffs in kg: 165
Volumen des Kerosintanks in l: 320
Masse Öl in kg: 10
Masse des Gefechtsteils in kg: 1.015
Masse Sprengstoff in kg: 600

Antrieb: Strahltrieberk mit Feststoff-Starttriebwerk
Bezeichnung des Marschtriebwerks: ТРДРД-500К
Schubkraft des Marschtriebwers in kp: 1.500
Bezeichnung des Treibstoffs: Kerosin T-1
Bezeichnung des Starttriebwerks: SPRD-15
Schubkraft des Starttriebwerks in t: 27-41
Brenndauer des SPRD in s: 1,6-1,8
Masse des Triebwerks in kg 481

Wirkung des Gefechtsteils: Kontaktwirkung, Splitter - Spreng
Bezeichnung des Gefechtsteils: 4Г52
Lenksystem: Funkkommando und halbaktieves
Funkmesssystem ПАРЛГСН К-IIМ
sowie Autopilot АПК-58 (АП-5) mit Rudern
Reichweite der Zielsuchlenkanlage in km: 10-20

Die Startrampe B-163 mit dem Flügelgeschoß S-2 des Küstenverteidigungskomplexes (KVK) „Sopka“. (Quelle: Peter Gödde)

Strukturschema der SKA-Abteilung

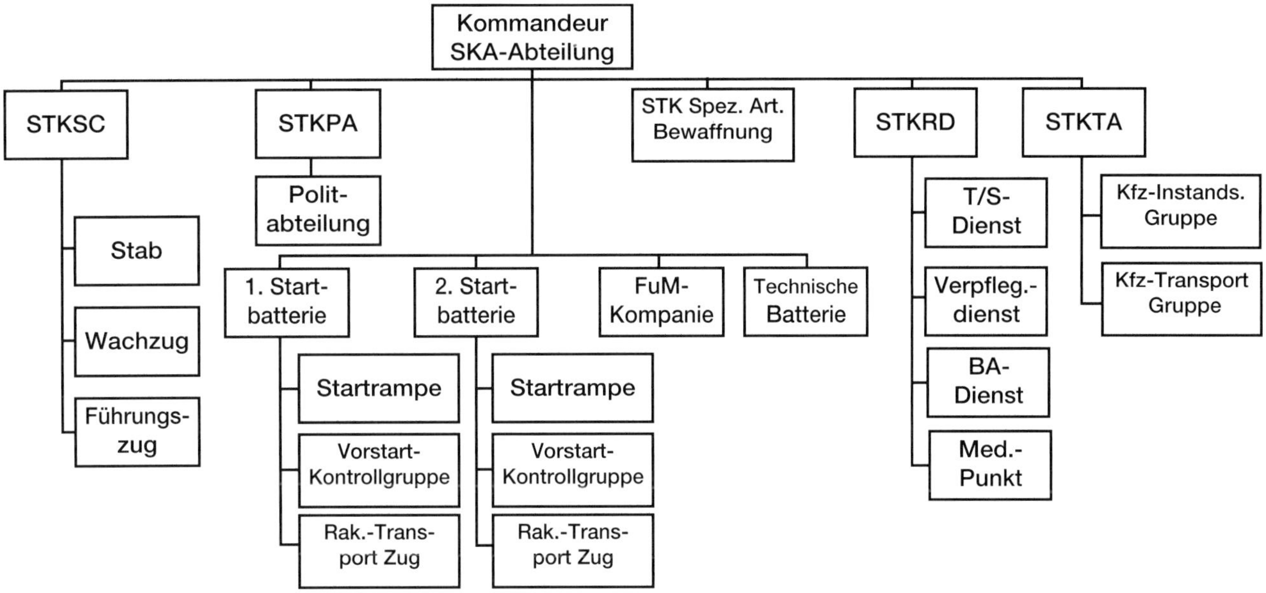

Personelle Auffüllung der SKA-Abteilung 1967 Soll I

STKPA		STKPA		STKPA		STKPA		STKPA		STKPA	
Soll	Ist	Soll	Ist	Soll	Ist	Soll	Ist	Soll	Ist	Soll	Ist
26	26	37	22	40	47	71	64	77	105	251	264

Strukturschema der SKA-Abteilung. (Gerhard Nahlik)

tischen Flotten ausgeliefert. Gleichzeitig hatte man aber insgesamt 108 S-2 den verbündeten und auch befreundeten Flotten diese Ausrüstung, wie zum Beispiel Polen, der DDR, Bulgarien, Rumänien und Nordkorea versprochen. Was tun? Die Sowjets entschieden sich die fehlenden 88 Raketen aus den Beständen der sowjetischen Flotten abzuziehen, im Herstellerwerk Nr.47 diese einer Nutzungsfristverlängerung zu unterziehen (sozusagen werksneu zu machen) und davon der DDR-Volksmarine 24 Stück zu liefern. Diese Auslieferung und der erste Raketenschießabschnitt (RSA) der neuaufgestellten SKA zog sich deshalb bis ins Jahr 1964 hin.

Eine Vielzahl von Offizieren der neu aufzustellenden Einheit befanden sich von August 1961 an auf einem Vorbereitungskurs an der Höheren Kaspischen Seekriegsschule „S.M. Kirow" Baku (Aserbaidschan). Dort wurden sie auf den neuen Küstenraketenkomplex „Sopka" vorbereitet, 8 Monate in Theorie sowie materieller Teil in Baku und 2 Monate Praktikum nahe der lettischen Küstenstadt Ventspils an der Ostsee.

Am 20.Mai 1963 erfolgte die Unterstellung der SKA unter die Führung der 4.Flottille, deren Basierungspunkt sich in Warnemünde-Hohe Düne befand. Flottillenchef war zu dieser Zeit Kapitän zur See Notroff. Diese Unterstellung war vorübergehend, nach zwei Jahren wurde die SKA direkt dem Kommando der VM (KVM) in Rostock unterstellt. Im Folgenden befindet sich das Organigramm, aus dem die Unterstellung und die wichtigsten Strukturelemente der SKA ersichtlich sind. Alle Abkürzungen werden in einem Verzeichnis am Ende des Buches erläutert.

Abteilungsmusterung: Anzugsordung 1.Ganitur/Kieler Bluse weiß. (Quelle: Karl-Heinz Lange)

Angehörige der sowjetischen Unterstützungsgruppe beim gemeinsamen Landgang mit der Bedienungsmannschaft. (Quelle: Bernd Peters)

Die MKF der SKA führen mit einem LKW Typ G-5 Fahrtraining auf einem Geschicklichkeitsparcour im Objekt durch und selbstverständlich absolvieren sie einmal im AHJ auch die strukturmäßige Kfz-Lehrbahn. (Quelle: Peter Seemann)

Ende des Jahres 1962 trafen die ersten Importe der Spezialtechnik aus der UdSSR ein. Es herrschten gerade an diesen Tagen extrem winterliche Bedingungen. Die Technik wurde auf dem Schienenweg über die Rangierbahnhöfe Neubukow und Kröpelin aus der UdSSR zugeführt. Trotz Glatteis, Schnee und Kälte wurde die neue Bewaffnung ohne Vorkommnisse nach Kühlungsborn überstellt. Es war die erste bestandene Feuerprobe für die jungen und neuen Militärkraftfahrer der SKA.

Anfang Januar 1963 wurde die Kampftechnik übernommen und im gleichen Monat begann auch die Ausbildung der Mannschaften und Unteroffiziere auf den einzelnen Gefechtsstationen. Zur Technikübernahme und Gefechtsausbildung befand sich eine sowjetische Unterstützungsgruppe in der Stärke von bis zu 10 Angehörigen in den ersten Monaten im Objekt Kühlungsborn. Trotz Unterstützungsgruppe wurde die gesamte Ausbildung ausschließlich durch die SKA-Offiziere durchgeführt, das heißt die Führungshoheit lag einzig und allein auf der deutschen Seite. Die Besatzungen machten sich mit der Technik, mit ihrer Bedienung sowie mit der Wartung und Pflege vertraut. Alle zeigten dabei großen Eifer und waren bemüht ihr Bestes zu geben, damit in kürzester Zeit die SKA ihren Gefechtswert erreicht. Die ersten zwei Abteilungsgefechtsübungen (AGÜ) fanden schon im Februar 1963 statt. Es wurden das Besetzen der Gefechtsstationen (GS) und das Klarmachen zum Gefecht trainiert und überprüft. Im darauffolgenden März erhöhte sich die Anzahl der durchgeführten AGÜ schon auf fünf – Auslösen von Gefechtsalarm bis hin zur ersten fiktiven Salve. Die gesamte mitgelieferte Dokumentation war in Russisch verfasst. Diese, einschließlich die notwendigen Dienstvorschriften für den Gefechtseinsatz des gesamten Komplexes, wurde von Offizieren der SKA übersetzt und mit den sowjetischen Spezialisten vor Ort präzisiert und mit wertvollen Nutzungserfahrungen abgestimmt.

Im Mittelpunkt der Anstrengungen bei der Gefechtsausbildung stand von Anfang an insbesondere der Kampf um Unterbietung der vorgegebenen Zeitnormen. Im April 1963 wurden zum ersten Mal im Rahmen einer AGÜ das Klarmachen zum Marsch und die Entfaltung der Abteilung im Gelände durchgeführt. Dabei konnten die Normen unterboten werden, wobei besonders die Funkmeßkompanie (FMK) hervorgehoben werden muss, die die Norm für das Klarmachen zum Marsch in 46 Minuten und die Entfaltung in 40 Minuten erstmals schaffte. Bei weiteren AGÜ ist zu verzeichnen, dass die Norm für das Klarmachen zum Gefecht ständig mit 4-6 Minuten unterboten wurde, dass aber die Zeit vom Kommando „Zum Gefecht“ bis Kommando „Start“ nicht immer eingehalten wurde. Auch wenn es oft nur 1-2 Minuten über der Norm waren. Die Aufgabe I konnte erstmalig mit der Note „gut“ abgelegt werden. Sie beinhaltet Elemente der allgemein militärischen Ausbildung (AMA) wie z.B. Exerzierausbildung, Schutz vor MVW, MKE, spezialfachliche Überprüfung, Kfz-Marsch und eine Reihe von Grundelementen bei der Nutzung der Hauptbewaffnung. Besonders die Ausbildung der Militärkraftfahrer (MKF) war ein Schwerpunkt, denn die Mobilität dieser Einheit basierte auf dem Einsatz unterschiedlicher LKW spezieller Zweckbestimmung.

Vom 18.–20.06.1963 wurde erstmalig eine AGÜ unter gefechtsmäßigen Bedingungen durchgeführt. Hier ein kurzer Ausschnitt aus dem Gefechtstagebuch:

Datum	Uhrzeit	Handlungen	Bemerkungen
18.06.	19:00	Auslösen Gefechtsalarm	
18.06.	21:00	Klarmachen der Abteilung zum Marsch	
18.08.	22:00-03:40	Durchführung eines Kolonnen-Marsches in eine Feuerstellung	40 Minuten Verspätung wegen Havarie
19.06.	03:40-05:30	Entfalten der Technik	Norm unterboten
19.06.	05:30-16:00	Gefechtsalarm, Durchführung von Gefechtshandlungen, Wiederholungen	Ausfall Fml-Station S-1M, Abbruch der Übung, Station 17:20 wieder klar
19.06.	19:00-21:20	Klarmachen zum Rückmarsch	
20.06.	21:30-02:35	Rückverlegung **Gesamtnote:** „gut“	Mängel Regulierungs- und Sicherungsposten in den Marschpausen

In der Zeit vom 17.-20.Juli 1963 fanden erstmalig Verladeübungen von Teilen der SKA mit einem Landungsschiff in Warnemünde statt. Im Juli wurden Mannschaften und Unteroffiziere mit der MPi „K“ ausgerüstet. Im August 1963 wurde die Aufgabe II abgelegt und eine Funkmeßübung vom 01.-07.08.1963 durchgeführt. Die Aufgabe II beinhaltete die Herstellung höherer Stufen der Gefechtsbereitschaft, Durchführung eines Kolonnenmarsches, Beziehen einer Feuerstellung und die Erfüllung einer Gefechtsübung gegen ÜW-Kräfte, aber auch den Härtetest[10] und Normüberprüfungen in der Schutzausbildung beim Einsatz von Massenvernichtungswaffen sowie weitere Normen und Aufgaben.

An dieser Übung in Saßnitz nahmen die Stationen „S-1M“ und „Burun“ teil. Die Auflistung der Technikeinheiten und deren Zweckbestimmung erfolgt im Kapitel 3.2. Auch die ersten gefechtsmäßigen Handlungen im Zusammenwirken mit anderen Kräften der Flotte werden in diesem Kapitel ausführlich beschrieben.
Auf Beschluss des Ministerrates wurde am 7.Oktober 1963 der SKA die Truppenfahne verliehen.

Die materielle Auffüllung der SKA war zu Beginn des Ausbildungsjahres 1963/64 in den wichtigsten Ausrüstungs- und Bewaffnungsarten abgeschlossen. Die Handlungen der ab 1964 jährlich stattfindenden Raketenschießabschnitte, kurz RSA, werden im Kapitel 3.2. ausführlich dargelegt.
Im November 1964 erfolgte die Verlegung der Abteilung in das neu erbaute Objekt Schwarzenpfost mit einem Bahngleisanschluss, eine wesentliche Erleichterung für alle weiteren Verlegungen und Transporte von Technik und Bewaffnung.

Im Februar 1965 absolvierte die SKA ihre erste Winterübung. Dazu verlegte die Abteilung in zwei Eisenbahntransporten in den

Allgemein-Militärische Ausbildung – Militärische Körperertüchtigung. (Quelle: Peter Seemann)

Hindernislauf unter erschwerten Bedingungen. (Quelle: Bernd Peters)

[10] Härtetest – Maßnahme der kollektiven Überprüfung des physischen und psychischen Leistungsvermögens von militärischen Einheiten. Er besteht aus einem Kreistraining als Erwärmungsteil, aus einem 3.000 m Lauf, der kollektiven Überwindung der Sturmbahn und einem abschließenden 15 km Eilmarsch mit vollem Gepäck und das letzte Drittel unter der Schutzmaske. Die Anstrengungen gingen teilweise bis an die Leistungsgrenze. Die Gesamtleistung wird zeitmäßig in Noten bewertet.

Besichtigung der Technik der SKA in Schwarzenpfost durch das MfNV. (Quelle: Kurt Stippkugel)

Truppenfahne der SKA. (Quelle: Kurt Stippkugel)

Übungsraum Prora. Man muss unbedingt anmerken, dass der KRK „Sopka" entsprechend dem Stand der Technik nicht voll automatisiert war, das heißt, hier war noch Handarbeit gefordert, richtige schwere körperliche Arbeit und das unter allen Bedingungen. Wenn man bedenkt, dass zum Herstellen der Einsatzbereitschaft der Abteilung die mehr als 30 zum Teil schweren Rad- und Kettenfahrzeuge, vor allem die beiden Startrampen, bewegt, an- und abgekoppelt, in die richtige Stellung gebracht und alle mit kilometerlangen, schweren Kabeln verbunden werden mussten, dann begreift man die Schwere und Kompliziertheit des Dienstes. Jede Startstellung wurde pioniermäßig umfassend ausgebaut und vermessen, das waren zwei für die Gefechtsausbildung auf der Insel Rügen im Raum Prora und Saßnitz-Dwasieden, aber auch fünf für den Gefechtseinsatz, die nur vermessen waren und die allein der Kommandeur kannte.

Gefechtsausbildung, Gefechtsausbildung und nochmals Gefechtsausbildung

Sofort nach dem 2.Schießabschnitt wurden die Vorbereitungsmaßnahmen für das sechswöchige Sommerlager in Angriff genommen. Dazu wurden am 20.Juli 1965 die 1. und 2. Batterie der SKA zum Ausbau der eben erwähnten neuen Feuerstellung in Saßnitz-Dwasieden mit Unterstützung des Marinepionierbataillons der VM (MaPiB-18) abkommandiert. Abgelöst wurden sie am 1.Juli durch die TB und FMK. Die zweite Feuerstellung war fertig und nahtlos begann auch das Sommerlager in Prora und damit begann auch, wie kann es anders sein, die Schlechtwetterperiode … und es regnete und regnete.

Planmäßig erfolgte die Rückverlegung nach Saßnitz-Dwasieden. Der Kolonnenmarsch und die anschließenden Spezialbehandlungen (teilweise Entgiftung der Kfz und Technik sowie vollständige sanitäre Behandlung des teilnehmenden Personalbestands) wurden unter Vollschutz durchgeführt – ein gutes Beispiel für eine gefechtsnahe Ausbildung. Oft ging dabei die Ausbildung bis an die Grenze des Leistungsvermögens eines jeden Einzelnen – eine gute Vorbereitung auf die darauffolgende taktische Übung der Verbände der VM (siehe dazu Kapitel 3.2. – taktische Übung der Verbände Ende August 1965).

Auch im Folgejahr wurde ein kurzes Winterlager im Februar 1966 durchgeführt und der Stand der Gefechtsausbildung in der Übungsfeuerstellung Saßnitz-Dwasieden überprüft. Die Ergebnisse waren gut bis auf die 2.Batterie, die die Abnahmeübung der Aufgabe I am 25.02.66 wiederholen musste. Danach hatten nun alle Einheiten der SKA die Forderungen an eine Kampfkern-I-Einheit[11] erfüllt.
Wegen des Einsatzes sowjetischer Werkspezialisten wurde die Abnahme der Aufgabe II auf Anfang Mai 1966 verlegt. Diesmal überprüfte das KVM die Kenntnisse der Offiziere, Unteroffiziere und Matrosen, die Herstellung der festgelegten Stufe der Gefechts- und der Marschbereitschaft sowie den Kolonnenmarsch nach Prora, das Beziehen der Feuerstellungen und den Stellungswechsel nach Dwasieden. Die gesamte Truppe konnte ein gutes Ergebnis vorweisen, lediglich bei der Funkmeßstation „Mys" kam es zu einer Zeitüberschreitung von 30 Minuten. Die Funkmeßsicht verschlechterte sich zusehends und gegen 03:30 Uhr wurde am 05.05.1966 die Gefechtsübung abgebrochen. Die anschließende Überprüfung des Schutzes vor MVW brachte unbefriedigende Ergebnisse. Deshalb erfolgte am 26.05.1966 eine nochmalige Überprüfung des Schutzes vor MVW durch das KVM im Rahmen einer Isotopenübung. Der Wissenstand und die Abnahme der Isotopenübung hatten sich nur unwesentlich verbessert und konnten lediglich befriedigen. Sicherlich war es mit ein Grund, weshalb das KVM wiederholt die Gefechtsbereitschaft der SKA vom 13.-14.Juni 1966 überprüfte. Der vorgesetzte Stab wollte wissen, ob die Kommandeure, die Polit- und Parteiarbeiter die notwendigen Schlüsse gezogen und Maßnahmen eingeleitet hatten, um Bestleistungen anzustreben. Jetzt galt es „Volle Gefechtsbereitschaft" (VG) herzustellen und eine taktische Übung durchzuführen. Die Verlegung erfolgte in einen unvorbereiteten Stellungsraum auf dem Südbug (Halbinsel Wittow). Der Marsch der Einheiten auf die Insel Rügen wurde in zwei getrennten Transporten durchgeführt: Radtechnik verlegte auf der Straße, Kettentechnik per Eisenbahntransport bis nach Neu-Mukran. Vom Südbug verlegte die SKA anschließend wieder nach Saßnitz-Dwasieden, um dort eine Funkmeßübung mit wechselseitiger Zielübergabe zwischen den Funkmeßstation des Nachrichtenbataillons der Volksmarine (NB-18) und der „Mys" der SKA durchzuführen.
Im Juli 1966 führte die SKA das Sommerlager in Dwasieden durch. Dorthin verlegte die Einheit in zwei Eisenbahntransporten. Im Feldlager wurde die Isotopenübung im Zusammenwirken mit dem Zug Chemische Abwehr des KVM abgelegt. Diesmal mit guten Ergebnissen. Auch an der Übung der Verbündeten Ostseeflotten vom 21.-27.07.66 nahm die SKA der VM teil. Diesmal stand der Schutz

[11] Kampfkern-I-Einheit – dazu gehörten alle Einheiten, Truppenteile und Verbände, die ihre Ausbildungsaufgaben mit der Bestnote „Sehr gut" erfüllten.

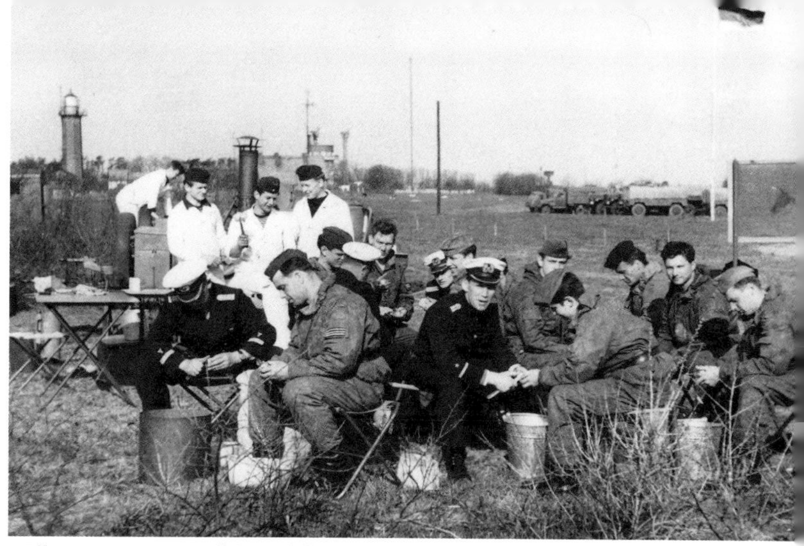

„Allemannsmanöver" im Feldlager: Knollen drehen. (Quelle: Kurt Stippkugel)

Abteilungsmusterung zur Auswertung der Ergebnisse des durchgeführten Feldlager. (Quelle: Kurt Stippkugel)

Mannschaftsfoto der 1.Batterie beim Raketenschießabschnitt Mai 1965. Ganz links stehend Batteriechef KL Krause, ganz rechts stehend Stabsmatrose Wolfgang Mainka, unmittelbar davor stehend der Stellv. des Batteriechefs OL Helbig, 6. von rechts, stehend Karl-Heinz Lange. Alle anderen Personen können nicht mehr namentlich festgestellt werden. (Quelle: Kurt Stippkugel)

Offiziere im Feldlager RSA Mai 1965 in Donskoje (Sowjetunion). Ganz rechts stehend KK Wiedner, 2.v.r. stehend Friedbert Fischer, ganz links stehend KL Hirsch. Alle anderen Offiziere können nicht mehr namentlich festgestellt werden. (Quelle: Kurt Stippkugel)

eines Landungsverbandes, der in der Operationszone der VM formiert wurde, im Mittelpunkt der Aufgabenstellung an die SKA. Um diese Aufgabe zu erfüllen, verlegten die Startbatterien und die Kräfte der Gefechtssicherstellung in den Raum Prora und führten erfolgreiche Raketenschläge auf zwei darstellende gegnerische Ziele durch. Die Auswertung durch den CVM ergab Note „gut".

Die Anordnung-Nr.50/66 des CVM über die *Organisation und Durchführung der Gefechts- und militärischen Ausbildung* legte auch für das neue Ausbildungsjahr 1966/67 die Schwerpunkte fest:

a) Fortsetzung der Ausbildung auf Grundlage der bestätigten Programme
b) Festigung des erreichten Ausbildungsstandes und Gewährleistung der Ständigen Gefechtsbereitschaft (SGB)
c) Verstärkung der technischen Ausbildung zum störungsfreien Einsatz der Anlagen und Geräte

Um diese Ziele zu erreichen entschloss sich der Kommandeur, Fregattenkapitän Nahlik, folgende Ausbildungsmaßnahmen mit seinem Stab zu planen und mit der Truppe durchzuführen:

1. Funkmeßfeuerleitübung im Zusammenwirken mit dem Nachrichtenbataillon vom 09.10.-12.10.1966
2. Winterlager vom 07.02.-10.02.1967
3. Ablegung der Aufgabe I vom 06.03.-10.03.1967
4. Ablegung der Aufgabe II vom 17.04.-21.04.1967
5. Verladeübung mit einem LSM (Landungsschiff mittel)
6. Teilnahme an allen geplanten Maßnahmen des Vorgesetzten (Übungen, Überprüfungen und RSA)

Training der Beladung eines Landungsschiffes. (Quelle: Peter Seemann)

Exakt nach Plan erfolgte die Umsetzung dieser Ausbildungsmaßnahmen. Die Funkmeßfeuerleitübung wurde unter Berücksichtigung des zeitweiligen Ausfalls der „Mys" und der „S-1M" mit „gut" eingeschätzt. Auch die jährlichen Aufgaben I und II wurden erfolgreich abgenommen und damit die Truppe zum Raketenschießen zugelassen.

Das Jahr 1968 begann mit eisigen Zeiten. Schneestürme brachten den Eisenbahn- und den Straßenverkehr vom 11.-14.01.1968 im gesamten Bezirk Rostock zum Erliegen. Auch Angehörige der SKA-Abteilung beteiligten sich in Tag- und Nachteinsätzen an Verkehrsknotenpunkten im Kreis Rostock-Land.

Nach fünf Jahren Nutzung des Komplexes „Sopka" lief dessen Frist aus und die Technik musste für eine weitere Nutzungsperiode zugelassen werden. Somit stand 1968 die Nutzungsverlängerung des Komplexes im Mittelpunkt des Truppenlebens. Auf Grund einer im April 1968 angefertigten Kapazitätsanalyse für den noch zu erbringenden Arbeitsumfang wurde festgestellt, dass die errechnete Instandsetzungszeit nicht eingehalten werden kann. Als Endtermin für die Instandsetzung wurde daraufhin der 31.08.1968 vorgeschlagen und durch das KVM bestätigt. Das für Juli/August geplante Feldlager der SKA konnte deshalb nicht durchgeführt werden. Zwei Instandsetzungsgruppen, welche gemeinsam mit Technologen des VEB Instandsetzungswerk Pinnow, dem Hauptinstandsetzungsbetrieb für Raketen- und Funkmesstechnik der NVA (kurz IWP genannt) den gesamten Komplex überprüften und instandsetzten, arbeiteten Tag und Nacht insgesamt 4.206 Arbeitsstunden und gewährleisteten damit, dass die SKA sieben Tage vorfristig, am 24.08.68, dem CVM wieder voll einsatzklar gemeldet werden konnte.

So eisig das Jahr 1968 meteorologisch begann, so heiß spitzten sich die politischen Ereignisse in der zweiten Hälfte des Jahres zu. Die

Entwicklung in der ČSSR bestimmte im August 1968 nicht unwesentlich das Truppenleben. Mit der Intervention von Streitkräfte-Kontingenten mehrerer Teilnehmerstaaten des Warschauer Vertrages am 21.08.68 wurde in der SKA, so wie in vielen anderen Verbänden, Truppenteilen und Einheiten der VM, die Stufe „Erhöhte Gefechtsbereitschaft im Objekt" ausgelöst. Die Angehörigen der SKA bewiesen in dieser Zeit eine hohe Einsatzbereitschaft beim Abschluss der stattfindenden Instandsetzungsarbeiten und diskutierten mit hohem politischen Sachverstand über die Ereignisse in der ČSSR in den Parteigruppen, Kampfkollektiven und auch abends auf den Unteroffiziers- und Mannschaftsstuben.

Zum Ende des Ausbildungsjahres 1968/69 traten erstmals Einschränkungen in der Nutzung der Kampftechnik in Kraft. Diese Maßnahmen hatten zum Ziel, die Nutzung der Technik zu limitieren, um sie für weitere Jahre einsatzbereit zu halten. Die Konzeption, die am 25.Oktober 1969 vom CVM bestätigt wurde, legte u.a. folgende Punkte fest:

1. Die Ausbildung an der Technik ist auf ein Minimum zu beschränken.
2. Einmal im Jahr ist ein Feldlager in einer Übungsfeuerstellung für 14 Tage durchzuführen und die gesamte Zeit ist für Ausbildung an der Gefechtstechnik zu nutzen.
3. Kfz-Märsche sind ohne Kampftechnik durchzuführen.
4. Funkmeßübungen sind nur mit den Stationen „Mys" und „Burun" durchzuführen.
5. Wartungs- und Instandsetzungsarbeiten sind quartalsgebunden zu organisieren.
6. Der Kampfsatz wurde neu festgelegt. Ein Kampfsatz bestand aus 6 Raketen. Insgesamt befanden sich im Objekt Schwarzenpfost 24 Raketen.

Der jährliche Befehl Nr. 80 des CVM legte für das Ausbildungsjahr 1969/70 zwei Hauptaufgaben für die SKA fest – die zielstrebige Fortsetzung der Ausbildung des Personalbestands unter Berücksichtigung des Zustandes der Technik und die Durchführung von Funkmeß- und Feuerleitübungen zur Vervollkommnung der praktischen Fertigkeiten. Schwerpunkt ist, wie eh und je, die Gefechtsausbildung bis zur perfekten Beherrschung der funktionellen Pflichten. Wenn der Befehl für die Gefechtsausbildung in der Regel kurz und ausreichend definiert wird, so ist zu vermerken, dass mit Beginn der 70er-Jahre die politischen Maßnahmen in den Streitkräften und damit auch in der SKA in den Befehlen und Anordnungen der Truppenkommandeure wesentlich umfangreicher und dominierender wurden. Die DDR befand sich in ihrer stärksten wirtschaftlichen Entwicklungsphase und das durchdrang das gesamte politische und gesellschaftliche Leben. Die Bedeutung des sozialistischen Wettbewerbs und politischer Höhepunkte am „laufenden Band" prägten seit dieser Zeit immer intensiver das Truppenleben, auch in der SKA.

Abschiedsfoto zur Entlassung der Soldaten auf Zeit (SaZ) und des Grundwehrdienstes (GWD) mit ihrem Abteilungskommandeur, Fregattenkapitän Gerhard Nahlik (Bildmitte), dem Batteriechef der 2. Batterie Waldemar Michel (3. Reihe hinten 3. von links) und Oberleutnant Ernst Schleyer (1. Reihe unten 1.von rechts) Ende der 60- bzw. Anfang der 70er-Jahre. (Quelle: Bernd Peters)

Hier ein paar ausgewählte Beispiele aus jenen Tagen zur Verdeutlichung:

1. Anlässlich des 20.Jahrestages der DDR wurden zwei Einheiten der SKA – die FMK und die 2.Batterie mit dem Titel *„Beste Kompanie/Batterie"* durch den CVM ausgezeichnet.
2. Im Mai 1970 wurde die Teilnahme an operativen Maßnahmen des Manövers der Teilnehmerstaaten des Warschauer Paktes „Waffenbrüderschaft" befohlen, woraufhin alle geplante Aktivitäten des 2. Ausbildungshalbjahr (AHJ) komplett geändert wurden.
3. In Auswertung der Wettbewerbsinitiative „Operation 70" wurde das höchste Ergebnis seit Bestehen der SKA im sozialistischen Wettbewerb erreicht – 82 Einzelbeste und 24 Kollektive wurden ausgezeichnet.[12]
4. Nicht nur Politschulungen und Gesellschaftliche Weiterbildung wurden, oft zum Leidwesen aller Teilnehmer, nahezu perfektioniert und übertrieben parteipolitisch praktiziert. Aber auch das kulturelle Leben in der SKA erfährt eine spürbare Erweiterung.
5. Mit großem Enthusiasmus und Mitgefühl für das um seine Freiheit kämpfende Vietnam wurde in der SKA beträchtliche Geldbeträge gespendet: im März 1970 – 3.776 Mark, im Oktober 1970 – 3.402 Mark, im März 1971 – 2.684 Mark, im

[12] Im Vergleich mit dem AJ 1964/65 wurden von 82 Bestenverpflichtungen nur 24 realisiert, von 19 Kollektivverpflichtungen wurde lediglich eine erfüllt. Zurückgeführt wurde das auf ungenügende Führungstätigkeiten der Einheitskommandeure und der Parteileitungen und auch auf die damalige untergeordnete Rolle der Wettbewerbsführung in den Streitkräften überhaupt.

Oben: Neben einem harten militärischen Dienst wurde auch im Rahmen von Abteilungsfesten gemeinsam mit den Familienangehörigen und Freunden ausgelassen gefeiert. (Quelle: Bernd Peters)

Links: Siegerehrung im sportlichen Wettkampf. Der Kommandeur, Fregattenkapitän Nahlik, gratuliert Obermeister Neumann zum 1.Platz in Laufen. Neumann hat u.a. erfolgreich an Meisterschaften der Volksmarine und der NVA teilgenommen. (Quelle: Peter Seemann)

März 1972 – 1.883 Mark und im Oktober 1972 – 1.626 Mark. Nicht unbedeutend waren auch die enormen Mengen an Blutspenden, die die Angehörigen der SKA über Jahre solidarisch dem kämpfenden Vietnam bereitstellten.

6. Die Dienststelle Gelbensande war Träger einer Reihe von Patenschaften, so mit der Polytechnischen Oberschule, mit der Gemeinde und dem Kindergarten Rövershagen. Viele Angehörige und Elternteile der Schüler waren ehrenamtlich im Elternbeirat, im Elternaktiv tätig, arbeiteten aktiv im Ortsausschuss der Nationalen Front und auch im Dorfklub. Die Dienststelle hatte in der Gemeinde einen anerkannten und guten Ruf. So entstand die Straßenbeleuchtung auf der rechten Seite der Fernverkehrsstraße 105 in Rövershagen in Richtung Stralsund durch freiwillige Arbeitseinsätze durch die SKA.

Der Bericht der Kontrollgruppe des KVM unter Leitung von Fregattenkapitän Urban zur Abnahme der Aufgabe II kommt zu einer Reihe von Mängelfeststellungen: Durch den Kommandeur der SKA, den Einheitskommandeuren und den gesellschaftlichen Organisationen wurde es nicht verstanden alle zur Ablegung der Aufgaben zu befähigen und eine vorbehaltlose Einsatzbereitschaft auch unter schwierigen Bedingungen zu erreichen. Disziplin und Ordnung können nur befriedigen, ernsthafte Mängel in der Dienstorganisation, eine ununterbrochene Führung ist nicht gewährleistet, es kommt zu Ausfällen beim Kfz-Marsch sowie zu einem Unfall (Tankwagen vom Typ Ural mit Hänger). Sie sind Ausdruck für ungenügende praxisverbundene Ausbildung, oberflächliche Kontrolltätigkeit und mangelhaftes Verantwortungsbewusstsein. So erscheint die erteilte Note „befriedigend“ nahezu schmeichelhaft, denn das Ergebnis ist gleichzusetzen mit der Nichtzulassung zum Gefechtsschießen. So wurde umgehend begonnen systematisch das physische und psychische Leistungsvermögen der gesamten Truppe zu steigern. Es ist anzunehmen, dass auf Grund dieser Situation der Kommandeur der SKA für das folgende Ausbildungsjahr den Befehl 12/71 erließ, der zur Verbesserung der AMA die Bildung von zwei Ausbildungskompanien in der SKA vorsah und dazu die besten Ausbilder bestimmt und eingesetzt wurden.

Die Panzerbüchsenübungen wurden im Juli 1970 nun erstmalig auf den Schießplatz Tarnewitz mit „sehr gut“ absolviert. Es ging aufwärts, die aufgetretenen Mängel und Unzulänglichkeiten wurden im 2.AHJ 1969/70 abgestellt.

Offiziere und Angehörige des Stabes wurden durch Fregattenkapitän Thiele (KVM) fachlich zu folgenden Schwerpunkten geschult:

- Erarbeitung begründeter Entschlüsse
- Ausarbeitung von Führungsdokumenten
- Auswertung von KW-Schlägen auf Marschstraßen

Die Aufgabenstellung des CVM ein Jahr später ist ähnlich verfasst, wobei besonders ein Augenmerk auf die Durchführung von Funkmeßübungen im Zusammenwirken mit dem NB-18 und auf die praktischen Fertigkeiten bei der Beseitigung von Störungen zu richten war. Ergänzt wurden diese Festlegungen zusätzlich durch die AO 20/70 des CVM, in der militärökonomische Einsparungen vorgegeben wurden wie z.B. 80 t Braunkohlenbriketts, 12,6 % Elektroenergie (33.756 kWh) einzusparen und Eigenleistungen zur Werterhaltung in Höhe von 8.000 Mark zu erbringen sind.
Wie in jedem Truppenteil wurden auch in der SKA Eingaben und Beschwerden ordnungsgemäß bearbeitet, weitergeleitet und einer Lösung zugeführt. Aus dem AJ 1970/71 konnten 12 Eingaben festgestellt und zugeordnet werden – 3 zur Arbeit mit dem Menschen, 4 Eingaben zur Kaderarbeit und 5 zu Wohnungsproblemen.
Interessant sind auch die Möglichkeiten der Weiterbildung von Berufssoldaten der SKA an externen Studiengängen. So studierten KL Rochnia und KL Michael Militärkybernetik, KL Paech studierte in einer Ingenieurtechnischen Ausbildungsrichtung. Ein Fernstudium an zivilen Hoch- und Fachschulen absolvierten KK Pietsch, KL Fischer und SOM Mandel.
Am 06.02.71 überprüfte eine Kontrollgruppe des KVM unter Leitung von Konteradmiral Hesse den Stand der Gefechtsbereitschaft – Schwerpunkte Alarmierung, Benachrichtigung und Heranholung des Personalbestandes, Herstellung der Marschbereitschaft und Marsch der Einheit zur Verladerampe. Auch die anschließenden Funkmeßübungen der Station „Mys“ in Kühlungsborn bestätigten gute Ergebnisse. Trainiert wurden Seeraumbeobachtung, Zielauffassung, Klassifizierung und Zielverfolgung sowie Kommando- und Meldesprache. Diese Kontrollen bestätigten, dass die Angehörigen der SKA die Lehren aus der Vergangenheit gezogen hatten. Die SKA ist gefechtsbereit.

Außerdienststellung der SKA

Die AO 30/71 beinhaltet, dass im AJ 71/72 die SKA auf ihre Außerdienststellung vorbereitet wird. Mit Wirkung vom 01.12.71 trat der Plan der Maßnahmen zur Außerdienststellung der SKA in Kraft. Dieser läuft auf der Grundlage des Stellen- und Ausrüstungsnachweises (STAN-Nr.5031/3) in drei Etappen, bis schlußendlich zum 30.10.1972, ab:
Fregattenkapitän Nahlik übergibt zum 30.11.1971 das Kommando an Korvettenkapitän Petruschka. Dieser setzt entsprechend der Aufgabenstellung den Schwerpunkt der Führungstätigkeit auf Kaderaussprachen mit allen Offizieren und Berufssoldaten über ihre Perspektive und berücksichtigt in seiner Tätigkeit Stimmungen, Meinungen und Schwierigkeiten, die sich aus der Auflösung ergeben. Der Personalbestand wird zum 01.12.71 im Soll von 285 auf 264 gesenkt. Es werden folgende Stationen nicht mehr aufgeführt: der Fla-MG-Zug, die FM-Station „Mys“. Neu dazu kam der Lagerbezirk I, der dem Versorgungs- und Ausrüstungslager-18 (VAL-18) unterstellt wurde.
Trotz Auflösung wird die Ausbildung entsprechend den besonderen Gegebenheiten weitergeführt: vom 14.-17.02.72 wurden Elemente der Aufgabe I abgelegt – gute bis befriedigende Ergebnisse, vom 18.-20.04.72 wurden Elemente der Aufgabe II mit guten Ergebnissen abgenommen.

Ab diesen Zeitpunkt beginnt der direkte Prozess der Außerdienststellung der SKA. Am 24.04.72 werden die 1.Startbatterie und eine Brandschutzgruppe aufgelöst. Ab 1.Mai erfolgt die schrittweise Abverfügung der Kfz-Technik. Anfang August wird eine Startrampe B-163 mit Rakete S-2 als Modell an die SSTA[13] übergeben, am 15.08.72 wurde die zweite Startrampe B-163 mit Rakete S-2 dem Armeemuseum der NVA Dresden abgeführt.

In der Zeit vom 05.08.-15.09.72 wird täglich mit den Einheitskommandeuren eine Kurzlage zur Organisation des Dienstes für den nächsten Tag durchgeführt, weil der Personalbestand so reduziert war, dass nur das Objekt gesichert werden konnte und Arbeitsdienst durchgeführt wurde. Bis zum 30.11.72 wird der Funktrupp „Proliw“ aufgelöst und der Personalbestand der motorisierten TB und der stationären TB wird zu einer einheitlichen TB zusammengefasst.
Am 12.09.72 wird in einer Beratung beim Chef des Stabes KVM festgelegt, dass die Übergabe des Objektes Schwarzenpfost an die 6.Flottille in der Zeit vom 15.-25.10.72 zu erfolgen hat. Dazu hat der Kommandeur der SKA einen Maßnahmeplan zu erarbeiten und zum 30.10.72 das militärische Zeremoniell der Dienststellenübergabe zu organisieren und durchzuführen. In der AO 45/71 des CVM wurde angewiesen, dass der Lagerbezirk LB I bis 01.11.72 im Unterstellungsverhältnis VAL-18 verbleibt. Der Funkmeßzug wird ab dem 01.06.72 an die FMK des NB-18 personell und materiell übergeben. Am 01.06.72 wird die SKA auf Weisung des Hauptstabes aus dem System der Gefechtsbereitschaft herausgelöst. Alle Festlegungen wurden bis 30.10.72 erfüllt.
Im Januar 1972 wurde eine gemeinsame Parteigrundorganisation mit 54 Mitgliedern und 7 Kandidaten gebildet, zusammengelegt aus allen Parteigruppen der Einheiten der SKA.
Mit Einführung der neuen DV 010/0/003 – Innere Dienst – wird der Standortdienst durch den Leiter des Wehrkreiskommandos organisiert. Durch Befehl 1/72 des Standortältesten des Standortes

[13] SSTA – Schiffsstammabteilung, Unteroffiziersschule der Rückwärtigen Dienste, Ausbildung der Unteroffiziere im technischen Bereich speziell für die Instandhaltungsbasen der Volksmarine. Dort erfolgte auch die gesamte Grundausbildung aller Grundwehrdienstler für die rückwärtigen Dienste der VM, einschließlich der Militärkraftfahrerausbildung, die sich auf der Insel Dänholm bei Stralsund befindet.

Rampe mit S-2 im Armeemuseum der NVA in Dresden. (Quelle: Kurt Stippkugel)

Ausmarsch der Truppenfahne. (Quelle: Gerhard Nahlik)

Rostock-Land wird festgelegt, dass zum Standort die Bereiche von Rostock-Stadt, Rövershagen und Gelbensande gehören.

Wie in vielen Jahren zuvor werden auch im letzten Jahr der Existenz der SKA Angehörige zur Erfüllung volkswirtschaftlicher Aufgaben abkommandiert:

- 4 Matrosen von Januar – April in das Erdölverarbeitungswerk Schwedt
- 2 Offiziere und 27 Matrosen werden in die Landwirtschaft eingesetzt
- 4 Matrosen „dienten" auch in der letzten Phase der Existenz der SKA in anderen volkswirtschaftlichen Schwerpunktbereichen.

Matrosen als Erntehelfer in der Landwirtschaft. (Quelle: Kurt Stippkugel)

3.1.2. Der Aufbau moderner Küstenraketentruppen der Volksmarine in den Jahren 1980-1990

Der Chef der Volksmarine (VM) Vizeadmiral (später Admiral) Ehm erhielt von der sowjetischen Seite schon im Dezember 1974 erste Auskünfte zum neuen Küstenraketenkomplex (KRK) „Rubesh" und Mitte 1978 in Sewastopol weitere Angaben. Die Führung der VM entschied sich daraufhin für seine Einführung. Auf der Grundlage der Anordnung-Nr.18/79 des Stellvertreters des Ministers und Chef der VM vom 22.05.1979 begann im Spätsommer 1979 der Aufbau der Küstenraketentruppen.

Um sich einen groben taktisch-technischen Überblick über den neue KRK zu machen geben die Abbildungen in der Anlage 4 -7 Auskunft.

Start einer P-35 des Küstenraketensystems „Redut" der sowjetischen KRT. (Quelle: A. Schirokorad aus „Von der Sopka bis zur Bastion" Militär-Industrieller Kurier, Jahrgang 2017)

Zur zukünftigen Einsatzplanung der Küstenraketentruppen hatte sich Ehm beim Treffen mit Gorschkow am 15.07.1983 Folgendes notiert: „Im Weiteren wurde vom Chef der Sowjetflotte der Einsatz der Küstenraketen aufgeworfen. Er vertrat den Standpunkt, dass aus operativer Sicht für die Volksmarine drei Abteilungen unbedingt erforderlich wären: eine Abteilung an der Westgrenze, eine Abteilung im Raum Warnemünde, eine Abteilung im Raum Rügen. In diesem Zusammenhang könnte aus dem vorgesehenen Regiment eine Brigade gebildet werden. Dabei sei zu erwägen, dass das System „Rubesh" eine reine Waffe der Küstenverteidigung sei und eine Abteilung weitreichender Raketen (300 km), zum Beispiel „Redut", zur Erfüllung der gestellten Aufgaben erforderlich wäre, wenn nicht bis 1990, dann in späteren Jahren. Soweit die vorgesehene Planung.

Kommen wir zurück ins Jahr 1980. Mit dem KRK „Sopka" hatte die Volksmarine schon in den Jahren 1962-1972, wie oben dargelegt, Einsatzerfahrungen gesammelt. Deshalb ist es nicht verwunderlich, dass der Stabschef der damaligen SKA, Fregattenkapitän Kurt Stippkugel, den Befehl erhielt die erste Küstenraketenabteilung-18 (KRA-18) bis 1983 aufzubauen. Die personelle Aufstellung erfolgte im Kommando der VM, dann wurden diese Kräfte nach Stralsund in die Dienststelle der Schiffsstammabteilung 18 verlegt. Dort wurde die Zuführung weiteren Personals fortgesetzt und allgemein-militärische Ausbildung durchgeführt. Am 29.April 1980 erfolgte die Verlegung der gesamte Abteilung in die Dienststelle Schwarzenpfost, 15 km östlich von Rostock. Dort war zehn Jahre zuvor der KVK Sopka, der Vorgängertyp, stationiert. Die in Aufbau befindliche KRA wurde somit Gast bei der zwischenzeitlich stationierten Raketentechnischen Abteilung der 4.Flottille (RTA-4), sie konnte aber die intakte Infrastruktur dieser Einheit nutzen. Die Unterbringung des gesamten Personals erfolgte in einer der drei vorhandenen Baracken. Obwohl sämtliche Räumlichkeiten

Das neue und mobile Küstenraketensystem „Rubesh" – verschiedene Ansichten rundum und in den drei Bestandteilen: Fahrzeug, Gefechtskabine und Raketencontainer. (Quelle: Fotomontage an verschiedenen Standorten Wolfgang Schädlich)

für Mensch und Technik sehr begrenzt waren, lief die Zusammenarbeit mit den Angehörigen der 4. Flottille beispielhaft gut. Dabei war die KRA erst zu Hälfte aufgefüllt und von den 54 geplanten Kraftfahrzeugen waren erst 5 herkömmliche Kfz vorhanden, trotzdem machten die beiden Einheiten das Beste draus. Ab Juni 1980 bis März 1981 wurde begonnen die ersten Gefechtsraketen P-21 und P-22, aber auch Lehrmodelle und ein Schnittmodell für die Ausbildung in Frankfurt/Oder abzuholen. Im Oktober 1980 wurden die ersten beiden selbstfahrenden Startrampen (SSR) „Rubesh" unter strengster Geheinhaltung am Gleisanschluss der Dienststelle entladen und die Gefechtskabine sowie die Startcontainer auf das Fahrgestell montiert. Die Übergabe an die Besatzungen und die Unterweisung in die Bedienung und Wartung erfolgte durch eine sowjetische Spezialistengruppe.

Im März und April 1981 führte eine weitere Gruppe sowjetischer Spezialisten auch den endgültigen Aufbau des Raketen-Regelbereichs sowie eine intensive, spezialfachliche Ausbildung in der Technischen Batterie (TB) durch. In dieser Zeit begannen im Objekt Schwarzenpfost auch die notwendigen, umfangreichen baulichen Investitionsmaßnahmen, um den Unterkunfts- und Wirtschaftsbereich sowie den gesamten Bereich des Gefechtsparks und der Lager- und Regelhallen für die Raketen und Zubehörteile in der Technischen Zone (TZ) umfassend neu zu errichten. Der militärische Tagesdienst wurde sehr durch das Baugeschehen in der gesamten Dienststelle belastet. Der weitere Aufbau der KRA, d.h. die laufende Zuführung von Technikeinheiten sowie die taktische, spezialfachliche und militärische Ausbildung einerseits und das gesamte Baugeschehen andererseits waren zwei, oft sich gegenseitig ausschließende Hauptaufgaben, die vor dieser Einheit standen und die nicht immer ideal nebeneinander abliefen. Oft wurde auch die Ausbildung auf Grund der doch beengten Unterbringungs-, Arbeits- und Ausbildungsbedingungen sogar nachts durchgeführt. Das gesamte Personal der KRA zog aber uneingeschränkt mit. Viele damalige Angehörige aus den Aufbaujahren berichten noch heute mit guten Erinnerungen an diese nicht einfache, aber doch sehr erfolgreiche Dienstzeit. Der Beitrag reicht nicht aus um die Schwierigkeiten jener Aufbauzeit und den Anteil der Menschen zu beschreiben, die die Vielzahl der Probleme lösten und überwanden. Dank gilt auch all den Beteiligten, die im Hintergrund die Gewährleistung der Hauptaufgaben sicherstellten. Die taktische Ausbildung wurde in den Ebenen Startrampe, Startbatterie und Abteilung durchgeführt. Analog fand die spezialfachliche Ausbildung in den Zügen der TB und allen Sicherstellungsarten, allem voran im Transport- und Kraftfahrzeugwesen statt. Ist doch die Mobilität eine der wichtigsten Säulen für ein erfolgreiches Handeln im Gefecht. Die Abnahme der Hauptelemente der Abteilungsgefechtsübung (AGÜ) erfolgte durch das Kommando der VM und durch anwesende sowjetische Spezialisten.

Auf diesem Foto sind die sowjetische Spezialisten abgelichtet, die in Zuständigkeit von Oberleutnant Brennecke (links im Bild) gemeinsam mit den Besatzungen die ersten Startrampen für die KRA-18 einsatzbereit gemacht haben. (Quelle: Kurt Stippkugel)

Die Angehörigen der RTA unter Führung von Kapitänleutnant Eger (links unten) lassen sich nach Abschluss der Ausbildung an den Raketen mit den sowjetischen Spezialisten fotografieren. (Quelle: Kurt Stippkugel)

Am 30.September 1981 wurde die KRA in das System der Gefechtsbereitschaft der Volksmarine eingegliedert und am 5.November 1981 konnte dem Chef der Volksmarine, Admiral Wilhelm Ehm, gemeldet werden, dass die Aufstellung der KRA sowie die Herstellung der Geschlossenheit der militärischen Kollektive in der neuen Kampfeinheit im geplanten Umfang abgeschlossen werden konnten. Somit besaß ab diesem Zeitpunkt die Volksmarine wieder eine Waffengattung, deren Kampfkraft und Mobilität es beim Gegner auf dem geschlossenen Seekriegsschauplatz der westlichen Ostsee zu berücksichtigen galt. Die strikte militärische Geheimhal-

Start der ersten Rakete des Typs P-21 der KRA-18 im Juli 1982 von der SSR Nr.502. (Quelle: Kurt Stippkugel)

tung des Aufbaus und die militärischen Aktivitäten der KRA trugen aber wesentlich dazu bei, dass die gegnerischen NATO-Seestreitkräfte und die militärischen westlichen Nachrichtendienste lange Zeit über deren Existenz keine ausreichenden, zum Teil nur sehr nebulöse Kenntnisse hatten.
Schrittweise wurde die Dienststelle der RTA-4 nach Warnemünde/Hohe Düne verlegt und die freiwerdenden Räumlichkeiten konnten durch die KRA-18 übernommen und genutzt werden. Nach den ersten faktischen Betankungen der Raketen in der RTA-6 (die Raketenbetankungsplätze in Schwarzenpfost befanden sich damals noch im Aufbau) und nach einer taktischen Übung vom 8.-10. Juni 1982 erhielt die Abteilung die Zulassung zum Raketenschießabschnitt (RSA). Dieser erfolgte im Zeitraum vom 19.06. bis 10.07.1982 aus dem Stellungsraum Donskoje heraus mit zwei Treffern. Ein für alle Beteiligten unvergessliches Erlebnis und der Höhepunkt in der Gefechtsausbildung der neuen KRA.

Mit der Indienststellung der KRA-18 und der erfolgreichen Erfüllung der ersten Gefechtsaufgaben entstand auch bei den Seestreitkräften der Verbündeten Ostseeflotten, beim Ministerium für Nationale Verteidigung (MfNV), bei Partei und Regierung sowie in anderen Teilstreitkräften ein reges Interesse für die neue Waffengattung der Volksmarine. Die Erfahrungen beim Aufbau der KRA-18 hatten wesentliche Bedeutung für die spätere Entwicklung zu einem Regiment mit einer großen Feuerkraft.
Im Oktober 1983 wurden die SSR Nummer drei und vier zugeführt. Eine KRA war somit personell und materiell aufgefüllt. So konnte die nächste Etappe in der Entwicklung der KRT der VM gestartet werden – die vorbereitende Einnahme der nächsthöheren Stufe – die Regimentsstruktur. Am 1. November 1983 wurde unter Führung von Fregattenkapitän (später Kapitän zur See – KzS) Lothar Schmidt das Küstenraketenrgiment-18 (KRR-18) offiziell in Dienst gestellt. Es begann die Periode der Erarbeitung und Präzisierung der notwendigen Ausbildungs- und Gefechtsdokumente. Der Plan der Überführung des Truppenteils vom Frieden- in den Verteidigungszustand musste aktualisiert werden, Normzeiten galt es zu reglementieren, Stellungsräume mussten bestimmt und vermessen werden, Wochen- und Monatsrahmendienstpläne waren zu erstellen und in die tägliche Tagesdienstführung umzusetzen. Somit erfuhr auf dieser Basis das gesamte Truppenleben eine Neuausrichtung. Schwerpunkte waren weiterhin die Gefechtsausbildung und die Gewährleistung des Gefechtsdienstes (GD). Auch das Leben des KRR im gesellschaftlichen Umfeld und in der Region zu unterschiedlichen Institutionen und Einrichtungen wurde ausgebaut und nützliche Beziehung zum gegenseitigen Vorteil geknüpft.
Der 2.RSA im Juli 1984, der immer das Maß aller Anstrengungen und Höhepunkt in der jährlichen politischen und Gefechtsausbildung darstellte, wurde mit zwei Treffer abgeschlossen. Feste und freundschaftliche Verbindungen zu den sowjetischen Waffenbrüder der Marineinfanterie in Baltijsk und dem KRR in Donskoje sollten sich für viele Jahre weiterentwickeln. Vier weitere RSA folgten, immer mit dem gleichen Ergebnis: zwei Treffer, Gefechtsaufgabe erfüllt.
Mit der Aufstellung des Regiments begann auch die Zeit permanenter Kontrollen. Beginnend mit „Hanse-83“ gab es nur ein paar Tage nach der Indienststellung schon die erste Überprüfung. Fähig-

keiten und Fertigkeiten bei laufend neuzugeführtem Personal und Technik sind umfassend und vollendet nicht in solchen kurzen Zeitabschnitten auszuprägen. Das ist nicht auf Knopfdruck oder mal so nebenbei möglich. Das braucht seine Zeit. Keiner hatte die Absicht sich ruhig und gemächlich der Sache anzunehmen. Das entsprach weder damals noch später den allgemeinen militärischen Gepflogenheiten bei der NVA. Grundlegend waren die Aufgaben anspruchsvoll und die Termine straff vorgegeben. Diese Erscheinung des Überprüfens, Kontrollierens und Inspizierens am laufenden Band sollte bis 1989 nicht abreißen und war prägend für den gesamten Zeitabschnitt der weiteren Entwicklung des KRR. Bei „Hanse-84" wurden die Führung der KRT vom Hauptgefechtsstand (HGS) des Chefs der VM aus eingeführt. Nicht immer einfach für eine wirksame Truppenführung, aber die Truppe sammelte Erfahrungen, improvisierte, stellte ihr Können auf die neuen Bedingungen ein und arbeitete sehr effektiv mit formalisierten Dokumenten. Die gegenseitig antrainierte Ersetzbarkeit bis ins Kleinste, die gleiche taktische Denkweise im Stab und in der Abteilungsebene sowie das blinde gegenseitige Vertrauen in dieser Führungsstruktur, war die einzige Möglichkeit erfolgreich die gestellten Aufgaben zu erfüllen. Sehr von Nutzen dabei war in dieser Zeit die Tatsache, dass die verantwortlichen Führungskräfte KzS Lothar Schmidt, sein Stabschef Kapitänleutnant (später Fregattenkapitän) Wolfgang Schädlich und viele andere Offizieren von den Raketenschnellbooten aus der 6. Flottille kamen, wo diese taktischen Verhaltensweisen der zur See fahrenden Kommandanten, Abteilungs- und Brigadechefs in Fleisch und Blut übergegangen waren, selbst bei zeitweiligem Verlust der Kommunikation zwischen dem Führungsorgan und der Truppe.

Nicht nur die taktische Ausbildung war das A und O im KRR, sondern auch die spezialfachliche Qualifizierungen in vielen speziellen Disziplinen mussten durch die Angehörigen besonders in der KRA, in der Raketentechnischen Abteilung (RTA) und im Kfz-Wesen absolviert und ständig trainiert werden. Und das bei einer anfänglichen Ausbildungsbasis, die annähernd Null war. Ausbildung an Gefechtstechnik, besonders an den Startrampen, ist ein sehr heikles Thema. Die Unterstützung seitens des Kommandos der VM war nicht immer optimal und es ist heute sehr schwer herauszufinden warum es so und nicht anders lief. Deshalb griffen die Angehörigen des Regiments zur Selbsthilfe und begannen eine kleine und bescheidene Ausbildungsbasis in verschiedenen Fachrichtungen über viele Jahre hinweg direkt im Objekt Schwarzenpfost zu errichten. Genialer Einfallsreichtum, das praktizierte Neuererwesen und viele Eigeninitiativen halfen die gröbsten Unzulänglichkeiten halbwegs zu überbrücken. Es ist bemerkenswert was von 1984 bis 1990 alles im KRR-18 hinsichtlich der Ausbildung im und um das Objekt Schwarzenpfost geschaffen wurde. Nächster Höhepunkt 1984 war die Teilnahme an der Parade der NVA anlässlich des 35.Jahrestages

Nach erfolgtem Training kehrt die Führungs- und Kampftechnik der 2. KRA vom Einsatz ins Feldlager zurück. Am Folgetag ist faktisches Schießen. Brüsterort im Juli 1989. (Quelle: Klaus-Peter Gödde)

1. Parade des KRR-18, angeführt vom Kommandeur Kapitän zur See Lothar Schmidt, Berlin, den 7. Oktober 1984. (Quelle: Lothar Schmidt)

der Gründung der DDR. Die für alle Zuschauer der Parade sichtbar an der Tür der Gefechtskabine der beiden Startrampen aufge-

Kleines Raketenschiff Projekt 1241 – „unser Partner" auf See. (Quelle: Kalender VM, Rainer Küster, 1990)

malten gelben Anker signalisierten, dass erstmalig die Marine an einer Ehrenparade in Berlin teilnahm. Das Vorbeidefilieren an der Ehrentribüne war dabei der angenehmste Teil der gesamten Veranstaltung. Alles andere war, wie immer, mit viel Arbeit, Organisation und stets mit einer Reihe parallel ablaufenden Maßnahmen verbunden. Auch zum 40.Jahrestag 1989 nahm das Regiment sogar mit vier Startrampen (alle mit Anker) an der letzten NVA-Parade in der Hauptstadt der DDR teil.

Im Februar und Mai 1985 wurden jeweils zwei weitere SSR an das Regiment ausgeliefert. Die 2.KRA war gefechtsbereit und durfte im Juli 1985 gleich ihr Können beim 3.RSA beweisen, was der Einheit auch mit zwei Treffern gelang. Zuvor fand im Juni 1985 erstmalig ein Feldlager auf dem Südbug in der Nachbarschaft des Stützpunktes der 6.Flottille statt. Da dieser Verband mit den gleichen Raketentypen P-21 und P-22 an Bord der neuen Raketenschiffe des Projektes 1241 ausgerüstet wurden, kam ein reger Erfahrungsaustausch mit den Bordoffizieren der raketentragenden Überwasserkräften zustande. Diese taktischen Fähigkeiten wurden in der Zukunft fester Bestandteil im gemeinsamen Zusammenwirkens der Stoßkräfte der VM. Darüber wird im Kapitel 3.3. noch zu berichten sein.

Erst im Sommer 1985 wurden die Baumaßnahmen im Objekt Schwarzenpfost offiziell abgeschlossen. Eine mehr als dreijährige Zeit gravierender Einschränkungen und zusätzlicher Belastungen im gesamten Truppenleben ging für das KRR-18 zu Ende. Die Dienst- und Lebensbedingungen normalisierten sich und die Truppe war nun in der Lage, die Maßnahmen zur Verbesserung der Ausbildung und der technischen Sicherstellung mit dem Schwerpunkten Raketenbewaffnung und Kraftfahrzeuge im eigenen Objekt zu entfalten.
Der Stellenplan STAN-90 trat in Kraft. Wesentliche Verbesserung war die Auflösung der eigenen RTA im Regiment und die Bildung zweier Raketentechnischer Batterien, die in einer mobilen Variante jeweils den beiden KRA zugeordnet wurden. (Anlage 8 Stellenplan KRR-18)

Das stand alles im Plan, faktisch liefen die Auffüllungs- und Ausrüstungsprozesse eher zögerlich ab. Weiterhin sah dieser Plan die Erhöhung der Instandsetzungs- und Wartungskapazitäten im Bereich Raketenbewaffnung und Kfz vor. Denn im Jahr 1986 begannen sich die Ausfälle gerade in diesen beiden Bereichen zu häufen. Dem KRR-18 muss für die gesamte Zeit seiner Existenz hoch anerkannt werden, dass es die überwiegenden Reparaturen ihrer Hauptbewaffnung (SSR und Raketen) in Eigenregie erfolgreich bewältigt haben. Das gab es so in keinem vergleichbaren Truppenteil der NVA. Die weiteren personellen und technischen Auffüllungen bzw. Ergänzungen gemäß STAN-90 erstreckten sich über das gesamte Ausbildungsjahr (AJ) 1987, nun schon im dritten Jahr der Existenz des Truppenteils, eher zäh und langwierig hin. Im Januar und Februar 1987 erforderte die extreme Wetterlage an der Ostseeküste auch den Einsatz von 150 Angehörigen des KRR im gesamten Gebiet der umliegenden Gemeinden zur Versorgung der Bevölkerung. Kaum war die Situation überstanden, schon standen die permanenten Kontrollen, Überprüfungen und sogar eine Inspektion wieder an. Hier ein Ausschnitt: Im März 1987 die Gesamtkontrolle des CVM, danach die Überprüfung der Gefechtsbereitschaft durch das MfNV „Wellenschlag-87", im Mai startete eine umfassende Mobil-

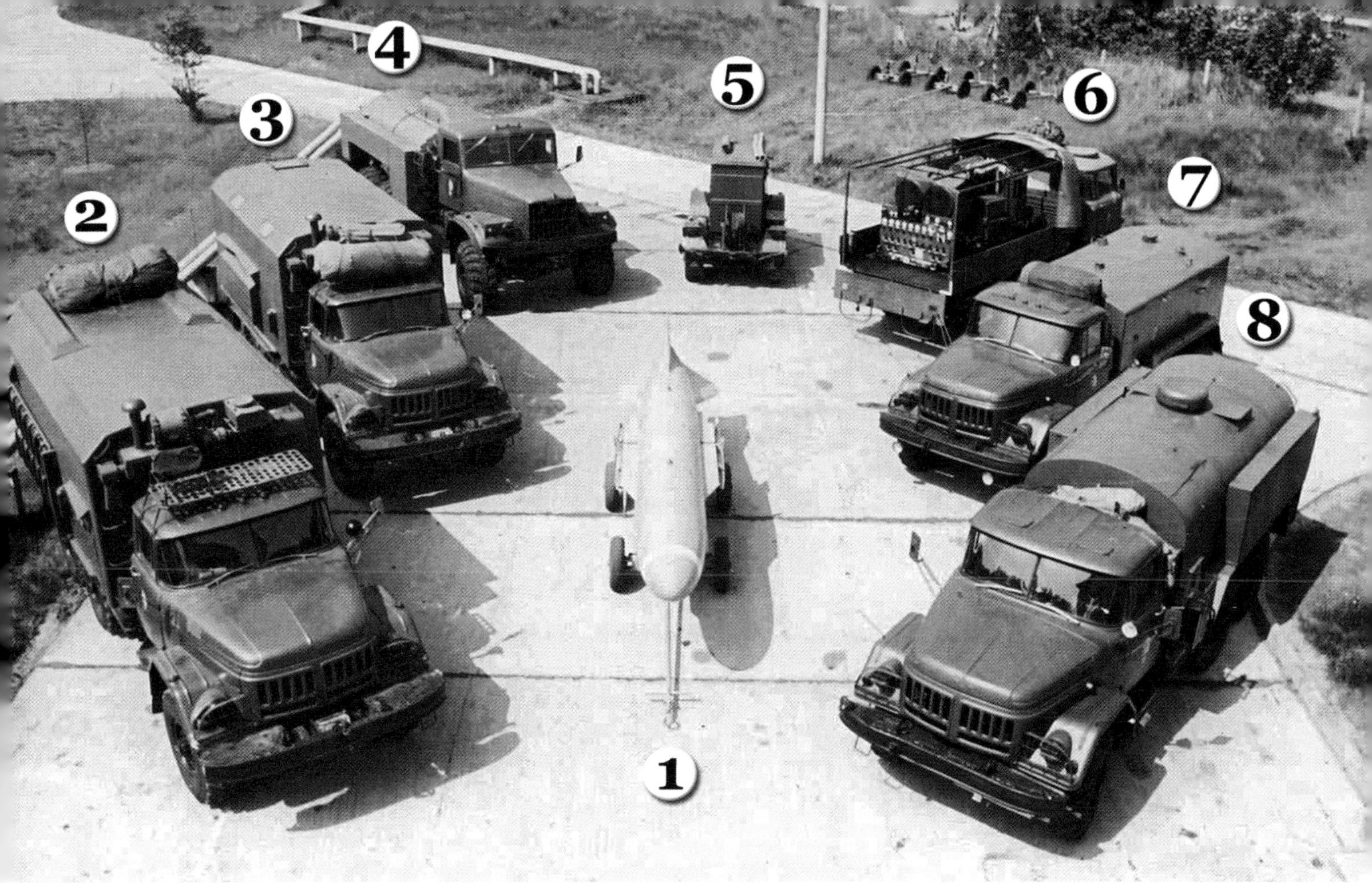

Dieses Foto demonstriert, dass die gesamte raketentechnische Sicherstellung mobil als RTB in die Dislozierungsräume der jeweiligen KRA „auf dem Fuße" folgt. (Quelle: Klaus-Peter Gödde)
Abgebildet ist folgende Technik von vorn links im Uhrzeigersinn:
1: Die Rakete „P-21" auf dem Lagertransportwagen.
2: Die mobile Prüf- und Kontrollapparatur auf dem Kfz „ZIL-131 M"- „KIPZ-PRÄ", Russisch: Контрольно-Измерительные Приборы и Запчасти (КИПЗ), deutsche Aussprache: Kontrollno- Ismeritelnuije Priborui i Saptschasti, Kontroll- und Messgeräte sowie Ersatzteile.
3: Die „KIPZ-PRÄ", der mobile Werkzeug-, Geräte und Ersatzteilwagen Kfz „ZIL-131 M".
4: Die „AKC-4-255 B", die Auftank- und Transportanlage für Oxydator auf dem Kfz „KRAZ-255 B".
5: Das „GAD- 40", das mobile Stromversorgungsgerät 40 kWh.
6: Der „DIKO-90/350", der Dieselkompressor auf dem Kfz „W-50/LA/A".
7: Der „8-T-311 M", das Neutralisations- und Spülfahrzeug auf dem Kfz „ZIL-131 M".
8: Die „9-G-29 M", die Auftank-und Transportanlage für Brennstoff auf dem Kfz „ZIL-131 M".
Dazu gehören noch die Raketentransporteinrichtung (RTE) „KRAZ-255 B" für zwei Raketen und der Autodrehkran „ADK-125", die hier nicht abgebildet sind.

machungsübung auch im KRR. Es folgte der 5.RSA im Juni 1987 und gleich danach die Überprüfung der Stoßkräfte der VM „Synchron-87". Als Höhepunkt des Ausbildungsjahres – die Inspektion durch das MfNV. Zu allen vorangegangenen Kontrollen und Überprüfung sei festzustellen, dass die in den Auswerteberichten aufgeführten Aufgabenstellungen sehr umfangreich aufgelistet und deren Abarbeitung rein zeitlich oft nicht zu schaffen war. Aufgrund der Fülle wurde auch dieses oder jenes ignoriert. Zu jeder Zeit war auch immer der GD sicherzustellen, der mit seinen spezifischen Anforderungen und Einschränkungen den Truppendienst auch nicht leichter machte. Die Übungen „Hanse-87" und „Sojus-87" sowie die Nachkontrolle der Inspektion im November 1987 beendeten das turbulente AJ. Eine extrem hohe Belastung für die Truppe und die Führung. So kam es, dass das KRR-18 im Rahmen der Inspektion nur mit einer Bewertung „Gefechtsbereit mit Einschränkungen", also mit der Note 3 abschloss. In solchen Fällen wurde in der Regel in der NVA der Austausch der Führung in Erwägung gezogen, so dann auch im KRR-18. Neuer Kommandeur wurde

Übergabe des Titels „Bester Truppenteil" durch den Minister für Nationale Verteidigung Armeegeneral Heinz Keßler an den Kommandeur Kapitän zur See Dr. Joachim Dix. (Quelle: Klaus-Peter Gödde)

Fregattenkapitän (später KzS) Dr. Joachim Dix. Auch die VM erhielt zu dieser Zeit einen neuen Chef, Vizeadmiral (später Admiral) Theodor Hoffmann wurde neuer Befehlshaber der DDR-Marine. Der neue Kommandeur war nun nicht besser, nein, er war anders. Das war der erste Grundsatz. Der zweite Grundsatz war: KzS Dr. Dix durchbrach das eherne Prinzip der abteilungsweisen Ausbildung. Er ließ das gesamte Regiment mit allen Kampf- und Sicherstellungseinheiten in ein gemeinsames Feldlager im Bereich Zitterpennigshagen bei Stralsund zur Ausbildung „einrücken" und schmiedete auf der Basis der schon vorhandenen und durchaus guten ausgeprägten taktischen Einsatzfähigkeiten eine verschworene Truppe in einer sehr kurzen Zeit. Selbst aus diesem Ausbildungslager heraus traf das KRR-18 wieder eine unerwartete Überprüfung des GD durch eine Kontrollgruppe des MfNV. Die GD-Truppe verlegte nachts mit einsatzklaren Raketen der Bereitschaftsstufe I an Bord in die Disloziierungsräume Darßer Ort und Barhöft und erfüllte im Zusammenwirken mit der 6.Flottille einen erfolgreichen imitierten Raketenschlag. Dieser erste Erfolg war, nach einer Zeit einiger Tiefschläge und bitteren Enttäuschungen, der dritte wichtige Baustein und diesen Erfolgsmoment ließ sich das Regiment bis zu seiner Auflösung nie wieder aus der Hand nehmen. Das trug wesentlich dazu bei, dass sogar in der Folgezeit gewaltige Veränderungen „erfolgreich" überstanden wurde. Seit diesem Zeitpunkt gab es keine Maßnahme, die nicht mit guten und sehr guten Ergebnissen abgerechnet wurden. Das Regiment hat sechs Jahre nach seiner Gründung den Höhepunkt seiner Existenz erreicht, es war einer der vier Truppenteile der Nationalen Volksarmee (NVA), die mit dem Bestentitel zum 40. Jahrestag der DDR ausgezeichnet wurde. Es herrschte eine, aufgeschlossene und kameradschaftliche Atmosphäre in der gesamten Truppe. Diese Stimmung war eine wesentliche Grundlage dafür, um die einschneidenden politischen Ereignisse in den folgenden Monaten zu bewältigen und durchzustehen.

Dann kam der 9. November 1989 – die überraschende Grenzöffnung. Und damit war klar: Nichts wird mehr so sein, wie es war. Es begannen viele Personalveränderungen. Für mich persönlich stand im Dezember 1989 die Entscheidung, die Führung des Regiments zu übernehmen. Der alte Kommandeur, genau der, der die Truppe als Militär und Menschenführer zu Höchstleistungen gebracht hatte, wurde ins Kommando der Volksmarine berufen. Keiner wusste aber zu diesem Zeitpunkt etwas über einen möglichen Beitritt der DDR zur Bundesrepublik oder von der Auflösung des KRR-18, geschweige der ganzen NVA. Im Gegenteil, jetzt lieferte die Sowjetunion die noch fehlenden vier nagelneuen Startrampen für die geplante 3. Küstenraketenabteilung. Zwei davon wurden mit hohen Konventionalstrafen für die DDR an die Sowjetunion zurückgegeben. Die anderen beiden wurden durch die sowjetischen Spezialisten vertragsgetreu in Dienst gestellt und dem KRR-18 bis zum 30. Juni 1990, einen Tag vor der Währungsunion übergeben.

Mit dem neuen Abrüstungsminister Pfarrer Eppelmann schwang sich die Kompassnadel immer mehr in Richtung Abrüstung und Auflösung ein. Die Lage in der NVA spitzte sich zu. Eppelmann

Auszug aus Neues Deutschland über die Auszeichnung mit einem Ehrenbanner. Drei weitere Truppenteile der NVA/GT wurden ausgezeichnet – siehe Markierung. (Quelle: ND S. 7 vom 20.September 1989)

Ehrenbanner für herausragende Leistungen im sozialistischen Wettbewerb zu Ehren des 40. Jahrestages der DDR

In Anerkennung herausragender Leistungen der Werktätigen im sozialistischen Wettbewerb zu Ehren des 40. Jahrestages der Deutschen Demokratischen Republik werden mit dem Ehrenbanner des Zentralkomitees der SED, des Staatsrates der DDR, des Ministerrates der DDR und des Bundesvorstandes des FDGB folgende Betriebe, Genossenschaften, Institutionen und Einrichtungen ausgezeichnet:

VEB Werkzeugmaschinenkombinat „7. Oktober" Berlin, Stammbetrieb

VEB Kabelwerk Adlershof

VEB Berlin-Chemie

VEB Treffmodelle Berlin

VEB Tiefbaukombinat Berlin

VEB Kommunale Wohnungsverwaltung Berlin-Marzahn

VEB Bautransporte Berlin

VEB Energiekombinat Berlin, Stammbetrieb

Zentralinstitut für organische Chemie der Akademie der Wissenschaften der DDR

CENTRUM-Warenhaus Berlin am Alex

Oskar-Ziethen-Krankenhaus

Oberschule „Max Kreuziger" Berlin-Friedrichshain

Büro für architekturbezogene Kunst Berlin

VEB Kombinat für Gartenbautechnik Berlin, Stammbetrieb

Sparte Kleingärtner „Einigkeit" der Kreisorganisation Berlin-Pankow des Verbandes der Kleingärtner, Siedler und Kleintierzüchter

VEB DEFA-Studio für Dokumentarfilme

82. Kombinierte Einrichtung Berlin-Lichtenberg

Verlag Volk und Wissen Berlin

Krankenpflegeheim „Albert Schweitzer" Berlin

VE Außenhandelsbetrieb POLYGRAPH Export-Import

VE Außen- und Binnenhandelsbetrieb Metallurgiehandel

VEB Datenverarbeitungszentrum Statistik

DEWAG Kombinat für Werbung, Stammbetrieb Berlin

Verlag Junge Welt

VE Kombinat Braunkohlenkraftwerke, Stammbetrieb Jänschwalde, Kraftwerk der Jugend „Wilhelm Pieck"

VE Braunkohlenkombinat Senftenberg

VEB Gaskombinat „Fritz Selbmann" Schwarze Pumpe, Stammbetrieb

VEB Wohnungsbaukombinat Cottbus, Sitz Hoyerswerda

VE Verkehrskombinat „Wilhelm Pieck" Cottbus

VEB Synthesewerk Schwarzheide

VEB Fernsehkolbenwerk Friedrichshain/Tschernitz

VEB Schwermaschinenbau Lauchhammerwerk

VE Einzelhandelsbetrieb (HO) Hoyerswerda

Bezirksinstitut für Blutspende- und Transfusionswesen Cottbus

LPG Pflanzenproduktion Mühlberg

Kooperation der LPG (P) „W. Pieck" und LPG (T) „Karl Marx" Seyda

VEB Stahl- und Walzwerk Riesa

VEB Robotron-Elektronik Radeberg

VEB Mikromat Dresden

VEB Elektromat Dresden

VEB Schuhfabrik „TRUMPF" Seifhennersdorf

VEB Reifenwerk Heidenau

VEB Zellstoff und Papier Heidenau, Stammbetrieb

VEB (B) Wohnungsbaukombinat Dresden, Kombinatsbetrieb Plattenwerk Bautzen

VEB Metalleichtbaukombinat, Werk Niesky

Technische Universität Dresden

Konsumgenossenschaft Kreis Riesa

Kreispoliklinik Bautzen

VEB Binnenfischerei Kreba

Kooperation der LPG (P) und LPG (T) Reichenbach

VEB Zuckerfabrik Löbau

Deutsche Reichsbahn, Bahnmeisterei Coswig

Staatliches Ensemble für sorbische Volkskultur Bautzen

Grafischer Großbetrieb „Völkerfreundschaft" Dresden

VEB Mikroelektronik „Karl Marx", Erfurt

VEB Weimar-Werk

VEB Uhrenwerke Ruhla

VEB Automobilwerk Eisenach

VEB Robotron Büromaschinenwerk „Ernst Thälmann" Sömmerda

VEB Schuhfabrik „Paul Schäfer" Erfurt

VEB Thüringer Strumpfwaren Diedorf

VEB Nadelwerk Ichtershausen

VEB Kalibetrieb „Südharz"

Volkseigener Einzelhandelsbetrieb (HO) Worbis

VEB Bau- und Montagekombinat Erfurt, Kombinatsbetrieb Industriebau Erfurt

Staatlicher Forstwirtschaftsbetrieb Gotha

LPG Pflanzenproduktion „Thomas Müntzer" Mühlhausen

Kooperation der LPG (P) und LPG (T) Oßmannstedt

Deutsche Post, Hauptwerkstatt für Kraftfahrzeuginstandsetzung Erfurt

VEB Petrolchemisches Kombinat Schwedt, Stammbetrieb

VEB Bandstahlkombinat „Hermann Matern" Eisenhüttenkombinat Ost Eisenhüttenstadt

VEB Reifenkombinat Fürstenwalde, Stammbetrieb

VEB Halbleiterwerk Frankfurt (Oder)

VEB Spanplattenwerk Beeskow

VEB Verkehrs- und Tiefbaukombinat Frankfurt (Oder)

VEB Zementwerke Rüdersdorf

VEB Gebäudewirtschaft Frankfurt (Oder)

VEB Backwarenkombinat Frankfurt (Oder)

VEB Handelstransport Frankfurt (Oder), Sitz Fürstenwalde

VEB Kombinat Landtechnische Instandsetzung Neuenhagen

VEG Tierzucht Neuenhagen

LPG Pflanzenproduktion „Werner Lamberz" Neuzelle

Institut für Halbleiterphysik Frankfurt (Oder) der Akademie der Wissenschaften der DDR

VEB Keramische Werke Hermsdorf

VEB JENAer Glaswerk

VEB Werkzeugmaschinenfabrik UNION Gera

VEB Stahlgießerei „Elstertal" Silbitz

VEB Verpackungsmittelwerk „Ernst Thälmann" Saalfeld

VEB Chemiefaserkombinat Schwarza „Wilhelm Pieck", Stammbetrieb

VEB Modedruck Gera

VEB „interform" Greiz

VEB Stadtbaubetrieb Jena

Kombinat Großhandel Waren täglicher Bedarf Gera

VEB Kombinat Getreidewirtschaft Gera, Stammbetrieb

LPG Pflanzenproduktion Dittersdorf

Betriebsschule „Ernst Thälmann" des VEB Carl Zeiss Jena, Betrieb für Mikroskopie und wissenschaftlichen Gerätebau

VEB Leuna-Werke „Walter Ulbricht"

VEB Agrochemie Piesteritz

VEB Werkzeugmaschinenfabrik Aschersleben

VEB Eisen- und Hüttenwerke Thale

VEB Waggonbau Dessau

VEB Braunkohlenwerk „Erich Weinert" Deuben

VEB ZEKIWA Zeitz

VEB Dienstleistungsbetrieb Querfurt

VEB Großbäckerei Weißenfels

CENTRUM-Warenhaus Halle, Halle-Neustadt

VEB Technische Gebäudeausrüstung Halle

VEB Kreisbaubetrieb Köthen

VdgB Bäuerliche Handelsgenossenschaft Jeber-Bergfrieden

LPG Elbaue-Gemüse „IX. Parteitag" Wittenberg

LPG Tierproduktion „Sieg des Sozialismus" Nemsdorf-Göhrendorf

Bezirkskrankenhaus Halle, Fortbildungszentrum der Akademie für Ärztliche Fortbildung

VEB Vereinigte Baumwollspinnereien und Zwirnereien Flöha

VEB Werkzeugmaschinenkombinat „Fritz Heckert" Karl-Marx-Stadt, Stammbetrieb

VEB Sachsenring Automobilwerke Zwickau

VEB Massindustrie Werdau

VEB Feinwäsche „Bruno Freitag" Limbach-Oberfrohna, Stammbetrieb

VEB Bergbau- und Hüttenkombinat „Albert Funk" Freiberg, Stammbetrieb

VEB Kombinat Polytechnik und Präzisionsgeräte Karl-Marx-Stadt, Stammbetrieb

VEB Germania Karl-Marx-Stadt

VEB Spindel- und Spinnflügelfabrik Neudorf

VEB „Martin Hoop" Zwickau

Volkseigener Einzelhandelsbetrieb (HO) Zwickau

VEB (B) Dienstleistungskombinat Karl-Marx-Stadt

VEB Kühlbetrieb Karl-Marx-Stadt

LPG Pflanzenproduktion „Fortschritt" Naundorf

LPG Tierproduktion „Paul Scholz" Oelsnitz/Vogtland

Zwischenbetriebliche Bauorganisation Landbau Hainichen

Deutsche Reichsbahn, Reichsbahnausbesserungswerk „7. Oktober" Zwickau

Deutsche Post, Post- und Fernmeldeamt Aue

Bergakademie Freiberg

Betriebsschule „Fritz Heckert" des VEB Werkzeugmaschinenkombinat Karl-Marx-Stadt, Stammbetrieb

VEB ORSTA-Hydraulik Leipzig

VEB Starkstrom-Anlagenbau Leipzig-Halle „Paul Verner"

VEB Döbelner Beschläge und Metallwerk

VEB Verlade- und Transportanlagen „Paul Fröhlich" Leipzig

VEB Zentralwerkstatt Regis

VEB Chemisches Werk Miltitz

VEB Leipziger Wollkämmerei

VEB Großbäckerei Leipzig

VE Einzelhandelsbetrieb (HO) Torgau

VEB Holz- und Leichtmetallbauelemente Leipzig

VEB Kombinat Baureparaturen und Rekonstruktion Leipzig

VEB Kreisbetrieb für Landtechnik Döbeln

VEB Meliorationsbau Leipzig

LPG Pflanzenproduktion „Vorwärts" Löbnitz

LPG Tierproduktion „Thomas Mann" Baalsdorf

Deutsche Post, Fernmeldebauamt Leipzig

Urania-Verlag Leipzig

VEB Walzwerk „Michael Niederkirchner" Ilsenburg

VEB Fernsehgerätewerke „Friedrich Engels" Staßfurt

VEB Werkzeugmaschinenfabrik „Hermann Matern" Magdeburg

VEB Pumpenfabrik Oschersleben

VEB Maschinenbau Halberstadt

VEB Waschmittelwerk Genthin

VEB Großgaserei Magdeburg

VEB Zuschlagstoffe Haldensleben

VEB Wohnungsbaukombinat Magdeburg

VEB Faser- und Spanplattenwerk Tangermünde

CENTRUM-Warenhaus Magdeburg

Staatlicher Forstwirtschaftsbetrieb Gardelegen

LPG Pflanzenproduktion Wüllmersen

VEG Tierproduktion Groß Germersleben

VEB Reifenwerk Neubrandenburg

VEB Kofferfabrik Stavenhagen

VEB Armaturenwerk Prenzlau

VEB Wohnungsbaukombinat Neubrandenburg

VEB (K) Bau Templin

VEB Technische Gebäudeausrüstung Neustrelitz

VEB Bezirksdirektion des Straßenwesens Neubrandenburg, Sitz Neustrelitz

Konsum-Fleischverarbeitungskombinat, Stammbetrieb Neubrandenburg

VE Einzelhandelsbetrieb (HO) Neustrelitz

VEB Stadtwirtschaftskombinat Neubrandenburg

VEB Rindermast Ferdinandshof

VEB Schlacht- und Verarbeitungsbetrieb Pasewalk

LPG Pflanzenproduktion Klein Bünzow

LPG Tierproduktion „Volle Ähre" Grünow

FDGB Ferienobjekt Klink-Warenshof

VEB Mikroelektronik „Karl Liebknecht" Stahnsdorf

VEB Lokomotivbau–Elektrotechnische Werke „Hans Beimler" Hennigsdorf

VEB Stahl- und Walzwerk Brandenburg

VEB Elektronische Bauelemente „Carl von Ossietzky" Teltow

VEB Obertrikotagenbetrieb „Ernst Lück" Wittstock

VEB Rathenower Optische Werke „Hermann Duncker"

VEB Meyenburger Möbelwerk

VEB Kombinat Schnittholz und Holzwaren Potsdam, Sitz Neuruppin

VEB Güterkraftverkehr Potsdam

VEB (B) Betonkombinat Potsdam, Sitz Zernsdorf

Sozialistischer Handelsbetrieb Möbel Potsdam

Kooperationsverband „Havelobst" Werder

VEG Pflanzenproduktion Selbelang

LPG Tierproduktion Rädigke

Deutsche Reichsbahn, Bahnhof Wustermark

VEB Warnowwerft Warnemünde

VE Kombinat Seeverkehr und Hafenwirtschaft Rostock

VEB Düngemittelwerk Rostock

VEB Faserplattenwerk Ribnitz-Damgarten

VEB Fischfang Rostock

VEB Bau- und Montagekombinat Industrie- und Hafenbau, Kombinatsbetrieb Ingenieurhochba[illegible] Wismar

VE Einzelhandelsbetrieb (HO) Kaufhallenverband Rostock

VEB Maschinenbauhandel Rostock

VEB Energiekombinat Rostock

VEB Stadtwirtschaft Ribnitz-Damgarten

Institut für Kartoffelforschung Groß Lüsewitz der Akademie der Landwirtschaftswissenschaften der DDR

LPG Pflanzenproduktion Poseritz

LPG Tierproduktion „Am Salzhaff" Alt Bukow

Wilhelm-Pieck-Universität Rostock

VEB Erdöl-Erdgas Grimmen

VEB Fliesenwerke „Kurt Bürger" Boizenburg

VEB Klement-Gottwald-Werk Schwerin

VEB Campingstern Nord Brüel

VEB Bau (K) Hagenow

VEB Kraftverkehr und Kraftfahrzeug-Instandsetzung Wittenberge

Volkseigener Einzelhandelsbetrieb (HO) Ludwigslust, Sitz Grabow

VEB Dienstleistungsbetrieb Parchim

Staatliches Museum Schwerin

LPG Tierproduktion Lüssow

VEB Kreisbetrieb für Landtechnik Lübz, Sitz Klebe

VEB Molkerei und Dauermilchwerk Schwerin

LPG Pflanzenproduktion Roggendorf

Bezirkspoliklinik Schwerin

VEB Kalibetrieb „Werra" Merkers

VEB Elektrogerätewerk Suhl

VEB Robotron-Elektronik Zella-Mehlis

VEB Thüringer Industriewerk Rauenstein

VEB Stahl- und Schneidwaren Trusetal

Werk für Technisches Glas Ilmenau

VEB (B) Baumaterialienkombinat Suhl, Sitz Themar

VEB Holzbauelemente Gehren

Konsumgenossenschaft Kreis Bad Salzungen

PGH „Motor" Meiningen

LPG Tierproduktion „Rhönpforte" Rippershausen

Oberschule „Johann-Gottfried Seume" Vacha

VEB Wasserversorgung und Abwasserbehandlung Suhl

VEB Datenverarbeitung der Finanzorgane, Bezirksstation Suhl

Jugendbergbaubetrieb Königstein der SDAG Wi[illegible]

Aufb[illegible]tungsbetrieb 102 d[illegible] SDAG Wismut

[illegible]anzerregiment „Soja Kosmodemjanskaja"

Fla-Raketenbrigade „Erich Weinert"

Küstenraketenregiment „Waldemar Verner"

Grenzregiment „Clara Zetkin"

Bezirksbehörde der Deutschen Volkspolizei Erfurt

[illegible]kspolizei-Kreisamt Fra[illegible]furt (Oder)

Fachschul[illegible] „Dr. Kurt Fischer" Wolfen

Volkspolizei-Bereitschaft „Wilhelm Pieck" Magdeburg

Kampfgruppenbataillon (m) „Erwin Panndorf" Gera

Kampfgruppenhundertschaft (m) „Peter Cappi" Zella-Mehlis

Kollektiv der Sicherung der Volkswirtschaft des MfS

Kollektiv der Hauptverwaltung Kader und Schulung des MfS

Kollektiv der Bezirksverwaltung Erfurt des MfS

Institut der Zollverwaltung der DDR „Heinrich Rau"

Botschaft der DDR in der Volksrepublik China

Botschaft der DDR im Königreich Belgien

Botschaft der DDR in der Republik Afghanistan

Baustelle Aksai des Zentralen Jugendobjekts „Erdgastrasse" UdSSR

Man wird es nicht glauben. Im März 1990 treffen die ersten beiden von vier neuen SSR für die 3.KRA aus dem Spezialimport aus der UdSSR ein und werden montiert und einsatzklar gemacht. (Quelle: Klaus-Peter Gödde)

versuchte zu beruhigen und versprach Sachen, die er nie hätte halten können. Es gab auch später falsche, vom neu aufgestellten Bundeswehrkommando Ost in Strausberg, Informationen, dass das Objekt, die Dienststelle des KRR-18, angeblich weiterverwendet werden soll. In dieser verworrenen Situation durfte nicht zugelassen werden, dass Disziplin und Ordnung in eine unkalkulierbare Sicherheitslage umschlägt. Ich muss wohl nicht besonders erwähnen, dass unser Regiment mit Raketen, Waffen und Munition vollständig aufgefüllt war. Toxische, hochexplosive und äußerst umweltgefährliche flüssige Raketentreibstoffe noch dazu. Zwei wesentliche Unterschiede charakterisierten im Allgemeinem die eingetretene Situation im Vergleich zu früher. Es gab erstens keine neuen richtungsweisenden Befehle oder Vorgaben vom Kommando Volksmarine, die zentral, so wie in der Vergangenheit, alles festlegten und regelten. Und zweitens war das alles keine Übung, nach deren Ende man wieder zum normalen Tagesdienst übergehen konnte. Somit trugen wir nun völlig allein auf uns gestellt die Verantwortung für den täglichen Dienstbetrieb, für die Sicherheit im Objekt sowie für die Erfüllung der immer noch geltenden Hauptaufgaben und vor allem für den in der gesamten NVA eingeleiteten Prozess einer grundlegenden Militärreform. Es gab weder, „Eingriffe" von der Politabteilung und anderer Bereiche des Kommandos der Volksmarine, noch wurden Kontrollen/Inspektionen durchgeführt oder Einschränkungen in unsere Aktivitäten vorgenommen. Die geltenden Befehle, insbesondere an das Diensthabende System, Urlaubs- oder Erleichterungen für Landgänge, wurden erst später geändert, dann abgeschafft bzw. gelockert. Ich nahm meine Stellvertreter, Abteilungskommandeure und Oberoffiziere zusammen und wir legten gemeinsam fest wie nun weiter zu verfahren ist. Daraus formulierte ich meinen Entschluss in einem schriftlichen Dokument. Ich möchte daraus lediglich zwei Beispiele darlegen, wie das praktisch aussah und umgesetzt wurde: 1. Verstärkte Ausbildung hieß das Zauberwort. Die Gefechts- und allgemeinmilitärische Ausbildung konnten störungsfrei, uneingeschränkt und unbegrenzt durchgeführt werden. Wir strukturierten die beiden Küstenraketenabteilungen so um, dass eine von ihnen personell und materiell voll aufgefüllt war. Die zweite Abteilung rekrutierte sich ausschließlich aus wenigen, dafür erfahrenen Berufssoldaten. Diese Küstenraketenabteilung besaß die gleiche Kampfkraft, nur mit dem Unterschied, dass die langgedienten Berufssoldaten mehrere Funktionen simultan ausführen konnten. Da entfachte sich ein gesunder Wettbewerb zwischen den Abteilungen des Typs „Standard" und „Senioren". Alle Berufssoldaten, die mit dieser Umstrukturierung zusätzliche Funktionen übernahmen, konnten, gemäß geltenden finanzökonomischen Bestimmungen der NVA, auch finanzielle Zulagen erhalten. So fragte auch keiner tagein und tagaus, was nun aus seinem persönlichen Schicksal werden wird, sondern sie erfüllten den täglichen Ausbildungsdienst. Völlig entgegen der gesamtgesellschaftlichen Entwicklung in der unklaren Übergangszeit der DDR. Es war aber auch die Zeit, wenn ein Berufssoldat ein attraktives Angebot aus der Wirtschaft bekam, dass er sich problemlos entscheiden und die Streitkräfte verlassen konnte. Das half vor allem vielen Berufssoldaten des KRR-18, bei der Stange zu bleiben oder zu gehen. 2. Ein weiteres Beispiel war die Sicherung des gesamten 240 ha großen Dienststellenareals. Der leider schon viel zu früh verstorbene Stabschef Fregattenkapitän R. M. Brennecke schlug mir damals vor, das gesamte militärische Wachpersonal durch eine Zivilwache zu ersetzen. Gesagt getan. Alles war zu dieser Zeit möglich. Er stimmte alle Voraussetzungen mit dem Kommando der VM ab. Die Mitarbeiter des Militärforstes aus der Region, die sich teilweise schon in gekündigten Beschäftigungsverhältnissen befanden, wurden auf zivilrechtlicher Grundlage für den Wachdienst und Objektschutz gemustert, eingestellt und ausgebildet. Und die Herren machten einen Top-Wach- und Streifendienst. Die freiwerdenden Matrosen und Unteroffiziere des Wachzuges waren froh, einen interessanteren Dienst in anderen Einheiten durchführen zu können oder wurden so umgesetzt, dass sich mit der nächsten Entlassung keine nennenswerten personellen Engpässe auftaten.

Bis Anfang September bestimmten die Maßnahmen unseres Entschlusses den militärischen Dienstbetrieb im KRR. Am 23.08.1990 kam der bekannte Volkskammer-Beschluss über den Beitritt der DDR zur Bundesrepublik. Als dann ein paar Tage später drei höhere Offiziere, Waffenexperten der Bundesmarine, zur waffen- und munitionstechnischen Begutachtung ins KRR-18 kamen, war letztendlich die Entscheidung über die Hauptbewaffnung des KRR-18 gefallen: nicht weiterverwendungsfähig. Nun begannen auch die

Rampen á 10 Millionen DM stehen zur Übergabe an den Gegner bereit. Die Entscheidung zum Beitritt der DDR ist gefallen. September 1990. Welche Gedankenwelt begleitete uns in dieser Zeit ? . . . (Quelle: Klaus-Peter Gödde)

Sowjetische Kettenfahrzeuge mit ausgefahrenen Raketenrampen bei der letzten Übung. Foto Klemens Tepper

Zapfenstreich für hundert Millionen

Von PETER-MICHAEL VON MAYDELL

Rostock – Letzter Aufmarsch für Honeckers Lieblingsregiment: Auf dem hermetisch abgeschirmten Panzerschießplatz Wiethagen bei Rostock rollten elf selbstfahrende SS-21-Startrampen auf, präpariert für Nuklear-Sprengköpfe. Ein Offizier des Raketenküstenregiments 18 der Volksmarine: „Über 100 Millionen sind sie wert. Alles für unsere Freunde, die Sowjets – und wir kriegen keinen Pfennig, sind am 30. 9. arbeitslos." Die Offiziere sind hochqualifizierte Elektronikspezialisten, Diplom-Ingenieure, in der Sowjetunion geschult. Der Kommandeur, Fregattenkapitän Goedde: „Wir müssen uns einen Zivilberuf suchen."

Auch die Bildzeitung kommentiert den „Abschied von uns selbst", aber so, wie eben „Bild" berichtet – kein Kommentar . . . (Quelle: Mit freundlicher Genehmigung P.-M. von Maydell „Bild" vom 12.09.1990)

Ausmarsch Truppenfahne – der Tiefpunkt und das Ende des KRR-18. (Quelle: Peter Gödde)

ersten faktischen Abrüstungsschritte im KRR. Wir erhielten Order, nach einem Plan des Kommandos verschiedenste Munitionsarten ins Munitionslager-18 abzuführen. So begannen über Wochen die vielen Lkw des Regiments, die Gefechtsteile der Raketen, Handfeuerwaffenmunition, panzerbrechende Waffen, Nahbereichs-Fla-Raketen sowie Pyrotechnik und auch Pioniermunition in das zentrale Munitionslager der VM auszulagern. Somit hatten wir ein halbes Jahr zwar intensiv Ausbildung umsonst durchgeführt, aber somit eine Zeit überbrückt, dessen Ausgang nicht annähernd eingeschätzt hätte werden können, wenn es nicht so, sondern anders gelaufen wäre. Selbst den letzten Ausbildungsabschnitt haben wir mit einer symbolischen Regimentsgefechtsübung abgeschlossen – mit der Verabschiedung von uns selbst.

Dazu wurde ein letzter Ausmarsch in den benachbarten Truppenübungsplatz bei Rövershagen geplant und durchgeführt. Es war die letzte Möglichkeit unter uns zu sein. Ganz unter uns, ist nicht ganz wahrheitsgetreu, denn schon tauchte die „Bild-Zeitung" auf dem Truppenübungsplatz auf, um die Menschen im Raum Rostock mit ihren Nachrichten zu „beglücken". Zwei Tage später verbreitete „Bild" hanebüchene Informationen über unsere Truppe. Es brach halt eine neue, andere Zeit an.

Einen Tag nach dem 3. Oktober 1990 traf die dem KRR-18 zugeteilte fünfköpfige Unterstützungsgruppe der Bundesmarine ein und rüstete das Regiment mit einem handverlesenen Nachkommando in den darauffolgenden drei Jahren gänzlich ab. Eine Startrampe (ohne Raketen) ging ins Militärhistorische Museum nach Dresden. Teile unserer Bewaffnung wanderten in Wehrtechnische Studiensammlungen und an manchen interessierte Stellen. Alle anderen SSR, die Raketen und die gesamte notwendige Sicherstellungstechnik wurden vermutlich als landwirtschaftliche Geräte „exportiert", von der US-Navy, den Briten sowie von den Israelis und durch mehrere

Wer sucht, der findet – unsere Startrampen und Raketen, unter einer Reihe anderer NVA-Technik auf San Clemente Island im Pazifik. (Quelle: Google Maps, Satellitenaufnahme 2016)

Wehrtechnische Dienststellen der Bundeswehr auf das Genauste bis zum heutigen Tag auseinandergenommen, getestet und bewertet. Die Berichte des sogenannten „Tarantul-Styx-Programms" liegen (voraussichtlich bis 2025) in den Panzerschränken des ehemaligen Gegners unter Verschluss. Teile unserer Kampftechnik haben wir 2016 noch in Satellitenaufnahmen auf US-amerikanischen Pazifikinseln entdecken können. In der Folgezeit wurde die gesamte Insel San Clemente von den NVA- und anderen Altbeständen geräumt, so dass heute dort nichts mehr aus dem Orbit zu sehen ist. Alle wichtigen Momente der Abrüstung des KRR-18 können im Buch „Eine Elite-Einheit der NVA rüstet ab" von Klaus-Peter Gödde detailliert nachgelesen werden. In den Jahren 1994/95 wurde die gesamte Dienststelle – bis auf zwei Gebäude, abgerissen, abgetragen, eingeebnet und das Waldgebiet renaturiert.

Interessenten können sich ausführlich auf der Webseite www.kuestenraketen.de informieren. Eine Reihe von Aktivitäten sind sehr lebendig und stießen auf ein großes Interesse im Netz sowie bei den Museumsbesuchern. Auf der Webseite findet die Geschichte unserer Truppe seinen ehrenvollen Platz, dort können laufende Veranstaltungen, Kameradschaften und die neusten Einträge zur Waffengattung der KRT entnommen werden. Damit ist unsere Truppe nicht nur im Internet archiviert, nein wir pflegen in größeren und kleinen Freundeskreisen auch ein reges Kameradschaftsdasein, haben von 2001 bis 2017 an der, im MHM Dresden befindliche, Startrampe mehrmals jährlich qualifizierte Wartungsarbeiten durchgeführt und zu gegebenen Anlässen, zum Beispiel an den Tagen der offenen Albertstadt in Dresden, Live-Vorführungen mit und an unserer Kampftechnik veranstaltet. Auch die Weiterentwicklung unserer Hauptbewaffnung bis in der Gegenwart wird sehr genau dokumentiert und ruft das Interesse vieler Leser auf unserer Seite hervor. Diese Betrachtungen werden wir in Kapitel 3.4. ausführlicher einbringen.

3.2. Die Handlungen der SKA

Beitrag von Klaus-Peter Gödde - Fregattenkapitän a.D. und letzter Kommandeur des KRR-18

Die in diesem Punkt behandelten Inhalte konnten auf Grund des erheblichen Zeitfensters seit In- und Außerdienststellung der SKA nur in begrenzten Fällen durch Zeitzeugen beschrieben werden. Die meisten Aussagen basieren auf archivierten Dokumenten des Militärarchivs sowie allen zugänglichen offenen Quellen im In- und Ausland. Um die Größenordnung und die Kompliziertheit des Komplexes „Sopka" zu verstehen, muss sich der Leser tatsächlich in die Zeit Ende der 50er-Jahre des letzten Jahrhunderts versetzen, als die klassischen Elemente Radioelektronik, Elektrotechnik und Elektromechanik sowie herkömmlicher Flugturbinentreibstoff eingesetzt und verwendet wurden. Um ein Flügelgeschoss S-2 zum Einsatz zu bringen, wurden tatsächlich all diese in der Tabelle aufgeführten Technikeinheiten benötigt, die mit kilometerlangen Kabelsträngen untereinander verbunden waren. Der ehemalige Angehörige der SKA und Hobbybastler Stabsmatrose Wolfgang Mainka hat alle diese Technikeinheiten in akribischer Detailarbeit im Maßstab 1:72 modelliert. Erst vor zehn Jahren vollendete Mainka sein Lebenswerk. Dieses Exponat ist einmalig und befindet sich im Raketenmuseum in Demen. Ausgewählte Fotos einzelner Modelle werden die damalige Technik und deren Einsatz im Weiteren auch in unserem Buch hervorragend illustrieren.
Der mobile Küstenverteidigungskomplex (KVK) „Sopka" besteht aus: siehe Tabelle Seite 83

Bevor die Funktionsweise des gesamten Komplexes näher erläutert wird, werden nähere Beschreibungen bzw. die Zweckbestimmung der einzelnen Elemente angeführt:

1. Der Leitstand, der aus dem Verbund der Zielerfassungs- und Leitradarstation „S-1M" und der Zielverfolgungsradarstation „Burun" bestand, ist bestimmt:
   - für die Vorbereitung der Flugkörper S-2 zum Start,
   - zum Richten der Startrampen nach den Angaben der „S-1M",
   - zur Durchführung des Starts der Raketen und
   - ihrer Lenkung in das Ziel. Die Apparatur des Leitstands ist untergebracht in einer Kabine auf einem Hängerfahrzeug vom Typ APL-598, die durch einen Kettenschleppfahrzeug vom Typ AT-S gezogen wurde. In dieser Kabine befand sich auch die „S-1M", außer des Empfangs-/Sende- sowie des Antennenblocks, welche auf einen speziellen Antennenturm aufgebaut wird.
2. Der Antennenturm, welcher auf das Fahrgestell des LKW vom Typ JAS-219 montiert wird, der in der Gefechtslage eine Höhe von 11,01 m erreicht
3. Die Station „Burun", die für die Zielbegleitung und dem Ausrichten der Station „S-1M" auf das Ziel unter den Bedingungen von Funkmeßstörungen bestimmt ist
4. Die Funkmeßstation „Mys" – ein Aufklärungsfunkmesssystem zur Zielerkundung und Zielerfassung – diente zur Seeraumbeobachtung und zum Auffassen von Überwasserzielen und der Übergabe der Daten und Ziele an den Leitstand
5. Die Startrampe vom Typ „B-163". Sie ist ein zweiachsiges Hängerfahrzeug spezieller Konstruktion. Die Hauptteile sind das Fahrgestell und der Gefechtstisch mit den Gleitschienen, die zwei Stellungen einnehmen konnte: Die Marschlage mit 0° und die Gefechtslage mit +10° Anstellwinkel. Zum Laden der Startrampe dient eine spezielle Ladevorrichtung, die aus zwei Antrieben besteht: einem elektrischen und einem mechanischen. Das horizontale Richten der Startrampe erfolgt

Lfd.	Bezeichnung der Großtechnik des Komplexes „Sopka“	Anzahl in Stück
1.	Aufklärungsfunkmesssystem zur Zielerkundung u. Zielerfassung Typ „Mys“	1
2.	Zielerfassungs- und Leitradarstation „S-1M“ u. Zielverfolgungsradarstation „Burun“ (Hängerfahrzeuge, die von einer AT-S gezogen wurden)	1
3.	Antennenturm	1
4.	Startrampe Typ B-163 (Hängerfahrzeug, das von einer AT-S gezogen wurde)	2
5.	Raketentransportfahrzeug Typ PR-15	4
6.	Artillerie-Kettenzugfahrzeug Typ AT-S	7
7.	Kabelhänger (Hängerfahrzeuge, die von einer AT-S gezogen wurden)	2
8.	Stromversorgungshänger Typ ESD-30 (von einer AT-S gezogen)	1
9.	Feuerlöschfahrzeug	1
10.	Auftankfahrzeug auf MAZ für Flugturbinentreibstoff T-1	1
11.	Funktrupp „Proliw“	1
12.	Flügelgeschosse S-2	24
13.	Vorstartkontrollwagen PPK (Koffer auf LKW)	2
14.	Stabs-KOM	1
15.	Elektrostation für „Mys“ und Technische Batterie	2
16.	Imitator (Prüfstation) für Startbatterie	2
17.	Kontroll-und Prüfwagen für Technische Batterie	1
18.	Feldküche mobil	2
19.	Transportmittel (LKW)	diverse

Modell der Zielerfassungs- und Leitradarstation „S-1M“. (Quelle: Wolfgang Mainka)[14]

Aufklärungsfunkmesssystem zur Zielerkundung u. Zielerfassung Typ „Mys“ im Modell (vorne rechts) und Zielverfolgungsradarstation „Burun“ (im hinteren Bereich) – Hängerfahrzeuge, die von einer AT-S gezogen wurden. (Quelle: Wolfgang Mainka)

durch einen mit dem Leitsystem verbundenen elektrischen Nachfolgeantrieb, dessen Motor sich auf der Rampe befindet. Außerdem existierte auch eine manuell angetriebene Drehvorrichtung mittels Handkurbel. Die Startrampe wurde ebenfalls durch ein Kettenfahrzeug des Typs AT-S gezogen

6. Der Sattelauflieger PR-15. Er dient zum Transport der S-2 mit dem Zugfahrzeug vom Typ Sil-157W. Das Transportfahrzeug hatte einen Kupplungsmechanismus, um an die Schienen der Startrampe anzuschlagen und eine Vorrichtung, um das Starttriebwerk vom Typ SPRD-15, später den schubstär-

[14] Wolfgang Mainka hat in einer bemerkenswerten Bastelarbeit über Jahrzehnte die Technik seiner ehemaligen Truppe im Maßstab 1:72 modelliert. Eine ausführliche Dokumentation über das gesamte Modellprojekt „Sopka“ kann unter folgendem Link eingesehen werden: *https://www.kuestenraketen.de/deffinition/wolfgang-mainka/wolfgang-mainka-2/*

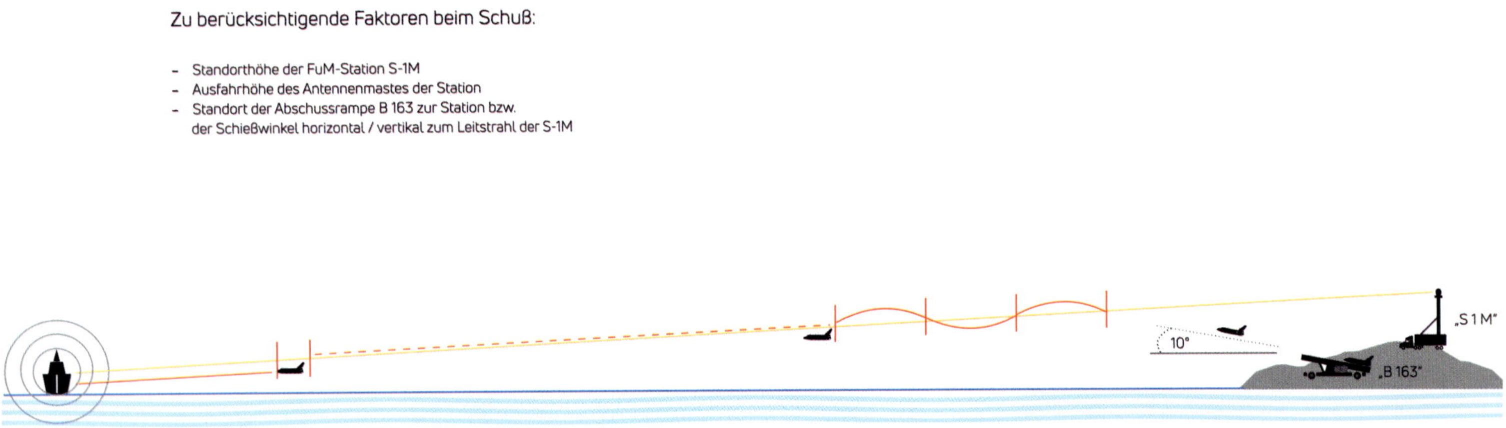

Schußfaktoren beim Einsatz des KRK Sopka.

keren SPRD-34M-6 anzuhängen

7. Der Vorstartkontrollwagen
8. In mehreren Kabelwagen, die ebenfalls von Kettenfahrzeugen vom Typ AT-S gezogen wurde, befanden sich alle Kabel, um die einzelnen Stationen elektrisch zu verbinden
9. Der Stromversorgungsanhänger wurde auch von einer AT-S gezogen
10. Der Tankwagen zum Auftanken der S-2 mit Flugturbinentreibstoff auf einem LKW Typ G-5
11. Als Feuerlöschfahrzeug wurde eine herkömmliches Feuerlöschfahrzeug aus deutscher Produktion auf G-5-Basis verwendet

Taktisch-Technische Daten des Komplexes „Sopka“ (S. 127)

Angaben zur Seeraumbeobachtungsstation „Mys“ auf Hängerfahrzeug Typ ARM-598
Der Kampfsatz (KS) an S-2 betrug 6 Stück, die Abteilung besaß als Truppenvorrat (TRV) zwei KS und einen operativen Vorrat OPV, der dem Kommando der VM unterstand. (2 x TRV + 1 x OPV + 6 Stück Reserve = 24 Stück S-2)

Angaben zur Seeraumbeobachtungsstation „Mys“ auf Hängerfahrzeug Typ ARM-598	
Drehgeschwindigkeit Rundumsicht in U/min	6
Sektorsuche in Anzahl Bewegungen/min in beliebige Richtungen	20-300
Koordinatenmessbereich in der Entfernung in kbl	5-1.000
Koordinatenmessbereich im Höhenwinkel (Azimut) in °	0-360
Impulsfolgefrequenz im Entfernungsbereich 100-500 kbl in Hz	1.240
Impulsfolgefrequenz im Entfernungsbereich 1000 kbl in Hz	604
Das Umschalten von einer Arbeitsfrequenz auf eine andere erfolgt automatisch bei Einwirken von Rauschstörungen oder manuell nach Beobachtung des Operators am Radarschirm.	
Empfindlichkeit des Empfängers in Watt	12
Einschaltzeit aus Nulllage in min	5
Ununterbrochene Funktionsdauer der Station in h	24 (danach 2-3 h Pause)

Angaben zur Funkmessbegleitstation „Burun“ auf Hängerfahrzeug Typ ARM-598	
Maximale Reichweite der Station	quasioptische Sicht
Bei Höhe 300 m in km	ca. 200
Impulsfolgefrequenz im Entfernungsbereich 0-160 kbl in Hz	3.725
Impulsfolgefrequenz im Entfernungsbereich 0-320 kbl in Hz	2.160
Max. Geschwindigkeit der zu begleitenden Ziele in Knoten	bis 60
„Tote Zone“ in km	1,5
Ununterbrochene Funktionsdauer in h	5-8

Angaben zur Leitstrahlstation „S-1M“	
Zielunterscheidungsgenauigkeit in der Entfernung bis in km	200
Zielunterscheidungsgenauigkeit im Höhenwinkel in °	3,5
Genauigkeit der Entfernungsbestimmung am Radarschirm bei einer Entfernung von 200 km beträgt	4-5 km
Einschaltzeit aus der Nulllage in min	bis 12
Höhe der Antenne auf KRAZ-219 in m	11,01

Angaben zur Startrampe „PU B-163“	
Länge in m	12,235
Breite in Marschlage in m	3,1
Höhe in Marschlage in m	2,95
Startwinkel in °	10
Horizontale Richtwinkel in °	174
Länge des Startweges auf der Startschiene in m	10
Horizontales Richten elektromechanisch mit SPU-12 in °/s	0,5
Horizontales Richten manuell mittels Handrad	-
Einnahme Ladewinkel in °/s	3,5
Lademechanismus: Winde mit Trosse, elektromechanisch/ manuell	
Geschwindigkeit auf unbefestigten Wegen in km/h	18-20
Zeit des Klarmachen von Marsch- in Gefechtslage u. umgekehrt in min	30

Das Funktionsprinzip des KVK „Sopka“

Die Aufklärungsfunkmesssystem „Mys“ führt die Zielsuche durch. Ist ein Ziel ausgemacht, wird das Kommando „Gefechtsalarm“ auf allen Stationen ausgelöst. Nach Angaben der „Mys“ richtet sich die Zielverfolgungsradarstation „Burun“ auf das Ziel aus und begleitet es im Regime „Halbautomatische Zielbegleitung“[15]. Nach den Angaben der „Burun“ wird die Leitradarstation „S-1M“ auf das Ziel ausgerichtet, schaltet aber noch nicht zu. Gleichzeitig laufen folgende Handlungen in der Startstellung ab. Jetzt werden die Raketen auf die Startrampen geladen, indem der Transportwagen PR-15 in Rückwärtsfahrt an die Überladeschienen der Startrampe andockt und mittels E-Antrieb und Lademechanismus diese hinüber- und mit speziellen Feststellschrauben festgezogen werden. Das Starttriebwerk wird an die Rakete angeschlagen, danach der vertikale Zusatzkiel am unteren Teil des Starttriebwerks SPRD befestigt und die gesamten Kabelverbindungen angeschlagen. Nach dem Kommando aus dem Leitstand wird nach vorab berechneten Angaben des Waffenleitsystems das Marschtriebwerk gestartet und auf volle Umdrehungen hochgefahren. Dann erfolgt der Start mittels des angehangenen Feststofftriebwerks.

Die Flugbahn der Rakete setzt sich aus drei Abschnitten zusammen:

- dem Abschnitt des autonomen Fluges nach Programm bis zu dem Moment, wenn die Rakete auf den Strahl der Leitradarstation „S-1M“ geführt ist und
- dem Abschnitt des Fluges auf dem Strahl der Station „S-1M“, bei dem durch den Autopiloten die Höhe stabilisiert wird – Marschabschnitt, wobei die Bordapparatur S-3 im Regime A arbeitet
- und dem Abschnitt der Selbstzielsuche, wenn die S-3-Station der Rakete im Regime B arbeitet.

Zurück zu den angelaufenen Handlungen der Zielverfolgung von „Burun“ und der Ausrichtung der „S-1M“. Im Prozess der Vorstartkontrolle verfolgt die Zielerfassungs- und Leitradarstation „Burun“ ständig das Ziel, nach diesen Angaben richtet sich die Antenne die Funkmeßleitstrahlstation „S-1M“ auf das Ziel, welche sich im Regime der automatische Zielbegleitung durch Abstrahlung von HF-Energie in dem Moment zuschaltet, wenn das Marschtriebwerk auf volle Leistung hochgefahren wird. Nach Zuschaltung des Senders auf Abstrahlung, arbeitet die „S-1M“ im Regime der automatischen Zielverfolgung, erzeugt dabei in Richtung auf das Ziel eine sogenannte Gleichsignalzone, die sich durch Drehung des Leitstrahles von der „S-1M“ bildet. Die Startrampe dabei „verfolgt“ mittels drehmeldergesteuerten Antrieben stets die Bewegung des Leitstrahles nach den Angaben, die durch die Raketenwaffenleitgeräten errechnet werden.

[15] „Mys“ und „Burun“ waren im NII-49 entwickelt worden und hatten bereits 1955 ihre Einsatzfreigabe im Bereich der Küstenüberwachung und Aufklärung durch Regierungsbeschluss erhalten.

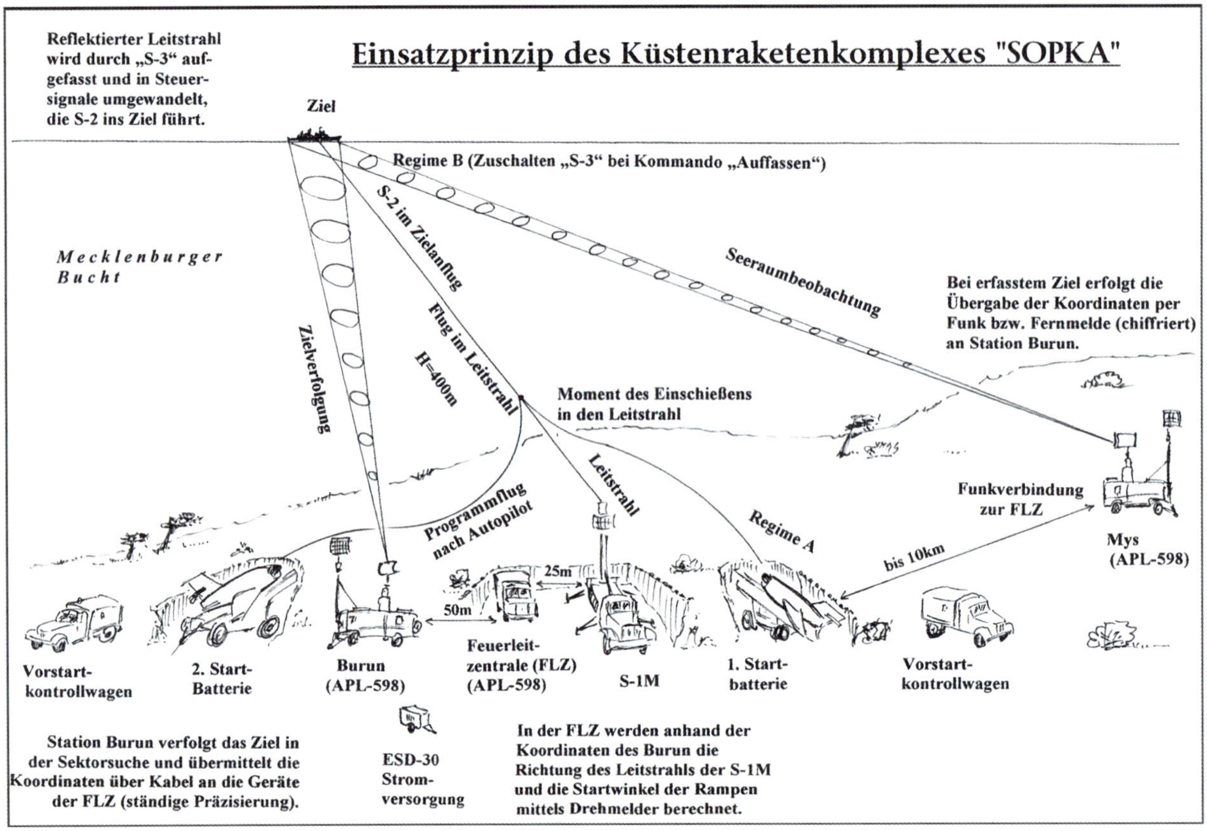

Einsatzprinzip (Quelle: Peter Gödde)

Modell Feuerstellung einer Startbatterie. (Quelle: Wolfgang Mainka)

Feuerstellung einer Startbatterie der SKA-Abteilung (Modell W. Mainka)

(1) Radarstation „Mys“
(2) Antennenturm der Radarleitstrahlstation „S-1M“ auf Kfz „KRAZ-219“
(3) Feuerleitzentrale „APL-598“
(4) Stromversorgungsfahrzeug „ÄSD-30“
(5) Startrampe „B-163“ mit Rakete „S-2“
(6) Raketentransportfahrzeug „PR-15“ mit Kfz „ZIL-157B“ und Tankfahrzeug „TZ-200“ auf Kfz „MAZ-200“
(7) Radarstation „Burun“ mit Kettenzugmittel „AT-S“
(8) Vorstartkontrollfahrzeug „ZIL-157“

Modellare Darstellung der Funktionsweise der

SKA-Abteilung der Volksmarine

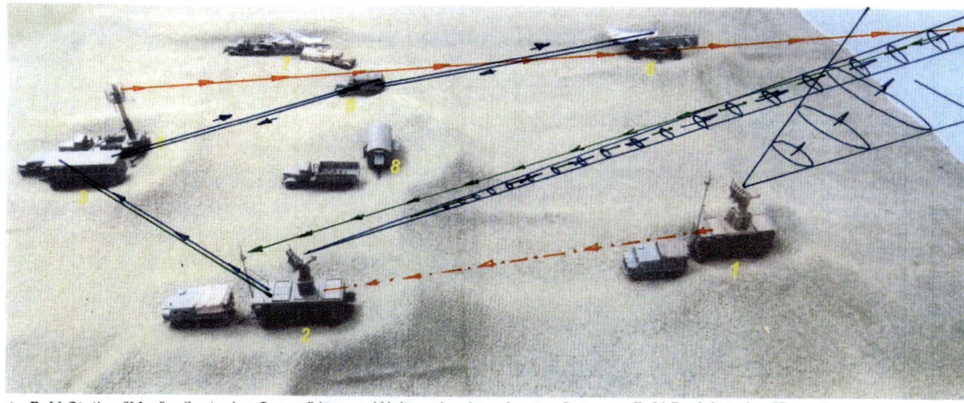

1 - FuM-Station "Mys" :allgemeine Seeaufklärung, Weitergabe der erfassten Daten an FuM-Begleitstation "Burun"
2 - FuM-Ziel-Begleit-Station "Burun":Erfassung der Daten, Weitergabe an FLZ/Station S1-M
3 - FLZ: Übermittlung der Daten an 5 - Vorstartkontrolle, weiter an 6 -Startrampe/Flugkörper zur Funktionsprobe, nach Bestätigung zurück an 3
3 - FLZ, nach Funktionsprobe Daten an 4 - Leitstrahlstation "Wyschka", Feuerbereitschaft
7 - Vorbereitung des Flugkörpers zur Übergabe an Startrampe: Starthilfe anbringen, Zünder einsetzen, betanken
8 - Hauptstromversorger ESD-30

Die Datenübertragung 1 - 2 - 3 - 4 - 5 - 6 erfolgte über Kabel, 4 - 6 über Funk, 1 - 2 Funk ggf.

Modulare Darstellung (Quelle: Wolfgang Mainka)

Vom Start bis zum Eingleiten in den Leitstrahl fliegt die Rakete ausschließlich mittels Autopilot (Regime des autonomen Flugabschnitts), ausgerichtet genau in die Richtung, die der Rakete beim Verlassen der Startrampe mitgegeben wurde. Das Aufsteigen der Rakete auf Marschflughöhe erfolgt durch einen sehr präzisen barometrischen Höhenmesser und einem Programmmechanismus des Autopiloten.
Beim Eingang der Rakete in den Leitstrahl (Beginn des Marschabschnitts) beginnt die Bordanlage S-3 im Regime „Zielsuche“ (Regime „A“) zu arbeiten. Auf diesem Flugabschnitt, wo sich die Rakete mit Hilfe des Höhenmessers auf der Marschhöhe hält, fliegt die Rakete auf dem Leitstrahl der „S-1M“. Beim Abweichen der Rakete aus der Gleichsignalzone des Leitstrahls der „S-1M“ reagiert die Station S-3 auf diese Änderung, erarbeitet ein Signal, welches proportional der Abweichung ist und gibt in den Autopilot die Steuerkommandos im Kurs für das Halten der Rakete auf der stets auf das Ziel ausgerichtete Gleichsignallinie (Leitstrahl) des Strahls der Station „S-1M“.
Bei einer bestimmten, vor dem Start ermittelten Entfernung zum Ziel, wird die Zielsuchlenkanlage S-3 entblockiert. Bei ausreichender Leistung des vom Ziel reflektierten Impulses der Leitstrahlsignale der „S-1M“ führt die Station S-3 das Kommando „Auffassen“ durch und geht in das Regime „B“ über und gewährleistet somit das Ausrichten der Rakete genau auf das Ziel. Der Höhenmesser wird dabei abgeschaltet.
Auf dem Abschnitt der Selbstzielsuche im Zusammenwirken mit den Kommandosignalen der Station „S-3“ im Kurs schaltet sich der Block der positiven Rückkopplung des Autopiloten zu, was den Flug der Rakete in einen Vorhaltepunkt bei beweglichen Zielen gewährleistet.
Durch das Antwortsignal der Rakete auf den Visierbildschirm der Station „S-1M“ kann der Operator das Eingleiten und das Fliegen der Rakete auf dem Leitstrahl sowie den Übergang in das Regime der Zielsuche und den orientierungsmäßigen Einschlagpunkt im Ziel beobachten.
Den Einschlagsort der Rakete kann man auch auf den Radarschirmen der Stationen „Mys“ und „Burun“ beobachten. Nach dem Aufschlag oder Einschlag der Rakete im Ziel schaltet sich der Sender für den Leitstrahl der „S-1M“ ab.
Nach jedem Start wird sofort mit der Vorbereitung des nächsten Schusses begonnen: die Startrampen werden in Verladelinie gebracht, die nächste Rakete wird übergeben, das Starttriebwerk angehangen usw.

In der Volksmarine wurden keine Raketen S-2 mit der Infrarot-Zielsuchlenkanlage (IR-ZSLA) „Sputnik-2“ beschafft und eingesetzt. Das Schießen mit dieser ZSLA erfolgte in zwei Regimen. Im Ersten fliegt die Rakete, wie mit der Radar-ZSLA, in einem engen Leitstrahl der „S-1M“, aber dann bei einer Distanz von 15 km und weniger (Wirkradius der IR-ZSLA) beginnt die selbständige Zielsuche. In diesem Regime konnte Reichweite der Rakete bis auf 105 km

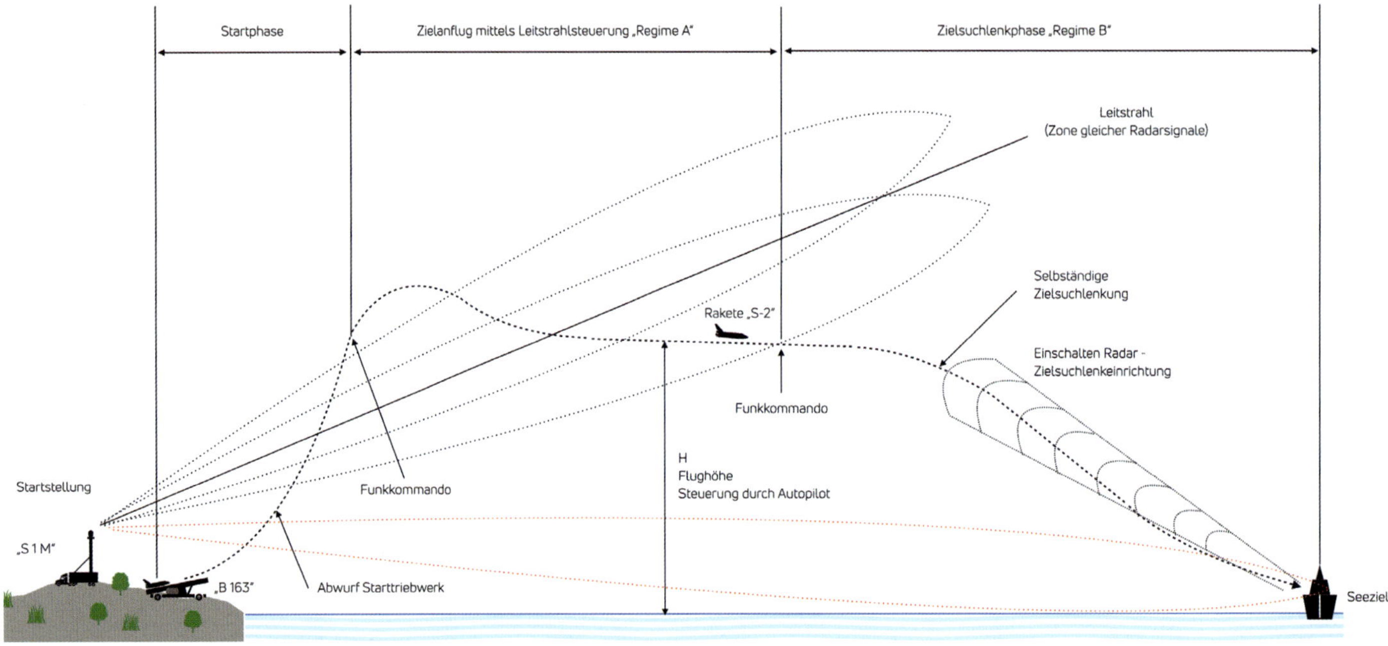

Seitliche Darstellung der Funktionsweise des KRK Sopka und der Flugbahn der S-2.

erhöht werden. Das zweite Regime konnte bei aktiven oder passiven funkelektronischen Störungen durch den Gegner angewandt werden, aber auch um zu verhindern, dass die ZSLA der Rakete durch Anti-Radarraketen bekämpft wird. In diesem Regime wurde das Prinzip „schießen und vergessen" verwirklicht, d.h. die Rakete wurde in die Zone der selbständigen Zielsuche mittels Autopiloten geführt.

Kommen wir darauf zurück, wie nun die Angehörigen der SKA diese theoretischen Ansätze in die Praxis umgesetzt haben. Die Besatzungen trainierten im Sommer 1963 erstmals das Zusammenwirken mit der Grenzbrigade Küste und einem Zielschiff der 1. Flottille aus Peenemünde. Die Funkmeßübung war erfolgreich. Die Abnahme der Aufgabe II erfolgte durch den Stab der 4. Flottille
Anfang September 1963 nahm die SKA an einer taktischen Übung im Raum Peenemünde teil, bei der das Zusammenwirken mit der Raketenschnellbootsbrigade (RS-Brigade), einer Torpedoschnellbootsabteilung (TS-Abteilung) und einer Hubschrauberkette zur Bekämpfung von gegnerischen ÜW-Kräften, die eine gewaltsame Aufklärung des Küstenvorfeldes der DDR durchführen wollten, überprüft wurde. Bei der Tarnung der Feuerstellungen konnte von einem tieffliegenden Hubschrauber die 1. Batterie, die FMK und der Hauptbefehlsstand der SKA (HBS) nicht ausgemacht werden. Auch die Mannschaft auf der Funkmeßstation „Mys" leistete eine hervorragende Arbeit, so dass der Abteilungsstab ständig die Situation auf dem Seeschauplatz richtig einschätzen konnte.
Als der Verband in den Schusssektor einlief, wurde auf diesen das Feuer eröffnet. Nach zwei simulierten Salven schätzte der Schiedsrichter anfand der Auswertungsergebnissen eins der Kampfschiffe des Gegners für vernichtet ein. In Auswertung der Übung durch den CVM wurden die Leistungen der SKA mit „gut" bewertet. Der Leiter der Übung kam zum Ergebnis, dass die guten Leistungen des Stabes und der Besatzungen der SKA einen wesentlichen Beitrag zum Gelingen der gesamten taktischen Übung beigetragen haben. Eine große Anzahl von Angehörigen der SKA wurde durch den CVM und durch den Chef der 4.Flottille belobigt.

Die ersten faktischen Raketenschießabschnitte der SKA
Nach einer Inspektion durch das Kommando VM (Ablegen der Aufgabe II und einer Funkmeßübung) erwarb die SKA die Zulassung zum faktischen Gefechtsschießen. Die Abteilung erhielt die

Überfahrt der Technik zum RSA auf einem Landungsschiff der 1.Flottille nach Baltijsk. (Quelle: Karl-Heinz Lange)

Startvorbereitungen einer S-2. (Quelle: Kurt Stippkugel)

Note „gut" nach anfänglichen Schwierigkeiten bei der Funkmeßübung auf Grund geringer Reichweiten der Station „Burun". Der erste Raketenschießabschnitt (RSA) der SKA fand in der ersten Hälfte des Monats Mai 1964 in der Sowjetunion statt. Dorthin wurden die beteiligten Kräfte mittels eines Landungsverbandes verlegt.

Nach einer kurzen Vorbereitungsperiode wurde die Schießaufgabe mit zwei Gefechtsraketen S-2 am 11.Mai 1964 durchgeführt. Leiter des Schießens war der sowjetische General Moslew[16]. Er bewertete den erreichten Ausbildungs- und Vorbereitungsstand der SKA positiv, obwohl die jeweiligen Ziele nicht getroffen wurden. Die Ursachen des Nichttreffens der beiden Raketen beim ersten Schießen sind nach den durch sowjetische Spezialisten durchgeführten Untersuchungen nicht auf das Personal oder eine fehlerhafte Arbeit der Geräte zurückzuführen. Es wird angenommen, dass die Zerstörungen an den Winkelreflektoren des Zielschiffes durch den Beschuss der anderen Teilnehmer des Raketenschießens zu einer Verminderung der für die S-2 notwendigen Reflexionsfläche geführt hat[17]. Die Truppe war natürlich in gewisser Weise enttäuscht, konnte aber während des gesamten Aufenthalts auf dem Polygon – dem

[16] Die sowjetischen und russischen Küstenraketen-und Artilleriekräfte benutzen die Dienstgrade der Landstreitkräfte. Marinedienstgrade wie Kapitänleutnant oder Kapitän zur See sind bei den landgestützten Truppenteilen der Sowjetflotte bis in die Gegenwart hinein nicht gebräuchlich - hier Hauptmann und Oberst. Die Volksmarine hielt an ihren maritimen Dienstgradbezeichnungen fest.
Der Name Moslew wurde in den Dokumenten in dieser Transkription vorgefunden. Die befragten Zeitzeugen erinnerten sich an einen General mit dem Namen Maslow.

[17] Weitere Vermutungen gingen in Richtung funkelektronische Gegenwirkung durch Aufklärungskräfte der NATO. Nach Aussagen der Teilnehmer wird auch in Betracht gezogen, dass trotz Schaltverbot die schießende Einheit der Polnischen Seestreitkräfte ihren Leitstrahl auf das Ziel zugeschalten hatte (gegenseitige Beeinflussung). Schriftliche Quellen dazu konnten nicht ermittelt werden.

land- und seeseitigen Schießgebiet – viele wertvolle Hinweise für den Gefechtseinsatz sich aneignen. Die 1. und 2. Batterie, die TB sowie die FMK und der Obermaat Lothar Wolf erhielten das Leistungsabzeichen der NVA vom CVM. Ein Souvenir besonderer Art brachte die SKA vom ersten Raketenschießen dennoch in die Heimat zurück. In einer eigensinnigen sowie Nacht- und Nebelaktion wurde durch den damaligen Obermaat Hell das mehrere Zentner schwere Starttriebwerk – der SPRD – im vorgelagerten Sumpfgebiet geborgen und ins Feldlager zurückgebracht. Es kam anschließend ins Traditionskabinett der SKA.

Als Vergleich konnten in der Fachliteratur[18] folgende Schießergebnisse der sowjetischen Seekriegsflotte für Zeitraum von 1962 bis 1971 ermittelt werden:

Name der Flotte	Anzahl aller Starts	Treffer
Nordmeerflotte	44	16
Schwarzmeerflotte	93	39
Baltische Flotte	34	23
Pazifikflotte	40	29
Insgesamt	211	107

Fregattenkapitän Stippkugel (rechts im Bild) stimmt nochmals mit den sowjetischen Offizieren den zeitlichen Ablauf kurz vor dem Schießen ab. (Quelle: Kurt Stippkugel)

Die Tabelle lässt in heutiger Nachbetrachtung folgende Erkenntnisse zu: Der KVK „Sopka" war mit einem der ersten Flügelgeschosse, die in der Sowjetunion entwickelt und eingesetzt wurden, ausgestattet. Nur ungefähr die Hälfte der verschossenen S-2 wurden als Treffer gewertet. Diese nichtzufriedenstellenden Ergebnisse veranlassten die sowjetischen Raketenkonstrukteure bessere, zieltreffendere Raketen zu entwickeln. Und genau das taten sie schon während dieser Zeit.

Ende der 2. Dekade Juni 1964 entsandte die Führung der SKA ein Arbeitskommando unter Leitung des Kapitänleutnants Stippkugel in den Raum Prora auf die Insel Rügen, um eine Pioniereinheit beim Bau einer Feuerstellung für die SKA fachlich zu beraten und zu unterstützen. Ende Juni 1964 verlegte die gesamte Abteilung mittels zwei Eisenbahntransporten in das Sommerlager nach Prora. Dort wurden bis zum 11. Juli die pioniertechnischen Arbeiten abgeschlossen. Jetzt konnte die Gefechtsausbildung unter gefechtsnahen Bedingungen in diesem Raum erfolgen. So nahm eine gemeinsame Kontrollgruppe aus dem KVM und der 4. Flottille das Sommerlager ab. Zu dieser Abnahme wurden ein Küstenschutzschiff (KSS) der 6. Flottille, ein Rettungsschiff und drei Minenleg- und Räumschiffe (MLR) der 1. Flottille als Zielschiffe und Fühlunghalter eingesetzt. Die Auswertung ergab ein „Gut". Kritisch wurde seitens der Schiedsrichter noch die mangelhafte allgemeine Ordnung im Zeltlager angesprochen, dafür wurden die Feuerstellungen für mustergültig und für sehr zweckmäßig bewertet. Damit konnte die Truppe leben, denn die Ordnung im Felde wurde in der Folgezeit verbessert und nicht mehr bemängelt. Am 25. Juli 1964 verlegten die Hauptkräfte der SKA wieder nach Kühlungsborn zurück, die Technische Batterie (TB) aber zog in das neue Objekt Schwarzenpfost ein. Die Hauptkräfte und die gesamte Technik und Ausrüstung wurden nach Baufertigstellung im November 1964 von Kühlungsborn an den neuen Standort der SKA – Schwarzenpfost für immer umquartiert.

Im Mai 1965 fand der 2. RSA statt. Wieder trat eine Unregelmäßigkeit auf: ein Landungsschiff war für den geplanten Seetransport ausgefallen. Deshalb wurde am 15. Mai 1965 ohne Gefechtstechnik nach Baltijsk verlegt. Diese Truppe geriet dazu auf der Überfahrt noch in schwere See. Dennoch gab es keine Ausfälle. Das Feldlager wurde errichtet und am 18. Mai übernahmen die Teilnehmer am Schießabschnitt Technikeinheiten der sowjetischen Küstenverteidigungstruppen. Alles lief in guter Zusammenarbeit ab, gegenseitige Hilfe und Anleitung bestimmten die Vorbereitungen zum Raketenschießen.

Am 26.05.1965 war es endlich so weit, dann traten aber laufend Verzögerungen beim Schießablauf ein. Von 10:00 Uhr bis 18:00 Uhr zogen sich die Schießunterbrechungen hin – eine hohe psychi-

[18] Энциклопедия ракетного оружия Сведения о пусках ракет с-2 «сопка»__.htm

START

In der Befehlszentrale einer Küsten - Raketen - Einheit der Volksmarine herrscht Hochspannung: Prüfungsfieber vor dem Examen. Die Batterie ist feuerbereit. In wenigen Augenblicken erfolgt der Start!

Sie haben sich alle bestens auf dieses Schießen vorbereitet, haben angespannt gelernt und eifrig trainiert, sie vertrauen ihrer Waffe. Es kann also nichts schiefgehen. Doch wer wollte Garantiescheine für die Note 1 verteilen? Es ist aber der feste Vorsatz dieser Spezialeinheit der Volksmarine, das Ziel mit dem ersten Schuß zu vernichten! Jeder Genosse hat eine andere komplizierte Aufgabe zu lösen. Das betrifft jene Genossen, die die Raketen vorbereiten, wie auch diejenigen, die unmittelbar am Schießen beteiligt sind. Wenn nur einer versagt, wenn auch nur einer einen kleinen Fehler macht . . . Doch die Kommandeure haben zu jedem ihrer Genossen vollstes Vertrauen.

Der entscheidende Augenblick ist gekommen: Feuer! Gebannt starren die Augen auf den Bildschirm, der den Flug des Projektils nachzeichnet. Rasch wandert der fluoreszierende Punkt – die Rakete – über die Scheibe, bis er in den leuchtenden Fleck, der das Ziel widerspiegelt, eintaucht.

Treffer!

Über die Kommandoanlage ist die Stimme des Kommandeurs zu vernehmen: „Ziel vernichtet! Doch die Begeisterung wird noc unterdrückt. Erst das Beobach tungsflugzeug kann letzte Ge wißheit bringen. So vergehe noch einige Minuten nervöse Erwartung, ehe die Maschin auftaucht. Der Pilot könnte scho von weitem das Zeichen geben er nimmt sich aber Zeit, spann die Genossen ein wenig auf di Folter. Erst als sie unmittelba über den Stellungen ist, wacke die Maschine.

Jetzt löst sich bei den Genos sen in der Stellung die Span nung. Ein Jubelschrei bricht au den Kehlen der Männer. Si umarmen sich, sind glücklich.

Text: Rosentreter, Fotos: MBD/Walze

Ausschnitt aus der NVA-Zeitung „Volksarmee" über das Raketenschießen der SKA 1965. (Quelle: Fregattenkapitän Robert Rosentreter)

Gefechtsausbildung hin - Raketenschießen her. Im angespannten Dienst sollte nie vergessen werden, dass die Truppenverpflegung eine Grundvoraussetzung für die militärische Aufgabenerfüllung ist. Auch diesen Angehörigen der SKA ist der Dank auszusprechen. (Quelle: Peter Seemann)

sche Belastung für die Besatzungen. Der Start und der Flug verliefen dann aber normal. Der erste Treffer schlug direkt in den Rumpf der Zieldarstellung ein – Note „sehr gut“. Der Funkmeßmaat Urban in der Station „S-1M“ war der erste Angehörige der SKA, der sicher eine Rakete ins Ziel leitete – 5.000 Mark Trefferprämie vom Flottillenchef für die erfolgreichen Teilnehmer am Schießen. Durch den Minister für Nationale Verteidigung wurde am 1. Juni 1965 die gesamte Abteilung im Rahmen einer feierlichen Musterung mit der Verdienstmedaille der NVA in Bronze ausgezeichnet.

Im August 1964 fiel die Station „S-1M“, verursacht durch eine Havarie, für den gesamten Monat aus. Mit großen Anstrengungen wurde an der Beseitigung gearbeitet. Der Schwerpunkt der spezialtechnischen Ausbildung konzentrierte sich deshalb auf das Durcharbeiten von elektrischen Schaltungen und das Erlernen der Fehlersuche und deren Beseitigung. Um die selbstverschuldete Scharte mit der havarierten Funkmeßstation auszuwetzen, bereitete sich die SKA auf die bevorstehende Flottenübung mit dem Ziel vor, diese Übung erstmals mit der Note „ausgezeichnet“ abzuschließen. Vom 07.-14.09.1964 nahm die SKA-Abteilung an der Flottenübung der VM teil, verlegte in den Raum Prora und war bereit die Feueraufgaben zu erfüllen. Obwohl am 11.09.1964 die darstellenden gegnerischen Stoßkräfte und am darauffolgenden Morgen der Landungsverband nicht im Schusssektor und außerhalb der Funkmeßreichweite lagen, wurden die Handlungen der gefechtsbereiten Batterien mit „sehr gut“ eingeschätzt.
Die taktische Übung der Verbände der VM fand im Zeitraum vom 20.- 28. August 1965 statt. Einheitsweise verlegten die Kräfte und Mittel der SKA von Dwasieden nach Prora. Dort erfolgte zur Erfüllung der gestellten Aufgaben die Unterstellung unter das 29. Mot.-Schützenregiment (MSR-29). Erstmals erhielt der Kommandeur der SKA den Befehl, Diversanten abzuwehren. Dazu wurden darstellende Kräfte aus dem Kampfschwimmerkommando (KSK-18) eingesetzt. Durch rechtzeitige und zügige Verlegung der Einheiten nach Dwasieden konnten imitierte Zerstörungen an der Kampftechnik abgewandt werden. Dort erfolgte der Feuerbefehl auf einen Landungsverband nach anfänglichen Informationsdefiziten beim vorgesetzten Stab. Mit zwei Salven wurden 60 % der darstellenden Kräfte des „Gegners“ vernichtet.

Der Einsatz von Kampfschwimmern gegen landgestützte Einheiten der VM gehörte zu den Inhalten dieser Spezialeinheit bei Überprüfungen und Übungen. Korvettenkapitän Pietsch, der selbst 1971 in das Kampfschwimmerkommando versetzt wurde, konnte dort aus erster Hand erfahren, dass Schutz, Sicherung und Verteidigung (SSV) bei seiner ehemaligen Truppe offensichtlich organisiert und effizient waren. Beim Schutz von Verladeübungen, Eisenbahntransporten, aber auch bei der Sicherung von Feldlagern zeichnete sich die SKA besonders stark aus. Nur einmal konnte eine Imitation einer Sprengladung an einen Waggon unbemerkt durch einen subversiven Kämpfer angebracht werden. Das passierte in dem Moment, als nach Anrucken der Lokomotive die Wache auf die Waggons aufsprang. Diesen Moment der Unaufmerksamkeit nutze der Kampfschwimmer aus. Auch bei einer Übung im Entfaltungsraum nahe Leuchtturm Bastorf suchte an der Strecke der Bäderbahn Molli ein als Eisenbahner verkleideter Kampfschwimmer (damals Ltn. Müller) nach Pilzen. So wurde die Truppe beobachtet, aufgeklärt und je nach Einsatzbefehl bekämpft oder lediglich nur bewertet. Bei ihrer Gesamteinschätzung konnten die Kampfschwimmer der SKA generell doch einen hohen Stand des SSV bestätigen.
Im Rahmen einer Überprüfung der Gefechtsbereitschaft des KVM im Juni 1966 führte die SKA eine Funkmeßübung mit wechselseitiger Zielübergabe zwischen den Funkmeßstationen des Nachrichtenbataillons der Volksmarine (NB-18) und der „Mys“ der SKA in Saßnitz-Dwasieden durch. Es wurden erfolgreich verschiedene Varianten der Zielzuweisung durchexerziert.
Der 3. RSA war ursprünglich für September 1967 geplant, wurde dann auf die 2. Dekade Mai vorverlegt. Mit drei Landungsschiffen (mittel) verlegten am 15.Mai 1967 Technik und Personalbestand der SKA über Baltijsk nach Donskoje (Palmniken) und bezogen dort das Feldlager. Am 19.05.1967 wurde die Aufgabe gestellt, genau zwanzig Minuten nach dem Start der ersten Rakete einen Wiederholungsschlag durchzuführen. Der Ablauf sah also vor, dass die 1. Batterie den Feuerbefehl erhielt, die Startstellung bezog, den Raketenstart durchführte und in die Wartestellung rückverlegte. Dort wechselte die Besatzung, die 2. Batterie stieg auf und wiederholte die gleiche Aufgabe – alles in 20 Minuten. Der erreichte Ausbildungsstand brachte folgende Zeiten: Die berechnete Zeit von „Abteilung zum Gefecht“ bis zum „Start“ für die 1. Batterie – 9,5 Minuten, die 2. Batterie – 10 Minuten. Beide Raketen trafen in der

Mitte des Scheibenkörpers. Note „sehr gut“, Aufgabe erfüllt. Am 20. Mai 1967 befand sich die Truppe schon wieder auf der Ostsee mit Kurs Warnemünde.
Der hohe Ausbildungsstand konnte auch Monate später bei der Teilnahme an der Flottenübung „Taifun“ im Zeitraum vom 15.-31.08.1967 unter Beweis gestellt werden. Konteradmiral Streubel, der Stellvertreter des CVM und Chef des Stabes im Kommando der VM, bewertete die gezeigten Leistungen der SKA mit der Note „sehr gut“.
Der 4. RSA fand im Zeitraum vom 25.05.-05.06.1969 statt. Diesmal musste ein verankertes Ziel bekämpft werden, erstmalig noch ein weiteres, in Fahrt befindliches größeres Ziel. Wieder wurden zwei Raketen geschossen und beide trafen das Ziel. Mit diesem Gefechtseinsatz enden die Raketenschießabschnitte der SKA. Eine Zusammenfassung dieser und aller weiteren Raketenschießabschnitte der KRT der VM in der Sowjetunion können in der Tabelle der (Anlage 9) eingesehen werden.
Vom 17.-30.08.1970 wurde ein Feldlager in der topografisch vermessenen Feuerstellung in Peenemünde Nord entfaltet. Die SKA nahm an der KSÜ „Baltic“ mit erstmaligem faktischen Raketenstart auf dem Territorium der DDR teil. Damit begannen auch die Vorbereitungen auf eine aktive Teilnahme an „Waffenbrüderschaft 70“. An diesem großen Manöver nahm die SKA vom 29.09.-17.10.1970 teil und auch hier erfolgte der Start einer Rakete aus der Feuerstellung in Peenemünde. Beide Raketen schoss die 1. Batterie.

3.3. Die Handlungen des Küstenraketenregiments-18 selbständig und im Zusammenwirken

Beitrag von Lothar Schmidt † – Kapitän zur See und erster Kommandeur des KRR-18 und Wolfgang Schädlich † – Fregattenkapitän und Stabschef des KRR-18

Als Ausgangslage für den Beginn eines Krieges wurde angenommen, dass der Gegner, also die NATO (Westblock), die Staaten der WVO (Ostblock) angegriffen hat. Diese führten die geplanten Maßnahmen des Übergangs auf die Kriegsstruktur durch und die Streitkräfte, darunter die Vereinte Ostseeflotte (VOF) im Bestand der Baltischen Flotte der SSKF (1. Flotte), der Polnischen Seekriegsflotte (2. Flotte) und der VM der DDR (3. Flotte), begannen planmäßig mit den ersten Operationen. Die VOF führte die **1. Seeoperation** durch mit dem Ziel der Abwehr der Angriffe des Gegners und dem Übergang zum Angriff, um die Seeherrschaft in der Vorsundzone und Kieler Bucht zu erringen, damit günstige Bedingungen für die Einnahme der Inseln in der Sund- und Beltzone (BRD und Dänemark) zu schaffen und den Durchbruch der VOF durch die Ostseemeerengen in die Nordsee (Atlantik) zu sichern. Die 1. Seeoperation der VOF war in eine Nächste (**NA**) und eine Weitere Aufgabe (**WA**) unterteilt.
Die Zielstellung der VM in der **NA** bestand in der Abwehr der Schläge des Gegners, der Verhinderung des Durchbruchs seiner Schiffskräfte durch die Operationszone (OPZ) der VM in Richtung Osten und der Erringung der operativen Initiative in der OPZ der VM. Mit der Erfüllung dieser Aufgabe rechnete man bis **„T 3“** (NATO: „D 3“), also drei Tage nach Beginn der Kampfhandlungen. Die **KRT** der **VM** im Bestand von drei KRA hatten dabei in der **1. Phase, Abwehr der Angriffe des Gegners**, aus den Stellungsräumen Halbinsel Wittow auf der Insel Rügen – 2. KRA, Halbinsel Darß – 1. KRA, Kühlung – 3. KRA aus den Richtungen Fehmarnsund, Fehmarnbelt, Guldborgsund, Grönsund, Smaalandsfahrwasser und Öresund einlaufende Schiffsschlaggruppen des Gegners an der Grenze der OPZ der VM vor ihrem Waffeneinsatz gegen eigene Schiffskräfte zu bekämpfen. Die Raketenschläge waren auf maximale Distanz zu führen, um nach der Wiederherstellung der Gefechtsbereitschaft (60 Minuten) die nächsten Schläge führen zu können. Dabei war eine maximale Anzahl von Schiffen und Booten zu vernichten, um den Gegner entscheidend zu schwächen. Zur Aufklärung und zum Erreichen maximaler Schussdistanzen waren die Einsätze der KRA durch fliegende Fühlunghalter (Hubschrauber) sicherzustellen.

In der **2. Phase, Übergang zum Angriff**, blieben die Stellungsräume und Aufgaben für die KRT der VM unverändert, wobei die Raketenschläge auf Schiffsgruppierungen des Gegners jetzt im Zusammenwirken mit Schiffsstoßkräften geplant waren. Erwartet wurde eine Verlagerung des Schwerpunktes der Kampfhandlungen gegen Ende der 2. Phase nach Westen in die Mecklenburger Bucht. Damit verbunden war die Vorbereitung der Verlegung der 2. KRA in Richtung Westen.

Die **WA** der VM beinhaltete die Verlagerung der Hauptanstrengungen ihrer Stoßkräfte in Richtung Westen, in die Kieler Bucht und Beltzone, mit dem Ziel der endgültigen Zerschlagung der Seestreitkräfte des NATO-Kommandos Ostseeausgänge in der Mecklenbur-

Eine Küstenraketenabteilung bei der Vorbereitung eines Raketenschlages (Demonstration). (Quelle: Peter Gödde)

Plan des Einsatzes der Küstenraketentruppen bei Kampfhandlungen in der OPZ der VM. (Quelle: Wolfgang Schädlich und Peter Prast)

ger und Kieler Bucht, sowie die Vorbereitung der Verlegung von Stoßkräften der VM in die Nordsee. Zeitlich gesehen sollten diese Handlungen bis **„T 7“** abgeschlossen sein.

Eine wichtige Voraussetzung für die Erfüllung dieser Aufgabe war die Besetzung der Insel Fehmarn und der Küste der Kieler Bucht durch die Küstenfront der Vereinten Streitkräfte im Verlauf ihrer Angriffsoperation. Für die KRT der VM ergaben sich daraus folgende Aufgaben:

1. Verlegung der 2. KRA von der Insel Rügen in den Stellungsraum Westfehmarn auf der Insel Fehmarn (oder Probstei) mit der Aufgabe der Vernichtung von Gruppierungen der Überwasserkräfte des Gegners in der Kieler Bucht und der Beltzone im Zusammenwirken mit den anderen Stoßkräften der VM.
2. Nach Beginn des Gefechtseinsatzes der 2. KRA in der Kieler Bucht Verlegung der 1. KRA vom Darß in den Stellungsraum Probstei (Schönberg- Holstein) mit der Aufgabe siehe 2. KRA.

3. Vorbereitung der Verlegung der 3. KRA aus der Kühlung in einen neuen Stellungsraum im Zusammenhang mit der Bewegung der Küstenfront in westliche Richtung. Das galt ebenfalls nachfolgend für die 2. und 1. KRA.

An dieser Stelle ist ein Zitat des großen Strategen Generalfeldmarschall Graf Helmuth von Moltke angebracht: **„Kein Schlachtplan überlebt die erste Feindberührung!"**

Um die Ergebnisse des Gefechtseinsatzes der KRT zu ermitteln, wurden ihre **Gefechtsmöglichkeiten** berechnet (Dissertation Kapitän zur See Dr. M. Loleit 1982). Dabei wurden die günstigsten Abwehrmöglichkeiten der durch die KRT mit Raketenschlägen angegriffenen Schiffsgruppierungen des Gegners angenommen, also vom Idealzustand für die Abwehr ausgegangen. Dazu gehörten:

- Das rechtzeitige Ausmachen der anfliegenden Raketen.
- Der effektive Einsatz der gesamten möglichen Technik und Bewaffnung für die Raketenabwehr:
  - Die Fla-Raketensysteme „Standard 1 A", „Sea Sparrow", „ASMD RAM" u.a.
  - Die automatischen radargesteuerten Artilleriesysteme Kaliber 127, 100 und 76mm z.B. „OTO Melara Compact".

Die Selbstfahrenden Startrampen, hier der SKFR, bei der Entfaltung im Gelände. (Quelle: Internet)

  - Die Mittel der Elektronischen Kampfführung (ELOKA): Stör- und Täuschanlage „FL 1 800 S", Düppeltäuschsystem „Wolke", Infrarottäuschsysteme.

Ausgehend von diesen Voraussetzungen ergaben sich für die KRT folgende Gefechtsmöglichkeiten:

Gast in der Ostsee – Zerstörer „DDG-10, USS Sampson" (Charles F. Adams-Klasse) USA. Solche und andere generische Überwasserkräfte wurden auf Befehl u.a. auch durch die KRA für die Zeit der Passage von Land aus begleitet. (Quelle: Peter Prast)

- Beim Einsatz einer KRA mit einer Raketensalve aus 8 Raketen gegen eine Gruppierung mittlerer Überwasserstoßkräfte im Bestand von 3 Zerstörern/Fregatten des Gegners wurde mit der Vernichtung von 2 Schiffen gerechnet.
- Beim Einsatz einer KRA mit einer Raketensalve aus 8 Rakete gegen eine Gruppierung leichter Überwasserstoßkräfte im Bestand von 5 Raketenschnellbooten der Typen „143“ und „148“ des Gegners wurde mit der Vernichtung von 4 Booten gerechnet.

Diese angeführten Zahlen stellen immer das Minimum dar. Aber erstens bedeutete der Treffer einer Rakete „P-21/22“ in ein Schiff/Boot auf Grund der immensen Sprengladung von 360 kg mit kumulativer Wirkung fast ausnahmslos die Vernichtung des Zieles. Zweitens besaßen die Raketen eine Reflexionsfläche von nur ca. 0,2 m² und flogen die Ziele in einer Höhe von 25 m mit einer Geschwindigkeit von 312 m/s an.

Ein Ausmachen durch die Radarstationen der Schiffsgruppierung des Gegners war erst ab maximal 20 km, das Begleiten und Bekämpfen erst ab maximal 10 km möglich, wobei der Einsatz der Artilleriesysteme auf ihre effektive Reichweite begrenzt war. Eine Störung der Zielsuchlenkanlagen der Raketen war so gut wie ausgeschlossen. Dazu kam, dass für die Abwehr die günstigsten Bedingungen vorausgesetzt wurden: Schönes Wetter, alles wartet hochkonzentriert auf die anfliegenden Raketen, Technik und Bewaffnung ist in höchster Einsatzbereitschaft usw. Psychologische Aspekte, wie z.B. die Angst, wurden überhaupt nicht berücksichtigt. Außerdem wurden entsprechend der Abwehrmöglichkeiten des Gegners einzelne Raketen oder Raketensalven mit bis zu acht Raketen aus verschiedenen Richtungen mit minimalen Intervallen gestartet.
Die Praxis der Möglichkeiten automatischer Artilleriesysteme zur Abwehr anfliegender Raketen habe ich selbst erlebt bei einem Raketenschießabschnitt 1980 im Schießgebiet der BF vor der Flottenbasis Baltijsk. Als Chef der 5. RTS-Brigade erhielt ich die Aufgabe, mit einem RS-Boot Projekt 205 eine Rakete P-15 auf, oder richtig über einen Schiffsverband der VM zu schießen. Die Rakete war dementsprechend vorbereitet: Maximale Flughöhe 300 m, eingestellt auf maximale Flugdistanz 220 kbl (40 km), Gefechtsteil Beton, Zielsuchlenkanlage abgeschaltet. Die Startzeit, Schusspeilung und Schussdistanz 120 kbl (22 km) waren befohlen und wurden exakt eingehalten, worüber alle Schiffe des Verbandes informiert waren. Der Chef des Verbandes war der damalige Chef der 4. Flottille, Kapitän zur See Rolf Rödel. Er hatte mit mir abgesprochen, dass ich persönlich das UKW-Netz führte, das für alle Schiffe und Boote des Verbandes und das schießende RS-Boot befohlen war. Zum Verband gehörte ein KS-Schiff Projekt 1159, mehrere UAW-Schiffe, Landungsschiffe, MSR-Schiffe, RS- und TS-Boote. Sie lagen vor Stop angeordnet in 2 oder 3 Kiellinien querab (90°) zur Anflugrichtung der Rakete. Eingesetzt wurden nur die Artilleriesysteme Kaliber 76, 57, 30, 25 mm, die automatische Artillerie radargesteuert, also alle außer 25 mm.

Die Selbstfahrende Startrampe (SSR), die Hauptbewaffnung des Küstenraketenregiments 18. (Quelle: Peter Gödde)

Das war eine Unmenge von Rohren, eingesetzt unter idealen Bedingungen: Alles war bekannt! Unter genauer Einhaltung der befohlenen Daten, Zeit, Peilung und Distanz gab ich über UKW den Startbefehl, zur Sicherheit mit Angabe von Peilung und Distanz. Der Kommandant drückte den Startknopf und die Rakete verließ mit einem mächtigen Donnern den Hangar des RS-Bootes. Kurze Zeit nach dem Start hörte ich das Gebrüll der Artillerie des Verbandes und dann über UKW das Ergebnis: „Kein Treffer!“, obwohl alle Schiffe und Boote die Rakete mit Radar aufgefasst und ihre Artillerie eingesetzt hatten. Keiner wollte das verstehen – aber das war eben die Praxis!
Die Grundlage für den Gefechtseinsatz mit Beginn von Kampfhandlungen bildete der **„Plan zur Überführung des Küstenraketenregiments 18 in höhere Stufen der Gefechtsbereitschaft“**. Dieser Plan, eine Stabskarte mit Anlagen, hatte die höchste Geheimhaltungsstufe, lag in der VS-Stelle des Regiments im Tresor in einem separaten Fach und durfte nur durch den Regimentskommandeur persönlich im Ernstfall, das heißt kurz vor oder bei Kriegsbeginn, nach Erhalt eines entsprechenden Signals vom Vorgesetzten, geöffnet werden. Er beinhaltete die Handlungen und Normzeiten für die Führung und die Einheiten des Küstenraketenregiments 18 mit Beginn der Kampfhandlungen. Da unser Regiment erst in Dienst gestellt worden war, musste auch dieser Plan erstmalig erarbeitet werden. Dafür war eigentlich der Stab der Volksmarine verantwortlich. Da unsere Raketenbewaffnung und ihre Einsatzprinzipien in der Volksmarine noch relativ unbekannt waren, erhielten wir vom Chef der Volksmarine den Befehl, diesen Plan zu erarbeiten. Wegen der höchsten Geheimhaltungsstufe war der Personenkreis, der diesen Plan einsehen durfte, streng begrenzt. Das bedeutete, dass diese Arbeit durch den Regimentskommandeur und seinen Stabschef

Eine Selbstfahrende Startrampe (SSR) des KRR-18 in der Startstellung klar zum Start der Raketen. (Quelle: Mit freundlicher Genehmigung WTD-GB)

persönlich erledigt werden musste. Im Frühjahr 1984 war ich demzufolge mit meinem Stellvertreter für Raketenbewaffnung, wenig später Stabschef, Kapitänleutnant Wolfgang Schädlich, über einen Monat lang von früh bis spät mit dem Kübel UAZ-469, der Fahrer Obermatrose T. Günther war entsprechend vergattert, im Gelände mit Karte unterwegs. Abends, oft bis in die Nacht, verarbeiteten wir nur zu zweit die ermittelten Daten und trugen sie auf der Karte ein. Dabei handelte es sich um Positionen, Stellungen, Marschstraßen u.a., für die Führung von Kampfhandlungen, also den „Ernstfall". Deshalb nannten wir alle damit verbundenen Bezeichnungen „scharf".

Ausgewählt, genau vermessen, errechnet, festgelegt und in die Karte eingetragen wurden dabei:

- Die **Marschrouten und Reservemarschrouten** mit den Rasten für die Entfaltung des Führungspunktes und des Reserveführungspunktes des Regimentskommandeurs, der Startrampen des Gefechtsdienstes und der drei Küstenraketenabteilungen (KRA) in die Stellungsräume.
- Der **Stellungsraum** für den Führungspunkt und den Reserveführungspunkt des Regimentskommandeurs, geplant hatten wir das Gebiet der Rostocker Heide.
- Die **Stellungsräume** für die Startrampen des Gefechtsdienstes und jede der drei Küstenraketenabteilungen:
  1. KRA - Halbinsel Darß mit den Hauptschussrichtungen Sund und Fehmarnbelt.
  2. KRA - Halbinsel Wittow auf der Insel Rügen mit der Hauptschussrichtung Sund.
  3. KRA - Kühlung mit den Hauptschussrichtungen Fehmarnbelt und Kieler Bucht.
- Für den Stellungsraum jeder Küstenraketenabteilung: Der **Führungspunkt** des Kommandeurs, die **Technische Stellung**, der Unterbringungsraum der **Versorgungseinheit**, mehrere **Beladepunkte**, mehrere **Startstellungen** mit den dazugehörigen **Wartestellungen** für die Startbatterien beziehungsweise einzelnen Startrampen.

Alle Räume und Positionen wurden präzise vermessen, alle Zeiten für die Entfaltungen genau ermittelt und daraus dann errechnet, bis wann jede Einheit das Objekt Schwarzenpfost des Küstenraketenregiments 18 verlassen haben musste. Für einen überraschenden Beginn der Kampfhandlungen ergab sich daraus aber auch die Zeit, zuzüglich der Zeit für die Alarmierung und Heranholung des Personalbestandes, bis zum Start der ersten Raketen aus den jeweiligen Startstellungen.

Die dabei verwendeten Termini wurden der sowjetischen Gefechtsvorschrift entnommen, sie wurden später in unserer neuen **Gefechtsvorschrift DV 246/0/027** mit verarbeitet. Alle aufgeführten Angaben wurden durch uns mit Stabskultur auf die Karte gebracht, die dazugehörigen Anlagen erarbeitet und die gesamten Unterlagen auf dem VS-Dienstweg dem Chef der Volksmarine übergeben. Nach eingehender Überprüfung wurden sie dann, ohne wesentliche inhaltliche Änderungen – eine Anerkennung unserer ausgezeichneten Arbeit, im Stab der Volksmarine neu gefertigt und durch den Chef der Volksmarine bestätigt. Wir erhielten eine Kopie, die im Tresor unserer VS-Stelle eingelagert wurde. Damit hatten der Kommandeur und der Stabschef eine wahre Sisyphusarbeit erfolgreich bewältigt mit dem Vorteil, dass beide die Prinzipien des Einsatzes, die Marschrouten und die Stellungsräume genau kannten. Allerdings mussten wir Letzteres aus Gründen der Geheimhaltung sofort wieder vergessen!

Die Vorbereitung des Gefechtseinsatzes wurde geplant und organisiert durch Ausbildung, Trainings und Übungen.

Handlungen der Küstenraketentruppen

Die Führung und der Gefechtseinsatz des Küstenraketenregiments 18 beim Übergang auf höhere Stufen der Gefechtsbereitschaft und bei Beginn der Kampfhandlungen waren wie folgt organisiert, diese Ausführungen stützen sich in erster Linie auf meine Erinnerungen an die **Praxis**, die Auswertungen von Kommandostabsübungen, Übungen, Überprüfungen, die Gefechtsausbildung und die DV 246/0/027:

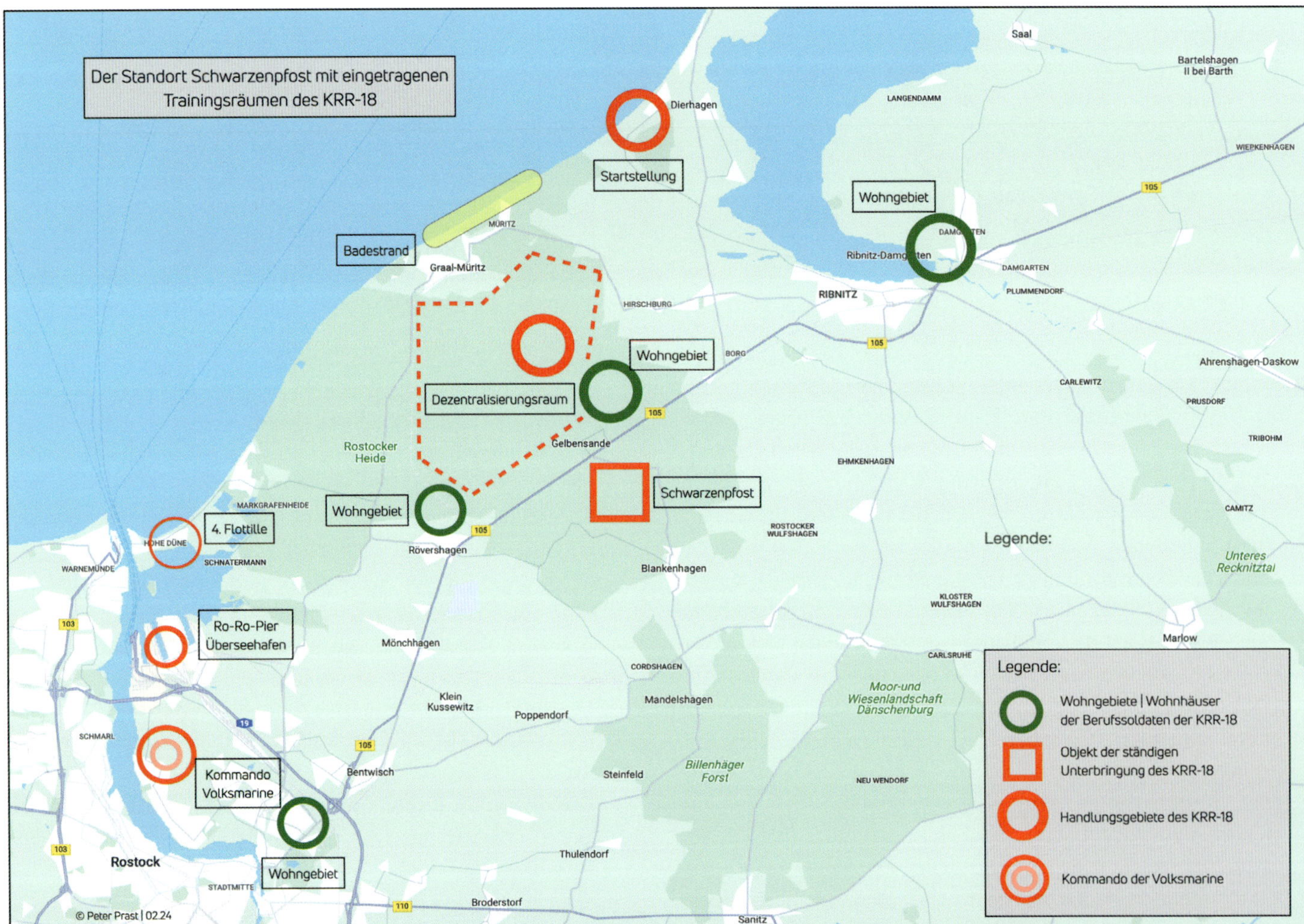

Karte der Umgebung des Objekts des Küstenraketenregiments 18. (Quelle: Wolfgang Schädlich und Peter Prast)

1. Die Alarmierung und Heranholung des Personalbestandes erfolgte auf der Grundlage des „Plans der Maßnahmen zur Überführung des Küstenraketenraketenregiments 18 in höhere Stufen der Gefechtsbereitschaft". Die Handlungen waren abhängig von der Art der Alarmauslösung: Überprüfung, Übung oder Ernstfall. Dementsprechend öffnete der Operative Diensthabende des Regiments (OPD) seinen Panzerschrank, entnahm das Kuvert mit dem ihm übermittelten Signal und arbeitete die darin festgelegten Maßnahmen laut Zyklogramm ab, oder er handelte bei Überprüfungen entsprechend den Befehlen des Leiters der Kontrollgruppe. Der Operative Diensthabende wurde 1984 zusätzlich zum Offizier vom Dienst (OvD) des Regiments eingeführt, da der Verantwortungsbereich sehr umfangreich war. Der OPD war für die operativen Aufgaben und die Anleitung des OvD und dieser für die Organisation des Tagesdienstes verantwortlich. Bei der Alarmierung wurde wie folgt gehandelt:

- Auslösen des akustischen Alarms für das gesamte Objekt.
- Benachrichtigung und Heranholung der Berufssoldaten, die außerhalb des Objekts wohnten:
  - Wohnblock Schwarzenpfost telefonisch und mit Läufer, Zeit bis Dienstbeginn 10 Minuten
  - Wohngebiet Gelbensande telefonisch, mit Läufer und Kraftfahrzeugen 30 Minuten
  - Wohngebiet Rövershagen telefonisch, mit Läufer und Kraftfahrzeugen 30 Minuten
  - Wohngebiet Ribnitz telefonisch, mit Läufer und Kraftfahrzeugen 40 Minuten
  - Nach dem Wechsel in der Dienststellung Regimentskommandeur ab 01.12.1987 kam dazu:
  - Wohngebiet Rostock telefonisch und mit Kraftfahrzeug (ab 1987) 90 Minuten

2. Die Führung der Einheiten des Küstenraketenregiments 18 durch den Kommandeur im Gefechtseinsatz bestand in der persönlichen, ununterbrochenen Leitung der Vorbereitung und Durchführung von Gefechtshandlungen selbständig und im Zusammenwirken mit anderen Kräften sowie in seiner ununterbrochenen Tätigkeit zur Aufrechterhaltung der Gefechtsbereitschaft und Kampfkraft dieser Einheiten.

Der Führungspunkt (FP) des Kommandeurs des Küstenraketenregiments 18 wurde auf dem Hauptgefechtsstand (HGS, Bunker) des Chefs der Volksmarine in einem Raum entfaltet und nannte sich „Führungspunkt des Chefs der Küstenraketentruppen". Die Führungsgruppe bestand aus dem Regimentskommandeur, seinem Stellvertreter und Leiter der Politabteilung sowie drei Lageoffizieren des Regimentsstabes. Dabei war immer der Oberoffizier für Inneren Dienst, Korvettenkapitän Detlev Herms und der Oberoffizier für Schutz vor MVM, Korvettenkapitän Andreas Herfter. Sie leisteten hier eine ausgezeichnete Arbeit immer mit hoher Stabskultur.

Ein im Stellungsraum an der Küste entfalteter, getarnter Führungspunkt eines Kommandeurs der KRAT der SKFR. (Quelle: Internet)

Auf Signal verlegten wir mit einem Kraftfahrzeug, meistens einem „B-1000", vom Objekt Schwarzenpfost zum Kommando der Volksmarine in Rostock bis „X + 3 Stunden" und von dort, aus Gründen der Geheimhaltung, im Bestand der gesamten Gruppe mit Bussen, zum Hauptgefechtsstand. Hier erhielt der Regimentskommandeur, der jetzt „Chef der Küstenraketentruppen" genannt wurde, den Gefechtsbefehl des Chefs der Volksmarine. Auf dessen Grundlage fasste er den Entschluss für den Einsatz der Kampfeinheiten der Küstenraketentruppen, trug ihn dem Chef der VM vor, der ihn dann nach entsprechenden Korrekturen bestätigte. Die sich aus diesem Entschluss ergebenden Aufgaben und Befehle wurden an den Reserveführungspunkt des Kommandeurs des KRR-18 oder auch direkt an die Führungspunkte der Kommandeure der Küstenraketenabteilungen über gedeckte Nachrichtenverbindungen übermittelt. Diese Organisation der Führung war nur gut wegen des kurzen Weges zum Vorgesetzten, hatte dafür aber den Mangel der lokalen Isolierung des Kommandeurs vom Regiment, da er es nur über Nachrichtenmittel führen konnte ohne tiefgründige Kenntnisse der konkreten Lage der Einheiten. Außerdem waren die Nachrichtenverbindungen nicht ausreichend und instabil und so musste mit ihrem Ausfall, mindestens aber mit Störungen und folglich mit dem teilweisen, bzw. auch vollständigen Verlust der Führung mit Beginn der Kampfhandlungen gerechnet werden. In diesem Fall hatte der Stabschef das Regiment über den Reserveführungspunkt zu führen. Diese Organisation war selbstverständlich nicht effektiv und auch unüblich, aber die Ursache dafür war, dass im Stab der Flotte kein Führungsorgan für die Küstenraketentruppen existierte. Bei Übungen, Überprüfungen der Gefechtsbereitschaft und ähnlichen Einsätzen entfaltete der Führungspunkt des Kommandeurs

Der Hauptgefechtsstand (HGS-Bunker) des STMCVM, hier der Arbeitsraum des Kommandanten des Bunkers. (Quelle: Holger Neidel)

des KRR-18 im Stellungsraum an Stelle des Reserveführungspunktes oder auch zusätzlich.

3. **Der Reserveführungspunkt (RFP) des Kommandeurs des Küstenraketenregiments 18** wurde durch den Stabschef geführt und mit einem Kommandeursstabswagen LO-1801 („Schmetterling"), ab 1986 mit einem komfortableren ZIL-131, dem Nachrichtenzug mit je einer mobilen Funkstation R-142 auf dem Kfz GAZ-66 und R-140 auf dem Kfz ZIL-131 sowie sicherstellenden Einheiten in den laut Plan festgelegten Stellungsraum Rostocker Heide entfaltet. Die Führungsgruppe bestand aus den Stellvertretern des Kommandeurs, außer dem Leiter der Politabteilung und dem Stellvertreter für Rückwärtige Dienste, den Angehörigen des Stabes, der Politabteilung und der Bereiche, die bei Notwendigkeit auch zur Unterstützung und Sicherstellung der Küstenraketenabteilungen eingesetzt wurden.
4. **Die Führung der Küstenraketenabteilungen** erfolgte über die Führungspunkte ihrer Kommandeure, die mit der gesamten Abteilung in die geplanten Stellungsräume Halbinsel Wittow auf der Insel Rügen, Halbinsel Darß und Kühlung entfalteten. Jeder Stellungsraum einer KRA hatte eine räumliche Ausdehnung von maximal 10 x 10 km. Zu den Einheiten der Sicherstellung einer Küstenraketenabteilung gehörten der Nachrichtenzug mit einer mobilen Funkstation R-142 auf Kfz GAZ-66 und ab 1986 zusätzlich einer Funkstation R-140 auf Kfz ZIL-131 und der Sicherstellungszug. Das Personal des Führungspunkts des Kommandeurs einer KRA bestand aus dem Kommandeur, seinem Stellvertreter für Politische Arbeit, dem Stabschef, dem Stellvertreter für Raketenbewaffnung und arbeitete in der R-142. Laut sowjetischen Unterlagen und auch unserer daraus entwickelten DV 246/0/027 war anscheinend die Ausrüstung der Führungspunkte der Kommandeure der KRA mit einem Führungsfahrzeug mit Radarstation, wahrscheinlich Typ „Monolith" bzw. „Garpun" geplant. Damit hätten die Kommandeure einen wesentlich besseren Überblick über die Lage auf dem Seeschauplatz erhalten und so ihre SSR bedeutend effektiver einsetzen können. Warum das nicht erfolgte und nicht einmal darüber gesprochen wurde, ist mir nicht bekannt.
5. **Die Entfaltung** der 1.Startrampe des Gefechtsdienstes, die ständig mit einsatzbereiten Raketen beladen war, mit Neutralisationsfahrzeug und Regulierern aus dem Objekt in die Warte- oder unmittelbar in die Startstellung begann „X + 30 Minuten", „X" ist die Alarmzeit. Die 2. Startrampe des Gefechtsdienstes folgte nach dem Beladen mit Raketen „X + 60 Minuten".

Der Stabskom ZIL-131, Bestandteil des Führungspunkts des Kommandeurs des Küstenraketenregiments 18. (Quelle: Internet)

Der Führungspunkt des Kommandeurs einer Abteilung des KRK „Bal", Kfz MAZ-543 M mit Radarstation und Funk. (Quelle: Internet)

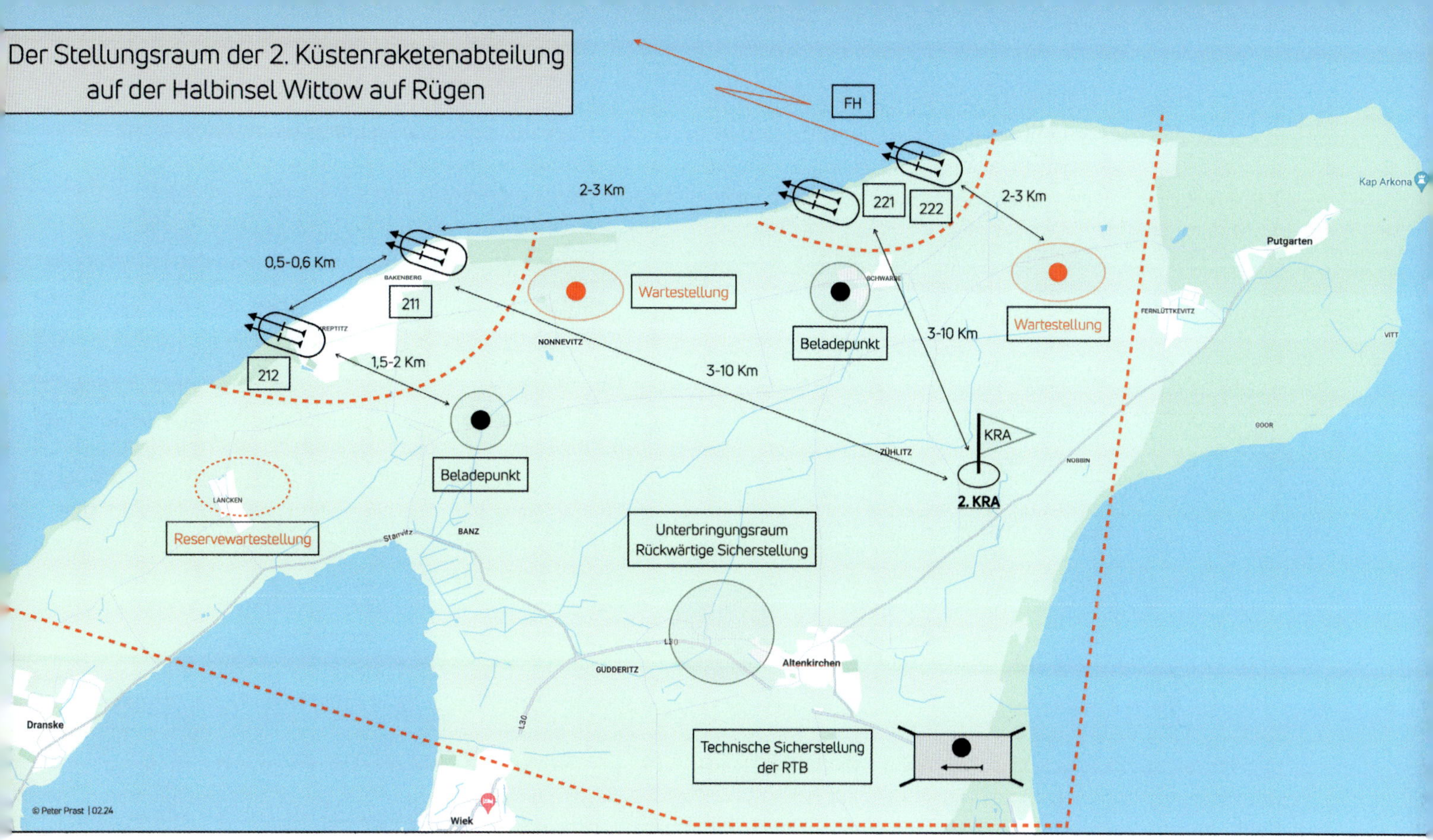

Schema des Stellungsraums einer Küstenraketenabteilung, hier der 2. KRA auf der Halbinsel Wittow der Insel Rügen. (Quelle: Wolfgang Schädlich und Peter Prast)

Alle anderen Startrampen der KRA wurden, wenn nicht anders befohlen, vor der Entfaltung im Objekt mit Raketen beladen. Ansonsten erfolgte das Beladen auf den Beladepunkten sofort nach dem Erreichen des Stellungsraums und der Zuführung der Raketen durch die Raketentechnische Batterie (RTB). Welche Variante festgelegt wurde, hing vom Beginn der Kampfhandlungen ab. Bei einem überraschenden Überfall durch den Gegner hatte die sofortige Entfaltung Priorität, um damit die eigenen Kräfte den Schlägen des Gegners zu entziehen.

Die Entfaltung einer KRA in einen Stellungsraum erfolgte durch den Marsch im Bestand von 4 Kolonnen:

- 1. Kolonne: Die Kolonne der Gefechtseinheiten und der Einheiten der Gefechtssicherstellung, **siehe Schema**.
- 2. Kolonne: Die Kolonne der Transport- und Nachladeeinheit, 4 Raketentransporteinrichtungen „KRAZ- 255B“ mit je 2 Raketen, Autodrehkranen „ADK-125“ u.a.
- 3. Kolonne: Die Kolonne der Raketentechnischen Batterie.
- 4. Kolonne: Die Kolonne der Rückwärtigen Dienste.

Der Marsch der ersten beiden Kolonnen wurde immer geschlossen, der der beiden anderen selbständig durchgeführt. Dabei war ein Abstand zwischen den einzelnen Kfz von 25-50

Schema der 1. Kolonne beim Marsch einer Küstenraketenabteilung

KRAD	Regulierer
	Kommandeur der Kolonne
„UAZ 452 T“	Vermessungs-Kfz., Kommandeur der KRA, Vermessungstrupp
	1. Startbatterie
Startrampe „MAZ 543-3P51“	Batteriechef, Besatzung
Startrampe „MAZ 543-3P51“	Kommandant, Besatzung
„ZIL 131“	Neutralisations-Kfz. „8 T 311“ zur Bekämpfung von Feuer und Treibstoff-Havarien an den Raketen
„ZIL 131“	Funkstation „R 140“ mit Stromaggregat, Nachrichtentrupp
„W 50“	LKW Truppentransporter, Personal des Sicherstellungs- und des Nachrichtenzuges
„UAZ 452“	SAS- Fernsprech-Gerätesatz P 240T, Chiffriertrupp
	2. Startbatterie
Startrampe „MAZ 543-3P51“	Batteriechef, Besatzung
Startrampe „MAZ 543-3P51“	Kommandant, Besatzung
„G 5“	Tank-Kfz.
	Technischer Schluss
„Tatra 813“	Bergegruppe, Kfz.- und Pionierausrüstung
„GAZ 66“	Funkstation „R 142“, Stabschef der KRA, Funktrupp
KRAD	Regulierer

Schema der 1.Kolonne beim Marsch einer Küstenraketenabteilung. (Quelle: Wolfgang Schädlich)

m und zwischen den Kolonnen von 3-5 km einzuhalten. Die Marschgeschwindigkeit betrug maximal am Tage 35 km/h und nachts 25 km/h. Der Kommandeur hatte alle Arten der Abwehr und des Schutzes sowie den Regulierungs- und Aufklärungsdienst zu organisieren. Der Technische Schluss war für Reparaturen, Instandsetzungen und bei Notwendigkeit für das Abschleppen verantwortlich. Beim Erreichen des Stellungsraums hatten die Kolonnen in die Gefechtsordnung zu entfalten und die einzelnen Kraftfahrzeuge die ihnen befohlenen Stellplätze einzunehmen.

6. In den **Stellungsräumen** entfalteten die gefechtsbereiten Startrampen in die Wartestellungen und ungefähr 15 Minuten vor dem Raketenstart in die Startstellungen. Das Ziel für den Raketenschlag und die Schlagzeit wurden durch den Kommandeur befohlen, die Zielzuweisung erfolgte für jede Startrampe mit Peilung und Distanz oder es wurde Zielsuche in einem festgelegten Sektor befohlen. Nach Auffassen des Zieles durch die Radarstation, Klassifizierung und Bestätigung durch den Kommandeur erfolgte der Start der Raketen: Startzeit gleich Schlagzeit minus Flugzeit der Raketen. Unmittelbar nach dem Start verließen die Startrampen ihre Startstellungen und marschierten zu den Beladepunkten. Nach dem Beladen mit Raketen, Betanken, Versorgung und Reparaturen, nur bei Notwendigkeit, wurde in die neue befohlene Wartestellung oder auch sofort in eine neue Startstellung entfaltet. Die Startrampen waren damit bereit zum erneuten Einsatz ihrer Raketenbewaffnung. Der zeitliche Abstand zwischen zwei Raketenschlägen ein und derselben Startrampe betrug dabei ungefähr 60 Minuten in Abhängigkeit von den Entfernungen der verschiedenen Stellungen.

7. Stabile **Nachrichtenverbindungen** sind ein wesentlicher Grundpfeiler für die Führung der Truppen und des effektiven Zusammenwirkens der Kräfte im Seegefecht. Deshalb werden wir im nachfolgenden Punkt 3.3.1. ausführlicher über den Einsatz der Nachrichtenmittel und deren Organisation eingehen. Verantwortlich dafür ist der Kommandeur des KRR-18 mit seinem Stab. Die Grundlage bildeten dafür der Entschluss des Kommandeurs und die Nachrichtenanordnung des Chefs der VM. Für die direkte Durchsetzung war der Stabschef verantwortlich. Im Stab des KRR-18 war dazu der Plan der Nachrichtenverbindungen zu erarbeiten. An der Erarbeitung dieses Planes und an seiner Durchsetzung war maßgeblich der Oberoffizier für Nachrichten des KRR-18 beteiligt. Diese Funktion erfüllte mit der Indienststellung des Regiments Korvettenkapitän Lutz Mornhinweg und später Kapitänleutnant Ralf Jähnig.
Die wichtigste Art der Nachrichtenverbindungen zur Führung im Gefecht waren die Funkverbindungen.
Die Organisation der Nachrichtenverbindungen hatte im Gefechtseinsatz zu gewährleisten:
- Die Verbindung mit dem übergeordneten Stab und den unterstellten Einheiten.
- Die Verbindung mit den Kommandeuren und den Stäben der zusammenwirkenden Verbände und Einheiten.
- Den Empfang und die Abgabe von Meldungen über die Luft-, Land- und Seelage sowie hydrometeorologische Lage.

Diese Aufgaben erstreckten sich über den gesamten Zeitraum eines Gefechts, vom Beginn der Überführung in höhere Stufen der Gefechtsbereitschaft im Objekt, über die Entfaltung der KRA in die Stellungsräume, zur Einnahme der Startstellungen und Erfüllung der Feueraufgaben bis zur Beendigung des Gefechts und Einnahme einer Wartestellung oder Rückverlegung in das Objekt Schwarzenpfost.
Daraus wird ersichtlich, dass die Nachrichtenverbindungen unter enorm hohen mobilen Anforderungen sicherzustellen waren. Die Nachrichtenkräfte mussten bereit sein, die Verbindungen den sich ständig verändernden räumlichen Lagebedingungen anzupassen.

8. Im **Objekt des Küstenraketenregiments 18** verblieb das Nachkommando unter der Leitung des Stellvertreters des Kommandeurs für Rückwärtige Dienste. Er war verantwortlich für die gesamte Versorgung aller entfalteten Einheiten des Regiments, vor allem das Zuführen von Raketen, Waffen und Munition, das Versorgen mit Treib- und Schmierstoffen, Verpflegung, Ersatzteilen, die Verwaltung der Lager sowie die Verteidigung und den Schutz des Objektes. Dazu kam der Abschluss aller Aufgaben im Rahmen der Mobilmachung.

9. Mit Beginn der Kampfhandlungen oder auch schon davor wurde auf Signal die **Mobilmachung** ausgelöst. Damit gab es im Küstenraketenregiment 18 folgende Veränderungen, Soll 2 laut „STAN“:
- Die Gesamtstärke des Regiments erhöhte sich von 447 auf 608 Armeeangehörige.
- Der Wachzug wurde zur Wachkompanie mit 3 Zügen.
- Eine Flak-Batterie mit 2 Feuerzügen, 6 Zu-23 mit Kfz LO-1800, wurde aufgestellt.
- Zu der einen Pioniergruppe der Technischen Stelle kam eine zweite dazu.
- Eine zweite Kfz-Instandsetzungsgruppe wurde aufgestellt.
- Bei den Rückwärtigen Diensten wurde eine Instandsetzungsgruppe für Bewaffnung gebildet.

Der größte Teil der Technik, Bewaffnung und Ausrüstung für die zusätzlich aufzustellenden Einheiten war im Regiment eingelagert, „eingemottet“, und wurde regelmäßig überprüft und gewartet. Der restliche Teil und weitere Dienstleistungen wurden aus der Volkswirtschaft zugeführt.

10. Für alle Gefechtseinsätze und auch Übungen, der Kräfte des Küstenraketenregiments 18 mussten die entsprechenden Dokumente erstellt werden: Entschlüsse, Befehle, Anordnungen, Pläne und andere. Da diese Arbeit sehr aufwendig war, wurden entsprechend meiner Anordnung formalisierte Dokumente angefertigt.

Das heißt, nach einem Übungseinsatz vervollständigten wir die erarbeiteten Dokumente gründlich und lagerten sie ein. Beim nächsten Einsatz wurden sie dann nur anhand der konkreten Lage und der gestellten Aufgabe überarbeitet und so konnte wertvolle Zeit eingespart werden. Beispiele dafür sind Maßnahmen wie Übungen, Entschlüsse des Kommandeurs, die jährlichen Raketenschießabschnitte, die Feldlager oder die beiden Paraden u.a..

Tabelle der Höhen über NN in den Stellungsräumen der Küstenraketenabteilungen

- Stellungsraum Kühlung (von Rerik bis Stoltera) 3.KRA
In Ufernähe im Durchschnitt 15-30 m
Rerik 15-20m Buk (Bukspitze) 15-22m
Kühlungsborn 20m landeinwärts schnell ansteigend bis 50m
Stoltera 13m Bastorf (LF Buk Spitze) 78m

- Stellungsraum Halbinsel Darß (Graal Müritz bis Zingst) 1.KRA
Dünen im Mittel 3,5m
Erhebungen (weitläufig) im Raum Darßer Ort 7-8m
Neuhaus 12m

- Stellungsraum Halbinsel Wittow auf der Insel Rügen (Kreptitz bis Arkona) 2.KRA
Durchgehend größte Erhebungen unmittelbar hinter Waldstücken in Ufernähe. Durchschnitt 25m

Varnkevitz	29m	Gellort	30m
Raum Arkona	45m	Schwarbe	29m
Putgarten	33m	Nonnevitz	12m
Bakenberg	20m	Lancken	14m

Auffassreichweiten eines Zieles vom Typ "143A" (H=12m) durch die Stoßkräfte der VM

Aufklärer	Antennenhöhe	Reichweite	
	m	kbl	Km
Torpedoschnellboot "Pr. 206"	6	119	22
Raketenschnellboot "Pr. 205"	9	146	27
Kleines Raketenschiff "Pr. 1241"	16	173	32
SSR "Rubesh" im SR Kühlung H=60m ü.NN	7	253	47
SSR "Rubesh" im SR Wittow H=45m ü.NN	7	227	42

Tabelle Höhen über NN und Reichweiten.

Schlussfolgerungen für den Gefechtseinsatzes aus der Praxis

Aus der Praxis der Planung und Organisation des Gefechtseinsatzes der KRT bei zahlreichen Übungen und Überprüfungen sowie der Gefechtsausbildung ergaben sich folgende Schwerpunkte:

1. Die Hauptmethode des Einsatzes der Raketenbewaffnung der selbstfahrenden Startrampen der KRT war die Führung überraschender Raketenschläge nach Angaben der eigenen Radarstation „Garpun" in den Grenzen der Waffenreichweite von 432 kbl (80 km). Die Grundlage dafür bildeten die außerordentlich hohe Mobilität, Autonomität und das große Vernichtungspotential der eingesetzten Raketen. Charakteristisch für die Handlungen der Kampfeinheiten der KRT waren dabei der schnelle, gedeckte Stellungswechsel und nach dem Raketeneinsatz das erneute zügige Nachladen mit Raketen für die zweite und die folgenden Salven.

2. Bezüglich der Sicherstellung des Einsatzes der Raketenbewaffnung der SSR der KRT durch Fühlunghalter gab es folgende Schlussfolgerungen:

- Für den effektiven Einsatz der Raketenbewaffnung der SSR der KRT war die von unseren Vorgesetzten geforderten Methode mit Fühlunghalter nicht nur nicht notwendig, sondern behindernd! Die eigene Radarstation „Garpun" der SSR sicherte von allen vermessenen Startstellungen an der Küste der DDR den Einsatz der Raketen auf maximale Distanzen mit hoher Präzision gegen große und mittlere Seeziele des Gegners sowie gegen kleine in der gesamten Operationszone der VM bei einer Startposition ab einer Höhe von ungefähr 20 m über Normalnull (NN),
- Die Methode des Einsatzes der Raketenbewaffnung der Stoßkräfte der VM mit Fühlunghalter widersprach eigentlich allen taktischen Prinzipien der Führung, da nicht der Kommandeur der Kampfeinheit über die Vernichtung eines Zieles entsprechend seiner Gefechtsaufgabe entschied, sondern der Fühlunghalter und das ohne jede Möglichkeit einer Kontrolle!
- Die praktische Ermittlung der Zieldaten und ihre Übermittlung durch den Fühlunghalter sowie die notwendigen Berechnungen waren äußerst aufwendig und instabil auf Grund der Einwirkung des Gegners, zeitlicher Verzögerungen, Störungen, schwieriger meteorologischer Verhältnisse, subjektiver Faktoren u.a., wodurch die Trefferwahrscheinlichkeit der Raketen wesentlich gesenkt wurde. Die geplante Automatisierung der Errechnung und Übermittlung der Werte hätte zwar die Zeit verkürzt, aber auf keinen Fall die angeführten Fehlerquellen beseitigt.
- Die Technischen Beobachtungskompanien (TBK) waren für den Einsatz als Fühlunghalter für die KRT überhaupt nicht geeignet, da sie die Ziele, genau wie die SSR, nicht optisch klassifizieren konnten. Außerdem lagen ihre Auffassungsreichweiten unter denen der Radarstation „Garpun" der SSR.
- Der durch unsere Vorgesetzten geplante Einsatz der SSR als Fühlunghalter für die Schiffsstoßkräfte stellte einen groben taktischen Fehler dar. Das hätte bedeutet, kampfstärkste Stoßkräfte zur Sicherstellung einzusetzen und sie damit leichtfertig der Vernichtung durch den Gegner auszusetzen.

3. Die wichtigste Gefechtssicherstellung für den Einsatz der Raketenbewaffnung der SSR der KRT war die taktische Aufklärung des Seegebietes mit dem Ziel einer zuverlässigen, eindeutigen, also optischen Identifizierung aller Schiffskräfte des Gegners. Die SSR konnten mit ihrer äußerst leistungsstarken

Torpedoschnellboote des Projekts 206 wurden oft als Fühlunghalter für die Schiffsstoßkräfte der VM eingesetzt. (Quelle: Peter Prast)

Radarstation „Garpun“ Seeziele in der gesamten Operationszone der VM ausmachen, ihre Position und Bewegungselemente genau bestimmen, sie ungefähr klassifizieren und effektiv bekämpfen. Klassifizieren bedeutet hier, dass nach der Größe des Zielimpulses auf dem Radarschirm und der Auffassungsreichweite die Schiffsklasse annähernd bestimmt wurde, aber nur durch erfahrene Radarbeobachter. Identifizieren konnten sie ausgemachte Seeziele mit ihrer Radarstation durch den Einsatz des Abfragegerätes „Nickel“ der Freund-Feind-Kennungsanlage (FFK-Anlage) „Nichrom“. Wenn auf dem Radarbildschirm über dem Zielecho bei der Abfrage eine Markierung auftauchte, war das ein eigenes Schiff/Boot. War das nicht der Fall, so bedeutete das aber keinesfalls, dass es ein gegnerisches Kriegsschiff war, schließlich waren noch andere Schiffe unterwegs.

Der Hubschrauber „Ka-25 Z“ der Seekriegsflotte Russlands für die Aufklärung. (Quelle: Internet)

Die Rakete P-21 hat nach dem Start den Container der SSR verlassen, die Tragflächen sind noch abgeklappt. (Quelle: Internet)

Für die taktische Aufklärung war der Chef der Flotte verantwortlich. Da die KRT über keine eigenen Kräfte für die Aufklärung in See verfügten, hätte er ihnen die dafür notwendigen leichten Überwasserschiffskräfte oder/und MFK zuteilen bzw. selbst konkret die Aufklärung im Interesse der KRT organisieren müssen. Warum das in der Praxis jedoch nicht geschah und demzufolge bei Übungen auch nicht trainiert wurde, entzieht sich meiner Kenntnis. Ich habe als Kommandeur des KRR-18 bei meinen zahlreichen Entschlussmeldungen zur Erfüllung von Gefechtsaufgaben immer wieder darauf hingewiesen. Anscheinend besaß dieses Problem für unsere Vorgesetzten aber keine Priorität, denn außer nichtssagenden Antworten wie „Wird geklärt“ oder „Das macht die Aufklärung der Flotte“ erfolgte in der Praxis nichts! So griffen wir zur Selbsthilfe und verstärkten im Regiment die Ausbildung der Kommandeure der SSR in der Richtung Vertiefung der Kenntnisse über das Seegebiet und die Schiffserkennung sowie grobe Klassifizierung von Radarechos. Selbstverständlich konnte dieses für unseren Gefechtseinsatz wichtige Problem damit nicht geklärt werden und so übten auf Befehl unserer Vorgesetzten die KRA weiter den Einsatz mit Fühlunghaltern, vor allem mit den Technischen Beobachtungskompanien (TBK) und bei der Inspektion stellte das sogar die Aufgabe in der Taktischen Ausbildung dar. Das entsprechende Desaster folgte gesetzmäßig.
Die Sowjetische Seekriegsflotte hatte für die Führung ihrer Raketenkräfte das Aufklärungs- Schlagsystem „Uspech“ (dt. Erfolg) entwickelt. Dieses System war ähnlich dem der NATO „AWACS“ und bestand aus dem fliegenden Radarfernaufklärer „Tu-95 R-Z“, dem Hubschrauber „Ka-25 Z“ mit Radarstation als Nahaufklärer und der Bodenstation, die die Zieldaten von den beiden fliegenden Aufklärern erhielt, auswertete und an die KRT als Zielzuweisung übermittelte. Dieses System war auch für die VM geplant und hätte alle hier aufgeführten Probleme der Aufklärung und Zielzuweisung ohne den Einsatz von Fühlunghaltern effektiv gelöst. Bis zur Einführung dieses Systems hätte den KRT für den Gefechtseinsatz eine Gruppe mit Radar und speziell ausgebildeter Besatzung ausgerüsteter Hubschrauber zugeteilt werden müssen. Die MFK der VM wären nach entsprechender gemeinsamer Ausbildung mit den KRT ohne Probleme in der Lage gewesen, diese Aufgabe zu erfüllen.

4. Unsere Vorgesetzten forderten von uns vollkommen berechtigt ständig die unbedingte Einhaltung der Maßnahmen der Funkelektronischen Tarnung. Damit begründeten sie auch den geforderten Einsatz der SSR mit Fühlunghaltern. Das war allerdings sehr einseitig, da im Vordergrund immer die Erfüllung der Gefechtsaufgabe stand und diese beim Einsatz der SSR zuverlässig ohne die Abstrahlung von Hochfrequenz (HF), bzw. mit dem Einsatz von Fühlunghaltern zu erfüllen, war schlicht unmöglich. Bei einer effektiven Gefechtssicherstellung, Aufklärung, im Interesse der KRT betrug die Zeit für den maximalen Aufenthalt einer SSR in der Startstellung ungefähr 15 Minuten, davon 5 Minuten mit dem Einsatz der Radarstation. Das war minimal und wohl kaum ausreichend für eine aktive Bekämpfung durch den Gegner unter dem damaligen tech-

nischen Entwicklungsstand. Die Radarstationen unserer SSR waren keinesfalls die einzigen, die bei möglichen Kampfhandlungen an der Küste der DDR mit Abstrahlung von HF arbeiteten. Da waren noch die Luftverteidigung, die Schiffskräfte, die TBK, sämtliche KW- und UKW-Sender u.a. Aus dieser Vielzahl von abstrahlenden Objekten ausgerechnet die Frequenzen unserer SSR herauszufiltern, ihre Positionen zu ermitteln und diese Daten an Kampfeinheiten für eine effektive Bekämpfung in dieser äußerst minimalen zur Verfügung stehenden Zeit weiter zu geben, wäre damals einem Wunder gleich gekommen! Die Forderung nach unbedingter Funkstille galt eigentlich logischerweise nur bis zum Beginn der Kampfhandlungen, um die Positionen der Kampfeinheiten geheim zu halten. Danach mussten die Gefechtsaufgaben erfüllt werden und das war ohne Radar und Funk unmöglich! Richtig war dagegen die Methode, die auch in den KRT trainiert wurde: In der Startstellung einer KRA nur eine SSR mit Radarstation einzusetzen zur Ermittlung und Übermittlung der Zieldaten an die anderen drei SSR. Diese gaben die Daten in ihre Waffenleitanlage ein und waren damit klar zum Raketenstart mit der gleichen Präzision.

5. Die Raketen P-21/ 22, sowjetische Bezeichnung auch „Termit", des Küstenraketenkomplexes „Rubesh" stellten eine Weiterentwicklung der Rakete P-15 dar und dementsprechend waren ihre taktisch-technischen Parameter deutlich verbessert. Das betraf vor allem die Erhöhung der Reichweite auf das Doppelte, was verbunden war mit leicht vergrößerten Abmessungen und Gewicht. Eine Besonderheit stellten die bei der Lagerung und dem Transport um 90° nach unten abgeklappten Flügel dar, wodurch die Abmessungen des Startcontainers der Startrampe wesentlich geringer dimensioniert werden konnten. Nachdem die Rakete beim Start den Container verlassen hatte, wurden beide Tragflächen durch ein pyro-hydraulisches System automatisch in die waagerechte Lage gebracht. Des Weiteren war für die Rakete P-22 der Infrarot-Zielsuchkopf „Snegir" entwickelt worden. Für das KRR-18 existierte der Befehl für die Ausrüstung jeder Startbatterie mit 3 Raketen P-21 und 1 P-22. Ein weiterer Vorteil war die geringe Flughöhe von 25 m und die Möglichkeit des Überfliegens von Hindernissen sowohl beim Start als auch während des weiteren Fluges. Da die Rakete gegen bewegliche Seeziele eingesetzt wurde, erfolgte der Start mit einem Vorhaltewinkel. Dieser wurde durch die Waffenleitanlage so berechnet, dass sich das Ziel im Moment des Einschaltens des Zielsuchkopfes der Rakete ge-

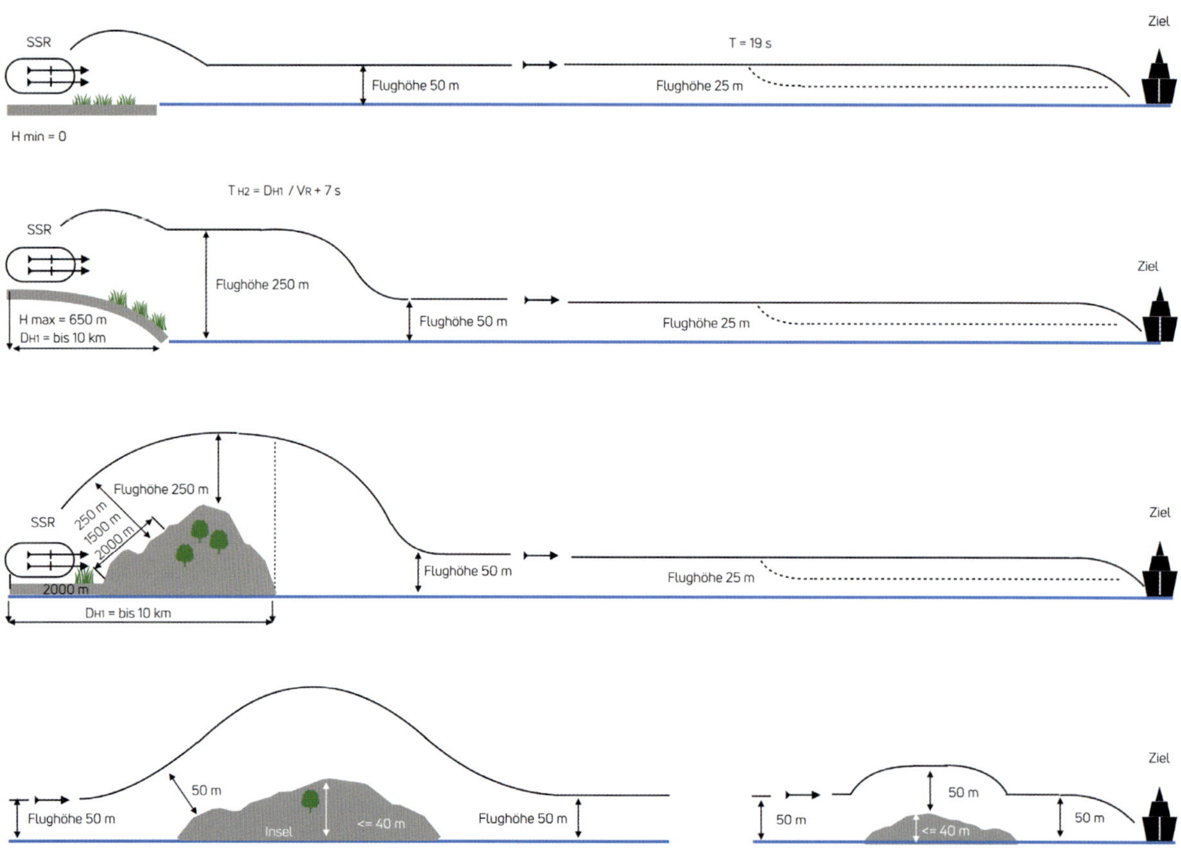

Die möglichen Flugbahnen der Raketen „P-21/22". (Quelle: Peter Prast nach DV 246/0/027)

nau auf ihrem Kurs befand. Den damaligen Seezielraketen der NATO war die Rakete „Termit" bezüglich ihrer taktisch-technischen Parameter deutlich überlegen. Das betraf vor allem die große Reichweite, das automatische Zielsuchsystem, die geringe Störanfälligkeit gegenüber aktiven Störungen und die immense Sprengkraft des Gefechtskopfes mit 360 kg Sprengstoff TGAG-5.

Auf dem folgenden **Schema** sehen wir die möglichen **Flugbahnen der Raketen P-21/ 22.** Bei ihrer Geschwindigkeit von 312 m/s benötigte die Rakete für die maximale Reichweite von 432 kbl (80 km) 256 Sekunden Flugzeit. Das ist dementsprechend auch die Zeit, die den Zielen für die Abwehr der Raketen zur Verfügung stand.
Die Flugbahn 1 ist die normale bei einer Startposition der SSR unweit der Uferlinie und einer Höhe knapp über Normalnull (NN), das ist die Höhe über dem mittleren Meeresspiegel. Die Rakete fliegt nach dem Start zunächst mit einer Flughöhe von 50 m und geht dann auf die eingestellte Höhe von 50 m oder 25 m.
Die Flugbahn 2 zeigt den Start von einer Position bis zu einer Höhe von 650 m über NN. Die Flughöhe der Rakete nach dem Start beträgt über Land zunächst 250 m, dann über dem Wasser 50 m und schließlich 50 m oder 25 m.
Die Flugbahn 3 zeigt den Start hinter Erhebungen an Land in einer Entfernung von der Uferlinie von maximal 10 km. Nach dem Passieren der Erhebung geht die Rakete auf die Flughöhe von 50 m und dann auf die eingestellten 50 m oder 25 m. Bei dieser Variante ist zu beachten, dass die schießende SSR auf die Übermittlung der Zielparameter von anderen SSR angewiesen ist, da sie mit ihrer eigenen Radarstation das Ziel nicht ausmachen kann.
Die Flugbahn 4 zeigt die Möglichkeit des Einsatzes der Raketen mit dem Überfliegen von Inseln und ähnlichen Hindernissen bis zu einer maximalen Höhe von 40 m. Auch hier benötigt die schießende SSR die Zieldaten von den anderen SSR. Dabei ist vor dem Ziel nur die Flughöhe 50 m möglich.

6. **Der Schutz der Einheiten des Küstenraketenregiments 18 auf dem Marsch, in den Stellungsräumen und im Objekt,** erfolgte in erster Linie durch eigene Kräfte des Regiments, wobei Verstärkungen angefordert werden konnten. Nicht geklärt war aber, woher diese kommen sollten. Für die Luftverteidigung der gesamten Küste der DDR waren die Fla-Raketenbrigade 43, Gefechtsstand in Rövershagen, und Jagdfliegerkräfte verantwortlich. Für die Verteidigung des Küstenstreifens, in den die Einheiten des Regiments entfalteten, wurden Truppenteile und Einheiten der Landstreitkräfte, der Volksmarine und der Territorialverteidigung eingesetzt. Das Zusammenwirken zwischen und mit diesen Kräften war nur theoretisch geklärt. Den **Schutz, nur Selbstverteidigung!**, der Einheiten des Regiments stellten sicher:
   - Für den Führungspunkt des Regimentskommandeurs der Sicherstellungszug und der Nachrichtenzug, ausgerüstet mit Handfeuerwaffen.
   - Für jede Küstenraketenabteilung ihr Sicherstellungszug, ausgerüstet mit Handfeuerwaffen, 1 Fasta-4 M Abschussvorrichtung für 4 Fla-Raketen auf Kfz LO-1800 und 1 (+1 im Soll 2)[19] Fla-Rakete Strela-2 M für den Nahbereich, der Nachrichtenzug und die Versorgungsgruppe mit Handfeuerwaffen.
   - Für das Objekt der Wachzug, Kompanie im Soll 2, ausgerüstet mit Handfeuerwaffen und 1 Flak- Batterie mit 6 ZU-23-Flak und Kfz LO-1800 im Soll 2.

Für den **Schutz** vor einem möglichen Angriff mit Massenvernichtungswaffen und von Diversanten auf dem Marsch sowie im Stellungsraum war jede Einheit selbst verantwortlich. Verstärkung konnte angefordert werden, unklar war jedoch, woher diese kommen sollte. Besonders gefährdet waren die **Startrampen** in den Wartestellungen und Startstellungen, da die Besatzungen außer dem Fahrer, der mit einer Maschinenpistole bewaffnet war, in der Gefechtskabine der Startrampe arbeiteten und damit „blind" waren für die Umgebung. Deshalb war für die Handlungen unserer Kampfeinheiten oberstes Gesetz: Ständig zügiger Stellungswechsel.
Auf dem Gebiet der Abwehr von Diversanten hatten wir einen Spezialisten, den Oberoffizier für Chemische Dienste, Korvettenkapitän Andreas Herfter, der als Kampfschwimmer gedient hatte, somit deren Einsatzprinzipien kannte und unseren Personalbestand in den Methoden der Abwehr und des Schutzes ausbildete. Zu beachten war, dass bei laufenden Motoren und Turbinen durch die starke Wärmeabstrahlung die Stellungen der Startrampen enttarnt wurden. Deshalb mussten die Laufzeiten dieser Technik minimiert werden. Das gleiche galt für den Einsatz der Radartechnik und Nachrichtenmittel, **Funkstille** bei der Entfaltung, auf dem Marsch und im Stellungsraum, beziehungsweise Abstrahlung nur auf Befehl minimal. Zur **Tarnung** der Einheiten in den Stellungsräumen wurden die entsprechenden Mittel sowie Scheinziele eingesetzt, wobei effektiv gehandelt werden musste, durch Scheinziele durften reale Ziele nicht enttarnt und keine Zeit, Kräfte und Mittel mit überflüssigen Aktionen verschwendet werden.

7. Bei der Entfaltung der einen **Küstenraketenabteilung, geplant war die 2. KRA, in den Stellungsraum Halbinsel Wittow** auf der Insel Rügen musste ein Nadelöhr, der Rü-

[19] Soll 1 ist die Ausstattung mit Technik und Ausrüstung sowie die Auffüllung mit Personal unter den Bedingungen der Ständigen Gefechtsbereitschaft (SG). Mit der Auslösung von Stufen der Mobilmachung zur Einnahme der Kriegsstruktur erfolgt die Ausrüstung und Auffüllung auf Soll 2.

Startrampen des KRR-18 in einer Startstellung klar zum Start der Raketen, Demonstration. (Quelle: Peter Gödde)

gendamm, passiert werden. Da nach Beginn der Kampfhandlungen mit dessen Zerstörung gerechnet wurde, war hier auf eine rechtzeitige Entfaltung zu achten. Außerdem befanden sich in diesem Stellungsraum der Gefechtsstand des Chefs der Schiffsstoßkräfte und diverse funktechnische Anlagen, die auf jeden Fall für den Gegner ein lohnendes Ziel darstellten. Deshalb war die Abteilung in diesem Raum stark gefährdet und zu zusätzlichen Manövern und Maßnahmen der Tarnung gezwungen. Das Problem der weiteren Verlegung in Richtung Westen sollte operativ gelöst werden und wäre, wenn überhaupt, wohl nur auf dem Seeweg möglich gewesen.

8. **Das Zusammenwirken mit den Nachbarn des KRR-18** organisierte grundsätzlich der Chef der Volksmarine über seinen Hauptgefechtsstand (HGS). Innerhalb der Vereinten Ostseeflotten (VOF) und der Volksmarine war das Zusammenwirken konkret und wurde entsprechend trainiert. Für die Kräfte der KRT der VM betraf das die Schiffsstoßkräfte, die Marinefliegerkräfte, die 6. Grenzbrigade Küste (6. GBK) und Sicherungskräfte. Das Zusammenwirken mit anderen Kräften, den Truppen der Landstreitkräfte und der Territorialverteidigung sowie den Kräften der Luftverteidigung, wurde dagegen bei Kommandostabsübungen, selbst mit darstellenden Kräften, nur „durchgespielt". Das heißt, dem Regimentskommandeur und den Abteilungskommandeuren waren die konkreten Nachbarn in den verschiedenen Stellungsräumen, ihre Lage, Handlungen und Trennungslinien, nicht bekannt!
9. Da bei offensiver Entwicklung der **weiteren Kampfhandlungen** die Entfaltung der Kräfte des Küstenraketenregiments 18 in **Richtung Westen** mit dem Einsatz gegen Ziele in der Kieler und Deutschen Bucht geplant war, wurde auch der Transport per Eisenbahn und Schiff vorbereitet. Bei den möglichen Marschrouten musste beim Passieren von Brücken beachtet werden: Unten eine minimale Höhe von 4,15 m und oben eine Tragfähigkeit von mindestens 42 t. Der Eisenbahntransport der SSR wäre wegen ihrer Höhe nur im demontierten Zustand (Basisfahrzeug, Gefechtskabine, Container) möglich gewesen. Außerdem war das Forcieren von Wasserhindernissen sorgfältig zu planen. Mit meinem Stellvertreter für Technik/Ausrüstung, Korvettenkapitän H.-J. Galda, und der Abteilung Org./Auffüllung des Stabes der Volksmarine beriet ich 1986 sogar über die Ausrüstung des Regiments mit dem Brückenlegepanzer „Biber". Das scheiterte an dem dafür erforderlichen zusätzlichen Personal und finanziellen Mitteln. Damit klar wird, welche Probleme bei den Verlegungen gelöst werden mussten, führen wir die dafür wichtigsten Parameter der Hauptbewaffnung zusammengefasst hier an.

Selbstfahrende Startrampe: Gewicht 40 t; Länge 14 m; Breite 3,2 m; Höhe 4,15 m; Wenderadius min. 13,5 m.

Dazu verfügte jede Abteilung über 4 Raketentransporter KRAZ-255 B beladen mit je 2 Raketen, die Pionier- und die Bergegruppen mit der entsprechenden schweren Technik, Panzerzugmaschine MT-LB und Pioniermaschine BAT-M und selbstverständlich die umfangreiche restliche Technik.

Eine Abteilung hatte eine Personalstärke von 100 Armeeangehörigen und Technik im Bestand von gesamt 4 Startrampen und 50 Kraftfahrzeugen, der Marsch bei der Entfaltung wurde im Bestand von 4 Kolonnen durchgeführt, siehe Entfaltung!
Im Vergleich dazu das Küstenraketenregiment 18: 600 Armeeangehörige, 12 Startrampen, über 200 Kraftfahrzeuge!

Gefechtsmöglichkeiten der Küstenraketentruppen im Vergleich
Um die **Gefechtsmöglichkeiten des Einsatzes der SSR der KRT** noch einmal anschaulich darzustellen, vergleichen wir die einer Startbatterie der KRT mit denen der Kleinen Raketenschiffe (RSK) Projekt 1241 RÄ der Schiffsstoßkräfte der VM und kommen dabei zu folgendem Ergebnis:

- Beide Einheiten verfügten über je 4 Raketen P-21/22, die Ausrüstung mit der gleichen Radarstation und Waffenleitanlage und handelten vollkommen autonom.
- Das RSK war zusätzlich für die Selbstverteidigung mit automatischer Artillerie vom Kaliber 76 mm und 30 mm sowie Fla-Raketen und Düppelwerfern ausgerüstet, damit war es ein Schiff mit außergewöhnlich starker Bewaffnung.
- Die Reichweite der Raketen war zwar für beide gleich aber nicht die ihrer Radarstationen, da dafür ihre Höhe entscheidend ist. Davon ausgehend erzielten die SSR ungefähr um 30% größere Auffassungsreichweiten gegenüber Seezielen und konnten den Gegner so auch auf größere Distanzen bekämpfen. Die Ursache dafür lag in der Auswahl höher gelegener Startstellungen, die zum Beispiel auf der Halbinsel Wittow

Eine Küstenraketenabt, eine Raketentransporteinrichtung KRAZ-255 B mit 2 Raketen, hier ohne Abdeckplane bei der Parade in Berlin. (Quelle: Peter Gödde)

der Insel Rügen bis zu 40 m über NN lagen. Dagegen betrug die Höhe der Radarstation des RSK immer 16 m über NN, die der SSR 7 m über dem Boden. Damit war das RSK wie die RS-Boote beim Einsatz gegen kleine und zum Teil mittlere Ziele auf die Sicherstellung durch Fühlunghalter angewiesen, die SSR aber nicht!

- Nach dem Start der 1. Raketensalve, dem Beladen und der erneuten Einnahme einer Startstellung waren die SSR bereits nach 60 Minuten in der Lage, die 2. Raketensalve zu starten. Diese Zeit war für ein RSK nicht realisierbar. Es musste sich nach dem Raketenstart vom Gegner lösen, in einen Hafen oder geeigneten dezentralen Übergabepunkt einlaufen, 4 Raketen übernehmen, auslaufen und eine neue Startposition einnehmen. Bei günstigster Lage erforderte das alles eine Zeit von mindestens 4 Stunden.
- Die SSR konnten an Land gedeckt entfalten und waren für ihre Ziele unangreifbar. Für ein RSK gab es auf See keine Deckung – es war ungeschützt wie auf einem Präsentierteller. Außerdem waren die 4 Raketen einer Startbatterie auf 2 SSR verteilt, die von unterschiedlichen Startstellungen aus handelten und bei Angriffen des Gegners, im Gegensatz zu dem RSK, kaum gleichzeitig vernichtet werden konnten. Folglich war die Überlebensfähigkeit einer Startbatterie bedeutend höher als die eines RSK.
- Die Kräfte und Mittel für die Sicherstellung der SSR befanden sich unmittelbar im Stellungsraum, das heißt, alles war kurzfristig verfügbar. Die Sicherstellung eines RSK war überaus umfangreicher und unkomplizierter, es wurde dafür immer ein geeigneter Anleger oder Stützpunkt benötigt. Ein schwimmender Versorger hätte diese Aufgaben nur zum Teil erfüllen können. Auch die Versorgung Ponton wurde trainiert.

Kleines Raketenschiff (RSK) Projekt 1241 RÄ beim Raketenstart. (Quelle: Holger Neidel)

- Der Personalbestand einer Startbatterie betrug 11 Armeeangehörige: 2 Offiziere, 2 Fähnriche, 4 Berufsunteroffiziere und 3 Matrosen im GWD. Die Besatzung eines RSK bestand dagegen aus insgesamt 38 Armeeangehörigen: 6 Offizieren, 6 Fähnrichen und Berufsunteroffizieren, 7 Unteroffizieren und 19 Matrosen auf Zeit, das waren 60 % mehr. Aus der Besatzung eines RSK hätte man demzufolge mindestens 2 Startbatterien mit Personal sicherstellen können.
- Als letztes zur Ökonomie: Ein RSK kostete 77, eine Startbat-

Start einer P-21 aus einer gedeckten Stellung unmittelbar von einem erhöhten Küstenstreifen. (Quelle: Holger Neidel)

terie 54 Mio. Mark der DDR, das sind 30 % weniger. Anstelle eines RSK hätten also 3 SSR angeschafft werden können mit einem höheren Kampfwert und bedeutend weniger Personal. Selbstverständlich waren auch die Kosten für den Einsatz, die Unterhaltung, Instandhaltung und Instandsetzung eines RSK bedeutend höher als die für eine Startbatterie der KRT.

Es ist schon erstaunlich, dass diese hier angeführten Tatsachen bei dem strengen Sparsamkeitsprinzip, das in der DDR herrschte, unsere Vorgesetzten anscheinend erst 1989 interessierten, als unbedingt die Finanzausgaben verringert werden mussten. Da wurde dann die Anzahl der als Ersatz für die RS-Boote des Projekts 205 geplanten neuen RSK Projekt 151, deren Kosten noch höher waren als die des RSK 1241 RÄ, um 8 gekürzt und stattdessen 4 SSR für die Aufstellung der von Anfang an geplanten 3. KRA bestellt.

In Bezug auf die **hohe Gefechtsbereitschaft**, die unser ganzes Leben dominierte, lässt unser heutiger Erkenntnisstand die Frage zu, ob diese außerordentliche psychische und physische Belastung, die unsere Führung von uns forderte, berechtigt war. Unsere Aufklärung war eine der besten in Europa, also war sie auch darüber informiert, dass, nach unserem heutigen Erkenntnisstand, unser direkter Gegner, die Bundeswehr, weder plante, noch bereit oder in der Lage war, uns überraschend zu überfallen! Und strategisch bestand ein Gleichgewicht der Kräfte, das atomare Patt!
Wurde dieser hohe Druck vielleicht bewusst erzeugt, um uns keine Zeit zu geben zum Nachdenken über andere Probleme wie Demokratie, „Perestroika“ und „Glasnost“, die Effektivität unseres Systems und unserer Führung sowie notwendige Reformen? Kritiken an diesen Zuständen oder auch nur Diskussionen darüber wurden von unseren Vorgesetzten nicht zugelassen. Da sie möglicherweise nicht gewillt waren, etwas zu verändern, war das für sie wohl überflüssig.
Umso mehr gebührt unsere höchste Anerkennung der hohen Moral und Leistungsbereitschaft aller Armeeangehörigen vor allem der Berufssoldaten und ihrer Familien, die ihr ganzes Leben diesem Beruf mit seinen außerordentlichen Belastungen und Entbehrungen widmeten!
Das hat uns während unserer gesamten Dienstzeit am meisten beeindruckt, obwohl wir es auch für uns als eine Selbstverständlichkeit ansahen!

Anmerkung des Buchherausgebers:
Beim Studium dieses Abschnitts können dem Leser Widersprüche bezüglich des Einsatzes der KRT mit Fühlunghaltern zu den bisherigen Ausführungen auffallen. Diese haben sich bei der befohlenen Umsetzung der nachfolgend angeführten Theorien in der täglichen Praxis des Einsatzes der KRT ergeben und sind oben ausführlich dargelegt. Die vergleichenden Betrachtungen der Gefechtsmöglichkeiten des Kapitäns zur See Lothar Schmidt zwischen den Küstenraketen- und den raketentragenden Überwasserkräften tragen zweifelsfrei subjektive Züge, auch deswegen, weil der Autor in beiden Waffengattungen der Volksmarine seinen Dienst erfüllt hat, letztendlich aber auch, weil er seine militärische Laufbahn bei den Küstenraketen vollenden konnte und in der Regel immer Letzteres favorisiert wird. Das ist nachvollziehbar, wird aber durch die Schnellbootsfahrer anders interpretiert. Eine ausgewogenere Bewertung, vor allem aufgaben- und lagebezogen, ist bei diesem Vergleich der Gefechtsmöglichkeiten sicherlich der bessere Ratgeber.

3.3.1. Die Nachrichtenverbindungen des KRR-18 als wesentliche Voraussetzung für erfolgreiches Zusammenwirken mit anderen Kräften der Volksmarine

Beitrag von Ralf Jähnig – Kapitänleutnant a.D.

Im Frühjahr 1983 wurde ich als junger Leutnant aus dem Nachrichtenregiment der Volksmarine (Standort Kühlungsborn) in das KRR-18 als Oberoffizier für Nachrichten versetzt. Meine Aufgabe: ein komplett neues Nachrichtensystem aufzubauen. Ich übernahm den Führungszug der damaligen KRA. Die Truppe war gut motiviert und hatte keine nennenswerten Probleme. Die Nachrichtengruppe hatte zu diesem Zeitpunkt noch die alte Generation Nachrichtentechnik, zum Beispiel den Funkgerätesatz R118 BM3, und war für die neuen Aufgaben nur wenig ausgebildet. Die Bedingungen für die technische Ausbildung waren unzureichend. Alle

Ausbildungsmaßnahmen mussten grundsätzlich an der Gefechtstechnik erfolgen. Dabei riskierte man auch erhebliche Ausfälle bei eventuellen Bedienfehlern.
Mit der Neuausrichtung entstanden dann drei Nachrichtenzüge: Jeweils einer für jede KRA und ein Nachrichtenzug für den Regimentsstab. Zuerst bauten wir eine neue stationäre Nachrichtenzentrale (Fernsprech-/Fernschreib-, Spezialnachrichten, Funk) unter dem neuerrichteten Gebäudekomplex der Küstenraketenabteilungen. Die unmittelbare Installation mit der Nachrichtentechnik erfolgte in Eigenleistung. Hier liefen alle stationären Nachrichtenverbindungen auf. Die Spezialnachrichtenstelle realisierte die gesicherten Drahtfernsprechverbindungen für den Kommandeur. Die gesamte operative Technik inklusive Betriebsunterlagen für die Schlüsselverbindungen im Gefechtseinsatz wurden dort vorbereitet. Diese Stelle war auch für die Herstellung der sogenannten Blendfunksprüche (Tarnung/Täuschung) für den Funkverkehr verantwortlich. Dieser Teil war streng abgesichert!
Von der Fernsprechzentrale aus konnten die Berufssoldaten mit Telefonverbindungen für ihre Wohnungen versorgt werden. Mit hoher Einsatzbereitschaft aller Angehörigen des Truppenteiles wurde am Bahngleis der Linie Stralsund-Rostock, entlang der B105, ein ca. 6 km langes unterirdisches Telefonkabel in das Wohngebiet nach Gelbensande verlegt. Dort wohnte die Mehrheit aller Berufssoldaten. Stabsobermeister Jedaschko und ich haben dann in stundenlanger Kleinarbeit das gesamte Wohngebiet über einen selbst gefertigten Telefonverteiler mit Telefon und Alarmleitungen verkabelt und versorgt. Dadurch konnte im Alarmfall der Großteil des Personalbestandes auf jeden Fall gedeckt und je nach Situation auch selektiv benachrichtigt werden. Außerdem waren dadurch die, in Gelbensande wohnenden Angehörigen, ans öffentliche Telefonnetz aufgeschaltet.

Kurz nach meiner Einsetzung fand eine Überprüfung des Truppenteils statt. Zu diesem Zeitpunkt hatte natürlich der Umbau in die neue Struktur noch gar nicht richtig begonnen. Diese Kontrolle traf alle Bereiche des Truppenteils frontal und deckte knallhart alle Schwächen auf. Dieser „Spiegel" zeigte auch mir, wo es klemmt und wo nun auch forciert rangegangen werden muss.

In vertrauensvoller Zusammenarbeit mit den Stabsobermeistern Jedaschko und Bohnenstengel haben wir dann eine richtig gute Nachrichtentruppe zusammengestellt. Es machte wirklich Freude, wie die Maate, Stabsmatrosen und Matrosen der Nachrichtentruppe mitzogen.
In der Zeit von 1984 bis 1987 war es nun meine Aufgabe ein zuverlässiges und hochflexibles Nachrichtensystem zu entwickeln. Die Schwierigkeit bestand darin, Nachrichtentechnik der Landstreitkräfte und der Marine in geeigneter Weise zu verbinden.

Die Funkstation R-140 auf Zil-131. (Quelle: Internet)

Der Führungspunkt des Kommandeurs einer KRA des KRR-18, die Funkstation R-142 auf dem Kfz GAZ-66. (Quelle: Internet)

Auf Grund der hohen Beweglichkeit der Startrampen musste auch das Nachrichtensystem schnell und sicher auf veränderte Lagen reagieren können. Eine besondere Aufgabe war die Stabilisierung der Funkverbindungen zum sogenannten Fühlunghalter auf See, in der Regel Torpedo- und Raketenschnellboote, um damit sicher und schnell zuverlässige Angaben über gegnerische Ziele zu erhalten. In der ersten Zeit eine heikle Angelegenheit, weil nur Kurzwellenfunkverbindungen mit sogenannten Sprechtafeln zur Verschleierung der übermittelten Informationen zur Verfügung standen. Gemeinsam mit der Arbeitsgruppe des Chef Nachrichten im Kommando der Volksmarine wurde die Nachrichtentechnik modernisiert.

Wir erhielten die Funkgerätesätze R140, R142, R1125 und damit verbunden war auch die zusätzliche Aufrüstung der neuesten Funk-

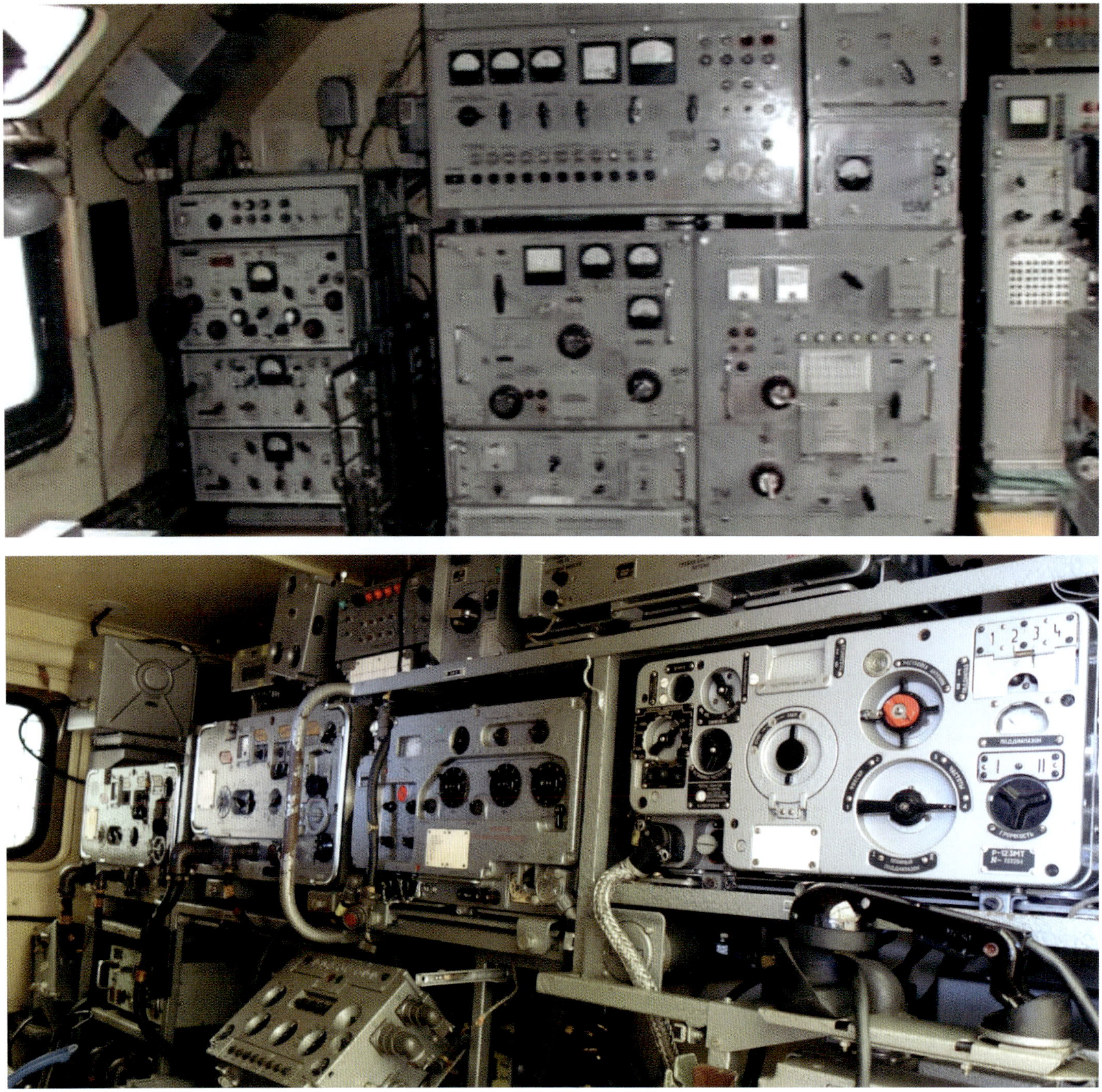

Innenansicht Funkstation R-140 und oben R-142 unten. (Quelle: Internet)

und Schlüsseltechnik in der Marine. Zusätzlich wurden noch die Geräte R 625/ T 612 in den Gerätesatz R142 eingebaut.

Denn die Hauptbetriebsart war zwischen den handelnden Einheiten der Sprechfunk. Damit hätten dann zusätzlich auch hochwertige verschlüsselte UKW-Funkverbindungen zu den Schiffsschlaggruppen/Fühlunghalter auf See hergestellt werden können.

Eine weitere Variante war die Sicherstellung über eine UKW Boden-Luftverbindung mit dem Marinehubschrauber des MHG-18 (R-809).

Unser Nachrichtensystem war damit sehr flexibel und variantenreich ausgelegt. In zwei Jahren hatten wir einen „nachrichtentechnischen Park“ aufgebaut, der sich sehen lassen konnte. Und immer

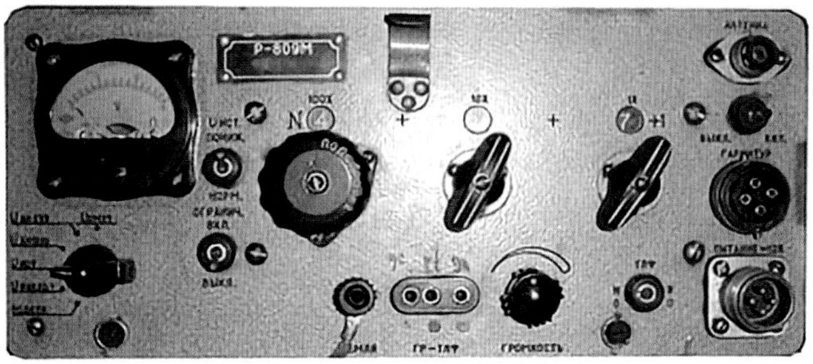

UKW-Funksende- und Empfangsgerät R-809M. (Quelle: Ulrich Braumann)

mit dem, durch uns ausgebildeten, Bedienerpersonal. In dem unten aufgeführten Kasten habe ich die wichtigsten taktisch-technischen Daten kurz zusammengefaßt, damit eine Vorstellung aufgebaut wird, welche Gefechtsmöglichkeiten damit nun sichergestellt werden konnten.

- *R-140 - KW (Kurzwelle). Gerätesatz mittlere Leistung. Die Reichweite je nach Antennenaufbau betrug bis zu 2.500-3.000 km. Mit anderen Worten: Das KRR-18 hätte vom Stab der Baltischen Flotte in Kaliningrad geführt werden können. Betriebsarten waren z.B. Tast- und Sprechfunk sowie Fernschreiben.*
- *Zusätzlich stand auch das im Gerätesatz vorhandene Funkgerät R-105 (UKW kleiner Reichweite) und das Richtfunkgerät R-405 zur Verfügung und wurde zum Beispiel zur direkten oder zur ferngesteuerten Bedienung von anderen Gerätesätzen eingesetzt. Der Einsatz erfolgte zum GS der VM, zu den jeweiligen KRA und zu anderen GS der Marine. R-142 - wurde vor allem im Bereich der FP KRR/ KRA und KRA/SSR/ RTB (GS R-1125)/ SSG/TBK/Lufteinsatzmittel eingesetzt. Die R-142 besaß robuste Funkmittel und dadurch hatte er viele und exzellente Möglichkeiten des Einsatzes, je nach Frequenz, Einsatzverwendung, Reichweite und Antenneneinsatz:*
  - *R-130 (KW) - bis ca. 300 km Reichweite.*
  - *R-111(UKW) - bis ca. 60 km (wurde versuchsweise auf TSB erfolgreich erprobt, dann aber erfolgte Aufrüstung der R-625 im KRR-18).*
  - *R-123 (UkW) bis ca. 20 km, dieses Gerät war auch in der SSR verbaut.*
  - *T-219 „Jachta"-Sprachverschlüsselungsgerät (VVS-Inhalt möglich, war auch in der SSR eingebaut).*
  - *vorrangig UKW/KW, aber auch über Draht bzw. Richtfunk einsetzbar.*
  - *R-809 (UKW-Luft)-Boden-Luftgerät für Einsätze mit Hubschrauber/Marine. Diese Nachrichtenverbindungen wurde schon 1987 erfolgreich getestet und in mehreren Einsätzen zur Übermittlung von Fühlunghalterangaben für die KRT und Schnellboote genutzt.*
  - *R-625(UKW Marine) - für den Einsatz mit Überwasserkräften (TSB/RSB/SSG) Versuch 1988/89 erfolgreich, aber es kam nicht mehr zum Dauereinsatz.*
  - *T-612 (Marine) - Sprachverschlüsselungsgerät (GVS-Inhalt möglich, Versuch 1988/89 erfolgreich, aber es kam nicht mehr zum Dauereinsatz).*
  - *Diese Gerätesätze waren alle mit einer eigenen Stromversorgung (Dieselaggregate) ausgerüstet.*
  - *Des Weiteren konnten alle Gerätesätze u.a. über mobil verlegte Drahtverbindungen fernbedient und damit der tatsächliche Standort der Führungspunkte verschleiert werden.*

Im Bereich der mobilen Drahtnachrichtenverbindungen hatten wir die sogenannten KNBT (Kommandeurs-Nachrichten-Betriebstrupp) eingeführt. Das war Drahtnachrichtentechnik aus der DDR, als Koffer aufgebaut auf dem Fahrgestell eines W-50/LA/A. Dem Stab stand auch ein SAS – Fernsprechtrupp P240TM (Spezialnachrichten- und Schlüsselverbindungen) für den Feldeinsatz zur Verfügung. Die Startrampen waren mit Verschlüsselungsgeräten T-219 für den Funkverkehr mit dem Panzerfunkgerät R-123 M ausgerüstet.

Bei der zusätzlichen Ausrüstung mit Technik auf den Gerätesätzen R-142 wurde ich vom Stabsobermeister Peter Hofmann tatkräftig unterstützt. Kapitänleutnant Lutz Mornhinweg war für knapp ein Jahr der Oberoffizier Nachrichten (1985), bevor ich diesen Dienstposten übernahm. Lutz und ich verstanden uns ausgezeichnet. Seine Erfahrung im Umgang mit Menschen hatte mich selbst auch wieder ein Stück weiter gebracht! Als ich dann als Oberoffizier Nachrichten eingesetzt war, habe ich weiter mit ihm zusammengearbeitet. Lutz war dann als Offizier für Funkmeß- und Nachrichtentechnik im Bereich Raketenbewaffnung tätig. Trotzdem war die Personaldecke leider immer recht angespannt in meinem Fachbereich. So mussten wir uns immer wieder selbst behelfen und die vorhandenen Kräfte effektiv bündeln und einsetzen.

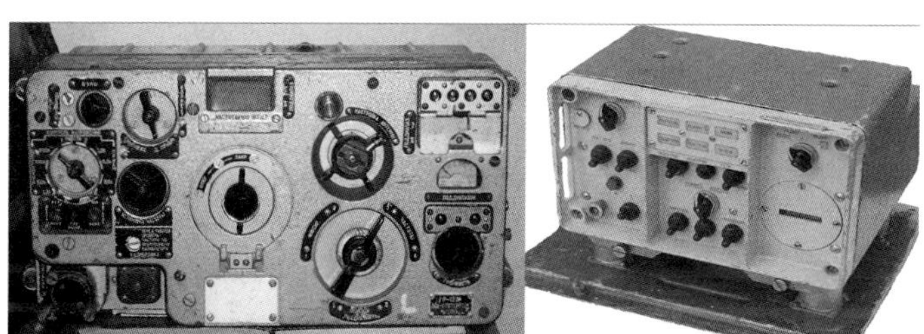

UKW-Funkgerät der SSR „R-123M" und Gerät „T-219" (SAS) zum Verschlüsseln der Sprüche (Quelle: Internet)

Die Funkstation „R-140" auf dem Kfz „ZIL-131" beim Marsch im Gelände. (Quelle: Internet)

Durch eine hohe Einsatzbereitschaft der gesamten Nachrichtentruppe im Regiment gelang es uns durch Eigenleistung ein vernünftiges Ausbildungskabinett zu schaffen. Damit konnten wichtige Elemente der fernmeldetechnischen Ausbildung auch ohne Nutzung der Gefechtstechnik erfolgen.

Die Belastung der Nachrichtentruppe im Einsatz war extrem hoch! Unter allen Witterungsbedingungen mussten die Nachrichtenverbindungen zuverlässig arbeiten. Das waren keine Sandkastenspiele, sondern hier musste alles auf den Punkt in Echtzeit vorhanden sein. Alle beteiligten Nachrichtenzüge (Stab/KRA) mussten zum befohlenen Termin die Betriebsbereitschaft auf große Entfernungen und unterschiedlichen Bedingungen gewährleisten und zuverlässig die Nachrichtenverbindungen herstellen. Die Kommandeure konnten sich voll auf uns verlassen und ihre Aufgaben erfüllen. Eigentlich hatten wir immer noch **einen** heißen Draht mehr in Reserve, wenn es wirklich einmal ein Engpass geben sollte. Am härtesten traf es uns bei Schnee, Eis oder starken Windverhältnissen, wenn die Kabeltrupps teilweise kilometerweit zu Fuß im Gelände die Drahtverbindungen über die Abholpunkte, zum Beispiel bei der Deutschen Post oder bei den verschiedenen TBK verlegten und aus Tarngründen eingraben mussten. Auch der Aufbau der umfangreichen Antennenanlagen im Gelände unter Zeitdruck war kein Vergnügen. Manchmal war gerade alles fertig und plötzlich kam der Befehl in einen anderen Stellungsraum zu wechseln.
Die Zusammenarbeit mit meinem Stabschef, Wolfgang Schädlich wie auch später mit Ralf Brennecke und den Stabschefs der KRA, war ausgezeichnet und kameradschaftlich. Kritische Momente wurden sachlich besprochen. Auch die Kommandeure der SSR hatten den hohen Stellenwert stabiler Nachrichtenverbindungen schnell erkannt. Dabei spielte auch die Sicherheit der Verschlüsselung der Funksprüche eine große Rolle. Die übermittelten Koordinaten blieben bis zum Raketeneinsatz verborgen und die Effektivität war damit sehr hoch. Auf den stark frequentierten Funkverbindungen mit höherer Sendeleistung wurden die Rufzeichen täglich gewechselt. Die Übungen fanden natürlich auf Trainingsfrequenzen statt und der Wechsel erfolgte bei Notwendigkeit.
Zur Erhaltung der Funkgefechtsbereitschaft wurden alle Elemente regelmäßig mit einem Funktrupp trainiert. Die pünktliche Verbindungsaufnahme mit anderen Truppenteilen zum Beispiel mit dem Marinehubschraubergeschwader war ein festgelegter Bewertungsfaktor. Die Entfaltung von Elementen der Nachrichtenzentrale nach festgelegten Normen gehörte regelmäßig zur Ausbildung. Diese Art war natürlich nicht gerade das Lieblingsprogramm der Truppe.

Einige Sorgen bereitete mir die Organisation der Nachrichtenverbindungen auf dem Hauptgefechtsstand des Chefs der Volksmarine. Meine eigene Truppe und Technik standen mir hier nicht zur Verfügung. Ich war auf fremdes Betriebspersonal angewiesen, das sich wirklich sehr bemüht hat, aber die Besonderheiten des KRR nicht so ausgeprägt kannte. Die Anzahl der Verbindungsmöglichkeiten zu den dislozierten KRA war zu Beginn eingeschränkt. Erst später kam die zusätzliche Nachrüstung unserer spezifischen Funktechnik. Notwendige Hilfe und Anleitung konnte ich hier nur eingeschränkt an die Truppe weitergeben. Ich fühlte mich unter Feldbedingungen einfach besser.

1987 fand eine Übung unter Bedingungen des sogenannten funkelektronischen Kampfes statt. Eine Funkstöreinheit der Marine hatte die Aufgabe unsere Funkverbindungen erheblich zu beeinträchtigen. Das führte innerhalb kürzester Zeit zum Totalausfall aller KW-Funkverbindungen. Damit entstand sofort eine sehr reale und komplizierte Situation. Nur durch ein technisches Manöver in einem sehr schmalen noch verfügbaren Frequenzbereich konnten die Verbindungen dann wieder neu organisiert werden.

3.3.2. Einsatz der Küstenraketentruppen im Zusammenwirken

Beitrag von Dr. Harald Genzow, Kapitän zur See a.D.

In diesem Beitrag wird insbesondere auf den taktischen Einsatz des Küstenraketenkomplexes „Rubesh" eingegangen, da dieser Komplex den letzten Stand der Technik in den Küstenraketentruppen (KRT) der Volksmarine dokumentierte und bis zu ihrer Auflösung im Bestand war. Die hervorragenden Taktisch-technischen Eigenschaften (TTE) dieser Raketenbewaffnung bildeten die Grundlage für die in der Gefechtsvorschrift der Küstenraketentruppen festgelegten Einsatzprinzipien. Die wichtigsten dieser TTE waren:

- Eine hohe Mobilität, die es ermöglichte, in kürzester Zeit günstige Startpositionen entlang der Küste einzunehmen und in wenigen Minuten von der Marsch- in die Gefechtsbereitschaft überzugehen.

- Die Fähigkeit sowohl zum selbstständigen Einsatz der KRT unter Nutzung der eigenen Beobachtungsmittel als auch zum gemeinsamen Einsatz mit anderen Stoßkräften.
- Die große Reichweite der Raketen, die es ermöglichte, Seeziele in der gesamten Operationszone der VM von Land aus zu bekämpfen.
- Die Möglichkeit zur Auswahl der Startposition hinter Dünen und anderen Erhebungen bis zu 10 km landeinwärts, die das Aufklären und Bekämpfen der Startrampen von See aus für den „Gegner“ nahezu unmöglich machte.
- Die Einsatzmöglichkeit der Raketen gegen Seeziele aller Art in Einzelstarts sowie in Salven.
- Eine hohe Treff- und Vernichtungswahrscheinlichkeit der Raketen, bedingt durch aktive und passive Zielsuchlenkanlagen im zielnahen Flugabschnitt, geringe Marschflughöhen in der autonomen Flugphase und große Zerstörungskraft der Gefechtsköpfe.
- Die Möglichkeit zur gleichzeitigen Bekämpfung mehrerer Ziele in einer Gruppe durch genaue Zielzuweisungen an die einzelnen Startbatterien. Ausgehend von diesen TTE konnten folgende Einsatzprinzipien formuliert werden:

A. Der massierte Raketeneinsatz zur Erzielung eines größtmöglichen Bekämpfungsgrades des Zieles.
B. Das Nutzen des Überraschungsmomentes.
C. Die Vernichtung des Zieles in kürzester Zeit.
D. Die Gewährleistung des ökonomischen Einsatzes der Raketen.

Der Gefechtseinsatz der KRT erfolgte überwiegend in drei Etappen:

- Die taktische Entfaltung der Startbatterien in die Wartestellungen, die sich unweit der geplanten Startstellungen in Geländeabschnitten mit guten Tarnmöglichkeiten befanden.
- Die Einnahme der Startstellungen durch die Startbatterien, die Herstellung der Startbereitschaft der Startrampen und Raketen sowie die Bestimmung der Schussparameter: Peilung und Distanz zum Ziel, Bewegungselemente des Zieles und meteorologische Daten.
- Der Raketenstart, der Marsch zu den Beladepunkten und anschließend in neue Wartestellungen.

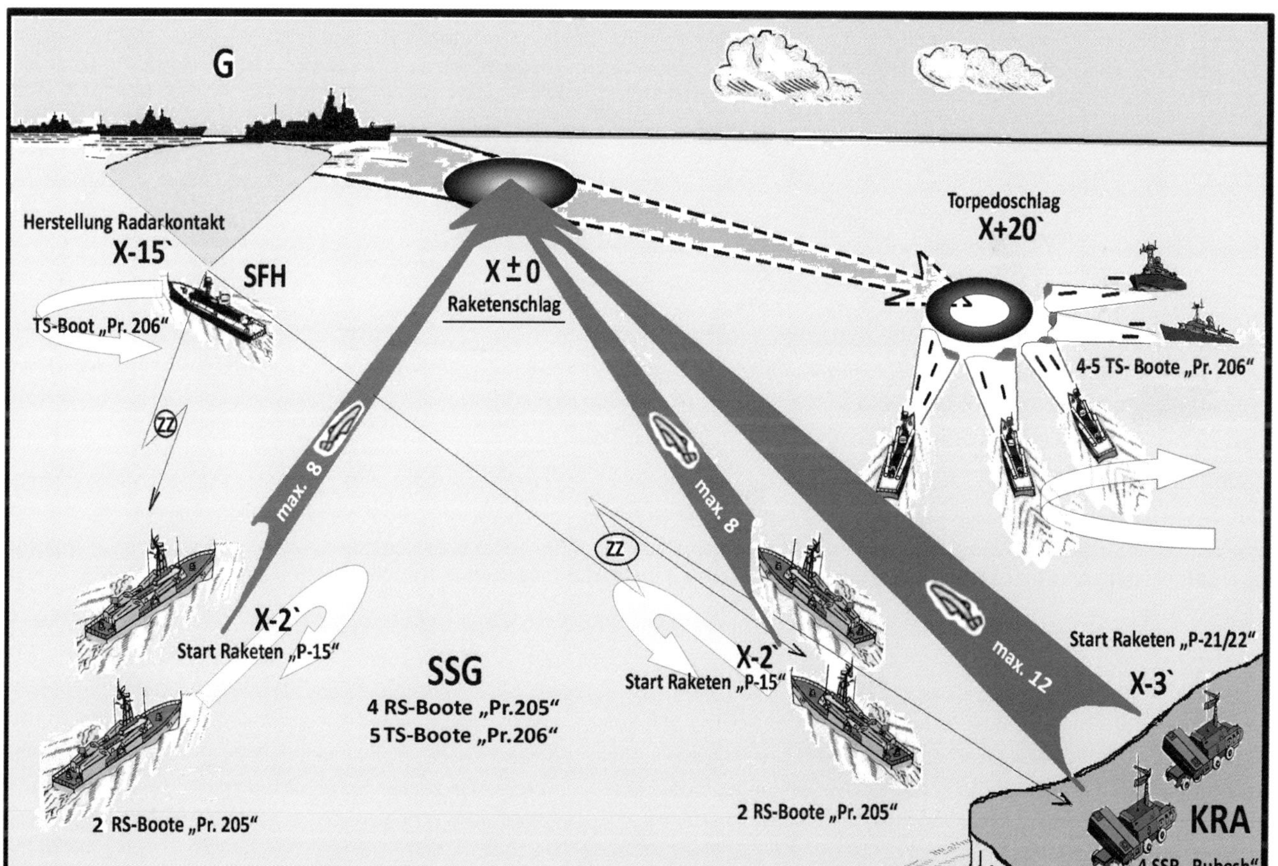

Abb. Organisation gemeinsamer Schläge durch Schiffsschlaggruppen und Küstenraketentruppen nach Angaben eines Schiffsfühlunghalters

Gemeinsame Handlungen der KRT und Schiffsstoßkräfte der VM. (Quelle: Wolfgang Schädlich)

In Abhängigkeit von der Zusammensetzung und dem Abwehrpotential des zu bekämpfenden Zieles sowie der zur Verfügung stehenden Zeit handelten die KRT selbständig oder im Zusammenwirken mit anderen Stoßkräften der Volksmarine.

Selbständige Einsätze einer Küstenraketenabteilung (KRA) waren zur Bekämpfung von Seezielen mit geringen Abwehrmöglichkeiten vorgesehen, z.B. Handelsschiffe, einzelne kleine oder mittlere Kriegsschiffe, oder, wenn aus Zeitgründen keine gemeinsamen Schläge mit anderen Stoßkräften organisiert werden konnten. Dabei erfolgte die taktische Entfaltung auf der Grundlage der Angaben der operativen Aufklärung. Nach der Einnahme der Startstellung durch mindestens eine Startrampe führte diese die Zielsuche mit der eigenen Radarstation „Garpun" durch, ermittelte die Schussparameter und übermittelte diese an die anderen Startrampen, die nach dem Ausmachen des Zieles sofort ihre Startstellungen bezogen und die Gefechtsbereitschaftsstufe 1 herstellten. Die Startstellungen der Batterien konnten mehrere Kilometer auseinanderliegen. Die Zielverteilung und die Schlagzeit, der Zeitpunkt des Eintreffens der Raketen am Ziel, wurden durch den Kommandeur der KRA befohlen. Bei sehr schwacher Raketenabwehr des Zieles waren aufeinanderfolgende Einzelstarts vorgesehen, die es ermöglichten, das Resultat des vorangegangenen Raketenschlages zu berücksichtigen.

Zur Bekämpfung starker Kampfschiffsgruppen oder Geleitzüge des Gegners war der **gemeinsame Einsatz** der KRT mit anderen Stoßkräften der Volksmarine, z.B. Schiffsschlaggruppen (SSG) im Bestand von Raketen- und Torpedoschnellbooten (RS-Boote und TS-Boote), Jagdbombenflugzeugen und Kampfhubschraubern der Marinefliegerkräfte vorgesehen.

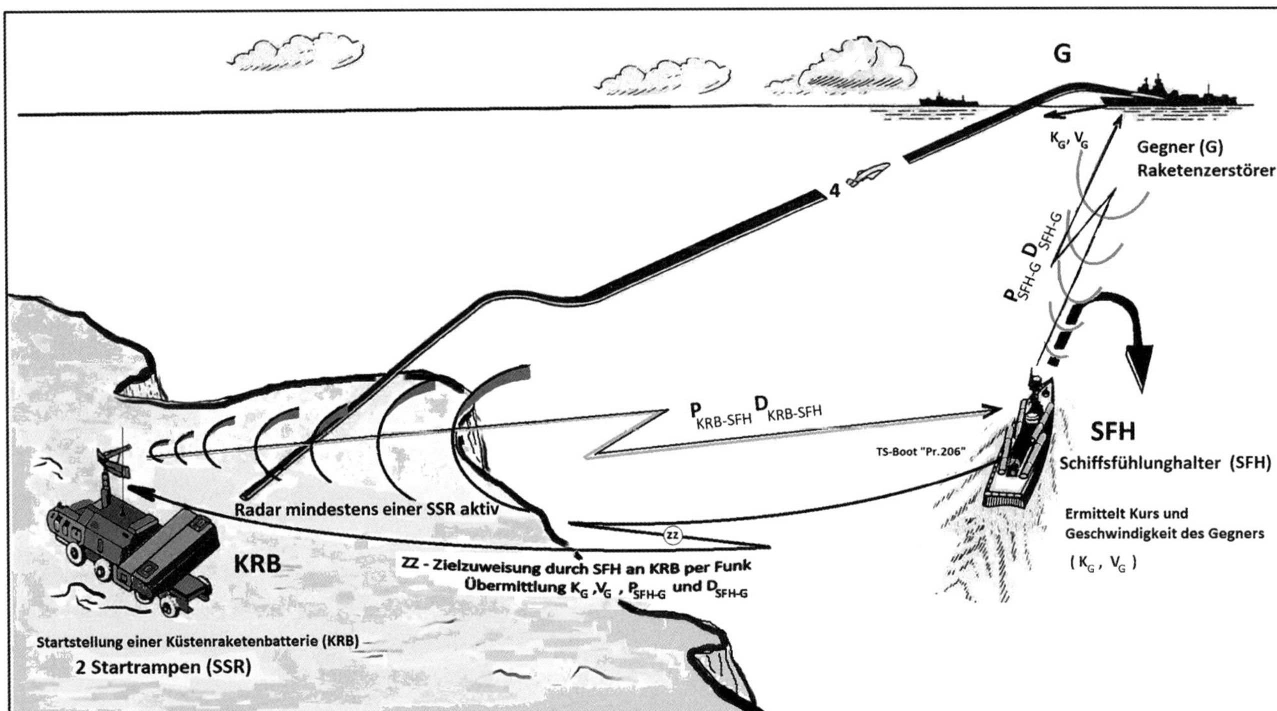

Gefechtseinsatz einer Küstenraketenbatterie mit einem Schiffsfühlungshalter. (Quelle: Wolfgang Schädlich)

Insbesondere das Zusammenwirken mit den Schiffsschlaggruppen bei der Durchführung gemeinsamer, gleichzeitiger oder aufeinanderfolgender Schläge steigerte die Effektivität des Einsatzes aller beteiligten Kräfte erheblich und war fester Bestandteil der taktischen Ausbildung beider Waffengattungen. Dabei erwies es sich als vorteilhaft, dass führende Offiziere des KRR-18 zuvor in der 6. Flottille der Volksmarine ihren Dienst versehen hatten und daher mit der Taktik der Schiffsschlaggruppen vertraut waren.

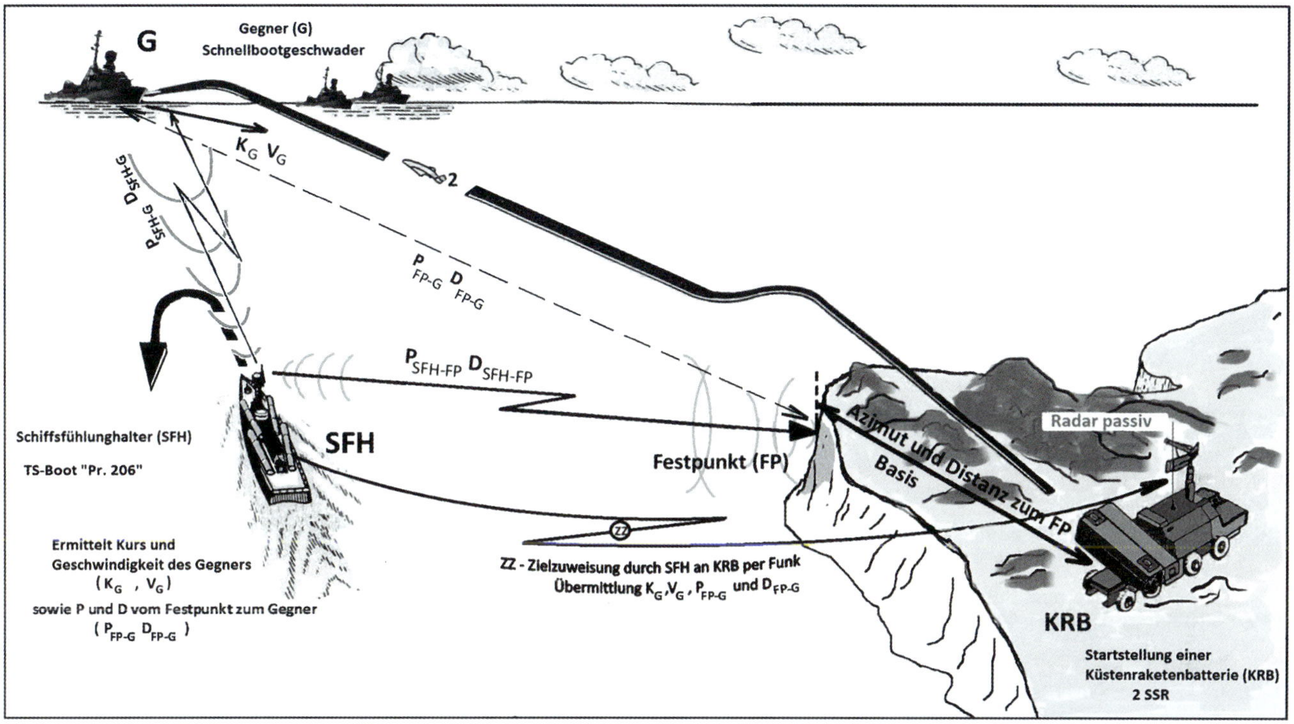

Gefechtseinsatz einer Küstenraketenbatterie ohne Radarabstrahlung mit Schiffsfühlunghalter. (Quelle: Wolfgang Schädlich)

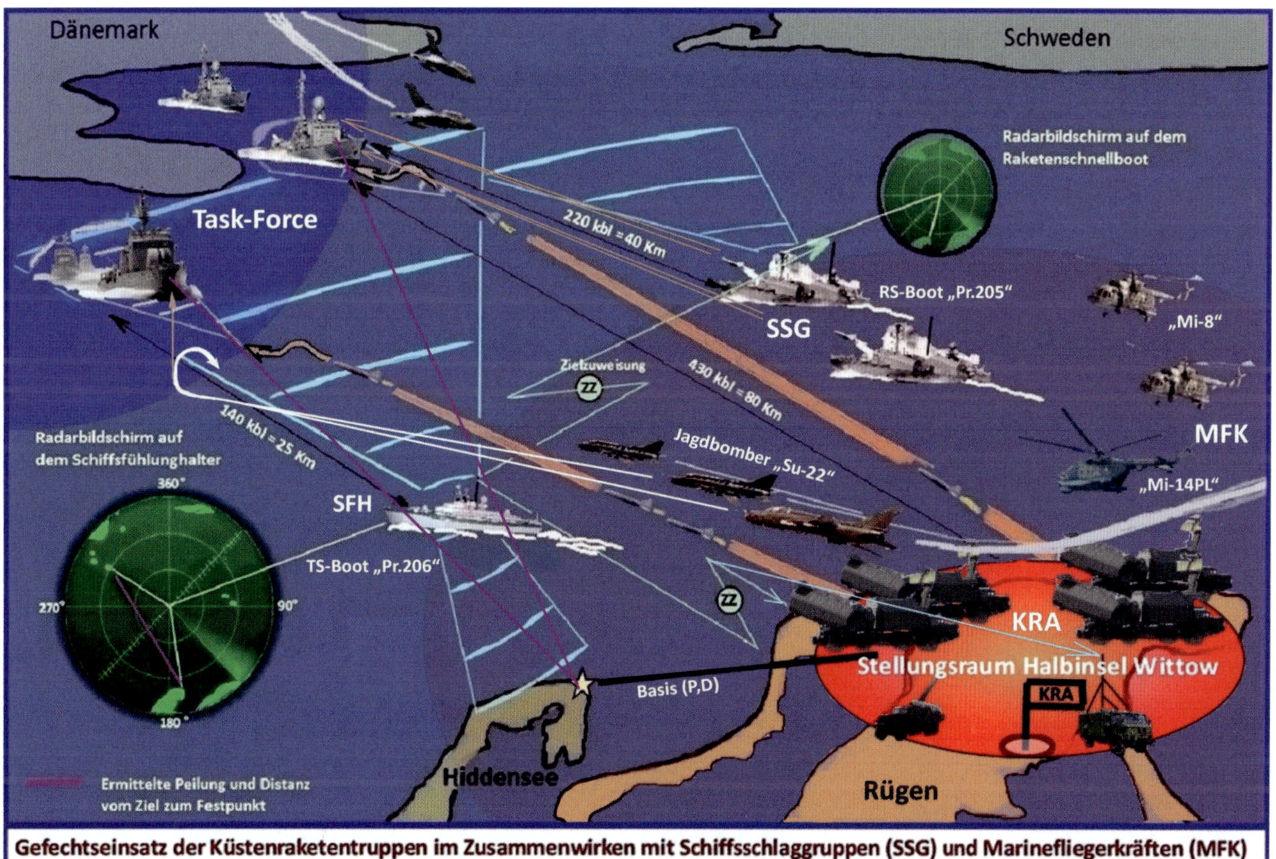

Gefechtseinsatz der KRT im Zusammenwirken mit SSG und MFK. (Quelle: Wolfgang Schädlich)

Beim gemeinsamen Einsatz der KRT und der Schiffsstoßkräfte wurde wie folgt gehandelt:

I. Das Entfalten der KRA und der SSG in die jeweils zweckmäßigen Ausgangspositionen.
II. Das gemeinsame Nutzen der Ergebnisse der taktischen Aufklärung und die Übermittlung der Zielparameter an die zusammenwirkenden Kräfte.
III. Die Organisation des gleichzeitigen Eintreffens der Raketen der KRT und der RS-Boote am Ziel oder von aufeinanderfolgenden Schlägen in zweckmäßiger Reihenfolge mit minimalem Zeitintervall.
IV. Das Nutzen der Minimierung der Abwehrmöglichkeiten des Gegners im Ergebnis des Raketenschlages für den Einsatz der TS-Boote zur Ausweitung des Erfolges und zur Nachaufklärung.

Auch für den Einsatz der RS-Boote konnten bei Notwendigkeit durch die vorangehende Vernichtung der mit Seezielraketen bewaffneten Kampfschiffe des Gegners durch die KRT günstige Bedingungen geschaffen werden. Das taktische Zusammenwirken einer KRA und einer SSG wurde überwiegend durch den Chef der SSG organisiert.

Ein wesentlicher Vorteil des taktischen Zusammenwirkens der KRT mit den Schiffsstoßkräften ergab sich durch den Einsatz von RS-Booten und TS-Booten als Fühlunghalter. Das sind vorgezogene Beobachter, die das Ziel begleiten und seinen Standort sowie die Bewegungselemente, Kurs und Geschwindigkeit, laufend übermitteln. Dadurch war es möglich, die maximale Reichweite der Raketen auszuschöpfen bzw. die aktive Radarabstrahlung durch die Startrampen zu vermeiden.

Die Methoden des Einsatzes der Fühlunghalter glichen denen, die beim Einsatz einer SSG genutzt wurden. Hatte die Startbatterie (KRB) Radarkontakt zum Fühlunghalter, wurden die vom Fühlunghalter übermittelten Zielparameter, Peilung, Distanz vom Fühlunghalter zum Ziel, Kurs und Geschwindigkeit des Zieles, zusammen mit den eigenen Messwerten in die Waffenleitanlagen der Startrampen eingegeben und daraus die Schussparameter errechnet, ohne selbst direkten Radarkontakt zum Ziel zu haben, siehe Abbildung.

Jagdbomber „Su 22M4" des Marinefliegergeschwaders 28 im Einsatz. (Quelle: Hannes Mallwitz)

Befand sich die Startposition der KRB an einem vom Fühlunghalter gut zu beobachtenden markanten Küstenvorsprung, konnten von diesem durch die grafische Auswertung des Zieldreiecks die für die KRB erforderlichen Schussparameter bestimmt und übermittelt werden. In diesem Fall war die aktive Abstrahlung durch die Radaranlage der KRB nicht erforderlich, wodurch dem „Gegner" die Aufklärung wesentlich erschwert wurde, siehe Abbildung.

Der gemeinsame Einsatz der KRT mit Marinefliegerkräften (MFK) sah in erster Linie die Organisation aufeinanderfolgender Schläge vor, wobei die KRT zuerst die Luftabwehr der Zielgruppe durch einen Raketenschlag herabsetzten oder ausschalteten. Wenige Minuten später griffen dann die Jagdbombenflugzeuge oder Kampfhubschrauber die verbliebenen Ziele der Gruppe mit ungelenkten Raketen, Bordwaffen oder Bomben an.

Ähnlich wie beim Zusammenwirken mit Schiffsstoßkräften führten die Fliegerkräfte die Nachaufklärung durch. Das Zusammenwirken der Kräfte bei diesem gemeinsamen Einsatz organisierte der Chef der Flotte.

Ein wesentlicher Bestandteil des Gefechtseinsatzes der KRT war die Organisation der taktischen Sicherstellung. Sie beinhaltete sowohl die taktische Aufklärung, auf die bereits eingegangen wurde, als auch die Luftabwehr, die taktische Tarnung und den Funkelektronischen Kampf. Hierfür standen den KRT tragbare Fliegerabwehrraketen, aktive und passive Radaranlagen, gedeckte Nachrichtenmittel, Tarnnetze u.a. Mittel zur Verfügung. Die taktische Sicherstellung wurde durch den Kommandeur des KRR-18 und die Kommandeure der KRA organisiert.

Abschließend schätze ich ein, dass die großen taktischen Möglichkeiten und das gut ausgebildete Personal der KRT die operativen und Gefechtsmöglichkeiten der Stoßkräfte der Volksmarine wesentlich positiv beeinflussten. Die KRT gehörten zu den modernsten und kampfstärksten Kräften der Volksmarine wie auch der anderen Flotten des Warschauer Vertrages.

3.3.3. Zeitgenössischer Einsatzbericht über das taktische Zusammenwirken – von der Küste aus berichtet – Das letzte Gefecht

Beitrag der FK a.D. W. Domigalle und P. Gödde

Sommer 1989. Das Küstenraketenregiment der Volksmarine bereitet sich auf den nächsten Ausbildungshöhepunkt vor. Dazu gehörte die Geschwaderfahrt der Verbündeten Ostseeflotten, die unter dem Kommando von Vizeadmiral Born stand und vom 31. Mai bis zum 20. Juni 1990 in der Ostsee stattfand. Es war die letzte gemeinsame Aktivität aller drei Flotten. Von der Volksmarine nahmen das Küstenschutzschiff *„Halle"*, der Versorger *„Mönchgut"* und der Tanker *„Usedom"* teil. Die Baltische Flotte schickte die UAW-Schiffe *„Bodry"* und *„Slawa"* sowie den Tanker *„Lena"*. Von der Polnischen Seekriegsflotte kam der Raketenzerstörer *„Warszawa"*.

Welche Aufgaben diesem Verband vom Chef der Volksmarine gestellt wurden, war mir unbekannt. Die Aktivitäten unseres Regiments beschränkten sich auf einen kleinen Zeitraum. Mit anderen Worten: der Schiffsverband erfüllte die ihm gestellten Aufgaben in eigener Zuständigkeit und zu einem festgelegten Zeitpunkt wurde er ein Zielobjekt, an dem die Stoßkräfte der Volksmarine ihre Fähigkeiten im Zusammenwirken beweisen sollten. Zu den Stoßkräften gehörten eine SSG (Schiffsschlaggruppen) der 6. Flottille und die zugeteilten Schiffseinheiten der 24. Brigade aus Świnoujście (Swinemünde), die Küstenraketentruppen aus Schwarzenpfost und die Marinejagdbomberkräfte des MFG-28 aus Laage. Dieses Zusammenwirken fand als abschließender Höhepunkt am 19. Juni 1990 in der südlichen Ostsee statt.

Die 1. KRA hatte vor Kurzem ihre Abteilungsgefechtsübung mit Bravour bestanden. Die Geschwaderfahrt war ein Ausbildungshöhepunkt auch für diese Einheit. Meinen Entschluss zur Durchführung dieser Übung meldete ich dem Kapitän zur See Murzynowski (Chef der 6. Flottille), dem ich für die Erfüllung dieser Aufgabe unterstellt wurde, eine Küstenraketenabteilung auf die Insel Rügen dezentral zu entfalten. Die 1. KRA verlegte auf den Südbug und hielt sich dort bereit, Aufgaben des Regiments bei der Bekämpfung von Überwasserkräften (in diesem Fall war das Geschwader die darstellenden Kräfte) zu erfüllen. Die 1. KRA konnte also eine Woche lang Ausbildung auf diesem idealen Übungsplatz absolvieren. Natürlich sollte auch die 2. KRA, die Seniorengarde – weil nur aus wenigen, aber langgedienten und versierten Berufssoldaten bestehend – an diesem Ereignis teilhaben. Die Ausbildung der Berufssoldatenabteilung unter Führung von Fregattenkapitän Schwarz konnte so fortgesetzt werden. Wir verlegten eine Startrampe mit einigen Führungsfahrzeugen in das leergeräumte Objekt nach Wustrow. Die Idee meines Stellvertreters für Ausbildung, Fregattenkapitän Bernd Roesner, die 2. KRA als Kontrolleur einzusetzen, griff ich auf und die 2. KRA im „professionellen Restbestand" verwirklichte diese Idee. So, erfuhren wir schon mal, welche Gefechtsergebnisse wir, die Küstenraketentruppen, und natürlich auch unsere Nachbarn im Zusammenwirken mit den anderen Stoßkräften erzielt hatten.

Das war ziemlich ungewöhnlich und wohl auch einmalig, als Schiedsrichter für die im Zusammenwirken handelnden Kräfte inoffiziell aufzutreten. Solche Extras gab es in der Vergangenheit nicht. Die vielen Schiedsrichter und Kontrolleure, die bei solchen Übungen in der Vergangenheit anwesend waren, hätten das unterbunden. Dennoch war es im gegebenen Moment ein eindeutiger Indikator für Kontrolle und Bewertung der Gefechtshandlungen auf dem „Seekriegsschauplatz".

Am Morgen des 19. Juni verlegte der Stab mit ein paar Offizieren und einem mobilen Nachrichtensatz zum Gefechtsstand der 6. Flottille auf Kap Arkona. Diese wenigen Kräfte reichten, um die KRT erfolgreich zu führen. Führen heißt, Nachrichtenverbindungen zur 1. KRA auf der Halbinsel Wittow herzustellen, zur 2. KRA, die auf dem Darß Stellung bezogen hatte und natürlich zum Schiffsführunghalter.

Kapitänleutnant Jähnig, ein sehr engagierter Nachrichtenoffizier, Fachmann durch und durch, verlegte immer einen heißen Draht zusätzlich. Es passierte nie, dass sein Kommandeur führungslos das Gefecht über sich ergehen lassen musste. Nichts war schlimmer als eine solche Situation. Sehr versierte Berufssoldaten wie die Stabsobermeister Jedaschko und Bohnenstengel, Obermeister Bauer, sowie die Chiffrierer Meister Brandt und Maat Zilinski sorgten für gedeckte und stabile Verbindungen. Aber auch die Nachrichtensoldaten der Küstenraketenabteilungen beherrschten ihr Fach. Am Vormittag fuhr ich nach Kap Arkona und meldete mich nach dem Eintreffen beim Hausherrn und Durchführenden der Übung an. Der Countdown begann.

Kapitän Murzynowski ließ in der Einweisungsbesprechung die aktuelle Lage im Seegebiet durch seinen Lageoffizier melden und teilte uns seinen Entschluss mit, wie er mit seinen Schiffsschlaggruppen und den ihm zugeteilten KRT und Marinefliegerkräften die ihm gestellte Aufgabe zur Bekämpfung des Schiffsverbandes zu erfüllen gedachte. Er diktierte uns die Schlagzeit. Die Teilnehmer verließen das unterirdische Lagezentrum und begaben sich in ihre Operationsräume, die sich alle im unterirdisch verbunkerten

Das ist eine beschauliche Ansichtskarte vom Kap Arkona, die die Besucher an jedem Kiosk auf Rügen kaufen können. Ob der Postkartenschreiber den Gefechtsstand der 6. Flottille und die TBK registriert hat, läßt sich heute nur noch schwer feststellen. (Quelle: Foto Stavginski Wiek)

Gefechtsstand der 6. Flottille befanden. Den ersten Schlag sollten die Schiffsschlaggruppe im Zusammenwirken mit den KRT aus unterschiedlichen Richtungen durchführen. Die Marineflieger sollten kurz darauf ihre Schläge zur Ausweitung des Erfolgs anbringen.

Ich erteilte dem Stabschef die notwendigen Befehle und ließ die zwei Batterien der 1. KRA in die Warteräume verlegen. Dann wurde es spannend. Dem Kommandeur der 1. KRA wurde über Funk der Schiffsfühlunghalter mitgeteilt – ein Torpedoschnellboot. Es sollte sich entweder in einem geografisch günstigen Seegebiet unter Ausnutzung des Küstenstreifens, bzw. im Radarschatten von Inseln aufhalten oder mehr oder weniger als „Himmelfahrtskommando" vor den gegnerischen Kräften mit AK und wechselnden Kursen, um möglichst lange Informationen über den Gegner liefern zu können. Ob dabei noch die Torpedos zum Einsatz gekommen wären, ist mehr als fraglich. Für raketeneinsetzende Kampfkräfte waren Informationen über die Schusspeilung und die Schussentfernung, gemessen von einem vereinbarten und vermessenen Küstenpunkt, z.B. einem Küstenorientierungspunkt, die allerwichtigste Angaben. Die Schlagzeit war allen beteiligten Kräften bekannt. Nur durch das gleichzeitige Führen konzentrierter Schläge aus verschiedenen Richtungen können gegnerische Schiffsverbände oder einzelne Überwasserziele erfolgreich bekämpft und deren Abwehrmöglichkeiten wesentlich eingeschränkt werden. Den Befehl zum Raketenangriff kann bei Übungen nur der Durchführende, also in diesem Fall Kapitän zur See Murzynowski, durch ein Codewort aufheben.
Wir hörten über Funk mit, wie Fregattenkapitän Domigalle die Verbindung zum Schiffsfühlunghalter herstellte und die übermittelten Werte mitkoppelte und an die Batteriechefs übermittelte. Nichts anderes machten meine Stabsoffiziere Oberleutnant Stadler und Korvettenkapitän Herms. Der eine notierte im Gefechtstagebuch alle Befehle und Informationen, der andere koppelte auf der Seekarte alle Handlungen der eigenen und gegnerischen Kräfte mit. Die Schlagzeit ist, wie schon angedeutet, das Heiligtum des Raketenangriffs. Nur durch die strikte Geheim- und Einhaltung dieser Zeit lässt sich die gestellte Aufgabe erfüllen. Ich gab dem Kommandeur der 1. KRA den Befehl zum Raketenangriff. Die Startrampen verlegten in die kurz zuvor vermessenen Startstellungen. Schießt man mit Fühlunghalter, muss der eigene Standort genauso wie der Bezugspunkt, zu dem die Schusspeilung und die Schussentfernung angelegt werden, genau stimmen.
Die Startrampen verlegten mit großer Geschwindigkeit, auf die Sekunde genau wurde der Startknopf gedrückt. Der Raketenstart liegt dann allein in den Händen des Rampenkommandanten. Den Start der ersten Raketensalve, also acht Raketen, meldete Fregattenkapitän Domigalle an den Führungspunkt der KRT. Wir notierten und gaben die Meldung an das Informationszentrum des Gefechtsstandes der 6. Flottille. Alles wurde für spätere Auswertungen festgehalten. Sofort nach dem Start verlegten die Startrampen in den Nachladeraum, um neue Raketen zu übernehmen. Das ist für die Küstenraketenkräfte der verwundbarste Zeitabschnitt. Durch den Start enttarnt sich die KRT. Jedes AWACS, jeder Aufklärungssatellit ortet spätestens zu diesem Zeitpunkt den Standort der handelnden Einheiten. Für die auf See handelnden gegnerischen Kräfte bleiben wir in der Regel unerkannt, vorausgesetzt wir werden nicht schon vorab durch andere Aufklärungskräfte enttarnt.
Innerhalb einer Stunde, also in der Normzeit, mussten die Startrampen unter jeden Bedingungen, ob Sommer oder Winter, Tag oder Nacht, Raketen nachladen. Das Zusammenspiel der raketentechnischen Sicherstellung und der Gefechtseinheiten muss klappen.
Gemäß dem Plan des Zusammenwirkens der beteiligten Kräfte griffen in dieser Zeit die Marinefliegerkräfte aus Laage (Jagdbomber Su-24M4) den gegnerischen Schiffsverband (also das Geschwader der Vereinten Ostseeflotten) an. Sie schafften für uns die notwendige Zeit zum Nachladen und den Schnellbooten zur Umgruppierung für einen weiteren Wiederholungsschlag oder Dislozierung.
Der zweite Angriff fand schon nicht mehr zu fast idealen Bedingungen statt wie der erste. Zwei Erscheinungen traten auf. Die erste war die, dass immer versucht wurde, die Realität durch Zeitsprünge zu überbrücken. Um es im herkömmlichen Sinne zu verdeutlichen, man befahl zu schießen ohne nachzuladen, also wie in einem Wildwesternfilm und handelte sich bewusst oder unbewusst Realitätsferne ein. Das läßt sich aber nie umgehen. Es ist wie ein Drehbuch am Filmset, wo der Regisseur die Handlungen des gesamten Filmes aus verschiedenen Szenen zusammendreht. Die zweite Erscheinung war nun nicht vorgetäuscht. Es wurde offensichtlich, dass kurz vor dem Wiederholungsschlag das Funkmeßsystem des Fühlunghalters technisch ausgefallen war, ohne dass der Schifffühlunghalter es selbst merkte. So wurde während der Durchgabe der Peilungen und Distanzen kurz vor dem Raketenstart Werte berechnet, die bei der Auskopplung auf der Seekarte einen falschen Standort des gegnerischen Schiffsverbandes ergab, was zur Folge hätte, dass die Raketen irgendwo in die Ostsee gesetzt worden wären, aber nicht ins Ziel.
In solchen Momenten wird man sehr kribbelig, schnelles Reagieren ist angesagt. Der Flottillenchef erhielt natürlich auch falsche und nicht verwertbare Schusswerte für seine Raketenschnellboote. Von der Existenz unserer „Senioren-KRA" auf dem Darß wusste aber keiner. Wie konnte ich sie nun in diese Übung mit einbeziehen? Ob im Ernstfall, das wäre sicherlich unter taktischer Kriegslist einzuordnen gewesen, aber hier konnte ich es nicht anbringen. In solchen Situationen stirbt jeder für sich allein. Auf die Angaben der 6. Flottille konnten wir uns also nicht verlassen, und wenn wir darauf warteten, dass sie den Fühlunghalter neu zuordneten und nochmals Angaben vom Ziel an die KRT übermittelten, wäre die X-Zeit nicht mehr erfüllbar gewesen. Guter Rat war also teuer.
Mein Stabschef, Fregattenkapitän Ralf Brennecke, schlug nach wenigen Sekunden vor, den Standort des Schiffsverbandes durch

die 2. KRA, die auf dem Darß für sich intern Ausbildung mit dem gleichen Schiffsverband durchführte, aber in das Gefecht nicht eingebunden war, feststellen zu lassen, um anschließend den Wiederholungsschlag befehlsgemäß auf den richtigen Standort des Geschwaders anzubringen. Mit anderen Worten, unser Schiedsrichter und Kontrolleur wurde zum „Turm“ in diesem Schachspiel, der aus Distanz und von relativ sicherer Stelle aus dem Gegner das „Schach“ bot. Dabei lief er aber Gefahr, sich zu enttarnen und preiszugeben. Das ist das Risiko. Der Kommandeur muss sich im Gefecht sofort entscheiden und trägt die volle Verantwortung.
Ich stimmte diesem Vorschlag nach kurzem Bedenken zu, denn Glück und Risiko gehören auch zum Waffenhandwerk. Die Funkverbindung stand und sofort übermittelte Fregattenkapitän Schwarz die Koordinaten des Schiffsverbandes. Das lief wahrhaftig in Sekundenschnelle ab. Die Peilung und Distanz konnten noch zweimal an die 1. KRA übermittelt und korrigiert werden, dann führten schon die Rampenkommandeure den Wiederholungsschlag zur errechneten Startzeit durch. Die Schiffskräfte ebenfalls. Jetzt hieß es die Schusswerte auszukoppeln. Wenige Minuten später gratulierte ich meinem Stabschef und den vor mir am Tisch sitzenden Stabsoffizieren. Ergebnis: Treffer.
Ich befahl dem Stabschef, die Kräfte in die Ausgangsräume zurückzuverlegen und begab mich in den Lageraum des Flottillenchefs. Hier herrschte eine nicht zu übersehende Spannung. Offensichtlich war etwas schiefgelaufen. Ich schaute auf die Seekarte und stellte fest, dass die Schiffsschlaggruppen in ein Seegebiet geschossen hatten, das wohl durch das Geschwader nie durchfahren wurde. Ich meldete die Erfüllung der Aufgabe an den FCH und ging in meine Bunkerzelle (so nannte ich den fünf mal zweieinhalb Meter kleinen Operationsraum der KRT innerhalb des unterirdischen Gefechtsstandes). Als ich eintrat, sagte Korvettenkapitän Herms: „Herr Kapitän, haben Sie mal gesehen, wohin die 6. Flottille geschossen hat?“ Er zeigte mit dem Bleistift auf die vor mir liegende Seekarte. Kapitän Herms hatte sogar in der Hast der letzten Sekunden noch die Zeit gefunden, um die Bewegungsdaten der 6. Flottille und deren Schiessergebnisse weiter aufzuzeichnen. Er kam zur gleichen Erkenntnis wie die Offiziere im Lagezimmer des FCH. Ich nickte, und wir freuten uns, dass wenigstens wir die Aufgabe erfüllt hatten. Aber es war schon eine andere Zeit angebrochen. Deutschland interessierte sich mehr für die Einführung der DM in zehn Tagen, als für unsere „Spielchen“. Deswegen hat dieses Ergebnis keine Auswirkungen mehr weder für die 6. Flottille noch haben wir einen Orden gekriegt. Auch ich hatte zu diesem Zeitpunkt wahrhaft andere Sorgen.
Es wurde im Gefechtsstand Entwarnung gegeben, und über die Wechselsprechanlage kam der Befehl zur Wiederherstellung der Gefechtsbereitschaft. Die Übung war beendet. Es war die letzte Gefechtsübung der Stoßkräfte der Volksmarine. Das wusste aber keiner zu diesem Zeitpunkt.

Regiewechsel: Hier melde ich mich wieder, der ehemalige Kommandant des RS-Boote 754, Kapitänleutnant Domigalle. Nun schon als Fregattenkapitän und in meiner letzten Dienststellung als Kommandeur der 1. KRA. Wenn mein Kommandeur als einführenden Teil unseres letzten Einsatzes im Juni 1990 soeben beschrieben hat, so möchte ich diesen Bericht aus der Sicht des unmittelbar unterstellten Abteilungskommandeurs wiedergeben, um die Führung innerhalb meiner KRA, des GS der 6. Flottille und des FP der KRT auf Kap Arkona das Zusammenwirken mit den Schnellbooten anschaulich zu erklären. Los geht's.

Im Rahmen der Geschwaderfahrt der Verbündeten Ostseeflotten, die im Juni 1990 stattfand, war meine KRA mit integriert. Ich erhielt von meinem Regimentskommandeur FK Gödde den Befehl mit meiner KRA inklusive RTB, Vermessungstrupp und Sicherstellungszug den Dezentralisierugsraum Wittow einzunehmen. Nach Herstellen der Gefechtsbereitschaft aller Strukturelemente führten wir den Kolonnenmarsch in Richtung Rügen von ca. 130 km durch. Die Verlegung der Einheiten erfolgte auf Grund der Geheimhaltung und der geringeren Verkehrsdichte auf den öffentlichen Verkehrsstraßen grundsätzlich nachts. Nach wenigen Stunden waren wir an unserem Bestimmungsort angekommen. Auf dem Südbug wurde unser kleines, gut getarntes, Feldlager aufgebaut. Wie gewohnt begann das Training auf den einzelnen Gefechtsstationen inklusive Führungspunkt. Der Leser mag nun vielleicht schmunzeln, der die Losung Lenins im Wortlaut „Учится, учится и ещё раз учится!“ (deutsche Aussprache: utschitza, utschitza i jescho ras utschitza) von mir umgesetzt wurde und nichts anderes heißt wie „Üben, Üben und nochmals Üben!“ Wir nutzten alle Möglichkeiten aus, um unseren Ausbildungsstand ständig zu verbessern. Mein Führungspunkt war der GAZ 66 inklusive seines Spezialaufbaus R-142, alternativ stand auch der LO Schmetterling bereit. Ich erhielt nach wenigen Tagen von meinem Regimentskommandeur den Befehl mit einem Fühlunghalter auf einem Funkkanal Kontakt aufzunehmen und zur befohlenen Schlagzeit einen Raketenangriff mit acht Raketen durchzuführen. Dann begann ein oft trainierter und routinemäßiger Ablauf der bevorstehenden Handlungen:

1. Kurze Einweisung der beiden Batteriechefs in die Aufgaben und Herstellen der Gefechtsbereitschaft einschließlich das Verlegen in die Warteräume.
2. Verlegung der Startrampen in die vermessenen Startstellungen. Startrampe in Startstellung.
3. Ich nahm den Kontakt zum Fühlunghalter (FH) auf, der mir die Daten (Peilung und Distanz) des Gegners zum Zielzuweisungspunkt übermittelte. Je mehr Daten ich vom FH bekomme, umso genauer konnte ich den Kurs und Geschwindigkeit des Gegners ermitteln. Ich wertete diese Daten auf der Seekarte aus und errechnete die Schusspeilung und Schussdistanz, daraus resultierte auch die Flugzeit der Raketen, die unbedingt

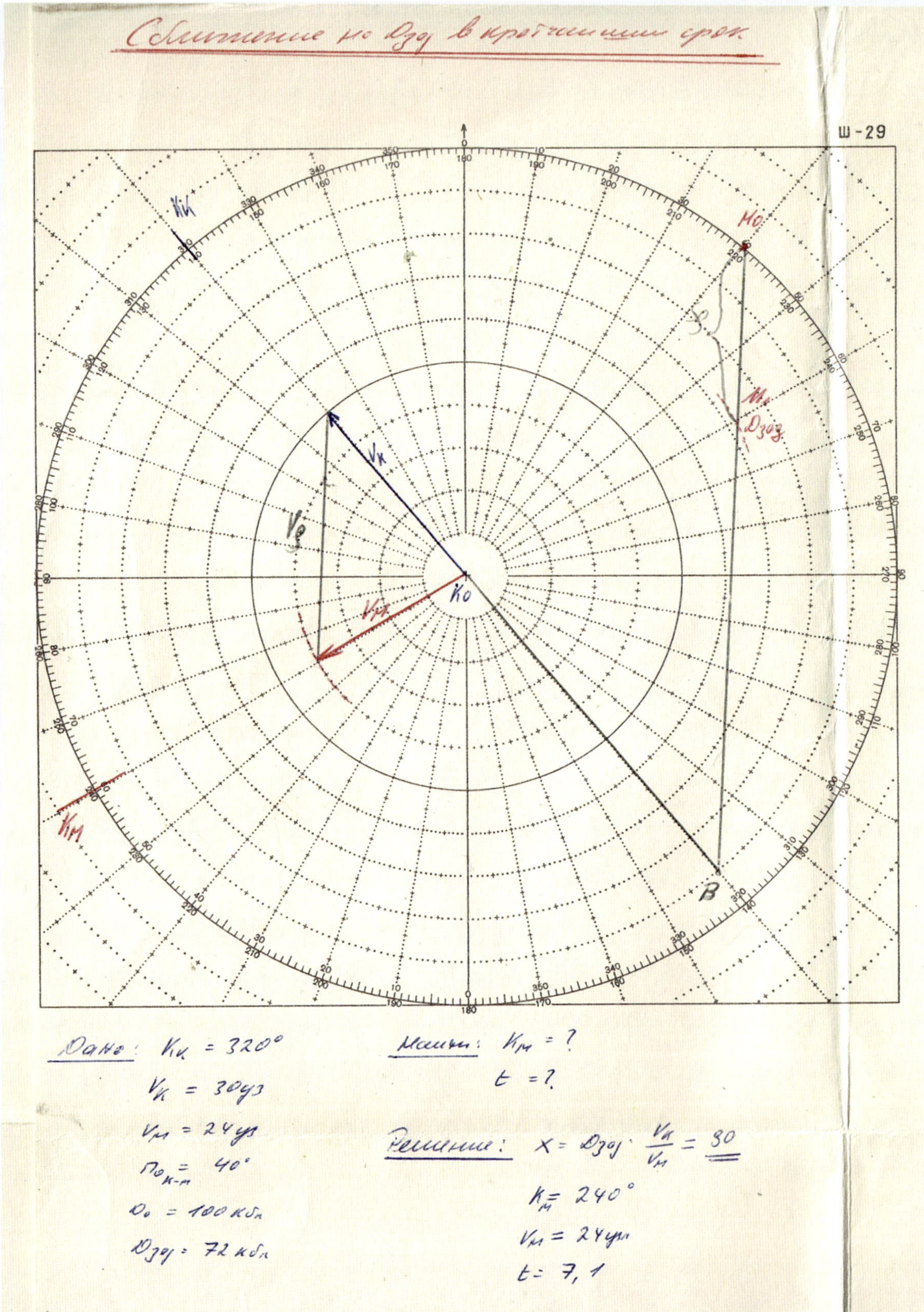

Berechnung eines Kursmanövers in der Manöver-Navigation. Dieser Ausschnitt in der „Manöverspinne“ stellt nicht die gegebene Situation im Text dar, sie dient lediglich zur sinnbildlichen Veranschaulichung, weil keine Dokumente der realen Gefechtssituation mehr existieren. (Quelle: Sammlung Holger Neidel)

Eine Batterie (2 Startrampen) bezieht die Startstellung und stellt Feuerbereitschaft her. (Quelle: Peter Gödde)

notwendig war, um die befohlene Schlagzeit genauestens einzuhalten. Hier koppelte ich zusätzlich auf meiner „Manöverspinne" mit, um die wichtigen Daten für den Raketenschlag meiner Abteilung zu ermitteln.

4. Die errechneten Werte wurden an die vier eingemessenen Startrampen übermittelt und die Startrampenkommandeure drehte den Container auf die befohlene Schusspeilung. Nach Erhalt der Rückmeldung „Startbereit" gab ich das Kommando (Flaggensignal) „наш наш- далой, один рцы, исполнить!", deutsche Aussprache „nasch, nasch- daloij, adin rzui- ispolnitch!", „Nanni, Nanni- nieder, ein R-Ausführung!". Die Raketen gingen von Bord der Startrampen.
5. Nach dem Start der Raketen wurden die Startstellungen sofort verlassen, um Raketen für die 2. Salve nachzuladen.

Diesen Ablauf haben wir regelmäßig trainiert, wenn man dabei bedenkt, dass der Führungspunkt nur aus Kommandeur, Stabschef und Politstellvertreter und einem Nachrichten-UaZ bestand. Während der Handlungen mussten die Nachrichtenverbindungen zum Vorgesetzten/Unterstellten und zum FH gehalten werden. Das schnelle und gründliche Auswerten aller Informationen war das Entscheidende, um die gestellten Gefechtsaufgaben zu erfüllen.

6. Die Handlungen wiederholten sich fast identisch wie beim Erstschlag. Beim Mitkoppeln der über Funk vom TS-Boot übermittelten Bewegungsdaten des Gegners lief aber irgendetwas nicht wie beim Erstschlag und wenige Minuten später trat plötzlich eine ungewöhnliche Situation ein, deren Hintergründe wir auf einmal nicht verstanden. Wir bekamen von unserem Führungspunkt der KRT von Arkona plötzlich die Koordinaten übermittelt, auf den wir den Wiederholungsschlag zur befohlenen Schlagzeit auszuführen hatten. Viel Zeit blieb nicht, zügiges Handeln war angesagt. Wir erfüllten diesen kurzfristig neu erteilen Befehl.
7. Der Führungspunkt teilte uns die Koordinaten einer ganz konkreten Position mit, auf die wir zur genannten Schlagzeit einen Wiederholungsschlag durchzuführen hatten. Keine Diskussion, handeln war angesagt.

So sieht ein faktischer Start eine Rakete des Typs P-21 aus. (Quelle: Klaus-Peter Gödde)

Im Nachgang erfuhren wir die Umstände und freuten uns, auch den Wiederholungsssschlag, trotz aller Schwierigkeiten im Zusammenwirken erfolgreich erfüllt zu haben.

Abschließend möchte ich einen Gedanken auch rückblickend erwähnen: Im Krieg ist immer der im Vorteil, der über gedeckte und stabile Nachrichtenverbindungen verfügt. Das war im Grunde genommen während meiner gesamten Dienstzeit an Bord und auch im Führungspunkt der KRA der Fall gewesen. Zur Not hatten wir auch immer Ersatzvarianten trainiert, wenn die reguläre Nachrichtentechnik zeitweilig oder gänzlich ausfiel und wir sie auch bewusst abgeschaltet hatten, um diese Notlage in der Führung der Truppen und im Zusammenwirken irgendwie zu überbrücken. In solchen Fällen war zur damaligen Zeit ein UKW-Sende-Empfangsgerät vom Typ UFT-435 zum Beispiel ein praktikables Nachrichtenmittel.

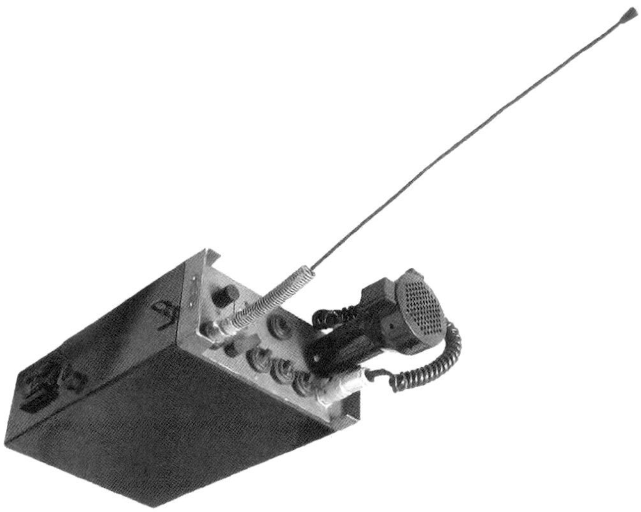

Das UFT 435 ist ein tragbares Funksprechgerät für Wechselsprechen auf 60 Kanäle zwischen 45,600 - 47,075 MHz. Reichweite 5-30 km. (Quelle: Wikipedia)

Bei den Übungen nutzen wir unsere Nachrichtentechnik, sie war zuverlässig und wir erhielten sowie übermittelten chiffriert und stabil die entsprechenden Befehle. In der Regel wurde mit den KNBT-Trupps auch, wie im 2.Weltkrieg, Kabelverbindungen zu den vorhandenen Aufschaltpunkten „gekabelt". Keiner konnte einschätzen, ob nach einem Kernwaffenschlag auf dem Gefechtsfeld die elektronischen Nachrichtentechnik noch zuverlässig funktionierte.
Wir wussten, dass wir über Funk uns enttarnten, aber wenn die R-142 durch Kampfeinwirkungen ausgefallen ist, dann ist dem Kommandeur jedes Mittel recht, um den „letzten Befehl" rechtzeitig zu erfüllen.
Das haben wir in der taktischen Ausbildung erlernt und eigenständig im Zusammenwirken, egal ob im Verbandsfahren der Schnellboote untereinander oder im Zusammenwirken mit den TBK und FH getestet und auch in unterschiedlichen Notvarianten praktiziert. Dabei hatten wir sowohl in der Flottille, als auch im KRR-18 kompetente Fachleute in allen Nachrichtendienstgradgruppen vom Oberoffizier für Nachrichten des Regimentes bis hin zum Truppführer der unterschiedlichen Funkstationen im Regiment und in der KRA.

3.4. Entwicklung und Einsatz neuer Küstenraketen bis hin zum Ukrainekrieg

Beitrag von Klaus-Peter Gödde – Fregattenkapitän a.D.

3.4.1. „Verriegelte Küste"[20] – moderne russische Küstenraketenkomplexe werden vorgestellt

Ich möchte den bisherigen Weg der typischen Präsentation eines und weiterer Küstenraketenkomplexes (KRK) verlassen und mit meinen Worten den Inhalt des Filmes „Verriegelte Küste" in einer verständlichen und anschaulichen Weise wiedergeben. Es geht um den „Hauptdarsteller" des Films – einem KRK, der den kurzen und einprägsamen Namen **Bal** trägt. Obwohl der Komplex sich schon seit mehr als 10 Jahren in der Bewaffnung der russischen Flotte befindet und nur spärlich darüber publiziert wurde, bekam ihn die Weltöffentlichkeit erstmalig, anlässlich des 75. Jahrestages des Sieges über den Hitlerfaschismus, auf dem Roten Platz in Moskau zu Gesicht.

Der KRK Bal besteht in seiner Grundstruktur – das ist die Batterie – aus einem mobilen Kommandopunkt mit dem Namen Monolith und zwei selbstfahrenden Startrampen (SSR), jede von ihnen ausgerüstet mit acht Raketen des Typs CH-35. Der gesamte Komplex besitzt eine beeindruckende Mobilität mit erhöhter Geländefähigkeit unter extremen Einsatzbedingungen, bezogen auf Temperatur und relativer Feuchtigkeit. Oberstleutnant Jewgenj Menschow, der als Militärberater vorgestellt wird, bestätigt den Einsatz in unterschiedlichsten klimatischen Regionen Russlands, vom eiskalten Franz-Josef-Land im hohen Nordpolarmeer bis in die Hitzegebiete der Steppe um Astrachan. Raue und anspruchsvolle Testparcours demonstrieren im Film sehr anschaulich welche Maßstäbe der Hersteller an den gesamten Komplex stellt. Hergestellt wird KRK BAL in einer der namhaften Waffenschmieden Russlands, im Werk „Taifun" in Kaluga. Die Rakete des Komplexes ist die CH-35 und sie wird in der „Kooperation Taktische Raketenbewaffnung AG" in Koroljow entwickelt und produziert.

[20] Am 7.März 2021 wurde ein 38-minütiger Film aus der Serien „Wojennaja Prijjomka" (Militärempfang) vom russischen TV-Sender „Swjesda" (Stern) ausgestrahlt, der einen Einblick über moderne Küstenraketenkomplexe der Russischen Seekriegsflotte gibt. Autor dieser durchaus informativen Präsentation, die mit wenigen Animationssequenzen kombiniert wurde, entstand durch den Filmregisseur und Projektleiter Alexej Jegorow.

Auf der 9. IMDS 2019 in Sankt Petersburg wurden erstmalig die KRK Bal und Rubesh-ME, sowohl im Modell (siehe Foto in der Ausstellungshalle), als auch in Original auf der Freifläche präsentiert. Von v.n.h. Rubesh-ME, Kommando- und Führungsfahrzeug Monolith, selbstfahrende Startrampe und Transport- und Nachladefahrzeug des KRK Bal. (Quelle: Holger Neidel)

Im Laufe des Interviews beziehen sich unterschiedliche Gesprächspartner insbesondere auf die „Feuertaufe" dieses Komplexes im April 2014, als sich im Zusammenhang mit den Ereignissen auf der Krim der US-Zerstörer USS DONALD COOK „rein zufällig" im Schwarzen Meer aufhielt und somit ins Visier von Bal geriet. Eine Salve mit 32 Raketen hätte eines der modernsten Kampfschiffe der US-Navy nicht den Hauch einer Chance gegeben, unabhängig davon, dass der Überflug von zwei Su-24M4, die auf den USS-Zerstörer mit unbekannten funkelektronischen Mittel faktisch eingewirkt und zeitweilig die Funktion aller elektronischen Systeme an Bord des Kampfschiffes außer Gefecht gesetzt hatten. Es wurde von russischer Seite lediglich demonstriert, dass Einwirkung auf den Gegner nicht nur mit Raketen, Bomben und Bordartillerie erzielt werden, sondern unter modernen Bedingungen im Komplex mit einer Reihe weiterer Störfaktoren und Wirkmittel zu verstehen ist. Die russische Hausmacht im Schwarzen Meer weiß aber auch, dass amerikanische Kampfschiffe solche Piratenaktionen wie mit der DONALD COOK nicht leichtsinnig herausfordern werden, denn die Wahrscheinlichkeit unbeschadet das Schwarze Meer wieder zu verlassen ist mehr als gering.
Blättern wir ungefähr 30 Jahre zurück. Gleiches Bild, gleiche Handlungen. Im Herbst 1985 führte die NATO mit einem Kampfschiffsverband die Übung „BALTIC OPERATIONS" in der Ostsee durch. Mit neun Kampfschiffen und dem modernisierten Schlachtschiff USS „IOWA", Bordnummer 61, wurden Demonstrationshandlungen einschließlich des faktischen Artillerieschiessens auf Seeziele in der Arkonasee vor der Insel Bornholm durchgeführt. Die Raketencontainer mehrerer Startrampen des KRR-18 wurden für die gesamte Zeit des Durchlaufens der Operationszone der VM[21] mitgerichtet.

Zurück zum Film. Ausführlich legt der Abteilungschef Sergej Piunowski die beiden Arbeitsregime AKTIV und PASSIV dar und schildert die technologischen Handlungen im Kommandopunkt vom Auffassen bis zur Bekämpfung der Ziele. Lediglich fünf Mann Besatzung befinden sich an Bord des mobilen Kommandopunktes Monolith. An Bord jeder SSR befinden sich je ein Fahrer und ein Offizier. Offensichtlich ein äußerst effektives und kostengünstiges Waffensystem im Vergleich zum Gegenwert eines Raketenzerstörers der ARLEIGH BURKE-Klasse

Wie schon erwähnt, erfolgt der Waffeneinsatz immer in Salven bis zu 32 Raketen. Bekämpft werden einzelne Überwasserziele und Landungskräfte. Auch die Sicherstellung des Aus- und Einlaufens russischer U-Boote aus den Flottenbasen und die Bekämpfung von gegnerischen UAW-Schiffen wird durch Bal und andere KRK gewährleistet. Selbst eine größere Schiffsschlag- oder sogar eine Flugzeugträgergruppierung bekommt arge Schwierigkeiten die angreifenden Raketen in dieser Konzentration wirksam abzuwehren.

Die Flugbahnen der CH-35 unterscheiden sich wesentlich von den direkt anfliegenden Raketen der Vergangenheit. Ihre Flugbahnen sind flexibel, von allen Seiten umgreifend und in der Regel sehr flach über der Wasseroberfläche. Die Raketen „sammeln" sich sozusagen auf dem Weg ins Zielgebiet. Sie kommunizieren miteinander, manche beschleunigen, andere drosseln ihre Fluggeschwindigkeit mit dem Ziel,

Eine Küstenraketenabteilung, bestehend aus zwei Startrampen Bastion, gefolgt von zwei Startrampen Bal auf dem Marsch zum Einsatzort. Im Hintergrund das Kommando- und Führungsfahrzeug Monolith. (Quelle: Telekanal Swjesda)

21 Operationszone der Volksmarine – Seegebiet in der westlichen Ostsee, siehe dazu Plan des Einsatzes der KRT der VM bei Kampfhandlungen unter Punkt 3.3..

in Abhängigkeit ihrer jeweiligen Flugbahn, in die vorgegebenen und zu bekämpfenden Überwasserziele zeitgleich einzuschlagen.

Stanislaw Sytschow, stellvertretender Hauptkonstrukteur für individuelle Entwicklung der Kooperation „Taktische Raketenbewaffnung“ – dem Herstellerkonzern der legendären CH-35-Rakete zeigt erstmalig wichtige Steuerelemente, auf einem Tisch ausgebreitet, in Natura: das Herz – das Navigationssystem, den Block Radiohöhenmesser, der den Wellengang berücksichtigt und trotzdem die Flughöhe auf 3-5 m fixiert. Neu das Steuerungssystem des Marschtriebwerks, den Block der gesamten Steuerungsautomatik und diverse Zusatzsysteme. Auch einen Blick in die Testhalle der Zielsuchlenkanlage eröffnet sich dem Zuschauer erstmalig auf dem Bildschirm. Der Generaldirektor der „Kooperation Taktische Raketenbewaffnung“ Boris Obnosow erklärt wie konstruktiv die Größe des Marschtriebwerkes im Laufe der Produktentwicklung im wahrsten Sinne des Wortes halbiert wurde und daraus eine Verdopplung der Reichweite der CH-35 auf 260 km erzielt werden konnte. Dieser neue Typ trägt nun einen Zusatzbuchstaben – CH-35 U. Interessant sind auch die Ausführungen von Alexej Kowtun, Kommandeur einer Küstenraketenabteilung Bastion: Bal und Bastion wirken nämlich eng zusammen.

Bal deckt den nahen Küstenbereich ab und bekämpft Überwasserkräfte bis 5.000 BRT, Bastion handelt dagegen aus der Tiefe heraus und schießt auf Reichweite bis zu 600 km. Wenn CH-35 (U) eine im Unterschallbereich fliegende Rakete ist, so wirkt die Bastion Rakete Oniks flexibel nicht nur auf größere Distanzen, sondern ist eine Rakete, die Überschallgeschwindigkeit fliegt. Oniks ist auch eine wesentlich teuere Rakete. Teuer, nicht weil man das hochpreisigere Waffensegment für besonders „betuchte“ Kunden abdecken möchte, sondern weil dieser Raketentyp offensichtlich über besondere Eigenschaften verfügt, die in diesem Film nicht näher erwähnt werden. Und so ergänzen sich die KRK, bedingt durch ihre jeweiligen Vorzüge, gegenseitig und stellen ein optimales Verteidigungssystem des riesigen Küstenstreifens Russlands mit einer Seegrenze von 37.653 km dar. Im Film wird nicht nur die Zielsimulation dargestellt, man lässt auch Einblicke in die Mikroelektronik der Bordapparatur zu, zeigt eine Version des Zielsuchlenkkopfes der Rakete CH-35, demonstriert die Testanlage für das Ausklappen der Flügel und Ruder sowie gibt dem Moderator einen Einblick in den gesamten Ausbildungssimulator für das Bal-System.

Zum Abschluss des Films vergleicht man den Vorgängertyp Rubesh mit beeindruckenden Momenten des Startes mit den der neuen Raketentypen.

An dieser Stelle wollen wir für alle bisher beschriebenen sowjetischen und russischen KRK in einer bildlichen Skizze und in einer Tabelle mit den wichtigsten TTD auf je einer Buchseite zusammenfassen.

Zu den Informationen aus dem Film, ist es angebracht an dieser Stelle abschließend noch ein paar weitere Angaben zum „Hauptwirkmittel“ – der Rakete CH-35 – durch eine andere Quelle zu ergänzen. Wenn uns die Filmbeschreibung geholfen hat einen ersten Überblick zu modernen KRK russischer Bauart zu erhalten, so wird der zuständige Raketenkonstrukteur Nikolai Wassiljew persönlich in einem Interview[22] einen noch tieferen Einblick in die Gedanken-

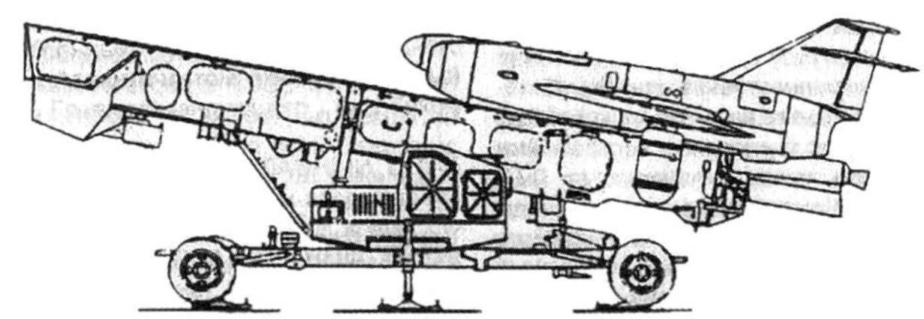

Startrampe des Küstenraketenkomplexes "Sopka" mit Rakete "S-2"

Selbstfahrende Startrampe des Küstenraketenkomplexes "Redut"

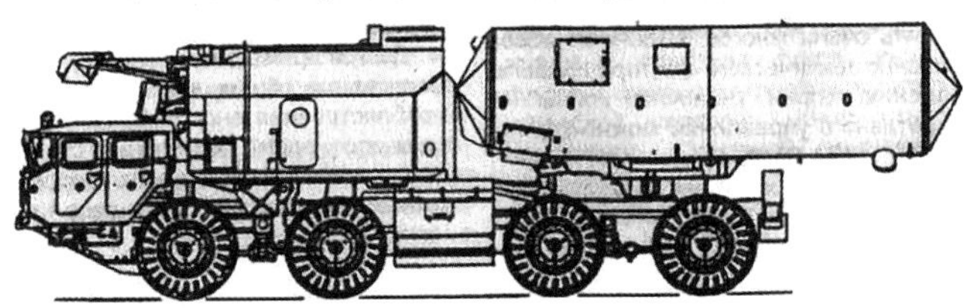

Selbstfahrende Startrampe des Küstenraketenkomplexes "Rubesh"

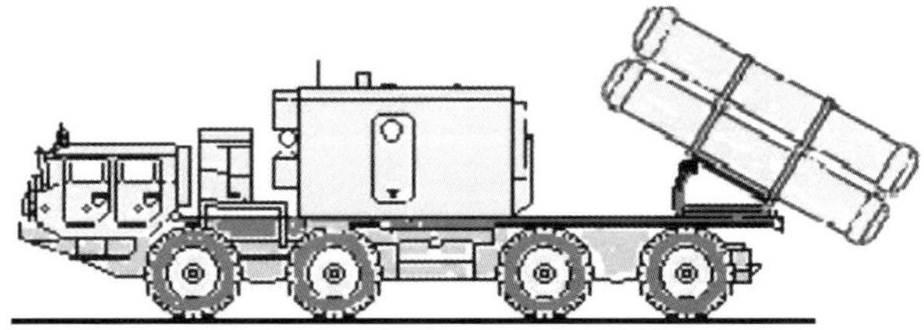

Selbstfahrende Startrampe des Küstenraketenkomplexes "BAL"

Skizze der Startrampen, die die Entwicklung der sowjetischen und russischen KRK veranschaulicht. (Quelle: Wolfgang Schädlich nach Vorgaben aus Taktisch-Technischer Instruktion)

[22] Die Rakete Uran „CH-35 E“ – eine der Besten der Welt –Interview: Alexeij Ramm und Dimitrij Litowkin, Übersetzungen: Klaus-Peter Gödde, Mai 2017 Originalbeitrag unter http://izvestia.ru/news/693812

Die Taktisch-Technischen Daten der sowjetisch-russischen Küstenraketen auf einen Blick. (Quelle: Wolfgang Schädlich nach Vorgaben aus Taktisch-Technischer Instruktion)

Küstenraketenkomplex			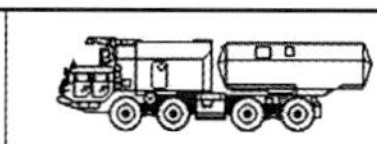	
Bezeichnung US-Code / NATO- Bezeichnung	**4K87 "SOPKA"** SSC-2B / SAMLET	**4K44B "REDUT"** SSC-1B / SEPAL	**4K51 "RUBESH"** SS-C-3 / STYX	**3K60 "BAL"** SSC-6 / STOOGE
1. Komponenten des Küstenraketenkomplexes				
Anzahl Startrampen einer Abteilung	2 - 4	15-18	4	4
Anzahl Startrampen einer Startbatterie	1	3	2	2
Startrampe	SR "B- 163"	SSR "SPU- 35B"	SSR "3R51M"	SSR "3S60"
Führungsfahrzeug	APL-598 "BURUN"	4R43 "SKALA"	1x R-142 auf GAZ-66	1-2 x Führungsfahrzeug RS-3 auf "MAZ- 7910" mit Radar "GARPUN-BAL" ZU 3Z-25E und 1x Radarstation "POSITIV" + Nachrichtenfahrzeug
Radarfahrzeug	ARM- 598 mit Radaranlage MR-10 "MYS" (Anhänger) mit Waffenleitanlage "BURUN" + Radarleitstation S- 1M auf "JAZ- 219"	MR-10 "MYS" (Anhänger) / Radarstation 4R43 "SKALA" + Zielzuweisungskomplex "USPECH"	Radaranlade "GARPUN" auf der SSR	
Nachlade- Tranportfahrzeug	Sattelauflieger "PR-15" mit je einer Rakete, Zugfahrzeug "SIL- 157B"	Sattelauflieger mit je einer Rakete, Zugfahrzeug "URAL-375"	"KRAZ-255B" mit je 2 Raketen pro SSR und 1x Kran "ADK-125"	"BAS" oder "SIL" 8x8 mit je 4 oder 8 Raketen in einem Container pro SSR
2. Startrampen				
Fahrzeugtyp	B-163 mit Zugmittel AT- S	ZIL-135MB / BAZ-135MB	MAZ-543M	MAZ-7930
Anzahl Container	--	1	2	bis 8
Max. Zeitintervall zwischen Raketenstarts (s)	--	--	15	3
Masse max. (t)	--	22	40,215	40
Länge x Breite x Höhe (m)	12,23 x 3,12 x 3,76	13,503 x 2,86 x 8,53	13,95 x 3,15 x 4,05	13,50 x 3,10 x 4,00
V max (km / h)	35	40	60	60
Max. Entfernung von der Küste (km)	1,5	8	8	10
Anzahl Raketen in einem Kampfsatz	8	30 - 36	16	64
Max. Entfaltungszeit (Minuten)	30 (17)	30	15	10
Reichweite max. (km)	230	270	650	850
Besatzung		5	5	6
3. Rakete	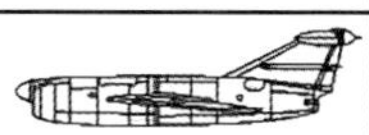	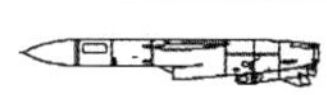	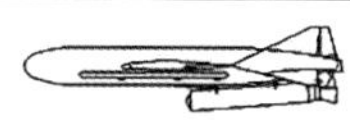	
Bezeichnung US-Code / NATO- Bezeichnung (Typ)	S- 2 SSC-2B / SAMLET	3M44 P-35B SS-N-3 / SHADDOCK	P-21 / P-22 SS-N-2 Charlie / Delta STYX	3M60 / CH-35 AS-X-20 / HARPOONSKY (ident. Luft-Schiff Rakete)
Startmasse (kg)	3419	4500	2523	600
Länge x Spannweite x Höhe (m)	8,48 x 4,722 x 2,93	9,45 x 2,6 x 1,5	6,74 x 2,41 x 1,73	4,4 x 1,33 x 0,98
Max. Durchmesser (m)	1,2	1,0	0,78	0,42
Gefechtsteil Masse, nuklear (kg / kt)	600 / 15	1000 / 350	513 / 15	140 / -
Triebwerktyp	Turbotriebwerk	Turbotriebwerk	Zweistufig regelbares Flüssigkeits-Raketentriebwerk	Turbotriebwerk
Treibstoffart	Kerosin	Kerosin	Komponententreibstoff TG-2 und Oxydator	Kerosin
Starttriebwerk	1x Feststoffbooster	2x Feststoffbooster	1x Feststoffbooster	1x Tandem-Feststoffbooster
Lenkung	Funkkommando , Halbaktive Radarlenkung (Leitstrahl)	Autopilot, Funkkommando Radar-Bild ferngesteuert	Autopilot + aktive FuM-Zielsuchlenkeinrichtung oder passive Infrarot-Zielsuchlenkung	Autopilot + aktive FuM-Zielsuchlenkeinrichtung oder passive Infrarot-Zielsuchlenkung
Fluggeschwindigkeit (m / s)	310	500 - 550	305	280
Flughöhe: Start / Marsch (m)	400	4000; 7000 / 400	250 / 50 / 25	200 / 10-15
Zielanflughöhe (m)	--	100	25 - 50	3 - 5
Reichweite (km)	15 - 95	25-300	8-80	120

Raketenkonstrukteur Nikolai Wassiljew im Gespräch mit unserem Buchautor „Raketen über See" Egbert Lemcke am Rande der IMDS in Sankt Petersburg. (Quelle: Holger Neidel)

welt und über moderne Ausarbeitungen, die eine veränderte Sichtweise auf die Flotten wirft, ermöglichen. Hier das Interview:

? Die Rakete „CH-35 E" hat nicht so den Bekanntheitsgrad wie die Flügelraketen „Kalibr". Trotzdem wird diese Rakete nicht nur von der russischen Flotte und vielen anderen Staaten aktiv gekauft sowohl für die Kriegsschiffe als auch für landgestützte Komplexe und für Flugzeuge. Mit was ist solches Interesse erklärbar?

Die Rakete „CH-35 E" – ist die erste russische standardisierte Rakete, deren Anwendung von unterschiedlichen Trägern möglich ist. Bis dato verfolgte man den klassischen Ansatz, der darin bestand, dass für die Träger der unterschiedlichen Arten und Waffengattungen (für Flugzeuge, Hubschrauber, Kriegsschiffe, Küstenkomplexe) immer ein spezieller Typ an Rakete dafür geschaffen wurde. Die Herstellung solcher Bewaffnungsarten – ist ein recht teueres „Vergnügen". Deshalb, um die Ausgaben weitestgehend zu optimieren, wurde entschieden einen vereinheitlichten Raketentyp zu schaffen, den man problemlos von Flugzeugen, Hubschraubern, Kriegsschiffen, Küstenkomplexen und bei unbedingter Notwendigkeit auch von U-Booten aus einsetzen kann.

? Und welche ausländischen Raketen kann man als Konkurrenten zur „CH-35 E" benennen?

In erster Linie sind es die amerikanische Harpoon und die französische Exocet. Im Allgemeinen hat jeder moderne Staat, der sich mit der Aufrechterhaltung der Gefechtsbereitschaft seiner Streitkräfte beschäftigt, solche ähnlichen Waffen. Neben den amerikanischen und französischen Raketen gibt es Entwicklungen bei den Schweden – das ist die Rakete RBS-15. In China gibt es eine ähnliche Rakete – C-801. Auch Japan und Nordkorea unternehmen Anstrengungen Erzeugnisse dieses Typs zu schaffen.

? Was kann man über die „CH-35 E" im Vergleich zu den ausländischen Analogien sagen?

Bis nicht vor allzu langer Zeit wurde die amerikanische Harpoon zu den Top-Raketen gezählt. Aber die Amerikaner stellten sie nur für die engsten Verbündeten zur Verfügung. Deshalb nahmen viele Länder die wohl günstigeren Modelle. Im Besonderen die französische Exocet oder ihre chinesischen Pendants vom Typ C-801. Ich habe oft die Gelegenheit mich mit ausländischen Bestellern zu unterhalten. Diese führen, bevor wir überhaupt mit den Gesprächen beginnen, eine Analyse der gesamten Raketenbewaffnung dieser Klasse durch. Und mir ist es, ehrlich gesagt, als Konstrukteur sehr angenehm zu hören, dass die Besteller zu dem Schluss gekommen sind, dass die „CH-35 E" – eine der Besten ihrer Klasse ist. Ich kann in voller Verantwortung erklären: die „CH-35 E" und ihre Modifikationen „CH-35 UE sind auf keinen Fall schlechter, überflügelt sogar in vielen Parametern ihre Gegenstücke.

Die Anti-Schiffsrakete CH-35 U auf der 9. IMDS in Sankt Petersburg. (Quelle: Holger Neidel)

Start einer CH-35 des KRK Bal direkt aus dem Schatten der Küstenlinie. (Quelle: https://pressa-tof.livejournal.com/2015/04/29/)

? Worin besteht nun der Vorteil Ihrer Rakete gegenüber die ihrer Konkurrenten?
Das größte Geheimnis jeder beliebigen Rakete – das ist ihre Eigenschaft Störungen zu wiedererstehen, d.h. die Widerstandsfähigkeit gegenüber funkelektronischen und anderen Störungen. Störungen gibt es aktive, wenn der Zielsuchlenkkopf der Rakete (ZSLA) mit starken radioelektronischen Signalen „erstickt" wird. Aber es gibt auch passive Störungen. Im Besonderen die sogenannten Düppel-Reflektoren. Fein geschnittene Folienstücke, Glaswolle oder ähnliches. Sie werden in die Luft verschossen und die Miniatur-ZSLA registriert eine riesige Menge reflektierter Signale und kann diese nicht vom ursprünglichen Ziel unterscheiden. Die Gefechtseigenschaft einer Rakete wird bestimmt durch zwei Faktoren. Der erste Faktor ist die Rakete selbst, ihre Eigenschaft ein Ziel zu bekämpfen. Zum Beispiel ist eine Rakete für die Vernichtung eines Raketenschnellbootes mit einer Wasserverdrängung von 500 t bis 1.500 t ausreichend. Aber um bis an das Schnellboot heranzukommen müssen z.B. acht Raketen abgefeuert werden. Sieben werden entweder abgeschossen oder sie werden durch ein System des funkelektronischen Kampfes abgelenkt. Also eine kommt durch und vernichtet das Ziel. Je größer der Störschutz, desto weniger Raketen werden benötigt. Die Anwendung hochgeschützter ZSLA gestattet es den Verbrauch an Kampfmittel zu halbieren: nicht acht Raketen abfeuern, sondern nur vier. Das zweite Kriterium für die Effektivität einer Rakete – die relativen Vernichtungskosten. Das ist das Verhältnis der Anzahl der Raketen, die für die Vernichtung notwendig sind zu den Kosten des Zielobjekts. Die technische Lösung, die einen Störschutz der Rakete gewährleistet – das ist ein Staatsgeheimnis. Aber ich kann sagen: bei der „CH-35 E" ist sie bedeutend höher als bei ihren ausländischen Gegenspielern, einschließlich der Harpoon.

? Ist es wirklich wahr, dass die USA die ZSLA der „CH-35 E" kaufen und diese in ihre Harpoon einbauen wollten?
Ja, das ist tatsächlich wahr, dass in den 1990er-Jahren ein Treffen zwischen den Vertretern von NPP „Radar MMC", die die ZSLA der „CH-35 E" herstellten und den Vertretern der Firma Lockheed stattfand. Die Amerikaner baten um ein Muster der ZSLA, um Tests in Übereinstimmung ihrer Charakteristika mit den Forderungen des Verteidigungsministeriums der USA durchzuführen, einschließlich der Test auf Störsicherheit. Wenn die Tests die erklärten Charakteristika entsprochen hätten, wären sie bereit die in ihre Harpoon einzubauen. Aber das haben wir ihnen doch nicht gestattet. Nach einer gewissen Zeit nach diesen Gesprächen kam aus bisher nicht erklärten Umständen der Hauptkonstrukteur der ZSLA der „CH-35 E" ums Leben. Er wurde im Zug von Moskau nach Sankt Petersburg ermordet. Danach passierte auch noch das der Chef-Algorithmiker, also der Spezialist, der die spezielle Programmsicherstellung für die EDV-Verarbeitung des Zielsuchlenkkopfes ausarbeitet, spurlos verschwand. Der Verlust von diesen „Hauptideologen" der Schaffung moderner ZSLA hat uns mindestens für vier Jahre zurückgeworfen.

? Mit was können sich nun die amerikanischen Entwickler rühmen?
Diese Frage müsste man an die amerikanischen Spezialisten richten. Uns ist nur bekannt, dass bis zum gegenwärtigen Zeitpunkt eine Modernisierung in der Reichweite und an der Bordapparatur vorgenommen wurden. Der Rakete wurde versucht das Bekämpfen von auf Land befindlichen Objekten anzulernen. Dafür wurden sie mit GPS-Empfängern und optischen Systemen ausgerüstet. Aber über eine Bestückung mit einer neuen ZSLA ist uns nichts bekannt. Es ist nur bekannt, dass die ZSLA der Rakete Harpoon ein Signal mit einer sehr starken Leistung abstrahlt. Nach unseren Angaben mehr als 6 kW, wenn sie in das aktive Regime im abschließenden Teil der Flugbahn übergeht. Es wird in der gegenwärtigen Etappe bei der Entwicklung der Radartechnik aber weniger auf die Erhöhung der Leistung gesetzt. Dem entgegen gehen wir den Weg der Verringerung des Signalniveaus bei gleichzeitiger Erhöhung der Gedecktheit und Störunanfälligkeit.

? Was wird die Zukunft bei Ihren Raketen in der russischen Seekriegsflotte sein? Man erzählt, dass Ihr Komplex in die Bewaffnung des ersten Eisbrechers des Projekts 23550 geht. Das ist ein besonderes Schiff mit einer ganz spezifischen Form des Schiffskörpers. Was bewegte die Schiffsbauer darauf einen Raketenkomplex zu installieren?
Es gibt eine moderne Konzeption, die in den letzten 3-5 Jahren entwickelt wurde. Das ist der Aufbau einer universellen Plattform. Kriegsschiffe wurden früher aus Sicht einer Konzeption von gewaltigen Schlagkomplexen entwickelt. Auf ihnen war in der Regel nur ein Hauptkomplex untergebracht. Zum Beispiel nur „Uran-E" oder nur der Komplex „Jachton". Im Ergebnis konnte das Schiff, wenn es auf Gefechtsfahrt auslief, eben nur diese eine Aufgabe erfüllen. Nun hat sich in den letzten Jahren diese Konzeption einer engen Spezialisierung der Trägerschiffe mit Raketenbewaffnung geändert. Da gibt es den Begriff des „offenen Hecks". Die Konzeption des Baus solcher Schiffe ist einfach. Wir bauen eine schiffsgestützte Plattform, auf der es neben eine Navigationsausrüstung für die Erfüllung von Aufgaben der Schifffahrt, auch eine Verteidigungskomponente gibt. Im Heckteil gibt es freie Abschnitte, in denen man einige leichtauswechselbare Module unterbringen kann. Und in jeder von ihnen – jeglicher Typ von Bewaffnung. Zum Beispiel UAW, Raketen, Minenräummittel. Das Schiff kann auch zum Minenlegen eingesetzt werden. Bei solcher Herangehensweise kann man ein Trägerschiff schaffen, bei der man sich nicht nur zur Lösung einer konkreten Gefechtsaufgabe bindet, sondern in Abhängigkeit von der Gefechtslage die entsprechenden Kampfmodule einbaut. Die Elektroversorgung und die Pairing-Information der

Gefechtsmodule müssen mit den Schiffssystemen nach dem Prinzip einer „offenen Architektur" unter Nutzung von standardisierten Kopplungen und einem standardisierten IT-Interface organisiert sein.

? Aber wie steht es mit der Ausbildung des Personalbestands bei solchen universellen Plattformen?

Leider ist bei den Seemännern die Weltanschauung noch solche: der GA-2 (Gefechtsabschnitt) – Raketenbewaffnung. Wenn das Schiff ausläuft und an Bord ist keine Raketenbewaffnung, wozu benötigt man dann Spezialisten des GA-2? Wenn diese nicht an Bord sind, ergibt sich die Frage, wo ist der Personalbestand des GA-2? Ihn muss man in Reserve halten und ständig an Simulatoren trainieren. Wenn die Bewaffnung übernommen wird, geht auch der entsprechende Personalbestand an Bord. Scheint eigentlich ganz logisch, ist aber ein großer Gedankenumschwung bei den militärischen Führungskräften. Früher konnte man in den GA eines beliebigen Kriegsschiffes eine Ansammlung unterschiedlicher Ausstattung, Steuersysteme, Navigations- und Radaranlagen usw. entdecken. Die moderne Konzeption hat ein nur noch einheitliches Design. In dem entsprechenden GA sind nur noch gleichartige, universelle und multifunktionale Geräte untergebracht. Der Kommandant kann sich hinter jeden beliebigen Platz setzen und von da aus entweder die Arbeit eines beliebigen Operators beobachten als auch selbst die Arbeit ausführen oder sogar die Waffe einsetzen. Für diese Herangehensweise ist eine universell ausgebildete Besatzung notwendig, bei der jedes Mitglied der Mannschaft nicht nur seine direkten Pflichten erfüllen kann, sondern im Fall der Notwendigkeit, auch andere Waffen einsetzen kann. Der Automatisierungsgrad in unserem Komplex ist sehr hoch. Es muss die eng spezialisierte Ausbildungseinteilung: „Ich – der Funkmesser", „Ich – der Raketen-", und „Ich – der Torpedospezialist" überwunden werden. Das Leben selbst wird uns dazu zwingen. Zum Beispiel muss der „lautstarke" Bordfunk sterben. Die gesamte Besatzung, vom Kommandant bis zum Matrosen, muss mit einer Garnitur verbunden sein. An Bord muss ein militärisches Wi-Fi mit Standortbestimmung funktionieren, bei der je nach Notwendigkeit man sehen kann, wo sich gerade jedes Besatzungsmitglied aufhält. ■

Rubesh-ME – erstmalig auf der 9. IMDS 2019 vorgestellt. (Quelle: Holger Neidel)

Aber Rubesh taucht seit dem vorletzten Internationalen Marinewaffen-Salon 2019 in einer völlig neuen Modifikation als Rubesh-ME auf, wobei der Buchstabe M für modernisiert und E für die Exportvariante stehen. Ein geländefähiger LKW mit einem Aufbau, der sowohl Gefechtskabine, eine Vierfach-Startanlage und eine neuartige Radaranlage das Interesse vieler Besucher weckt. Zwei Mann Besatzung, in Massenproduktion hergestellt, lässt kostengünstige und hohe Gefechtsmöglichkeiten erwarten.

Der Küstenraketenkomplex taktischer Zweckbestimmung „РУБЕЖ МЭ" (Komplex „Rubesh-ME") ist für die Beobachtung, Begleitung und Bekämpfung von Überwasser-Einzelzielen, Schiffsverbänden und -gruppierungen, aber auch von Küstenzielen, die sich über dem Horizont befinden, bestimmt. Die Effektivität der Vernichtung von Schiffsgruppierungen und einzelnen Zielen wird durch die Anwendung der Anti-Schiffsrakete (ASR) CH-35 U sowohl durch Einzel- als auch Salvenstarts erreicht.

Taktisch-technische Daten	
Reichweite der Rakete in km	7 - 260
Höhe der Startposition über Meeresspiegel in m	von 0 bis 1000
Beschaffenheit der Startposition	vorbereitet und nichtvorbereitet
Arbeitsregime der Funkmeßstation bei der Beobachtung von Überwasserzielen	Rundum, Sektor
Anzahl der gleichzeitig zu verarbeitenden Ziele	bis 200
Reichweite der Beobachtung in km - aktive Funkmeßstation - passive Funkmeßstation	 bis 250 bis 450
Kampfsatz (ASR)	bis 4
Masse vollausgerüstet in t	26
Anzahl der Besatzungsmitglieder	2

Nutzungsbedingungen des Komplexes	
Klimatische Bedingungen	beliebig (Regen, Schnee, Nebel)
Jahres- und Tageszeiten	beliebig
Außentemperatur der Luft in °C	von -40 bis +50
Relativer Luftfeuchtigkeit der Außenluft bei einer Temperatur von + 35 °C	bis 98%

Der Komplex „Rubesh-ME" wird eingesetzt für:

- Kontrolle von Buchten, Sund-Zonen und territorialen Gewässer,
- Schutz von Basierungspunkten der Marine und anderer Küstenobjekte,
- Schutz der Küste in seeanlandungsgefährdeten Richtungen,
- Schutz von Seeverbindungen,
- Erringung der Seeherrschaft im Bereich der Vernichtungsradien der Raketen,
- Bekämpfung von Überwasserzielen, als auch von Zielen, die sich auf dem Festland befinden.

Der Komplex „Rubesh-ME" gewährleistet:

- weitreichende (hinter dem Horizont befindliche) Beobachtung und Begleitung von Überwasserzielen;
- automatisierte Auswahl, zusammenhängende Berechnung und grafische Darstellung der Angaben der Überwasserseelage, die ermittelt werden durch die zusammenwirkenden Objekte, die alle mit gleichen Apparaturen zur Beobachtung, Kommunikation und Waffenleitung ausgerüstet sind;
- manuelles Richten, abgestimmte Verarbeitung und grafische Darstellung der Überwasserseelage, die von externen Informationsquellen (Fühlunghalter - Schiffe, Hubschrauber, Flugzeuge, Beobachtungspunkte) über herkömmliche Kommunikationslinien übermittelt werden;
- automatisierter Wechsel mit den zusammenwirkenden Kommandostellen, Signalen, Unterstellungen, Entschlüssen und Bestätigungen;
- Einsatzplanung der ASR sowohl als Einzelfahrzeug als auch in einer Division (Brigade) als Ganzes;
- automatisierte Aufteilung der Ziele, Vorbereitung und Start sowohl als Einzelfahrzeuge als auch im Bestand einer Divisonssalve (Brigade).

Bestand des Komplexes:

Basisbestand	
1. Selbstfahrende Startrampe	1 - 8 Stück
Zusätzliche Bestandteile	
2. Mobiler Kommandopunkt	1 Stück
3. Modul des Hauptführungsstandes	1 Stück
4. Lehr-Gefechtskomplex	1 Stück
5. Komplex der Bodenausrüstung	1 Stück
Vollständiger Kampfsatz des Komplexes (ASR)	32 Stück

Der Komplex kann in jeder beliebigen Zusammensetzung zusammengestellt werden.

Die Hauptkampfeinheit des Komplexes ist die selbstfahrende Startrampe (SSR).
Der Vorteil des Komplexes „Rubesh-ME" besteht in der Integration der Seezielrakete, der Beobachtungsmittel (über den Horizont hinaus), des Waffenleitsystems und der Apparatur für die Gefechtsführung, die alle auf einem mobilen Fahrgestell mit erhöhter Geländefähigkeit untergebracht sind. Die SSR ist ausgerüstet mit einer Funkmeß-Station aktiven (AFm-S) und passiven (PFm-S) Typs. Neu ist, dass dieses taktische Mehrzweckraketensystem eine stabile Nische bei der Durchführung hochpräziser Angriffe auf Funktechnische Mittel und Funkkontrastobjekte im Ukrainekrieg gefunden hat. Das heißt mit anderen Worten – die CH-35U ist mit vielversprechenden Aktiv-Passiv-Radar-Zielsuchköpfen vom Typ „Gran-K" ausgestattet, die in der Lage sind große Oberflächenziele Typ Fregatte/Zerstörer in einer Entfernung von 45-65 km, Brücken (vor dem Hintergrund von Küstengebieten bis 35-45 km, russische noch in der Ukraine befindliche Radarstation Typ 36D6 gegen tieffliegende Ziele im aktiven Regime bis 35-80 km (je nach nach Funkhorizont) und Ziele wie zum Beispiel Startrampen Operativtaktischer Raketen bis 20-25 km aufzufassen.
Bemerkenswert ist, dass für den Rubesh-ME-Komplex ein einzigartiger Over-the-Horizon-Radarkomplex „Monolit-B" entwickelt wurde, der funkemittierende Ziele im Meterbereich in einer Entfernung von bis zu 450 km anpeilen kann. Es ist nachgewiesen, dass im aktiven Modus (unter Superbrechungsbedingungen) große Oberflächenziele in einer Entfernung von bis zu 250 km erkannt werden. Genaue Parameter für über dem Horizont befindliche bodengestützte Radioemissions- und Radiokontrastobjekte wurden bisher noch nicht gemeldet.[23]

Der Komplex „Rubesh-ME" gewährleistet das Zusammenwirken mit Küstenradar- und Küstenraketenkomplexen, sowie mit Überwasserschiffen zum Erhalt von Angaben von Fühlunghaltern, der Anwendung von Anti-Seezielraketen und der Koordinierung gemeinsamer Gefechtshandlungen.

[23] Quelle: https://t.me/RussianArms 6.März 2024

3.4.2. Chinesische, NATO-Küstenraketen und der ukrainischer Küstenraketenkomplex Neptun

Die ursprüngliche Domäne der Waffengattung Küstenraketen ist grundlegend russischer Natur. Die Sowjetunion und als Nachfolger die Russische Föderation (RF) hatten die größten technologischen Anstrengungen zum Schutz ihrer Seegrenzen unternehmen müssen, um insbesondere Angriffs-Flugzeugträger-Gruppierungen der US-Navy auf Distanz zu halten und eigene Marinekräfte zu decken. Ende der Fünfziger entstand in Schweden der schiffsgestützte Seezielraketen-Komplex „Robotbyran", der im Weiteren in der Modifikation Rb.08A letztlich bis 1995 im Dienst war, bevor sie alle durch RBS-15K abgelöst wurden. An Land sowohl stationär als auch mobil disloziert unterschieden sich die Ausrüstungen der Küstenverteidigungseinheiten erheblich von denen an Bord der Schiffe. Mit der Auflösung der schweren Küstenartilleriestreitkräfte in Schweden wurden offiziell alle noch vorhandenen RB.08A 1989 außer Dienst gestellt.[24] Alle anderen Nationen des Westens setzten auf ihre seefahrenden Flotten- bzw. Marinefliegerkräfte. Wer heute das Internet bemüht und die im Weiteren aufgeführten Raketentypen oder Küstenraketenkomplexe eingibt, wird sich umfassend informieren können, wobei dieses oder jenes sicherlich nochmals überprüft werden muss. Wir werden bei den folgenden ausgewählten KRK aus unterschiedlichen Ländern uns nur einen Überblick verschaffen, wie rasant seit der Jahrtausendwende eine Reihe seefahrender Nationen die Bedeutung dieser Waffengattung erkannt hat. Über das konkrete Zusammenwirken mit anderen Waffengattungen der Marine oder mit anderen Teilstreitkräften sind ausführliche Darlegungen eher selten. Lediglich über die Bereitstellung von Daten zum Waffeneinsatz gibt es verlässliche Angaben. Die folgenden Ausführungen zu den nichtrussischen KRK sind durch kein feststrukturiertes und kein einheitliches Schema gekennzeichnet, teilweise wird ein zentrales Thema aufgegriffen, welches mit persönlichen oder geschichtlichen Inhalten ausgefüllt wird.

Chinesische Küstenraketen und andere Seezielraketen: C602, **C802A**, C705, CM-708UNA, C-74 und C 701AR

Die tieffliegenden Marschflugkörper der chinesischen Marine zur Seezielbekämpfung, sollen angreifende, seegestützte Gegner schon auf weite Entfernungen vor der Küste bekämpfen und abwehren. Anfang 2016 habe ich mich auf den Weg nach Qatar gemacht, um die DIMDEX – eine der weltgrößten maritimen Waffenausstellung in Doha zu besuchen. Die Ausstellungsbereiche der chinesischen Waffenschmieden CPMIEC und NORINCO waren in der Exhibition flächenmäßig mit die Größten. Die hier vorgestellten Raketen, unterscheiden sich hauptsächlich in ihren Reichweiten, Flughöhen und Vernichtungspotenzial. Alle können mittlerweile von unterschiedlichen Trägersystemen zum Einsatz gebracht werden. Die C-802, die hier aus Vergleichsgründen zu ihren russischen und westlichen Gegenstücken herausgefiltert wird, ist die Exportversion der chinesischen Anti-Schiffsrakete **YJ-2**. Erstmals wurde diese Rakete schon 1989 von der China Haiying Electro Mechanical Technology Academy, auch bekannt als The Third Academy vorgestellt. Aufgrund der niedrigen Funkmess-Reflexion der Rakete, der geringen Flughöhe im Endanflug (fünf bis sieben Meter über der Meeresoberfläche) und der starken Stabilität ihres Lenksystems ist die Rakete in der Lage die Schiffsverteidigung zu durchdringen. Die Reichweite ist mit 120-130 km angegeben. Die Einzelschuss-Trefferwahrscheinlichkeit wird mit 90% (inoffiziell 98%) angegeben. Diese Angabe sollte nochmals auf den Prüfstand. Die YJ-2 kann von Flugzeugen, Überwasserschiffen, U-Booten und Landfahrzeugen gestartet werden. Im Libanonkrieg wurde schon 2006 durch die Hisbollah ein israelisches Schnellboot und durch die Huthi 2015 im Jemenkrieg verschiedene Schiffe mehr oder weniger erfolgreich mit diesem Typ angegriffen. Versehentlich wurde 2020 durch die iranische Marine beim Raketenübungsschießen mit einer C-802 das eigene Sicherstellungsssschiff „Konarak" bekämpft. 19 Seeleute wurden getötet, 15 weitere verletzt.

Allein sechs maritime chinesische Seezielraketen werden in den Ausstellungshallen des Qatar National Convention Centre in Modellen ausgestellt und … (Quelle: Klaus-Peter Gödde)

[24] Quelle: Raketentypensammlung John-Girev©

... erfahren ein sichtlich reges Interesse durch das Fachpublikum. Hier der Verteidigungsminister von Qatar, umgeben von hochrangigen Generälen seines Ministeriums sowie der regionalen und internationalen Presse. (Quelle: Klaus-Peter Gödde)

Die Startstellung dieser Raketenbatterie entspricht keinen taktischen Gesichtspunkten.

Nach einem „scharfen Raketenstart" würde der einachsiger Hänger sicherlich nicht mehr am Haken der Startrampe hängen, bzw. verkohlt oder beschädigt sein.

Ein mobile Startrampe hat am Wendeplatz gegenüber der ehemaligen FPG (Fischereiproduktionsgenossenschaft) Dranske „entfaltet". (Quelle: Michael Dumaschefski)

Dänische Küstenraketentruppe mit Harpoon-Raketen in Dranske/Bug

Die o.a. Aufnahmen zeigen einen Küstenraketenkomplex der dänischen Küstenverteidigung während einer Übung auf der Zufahrtsstraße zum Bug, der ehemaligen Dienststelle der 6. Flottille der Volksmarine. Ob der Komplex eine Typbezeichnung hat, konnte bisher nicht ermittelt werde. Die Aufnahmen entstanden am 14.05.2003. Als Betrachter dieser drei Fotos können eine Reihe verschiedener Feststellungen getroffen werden, wobei hiermit auf keinen Fall eine grundlegende Bewertung der Gefechtsmöglichkeiten der dänischen Küstenraketenkräfte erfolgen soll:

1. Zu erkennen sind eine mobile Startrampe mit einem Vierfachstarter des vermuteten Raketentyps Harpoon, eine fahrbare Funkmessstation und ein mobiler Kommandopunkt. Ein viertes Kfz kann nicht eindeutig identifiziert werden. Es ist vermutlich ein Sattelschlepper mit einem 40-Fuss Container. Jeder LKW hat entweder ein ein- oder mehrachsiges Hängerfahrzeug auf dem Haken.

2. Die Aufstellung der verschiedenen Kfz entspricht nicht dem Verständnis der Taktik unserer KRA zum Raketenangriff – erstes Foto. Auch bei einer Simulation eines Raketenstarts müssen alle Handlungen einer gewissen Gefechtsnähe entsprechen. Der Raketencontainer ist angehoben in Richtung Ostsee (Libben), die Funkmess- und andere Nachrichtenantennen sind ausgefahren bzw. aufgebaut. Das ist keine Rast während eines Kolonnenmarsches, sondern ein übungsmäßiger Gefechtseinsatz.
3. Der Schuss eines einzigen reaktiven Panzergeschosses zum Beispiel vom Typ RPG-7 vom Ortsausgangsschild Dranske entlang der Betonstraße würde ausreichen, um den Küstenraketenkomplex kampfunfähig zu machen.
4. Taktische Tarnung aller Fahrzeuge gegen Luftaufklärung ist nicht feststellbar.
5. Alle Fahrzeuge sind ausschließlich reine Straßenfahrzeuge, hier vom Typ SCANIA, mit eingeschränkter Geländefähigkeit.
6. Mindestens eine UKW- und eine Richtfunkantenne sowie eine KW- und eine nicht direkt erkennbare andere Fernmeldeantenne sind als Nachrichtenmittel entfaltet.
7. Es ist anzunehmen, dass in der Gefechtsstruktur mehrere selbstfahrende Startrampen zu einer Batterie (zwei Startrampen) bzw. Abteilung (vier Startrampen) gehören.
8. Obwohl die Harpoon eine wirksame Seezielrakete ist, entspricht der optisch wahrzunehmende technische Stand dieser Batterie dem der 70er-Jahre – viele Fahrzeuge mit unterschiedlicher Zweckbestimmung, personal- und wartungsintensiv sowie unzureichende Mobilität und Reaktionszeiten. Kabelverbindungen zwischen den einzelnen Fahrzeugen sind auf den Fotos nicht eindeutig auszumachen.
9. Diese Beschreibung gibt, trotz erkennbarer Skepsis in taktischer Hinsicht, Anlass sich weiter mit der neusten Entwicklung der dänischen Küstenraketenkräfte zu beschäftigen. Fakt ist, dass aus der Geografie des Seekriegsschauplatzes Ostsee die dänischen Streitkräfte erkannt haben, dass es zweckmäßig ist nicht nur zur See zu fahren.

P.S.: Persönliche Gedanken. Diesen Weg, auf dem die dänischen Küstenraketentruppe ihre Technik mehr recht als schlecht entfaltet hat, bin ich viele Jahre mit dem PKW, dem Bus oder mit dem Fahrrad zum Dienst in den Stützpunkt Bug gefahren. Wenige Kilometer von hier hat auf dem Südbug letztmalig im Juni 1990 unsere 1.KRA entfaltet und an der letzten Übung der VOF teilgenommen. Nicht im Geringsten kamen mir die Gedanken, dass hier an diesem Ort die Gefechtstechnik des Gegners und dann noch der Küstenraketen sich je aufbauen werden.

Rumänien und Polen beschaffen einheitliche mobile Anti-Schiffs-Raketensysteme und führen mit den Küstenraketenkomplexen gemeinsame Manöver durch.

Das Verteidigungsministerium Rumäniens hat am 27. April 2021 den Abschluss eines internationalen Regierungsabkommens über die Realisierung eines Programms zum Erwerb eines „Mobilen Anti-Schiffs Raketensystems" bekanntgegeben. (Quelle: https://armstrade.org/includes/periodics/mainnews/2021/0430/093862646/detail.shtml)

Das angeführte System ist zweckbestimmt zur Verteidigung der angrenzenden Küstengebiete vor gegnerischen Überwasserkräften. Es wird im Zusammenwirken mit Schiffen, Flugzeugen, anderen Waffensystemen nationaler Zugehörigkeit sowie NATO-Verbündeter über gesicherte Kommunikationskanäle Ziele bekämpfen und dabei Anti-Schiffs-Raketen einsetzen. Wie erklärt wurde, der getätigte Kauf gestattet den Seestreitkräften Rumäniens ein neues, modernes, dem NATO-Standard entsprechendes mobiles Anti-Schiffsraketen-System zu erhalten, welches mit den gegenwärtigen Aufgaben adaptiert werden kann.
Dieser Beitrag ist in zwei Teilbeiträge unterteilt und beschreibt in Teil A die Beschaffung dieses Küstenraketenkomplexes durch die rumänische Seite und in Teil B ein gemeinsames Manöver der polnischen und rumänischen Küstenraketentruppen.

A) Die Beschaffung: Gemäß dem Dokument, ist der Hersteller verpflichtet einen Industriebetrieb zu errichten sowie eine Abteilung zur Technischen Wartung auf Basis der rumänischen Verteidigungsindustrie zu schaffen. Der Betrieb wir durch den Hersteller des Systems in Absprache mit der rumänischen Regierung ausgewählt.
In den Bestand des „Mobilen Anti-Schiffsraketen Systems" gehen, hauptsächlich vier mobile Startrampen, Fahrzeuge zur Führung, Waffenleitung und Kommunikation, Transport-Nachlade-Fahrzeuge, Beobachtungsmittel, Ausrüstung für die technische Wartung und Erprobung, Verschlüsselungstechnik und Spezialausrüstung,

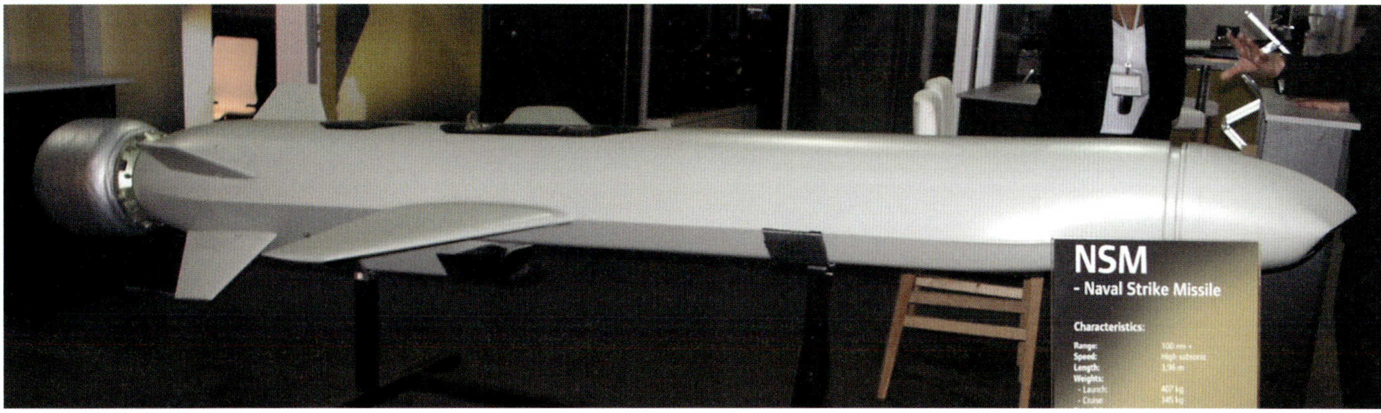

Die Naval Strike Missile (NSM) – eine moderne und schlagkräftige Seezielrakete. Taktisch-technische Daten in folgender Tabelle. (Quelle: https://armstrade.org/includes/periodics/mainnews/2021/0430/093862646/detail.shtml)

Lehr- und Ausbildungstechnik, aber auch spezielle Basen des vorhandenen mobilen Anti-Schiffsraketen Systems ein. Das Dokument sieht ebenfalls die logistische Sicherstellung, die Erweisung spezialisierter Hilfe und die Einweisung des Personalbestands vor. Die Anschaffungskosten des Programms „Mobilen Anti-Schiffsraketen Systems“ in der Konfiguration betragen 286 Millionen Dollar ohne Steuern. Die genauen Kosten des Kaufs werden nach Abschluss der gesamten Anschaffungsprozedur ermittelt.

Wie das Zentrum für Analyse des Waffenhandels (ZAWWH) mitteilte, realisierte das Verteidigungsministerium Rumäniens das Beschaffungsprojekt von Systemen der Küstenverteidigung aus dem Jahr 2018. In der Ausschreibung waren vier Firmen beteiligt: die europäische MBDA (mit dem komplex auf der Basis der Anti-Schiffsrakete MM40 Exocet Block-3), Boeing (Komplex mit der Anti-Schiffsrakete „Harpoon“), die schwedische Saab in Partnerschaft mit der deutschen Diehl BGT Defense (Komplex auf der Basis der Anti-Schiffsrakete RBS-15 Mk.3) und der norwegischen Kongsberg gemeinsam mit der amerikanischen Firma Raytheon mit dem Komplex auf der Basis der Anti-Schiffsrakete NSM (Naval Strike Missiles).

Im Oktober 2020 befürwortete das Staatliche Department der USA die potentielle Zustellung an Rumänien im Rahmen des Programms „Ausländische Militärverkäufe“ von zwei Systemen der Küstenverteidigung, einschließlich bis zu zehn multifunktionale Informationssysteme – der einheitlichen taktischen Funksysteme MIDS-JTRS Standard Link-16, zwei Waffenleitzentren eines Küstenverteidigungssystems, vier mobile Startrampen, Transport-Nachlade-Einheiten, die Seezielrakete NSM, aber auch weitere dazugehörige Ausrüstung und Leistungen in einer Größenordnung von 300 Millionen Dollar. Im Januar 2021 befürwortete die Regierung Rumäniens den Gesetzentwurf und leitete ihn an das Parlament, welches die Anschaffung von den USA im Rahmen des Programms „Ausländische Militärverkäufe“ des Systems zur Küstenverteidigung prüfte und im März befürwortete.

ALLGEMEINE ANGABEN	
Typ	Seezielflugkörper
Heimische Bezeichnung	Naval Strike Missile (NSM)
NATO-Bezeichnung	RGM-184
Herkunftsland	Norwegen
Hersteller	Kongsberg
Entwicklung	1992
Indienststellung	2012
Einsatzzeit	im Einsatz
TECHNISCHE DATEN	
Länge	3,96 m
Durchmesser	500 mm
Gefechtsgewicht	345 kg (ohne Booster) 407 kg (mit Booster)
Spannweite	1.360 mm (Flügel entfaltet) 700 mm (Flügel gefaltet)
Antrieb Erste Stufe Zweite Stufe	 Feststoffbooster TRI 40 Turbojet
Geschwindigkeit	Mach 0,9
Reichweite	185 km
AUSSTATTUNG	
Lenkung	Trägheitsnavigationsplattform und GPS
Zielortung	abbildender Infrarot-Suchkopf mit Bildverarbeitung
Gefechtskopf	125 kg panzerbrechender Splittergefechtskopf
Zünder	programmierbarer Zünder
Waffenplattformen	Schiffe, Hubschrauber, Fahrzeuge

Polnische (rechts) und rumänische (links) Küstenraketentruppen üben das Zusammenwirken ihrer unterschiedlichen Waffensysteme. (Quelle: Mit freundlicher Genehmigung Büro für Information und Öffentlichkeitsarbeit Marinestab Rumänien)

B) Das Manöver: Ein Abschnitt des landgestützten Teils der von den rumänischen Seestreitkräften organisierten multinationalen Übung “Sea Shield 21” fand vom 19. bis 29. März 2021 im Bereich Capu Midia statt. Drei mobile Küstenraketenabteilungen der rumänischen Seestreitkräfte und eine Küstenraketenbatterie der polnischen Seestreitkräfte wirkten zusammen, um gegnerische Streitkräfte in Küstennähe abzuwehren. Polnische Marinekräfte nahmen zum ersten Mal mit dem mobilen Küstenraketensystem “Kongsberg” an dieser Übung teil. Diese Präsenz in Rumänien war eine gute Gelegenheit für die rumänische Marinekräfte, ihre Einsatzverfahren für den Raketeneinsatz gegen Überwasserschiffskräfte zu koordinieren.

Das Hauptziel der rumänisch-polnischen Ausbildungsaktivitäten besteht darin, eine angemessene Reaktion der Alliierten zu gewährleisten, um mögliche Angriffe auf die Ostflanke der NATO zu verhindern, abzuschrecken und abzuwehren. Rumänische und polnische Küstenraketentruppen besetzten Startpositionen im Landbezirk an der Küste von Sinoe-Vadu-Midia, wo sie Aufklärungsaktivitäten durchführten, den Zustand von Straßen und des Geländes überprüften sowie Kommunikationstraining- und Zielidentifikation durchführten. Dabei wurden Übungsraketenangriffe mit simulierten Starts von P-21 und P-22 Seezielraketen auf Überwasserkräfte in 40 sm Entfernung und mit Naval Strike Missile (NSM) auf eine Reichweite von bis zu 100 sm Entfernung durchgeführt. Während des Einsatzes im Polygon Capu Midia übten die rumänischen und polnischen Küstenraketentruppen 24 Stunden am Tag unter gefechtsnahen Bedingungen, wie sie bei einer NATO-Marineoperation als Reaktion auf eine geopolitische Krise in der Region und unter taktischen Rahmenbedingungen zur Gewährleistung der Stärkung der Interoperabilität der alliierten Streitkräfte stattfinden würden.

Rumänische Küstenraktentruppen mit noch sowjetischer Kampftechnik (Rubesh) und die polnischen Verbündeten mit amerikanisch-norwegischer Technik in gemeinsamer Übung. (Quelle: Mit freundlicher Genehmigung Büro für Information und Öffentlichkeitsarbeit Marinestab Rumänien)

35 Jahre zuvor waren rumänische, polnische und sowjetische Seestreitkräfte gemeinsam innerhalb der Warschauer Vertragsorganisation verbunden, heute trennen sie politische Welten voneinander. Bemerkenswert ist dennoch, dass bis zum gegenwärtigen Zeitpunkt bei der rumänischen Marine der sowjetische Komplex „Rubesh“ immer noch im Dienst gehalten wird. Nur allzu verständlich ist, dass sie einerseits mit den Polen schon jetzt trainieren, um nach Indienststellung des NSM-Systems gleich gefechtsbereit zu sein. Anderseits hatten die polnischen Seestreitkräfte in den 60er-Jahren nur den KRK „Sopka“, „Rubesh“ besaßen sie aber nicht. Jetzt besitzen die Streitkräfte den amerikanisch-norwegischen Küstenraketenkomplex Raytheon-Kongsberg, wie aus dem gemeinsamen Manöver mit den rumänischen KRT ersichtlich wurde.

Im Weiteren verzichten wir auf die Darstellung anderer Komplexe, zum Beispiel des schwedischen KRK mit der Seezielrakete RBS-15 Mk.3, denn die schwedischen Seestreitkräfte hatten im Verlaufe Ihrer Entwicklung immer den KRK eine angemessene Bedeutung zu kommen lassen. Suchen wir ein paar exklusive News im Bereich dieser Raketenbranche. Aktuell ist die Information aus Estland. Dort wurde Anfang Februar 2024 offiziell vermeldet, dass der erste Teil eines neuen KRK mit der Anti-Schiffsrakete Blue Spear 5G eingetroffen ist. Lieferant ist die israelisch-singapurische Company Proteus Advanced Systems Pte.Ltd.[25] und die Rakete ist eine Exportvariante der israelischen Gabriel 5 mit einer Reichweite von 290 km. Ursprünglich für die anstehende Modernisierung der in die Jahre gekommene Harpoon für die sechs Fregatten der SSK von Singapur vom Typ Formidable gedacht, steht, so der Stellvertreter des Chefs der Marine Estlands Captain Johann-Elias Seljamaa, „ ... *dieser Raketenkomplex der Küstenveteidigung gemeinsam mit den Seeminen als scharfkantiger Stein bei der Seeverteidigung Estlands für die nächsten 10 Jahre!.“*

[25] Quelle: https://bmpd.livejournal.com/2024/02/11/

Eine polnische Startrampe während einer Waffenschau in Polen. (Quelle: Tomasz Szulc)

Wer sich die geografischen Bedingungen rund um Estland anschaut, wird sich Gedanken machen, wenn er weiß, dass die faktische Reichweite der Gabriel 5 sogar 400 km beträgt, auf stationäre Landziele eingesetzt werden kann und somit als Raketensystem operativ-taktischer Bedeutung einzustufen ist.

Nun könnte man die Reise quer durch Europa über Asien bis nach Nordkorea fortsetzen, um dort den aktuell neusten KRK Padasuri-6 kennenzulernen. Überall kommen Küstenraketenkomplexe zum Einsatz. Sie vereint ein gemeinsames Merkmal – sie sehen alle ähnlich aus, erfüllen gleiche Aufgaben und haben baugleiche Analogien. Somit möchten wir uns zum Abschluss dieses Kapitels dem ukrainischen Küstenraketenkomplex Neptun zuwenden.

Die Besonderheit dieses Raketensystems besteht darin, dass es von dem universellen russischen Raketensystem Klub kopiert wurde, welches nun auch handelsübliche Seecontainer auf LKW des Typs Scania 8X8 transportiert und verdeckt von jedem befahrbaren Punkt im Baltikum zum Einsatz gebracht werden kann. (Quelle: https://bmpd.livejournal.com/2024/02/11/)

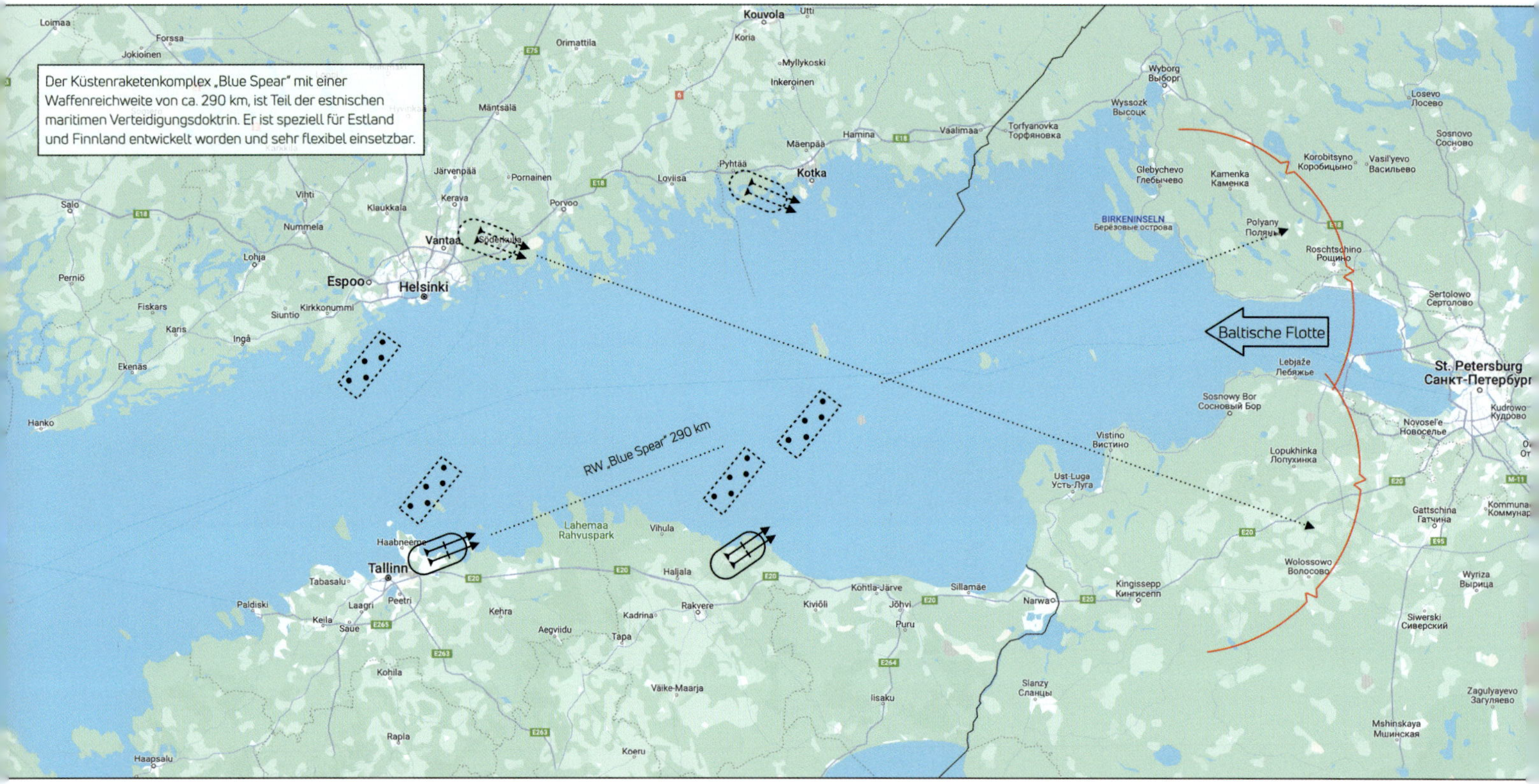

Da die Original-Rakete Gabriel 5 seit 2018 nicht nur für die Seestreitkräfte von Singapur und Israel beschafft wurde, sondern auch für Finnland, wird der Leser verstehen, dass der gesamte Zentrale Bereich der Ostsee einschließlich Finnischer Meerbusen mit diesem KRK abgedeckt wird. (Quelle: Klaus-Peter Gödde)

Neptun - ein „ukrainischer" Küstenraketenkomplex?

Neptun ist ein ukrainischer Flugkörper, der auch unter der Bezeichnung R-360 seit dem Ukrainekrieg gelegentlich in der Presse erwähnt, mehr aber in- und ausländischen Webportalen und Militärjournalen analysiert wird. Machen wir uns deshalb mit diesem Seezielflugkörper im folgenden Kapitel etwas näher vertraut und betrachten besonders seine geschichtliche Entwicklung[26].

R-360 Neptun basiert stark auf dem Seezielflugkörper CH-35, den wir im vorangegangenen Kapitel schon kennengelernt haben. Zur Erinnerung: die Grundlage für Neptun legte die sowjetisch/russische in ihren geometrischen Ausmaßen kleine taktische im Unterschallbereich tieffliegende CH-35 oder auch Erzeugnis 78 genannt, die gegen gegnerische Schiffe bis 5.000 t Wasserverdrängung eingesetzt wird. Sie wurde 2003 in die Bewaffnung aufgenommen und ist bis heute im Einsatz. Die CH-35 hat einen aktiven Funkmeßkopf und in Abhängigkeit der Modifikation eine Reichweite von 130 bis 260 km sowie einen Gefechtskopf bis 145 kg. Sie startet von schiffsgestützten Komplexen 3K24 unter der Bezeichnung „Uran", von KRT unter den Namen „Bal" sowie von Flugzeugen und Hubschraubern. Dem Ziel nähert sie sich in Höhe von 10-15 m durch Trägheitsnavigationsystem und im Endanflug erfolgt das Auffassen durch den aktive Suchkopf ARGS-35, geht dabei auf eine Anflughöhe von 3-5 m runter, was das Abfangen durch die gegnerische Luftabwehr erschwert.

An der Entwicklung von Neptun war das Kiewer Konstruktionsbüro Luch (ausgesprochen Lutsch) noch zur Zeit der Sowjetunion Mitte der 80er-Jahre beteiligt. Auch andere ukrainische Unternehmen waren damals involviert, so Motor Sitch mit der Entwicklung und Produktion der R95-300-Triebwerke sowie das Flugzeugwerk Charkow mit der Endmontage. Das heißt Neptun stellt die ukrainische Version, Dank des Zugriffes von Kiew auf die Konstruktionsunterlagen, dem Vorhandensein einer breiten ingenieurtechnischen Basis und des Erbes des sowjetischen Militär-Industriellen Komplexes, der grundlegend modernisierten CH-35 dar.

Die Entwicklung der R-360 Neptun gestaltete sich trotzdem schwierig. Zum einen verfügte die Ukraine nur über einen kleinen Verteidigungshaushalt und der Modernisierungsbedarf für das gesamte ukrainische Militär war groß. Zum anderen bedeutete der Euromaidan im Jahre 2013/2014 den Bruch mit Russland und so-

[26] https://de.wikipedia.org/wiki/Neptun_(Seezielflugkörper)#

Oben: Seezielrakete CH-35 – Russland. (Quelle: Holger Neidel, 2019)
Links: Seezielrakete Neptun – Ukraine. (Quelle: VoidWanderer, Messe Kiew 2021)

mit das Ende der gemeinsamen Zusammenarbeit. Da die Ukraine spätestens seit der Einnahme der Halbinsel Krim durch die RF über keine schlagkräftige Marine mehr verfügt, sind Seezielflugkörper und Kamikaze-Überwasserdrohnen die vorrangigen Mittel, um den verbliebenen Küstenstreifen zu schützen bzw. russische Ziele anzugreifen. Ein Ankauf von Mustern oder Komponenten für einen Seezielflugkörper aus der westlichen Welt wurde vorerst verweigert.

Die Wikipedia-Aussage, dass die Entwicklung eines so komplexen Waffensystems wie Neptun eine große Anstrengung der ukrainischen Industrie bedeutete und als Gelegenheit kundgetan wurde, eine High-Tech-Waffenindustrie aufzubauen, erfährt dadurch doch eine gewisse Relativierung.

Die Entwicklung des Gesamtsystems führte das staatseigene Entwicklungsbüro Luch in Kiew aus. Das Neptun-Projekt war eine Zusammenarbeit vieler ukrainischer Unternehmen, darunter Orizon-Navigation, Radionix, Telekart-Pribor, UkrInMash, Ukrainian Armor, Artem, Maschinenfabrik Zhulyany (VIZAR), Motor-Sitch und Kraz. Der R-360-Neptun-Seezielflugkörper wurde im Jahre 2013 angekündigt. Der Flugkörper sollte auf Land-, Luft- und Seeplattformen zum Einsatz kommen. Priorität hatte für die Ukraine zunächst die Landplattform zur Küstenverteidigung. 2018 erfolgte, werbewirksam inszeniert, der erste erfolgreiche Flugtest. Das ukrainische Verteidigungsministerium schloss die Erprobungsphase im August 2020 ab.[27]

So wurde die Rakete in seinen geometrischen Ausmaßen größer, was den Treibstoffvorrat und damit die Reichweite auf offiziell verkündet 280 km vergrößerte.

Ende des Jahres 2020 bestellte die Ukraine, ausgestattet mit 26 Millionen US-Dollar „Technologieentwicklung" die Ausrüstung für eine vollständige RK-360 MC-Einheit. Eine Variante gegen Landziele wurde 2021 projektiert. Zum Neptun-Komplex in Bataillonsstruktur gehören neben dem Flugkörper vier verschiedene Fahrzeugtypen:

- ein Führungsfahrzeug RCP-360,
- vier mobile Startrampe USPU-360MT mit jeweils 4 Marschflugkörpern (16 Flugkörper),
- zwei mit eigenem Kran ausgestattete Transport- und Ladefahrzeuge TZM-360 (8 Flugkörper),
- zwei reine Transportfahrzeug TM-360 (8 Flugkörper).

Das heißt ein Bataillon verfügt über 32 Flugkörper. Es sollten bis 2025 drei Küstenschutzbataillone mit insgesamt 216 Flugkörpern aufgestellt werden. Durch den eingetretenen Krieg mit Russland wurde diese Struktur vorerst nicht vollendet, aktuell gibt es aber neue Trends in der Entwicklung von Neptun. Nach letzten Erkenntnissen[28] soll aus der landgestützten Variante eine gleichzeitige Salve von 24 Raketen auf unterschiedliche Ziele in einem Interval von 3-5 Sekunden möglich sein. Neben des bisher bekannten Einsatzes von Land aus, sollen sich nach neuesten Angaben die Verwendung von Bord von Schiffen und sogar Flugzeugen durchführbar sein. Unabhängig von den Technikbeständen war bisher das Neptun-System so ausgerichtet, dass die Zielkoordinaten für den Waffeneinsatz über das Führungsfahrzeug von Aufklärungsflugzeugen, Richtfunk oder Satelliten in die Bordapparatur des Flugkörpers übertragen werden (Trägheitsnavigation und GPS). Zirka 50 km vor dem Ziel erfolgt das Umschalten auf Steuerung durch die eigene ZSLA des Flugkörpers, wobei das Ziel im Moment des Zuschaltens, bei fehlerfreier Übertragung, direkt „auf dem Schirm" sich befindet und ab dann die ZSLA die Verfolgung des Zieles bis zum Einschlag übernimmt. Der Zielanflug erfolgt auf sehr geringer Flughöhe, um

[27] Leinen Los! Ausgabe 06/2022 S.30 u. ff.
[28] Quelle: Репортер vom 16.12.2023

Das ukrainische Kommando- und Führungsfahrzeug. (Quelle:VoidWanderer, Messe Kiew 2021)

Das russische Kommando- und Führungsfahrzeug. (Quelle: Holger Neidel, 2019)

die fünf Meter. Was hat sich nach neuesten Erkenntnissen, spürbar seit April 2023 nun geändert: es ist eine forcierte Hinwendung zur Bekämpfung von Landzielen, insbesondere auf Ziele auf der Krim, die aus dem Raum um Odessa gestartet werden, eingetreten. Massierte Angriffe hat es bisher aber noch nicht gegeben und die Mehrzahl konnten durch die russische Luftabwehr ausgeschaltet werden. Aber was wird, wenn diese von Flugzeugen gegen Ziele tief im russischen Hinterland bis einschließlich Moskau eingesetzt werden?

Unlängst wurde vermeldet, dass die Ukraine ein GPS-Steuerungssystem ausgearbeitet hat, welches die Rakete in ein genau vorher bestimmtes Ziel führt. Dann sucht der Infrarot-Kopf und fixiert das Ziel auf der Basis vorher eingegebener Zieldarstellungen und führt dann den finalen Angriff auf das Ziel durch. Wenn sie das Ziel nicht bekämpfen kann, stellt die Rakete die Attacke ein und damit kann sie durch funkelektronische Kampfmittel nicht blockiert werden und ist in der Endphase schwer auffassbar, weil der Zielsuchlenkkopf seiner Funktionsweise nach passiv ist. Gerade die, der Ukraine übergebene Raketen der Typen Storm Shadow und SCALP-EG nutzen dieses Steuerungssystem. Somit ist die umgebaute Neptun identisch mit der RGM-84 Harpoon, welche sie in eine Rakete des SLAM (Stand-off Land Attack Missile)-Typs verwandelt, mittels deren die Modifikation mit einem passiven Infrarot-Zielsuchkopf, unter einer Reihe anderen Einstellungen, funktioniert. Somit ist laut Meldung THE DRIVE aus ukrainischen Quellen zu vernehmen, dass die aufgerüstete Neptun nicht nur ein modifiziertes Steuerungssystem für Landziele erhält, sondern auch die Reichweite bis auf 400 km und der Gefechtsteil eine Masse von 350 kg haben wird, insbesondere in dem Fall, wenn sie von luftgestützten Trägersystemen eingesetzt werden wird.

Ergibt sich nun abschließend die berechtigte Frage, warum die Überschrift dieses Kapitel mit einem Fragezeichen versehen wurde. Drei Gedanken sind zum Abschluss angebracht:

1. Vergleicht man eine Vielzahl von taktisch-technischen Daten der russischen CH-35 und der ukrainischen R-360 sowie das allgemein äußere Aussehen, so fällt auch dem ungeübten Auge eine Reihe von gravierenden Ähnlichkeiten auf. Und stellen wir die mobile Startrampe und das Führungs- und Kommandofahrzeug der jetzigen Kriegsgegner nebeneinander, so kommt doch jeder zu dem Schluss, dass die russische Herkunft des ukrainischen Küstenraketenkomplexes schwer geleugnet werden kann.
2. Das konstruktive Know-how der CH-35 hat die Periode des Zerfalls der Sowjetunion und die Unabhängigkeitsbestrebungen der Ukraine seit Dezember 1991 überlebt. Aus den Archiven ausgegraben, ist Neptun 2013! „auferstanden" und wurde gezielt mit finanzieller Unterstützung des Westens einsatzbereit gemacht. Das heißt mit anderen Worten, noch vor den Ereignissen auf der Krim 2014 wurde dieser KRK schon als mögliches Einsatzmittel gegen Russland vorbereitet. Diese Aussage setzt voraus, dass man auch die damals gültige ukrainische Militärdoktrin kennt (Dekret N°117/2021 - „Strategie zur Deokkupation und Reintegration der Krim"). Mit Ausbruch der beidseitigen Kampfhandlungen ab Februar 2022 wurde um die Entwicklung der Neptun kein Geheimnis mehr

gemacht, der Flugkörper mit modernen amerikanischen und britischen satellitengestützen Aufklärungs- und Schlagkomplexen kombiniert und konnte somit erfolgreich gegen einzelne russische Marineeinheiten eingesetzt werden. Somit ist ein ursprünglich seit 1984 in gemeinsamer russisch-ukrainischer (sowjetischer) Zusammenarbeit entwickelter Küstenraketenkomplex durch die politisch gegenläufige Ausrichtung in zwei Kriegsparteien zerbrochen. Nur wer die konkreten Hintergründe kennt und vor allem die Ereignisse chronologisch berücksichtigt, versteht Entwicklung und Einsatz von CH-35 und Neptun bis in die Gegenwart. Die „solide" Wirkung von Neptun am Ziel hat der Raketenkreuzer „Moskwa" am 13.04.2022 zu spüren bekommen. Das US-Verteidigungsministerium bestätigte zwei Tage später die ukrainische Angabe, dass der Untergang auf die Einwirkung von zwei ukrainischen Neptun-Raketen zurückging. Die russische Seite bestreitet zwar diesen Verlauf bisher, aber die Wahrscheinlichkeit dieser Art von primärer Einwirkung ist doch recht hoch. Nach dem Angriff auf die „Moskwa" wurden nur wenige weitere Einsätze der Neptun-Seezielflugkörper bekannt. Am 26. Juni 2022 beschoss die Ukraine die von Russland besetzte Bohrinsel Tavrida mit einem Neptun-Seezielflugkörper. Russland soll die Bohrinsel mit technischen Einrichtungen zur Überwachung des Schiffsverkehrs im Raum Odessa bestückt haben. Da sich die ukrainische Regierung sehr um Seezielflugkörper westlicher Bauart (z.B. Harpoon) bemüht, ist die Wahrscheinlichkeit groß, dass es nur noch wenige einsatzfähige Neptuns gibt. Dem widerspricht die vom Ministerium der Verteidigung der RF bestätigte aktuelle Meldung von RIA NOWOSTI vom 6.Januar 2024, dass durch die russische Luftverteidigung sechs Antischiffs-Raketen Neptun über dem nordwestlichen Teil des Schwarzen Meeres abgeschossen wurden. Die Produktionsanlagen für die Neptun an den unterschiedlichen Standorten werden durch die russischen Streitkräfte forciert attackiert, so dass über Wiederaufnahme der Produktion der Neptun-Flugkörper und der anderen Technikeinheiten dieses Komplexes keine verlässlichen Aussagen getroffen werden können. Vor Kriegsbeginn wurde ein jährlicher Ausstoß von 50 Neptun-Flugkörper prognostiziert.

3. Die endgültige Scheidung von der ursprünglicher CH-35 als Anti-Schiffsrakete trat im Frühjahr 2023 ein, als die Ausrichtung der Neptun auf die Bekämpfung von Landziele erweitert und auch die Reichweite der Rakete erhöht und umgesetzt wurde. Dabei muss die dominante Unterstützung der westlichen Raketenindustrie sowie neue Einsatzkonzeptionen dieses Raketentyps dem NATO-Standard mit Aufklärungs- und Schlagkomplexen angepasst wurden sein. Und hier hat die Ukraine noch nicht das „Ende der Fahnenstange" erreicht und wird von dem ureigentlichen Antrieb geleitet einen größtmöglichen Schaden für Russland zu erzeugen. Nur zwei Aspekte schieben dieser Entwicklung weitgehend einen Riegel vor: Die weitere forcierte Zerstörung der ukrainischen Produktionsstätten für Neptun durch russische Wirkmittel (Drohnen und zielgenauen Raketen), die keine Massenproduktion zulassen wird, sowie die mehr als eingeschränkte Nutzung von ukrainischen Kampfflugzeugen als Einsatzmittel, um massierte Raketenschläge tief ins Hinterland der RF auszuführen. In diesem Zusammenhang hat, insbesondere bei russischen Spezialisten und Kommentatoren, die 2021 über Neptun berichtet haben, ein gewisses Umdenken stattgefunden.

Die ukrainische mobile Startrampe. (Quelle: V. Panschischin, 2020)

Die russische mobile Startrampe. (Quelle: Holger Neidel, 2019)

4. Die Marinefliegerkräfte der Volksmarine

Beitrag von Fregattenkapitän a.D. Hannes Mallwitz † - letzter Kommandeur des MFG-28

Dem Kommando Volksmarine der NVA waren Fliegerkräfte unterstellt, für die das Kommando der Luftstreitkräfte und Luftverteidigung (LSK/LV) fliegertechnisch-fachlich und versorgungsmäßig verantwortlich war. Zu den Marinefliegerkräften (MFK) der DDR gehörten seit 1959 das Marinehubschraubergeschwader 18 (MHG-18) und seit 1987 das Marinefliegergeschwader 28 (MFG-28). Für die Führung, Ausbildung und den Einsatz des Personals und der Technik des MHG-18 war im Kommando der VM der Chef Marinefliegerkräfte verantwortlich, dem die Abteilung Gefechtsausbildung/Gefechtseinsatz und der Chef Fliegeringenieurdienst/ Fliegertechnische Sicherstellung mit den erforderlichen Unterabteilungsleitern, Oberoffizieren und weiteren Spezialisten unterstellt waren. Die Verantwortung für das MFG-28 war bis 2.Oktober 1990 dem Führungsorgan der Front-Militärtransportfliegerkräften (ab 1984 unter der Bezeichnung FOFMTFK) und damit dem Kommando LSK/LV (Chef Frontfliegerkräfte) zugeordnet.[29] Der Auftrag dieses Führungsorgans, welches erst 1982 aufgestellt wurde, leitete sich vom Gesamtauftrag der NVA LSK ab und bestand in der Luftnahunterstützung der anderen Teilstreitkräfte (also auch der VM), der luftgestützten Aufklärung und der Bereitstellung von Lufttransportkapazität. Gemeinsam mit dem Kommando LSK/LV war das FOFMTFK im Bereich der Barmin-Kaserne in Straußberg (Eggersdorf) stationiert.

Das Führungsorgan war als Stab vor allem für die Ausbildung der Front-, Armee- und Transportfliegerkräfte zuständig, hatte im Verteidigungsfall keinen Führungsauftrag und galt nach eigenem Verständnis nicht als Führungskommando einer Division. Zur Führung des täglichen Flugdienstes und der fliegerischen Ausbildung verfügte das Führungsorgan im Keller seines Stabsgebäudes über einen Führungspunkt, der im 24-Stunden Dienst mit einer Diensthabenden Besatzung besetzt war.
Mit Auslösung höherer Stufen der Gefechtsbereitschaft (Krieg oder Manöverlage) verlegte das Führungsorgan Teile des Stabes in die Bunkeranlage Ranzig/Beeskow und bezog dort seine Führungsstelle 2. Gemäß Direktive 1/85 erfolgte bei Kriegsgefahr gleichzeitig die Umunterstellung der JBG-37, JBG-77 und MFG-28 sowie der beiden Taktischen Aufklärungsfliegerstaffeln TAFS-47, TAFS-87 unter sowjetischen Befehl der 16.Luftarmee. Mit der Außerdienststellung der NVA im Oktober 1990 wurde das FOFMTFK aufgelöst. Rechtsnachfolger wurde die 5.Luftwaffendivision der Bundeswehr.[30]
Diese einführende Erklärung und die schematische Darstellung machen sich notwendig, um die komplizierte Entwicklung insbesondere des MFG-28 besser zu verstehen, denn Führung, Ausbildung und Sicherstellung musste bei der bestehenden Struktur innerhalb der LSK/LV vom ersten Tag gewährleistet sein. Dazu waren gar nicht die Voraussetzungen im Bereich der VM gegeben.
Im Unterschied dazu war das MHG-18 von Anfang an dem Kommando der VM zugeordnet und es gab diese strukturellen Verquickungen mit dem LSK/LV nicht in diesem Maße. Für den Verteidigungszustand war ein ähnliches Verfahren wie bei den Frontfliegerkräften bezogen auf die MFK der VM zur Unterstützung der Handlungen der Vereinten Ostseeflotten im Interesse der VM zu erwarten. Wir wollen nun die Aufstellung dieser beiden Truppenteile in groben Zügen beschreiben, um in weiteren Kapiteln über die Aufgaben, die Gefechtsausbildung und das Zusammenwirken mit anderen Flottenkräfte zu berichten.

[29] Fliegergeschichten – Vom Start bis zur Landung Straußberg 2013 S.240
[30] https://de.wikipedia.org/wiki/Führungsorgan_Front-_u._Militärtransportfliegerkräfte_(NVA)#cite_note-1

Struktur der Luftstreikräfte/ Luftverteidigung 1989

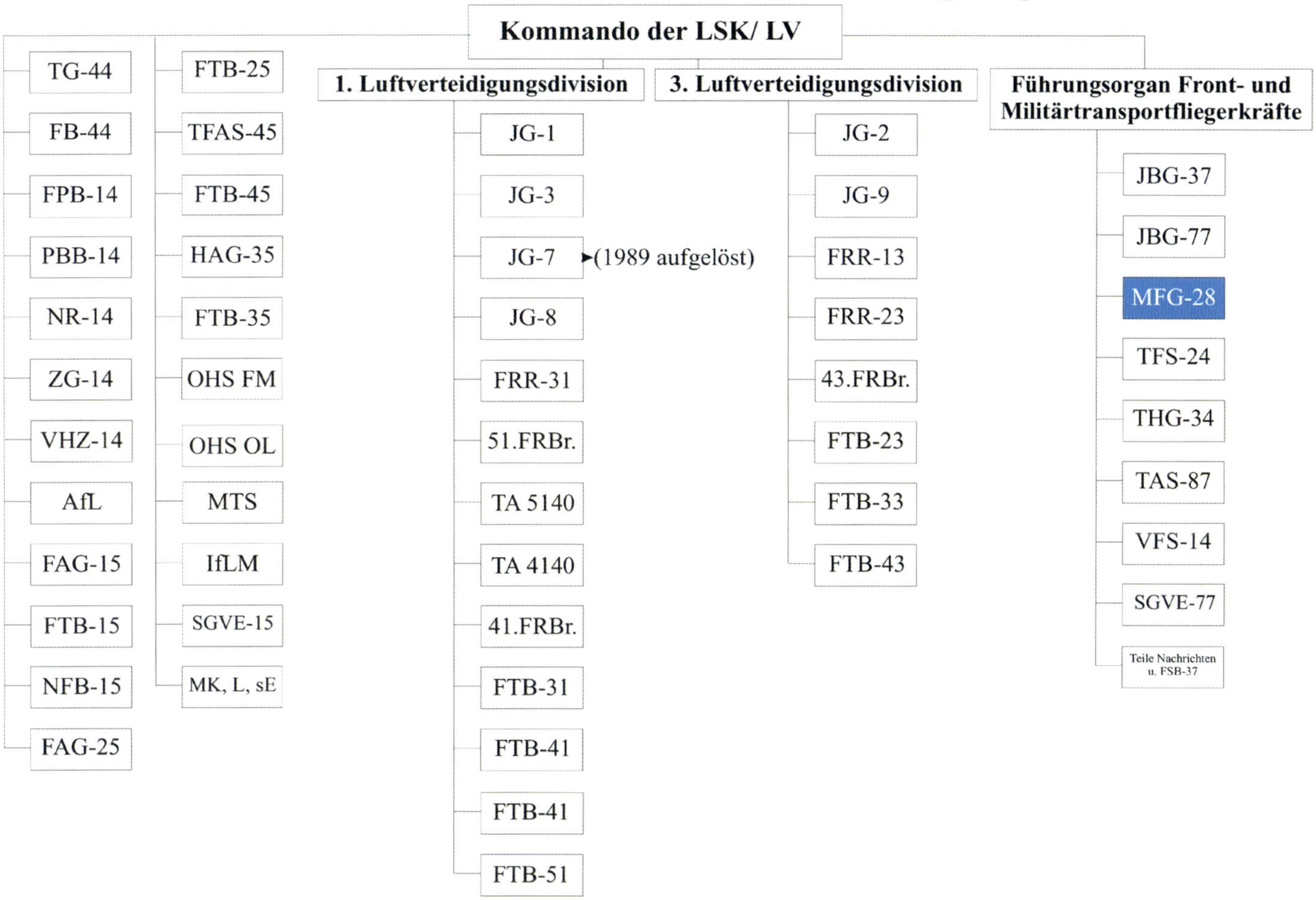

Strukturschema FOFMTFK mit grober Einordnung des MFG-28 und des JBG-77. (Quelle: Thomas Kuplin nach Angaben aus „Handbuch der bewaffneten Organe der DDR")

4.1. Aufbau und kurzer geschichtlicher Abriß der Marinejagdbomberkräfte der NVA

Das erste in der DDR in Dienst gestellte Jagdbombenfliegergeschwader 37 (JBG-37) formierte sich bereits 1971 in Drewitz bei Cottbus. Im Norden der DDR wurde in Laage bei Rostock ein neuer Flugplatz gebaut. Der Bau dieses größten Flugplatzes der damaligen NVA wurde im Jahre 1978 begonnen und erst 1987 abgeschlossen! In Laage wurde 1984 ein weiteres Jagdbombenfliegergeschwader, das JBG-77, stationiert. Deshalb wurde der 21.Flugzeugführerlehrgang auf drei Jahre verkürzt und die Piloten in das JBG-77 auf MiG-17 abkommandiert.

Zeitlich versetzt entstand am gleichen Standort am 1.Dezember 1985 das Marinefliegergeschwader MFG-28. Der Flugplatz Laage war mit seinen Anlagen der modernste Militärflugplatz der DDR. Die Flugplatzbasis 47 (FBAS-47) wurde parallel mit dem MFG-28 aufgestellt, in der das Fliegertechnische Bataillon 77 (FTB-77) sowie das Nachrichten-/Flugsicherheitsbataillon 77 (NFB-77) aufgingen. Dies vereinfachte die Sicherstellung der logistischen und flugsicherungstechnischen Aufgaben für zwei Geschwader an einem gemeinsamen Standort. Beide Geschwader erhielten das moderne Jagdbombenflugzeug Suchoi des Typs Su-22M4. Bis Mitte 1987

Su-22M4 Seiten-, Drauf- und Vonuntersicht. (Quelle: AIRDOC N°4 „Luftwaffe FITTER" Erlangen 2003 S.69)

Gruppenfoto mit allen Piloten des MFG-28 und des JBG-77 im Herbst 1987.

hatten beide Geschwader jeweils 24 Su-22M4 und 3 Su-22UM3K Zweisitzer zur Ausbildung.
Die Übernahme der beiden Verbände in das Gefechtssystem der LSK/LV erfolgte bereits am 1.Dezember 1985, nachdem von 1984 bis 1985 die Erstausstattung vollzogen wurden war. Damit erhielten die Luftstreitkräfte der NVA erstmals einen echten Jagdbomber und auch erstmals den Flugzeugtyp Suchoi. Sie hatten damit den modernsten, universell einsetzbarsten und auch wohl schlagkräftigsten Jagdbomber des Warschauer Vertrages erhalten.[31]

Die Umschulung der ersten acht NVA-Flugzeugführer und des ingenieurtechnischen Personals erfolgte in Krasnodar (Sowjetunion) im Zeitraum Mai bis Juli 1984, der zweite Lehrgang mit ebenfalls acht flugerfahrenen Piloten (MiG-21 und MiG-23BN) fand im Zeitraum September bis November 1984 statt. Spätere Umschulungen von bereits erfahrenen Flugzeugführern aller Geschwader erfolgte dann in Laage. Weitere 28 angehende Flugzeugführer erhielten in ihrem 3. und 4.Studienjahr vom Herbst 1985 bis September 1987 an der Militärfliegerschule Krasnodar ihre Ausbildung auf der Su-22.
Für das MFG-28 war der Schwerpunkt in den ersten beiden Jahren die Ausbildung des fliegenden Personals auf dem neuen Flugzeugtyp – für die Bestätigung der Leistungsklasse des Vorgängertyps waren zwei Jahre vorgegeben, außerdem mussten die Piloten für vorgesehene Dienstposten ausgebildet werden, zum Beispiel als Fluglehrer und andere Verwendungen. Letztlich wurden die fehlenden Piloten nach Abschluss ihrer Ausbildung in der UdSSR 1987 in die beiden Geschwader in Laage eingegliedert.

Nun ging es erst richtig los. Unsere jungen Piloten konnten nach zwei Jahren Ausbildung in der UdSSR die Su-22 sicher starten und landen, und dass erst einmal bei schönem Wetter. Alles Weitere mussten die jungen Piloten in den darauffolgenden Jahren mühevoll und in anstrengender Ausbildung sich angeeignet.

Von den 16 abgelichteten Militärs, können heute nur noch 7 namentlich benannt werden: 1.Reihe von l.n.r. PV Führungsorgan Oberst Zdebel, Chef Marineflieger VM Kapitän zur See Gyurkovits, 4. v.l. Chef LSK/LV Generaloberst Wolfgang Reinhold, Chef VM Admiral Wilhelm Ehm, 2.Reihe 1.v.l. Chef Ausbildung Front und Armeefliegerkräfte Generalmajor Baarß, 3.Reihe v.r. Kdr. JBG-77 Oberst Jähnichen, letzte Reihe Einzelperson SC JBG-77 Oberstleutnant Kannegießer. Alle anderen Personen waren deutsche und sowjetische Generäle und Oberste, meistens Führungskräfte oder Berater. (Quelle: Hannes Mallwitz)

Das MFG-28 entwickelte sich zu einem fliegenden Verband in Regimentsstärke der LSK/LV der NVA, der den Ehrennamen „Paul Wieczorek“[32] trug und dem FOFMTFK unterstellt war. Diese Unterstellung des Geschwaders sorgte für zusätzliche Verwirrung bei Freund und Feind. Die Formierung des MFG-28 erfolgte unter strengster Geheimhaltung und wurde am 27.November 1987 abgeschlossen.

Ab dem 20. Juli 1990 wurden noch die Dienstgrade der Volksmarine eingeführt, um sich auch nach außen hin als Marinefliegergeschwader zu zeigen. Es ist nicht auszuschließen, dass diese doch kurzfristig anberaumte „Umkleideaktion“ in das Blau der Marine eher rüstungskontrollpolitischen Gründen geschuldet war.

Der Chef Marinefliegerkräfte im Kommando der VM konnte keine Einsätze direkt befehlen. Jeder Gefechtseinsatz des MFG-28 war von der Volksmarine über das Gefechtsführungszentrum (GFZ) LSK des Kdo. LSK/LV zu führen. Diese Unterstellung war eine Friedensstruktur zur Sicherstellung der fliegerischen Ausbildung sowie zur materiell-technischen Sicherstellung. Mit Auslösung entsprechender Stufen der höheren Gefechtsbereitschaft war, wie schon erwähnt, das MFG-28 zur operativen Unterstellung zum Befehlshaber der sowjetischen 16.Luftarmee vorgesehen und befohlen.

[31] Quelle: AIRDOC N°4 „Luftwaffe FITTER“ Erlangen 2003 S.17 -22
[32] Paul Wieczorek war ein Teilnehmer der Novemberrevolution 1918 in Deutschland und Kommandeur der Marinedivision und wurde am 18. November 1918 erschossen.

(Quelle: Hannes Mallwitz)

Eine SU-22M4, umgemalt in den Landesfarben von Mecklenburg-Vorpommern. Diese Su-22 steht heute im Militärhistorischem Museum der Bundeswehr auf dem Flugplatz-Berlin-Gatow. Unter rechts: Geschwaderemblem des MFG - 28. (Quelle: https://alfashirt.de/)

Zeremonie zur Verleihung des Ehrennamens „Paul Wieczorek" auf dem Flugplatz mit anschließendem Vorbeimarsch an der Tribüne am 06.10.1989. (Quelle: Hannes Mallwitz)

Vor dem Beitritt der DDR zur Bundesrepublik war der 27. September 1990 der letzte Flugtag des Geschwaders, an dem die Flugzeuge auch nicht mehr starteten, sondern nur rollen durften. An diesem Tag wurden die taktische Nummer 546 des JBG-77 mit blau gelbrotem Rumpfband und Tiger Tanks sowie die 798 des MFG-28 mit blau-gelb-rotem Längsstreifen (den Landesfarben von Mecklenburg) m i t Geschwaderemblem als Traditionsmaschinen der Öffentlichkeit vorgestellt.

Zum 31. Dezember 1990 wurde das Geschwader offiziell aufgelöst. Hier endet auch der historische Abriss für unseren Beitrag über das MFG-28. Wer nun denkt, dass damit jede Flugtätigkeit dieses Jagdbombertyps eingestellt wurde, unterliegt einem Irrglauben. Der offizielle „Last Flight" war aber letztendlich doch nicht der Letzte. Denn die „Old Flying Machine Company" in England zeigte Interesse an der Suchoi und so wurde die 98+14 wieder flugklar gemacht. Mit zwei Nachprüfflügen verlängerte man die Betriebszeit bis zum 15. Januar 1999. Einen Tag vor Ablauf der Zulassung überführte OTL Hierl das Flugzeug nach Scampton Airbase, wo die Maschine von Technikern der WTD 61 angenommen und hergerichtet wurde. Mit dem 743.Flug und insgesamt 767 Flugstunden endete die Einsatz- und Testzeit der Suchois unter dem Eisernen Kreuz[33].

Auf der folgenden Seite werden alle Su-22M4 des JBG-77 und des MFG-28 und deren Weiterverwendung bzw. Verbleib kommentarlos aufgelistet.

[33] Quelle: AIRDOC N°4 „Luftwaffe FITTER" Erlangen 2003, S.51

Su-22UM-3K

NVA	WN	BW		Verbleib
111	17532366510	**25+51**	--->	1994 an Museum Fichtelberg
112	17532367001	**25+52**	--->	1994 an LW Museum Berlin Gatow
113	17532369809	**25+47**	--->	1995 am Museum Bad Ischl ; Österreich
119	17532367002	**25+48**	1994 an Chr. Regel ; Stuttgart	2000 an Rechliner Luftfahrtmuseum
127	17532367003	**25+49**	1994 an PSV 90 Dessau	1995 an Technik Museum Dessau
137	17532370810	**25+53**	1991 an WTD-61 (98+11)	1999 an Flugplatzmuseum Cottbus
138	17532371001	**25+54**	1991 an WTD-61 (98+16)	an Autohändler in Baarlo ; Niederlande
146	17532371002	**25+50**	--->	1994 an Museum Bad Oeynhausen

Su-22M-4

NVA	WN	BW		Verbleib
360	25307	**25+01**	--->	1994 an Museum Cerbaiola ; Italien (rus. 27)
361	25308	--->	--->	04.09.87 abgestürzt *
362	25509	**25+02**	1995 an Fa. Buck Impar	ausgestellt Museum Peenemünde ; Dez. 09 nach Neuenkirchen
363	25510	**25+03**	--->	1994 verschrottet
365	25511	**25+04**	--->	1993 an Flugplatzmuseum Cottbus
366	25512	**25+05**	--->	1994 an Museum Nordholz
370	25713	**25+06**	1994 an Museum Hermeskeil	ausgestellt in Ahaus
378	30913	**25+24**	--->	1994 verschrottet
380	30914	**25+25**	--->	1991 an USAF
537	30915	**25+26**	1992 an WTD-61 (98+15)	Guard auf dem Truppenübungsplatz Torgelow Drögerheide
546	25714	**25+27**	--->	1994 an Museum Ankum
574	25715	**25+08**	--->	1994 an Museum Ankum
590	30916	**25+27**	1991 an WTD-61 (98+09)	ausgestellt Paris Le Bourget Museum ; Frankreich
598	30917	**25+28**	1994 an Technikmuseum Stade	2000 an Privateigner in Bensheim
600	25916	**25+09**	1994 an PSV 90 Dessau	an Technik Museum Dessau
605	25017	**25+10**	--->	1994 verschrottet
613	25018	**25+11**	1991 an LW Museum Uetersen	heute LW Museum Berlin Gatow
629	30918	**25+29**	1991 an WTD-61 (98+14)	1991 Übergabe an RAF ; später OFMC** Duxford ; jetzt bei HHA ***
636	25019	**25+12**	--->	1994 verschrottet
641	25020	**25+13**	--->	ausgestellt Seifertshofen Museum
644	26001	**25+14**	1993 am Museum Sinsheim	1997 an Technikmuseum Speyer
645	26102	**25+15**	--->	1994 verschrottet
673	30919	--->	--->	12.12.89 abgestürzt ****
674	30920	**25+30**	--->	1994 verschrottet
678	23103	**25+16**	--->	1993 an Museum Hermeskeil
682	26204	**25+17**	--->	1994 an Sammlung Flugservice Sömmerda, Flugplatz Dermsdorf
686	26205	**25+18**	--->	an Museum Cuatro Vientos ; Spanien
700	26203	**25+19**	--->	1994 verschrottet
704	26307	**25+20**		1993 am Museum Sinsheim ; als **798**
706	31001	**25+31**	1992 an WTD-61 (98+17)	Verbleib unklar
711	26408	**25+21**	--->	1994 verschrottet
716	31002	**25+32**	--->	1994 verschrottet
721	26409	**25+22**	1992 an USAF	Verbleib unklar
723	26510	**25+23**	--->	1995 am Museum Bad Ischl ; Österreich
724	31203	**25+33**	1991 an USAF	ausgestellt Museum Wright-Patterson AFB
725	26511	**25+34**	--->	1994 verschrottet
727	26512	**25+35**	1994 an AEROTEC	1998 an H. Linn , Triebischtal-Baude Tanneberg
728	31204	**25+36**	1993 an USAF	Verbleib unklar
730	26613	**25+37**	--->	1994 verschrottet
734	31205	**25+38**	1994 an Flugplatz-FW Laage	ausgestellt Laage als 734
737	26614	**25+39**	--->	1994 verschrottet
741	26715	**25+40**	1991 an LW Museum Uetersen	1995 an Uffz.-Schule der LW ; Appen
743	26716	**25+41**	1994 an Schwäb.-Museum	1999 an Autohändler in Baarlo ; Niederlande
757	26817	**25+42**	1994 an AEROTEC	ausgestellt Flugplatzmuseum Rothenburg
769	26818	**25+43**	1994 verschrottet	Cockpitsektion an Museum Wernigerode
798	31406	**25+44**	--->	1994 an LW Museum Berlin Gatow
820	31407	**25+45**	1991 an WTD-61 (98+10)	an RAF ; A&AEE Boscombe Down *****
824	31508	**25+46**		1995 an Museum Ankum

* beim Bombenwurf am Übungsplatz Klietz durch unkontrollierten Flugzustand
** The Old Flying Machine Company
*** Hawker Hunter Aviation (hunterteam.com)
**** nach unkontrollierbarem Flugzustand durch Pilotenfehler bei Kunstflug in Laage ca. 200 m neben dem Tanklager
***** Aeroplane and Armament Experimental Establishment

(Quelle: Post WW Combat Aircraft Series Nr. 04 – Luftwaffe FITTER)

4.2. Die Gefechtshandlungen der Marinejagdbomberkräfte der NVA und das Zusammenwirken mit anderen Flotten- und Frontfliegerkräften

4.2.1. Die Su-22M4, taktisch-technische Daten und Bewaffnung

Damit die Gefechtshandlungen der Marinefliegerkräfte selbständig und im Zusammenwirken im Weiteren umfassend beschreiben werden können, ist es unabdingbar die Zweckbestimmung und die taktisch-technischen Daten des Trägerflugzeugs und seiner Einsatzmittel zu definieren. Das Kampfflugzeug ist zur effektiven Bekämpfung von Erd- und Seezielen mit Bomben und Bordwaffen sowie mit ungelenkten und gelenkten Raketen ausgerüstet. Das Flugzeug verfügt über eine Tragflügelpfeilung und kann dadurch die Mindestgeschwindigkeit soweit herabsetzen, dass ihr Einsatz sowohl für den erdnahen Kampf aber auch von kurzen Start- und Landebahnen (900 bzw. 950 m) möglich ist. Andererseits konnte die Su eine maximale Geschwindigkeit von 1.850 km/h erreichen. Seine Reichweite erstreckte sich mit vier Zusatzbehältern á 830 Liter Kerosin auf 2.500 km. Die Dienstgipfelhöhe beträgt 12.000 m, beim Übungskampfflugzeug Su-22UM-3K sogar 15.500 m.

Zum Bekämpfen von Luftzielen dient die, in den Flügelwurzeln festeingebaute, Kanonenanlage NR-30 mit jeweils 80 Schuss Munition (bei der Trainerversion nur eine Kanone auf der rechten Seite) und die abnehmbaren Kanonencontainer SPPU-22-01. Dieser Kanonencontainer (Kampfsatz: 260 Schuss) mit einer vertikal bis zu 30° nach unten beweglichen Kanone GSch-23L kann auch unter dem Rumpf entgegen der Flugrichtung montiert werden. Dadurch ist es möglich, bereits überflogene Boden- oder Seeziele während des Abfluges zu bekämpfen. Gegen Luftziele wurden auch ungelenke Raketen S-5 sowie die gelenkten Raketen R-60 eingesetzt. Die Lenkraketen CH-25 und CH-29T sind für Erdziele bestimmt. Beim Gefechtseinsatz werden die Zielparameter auf der Reflexscheibe des Visierkopfes S-17WG-1 angezeigt. Zum Steuern der Flugzeugbewaffnung dient die Anlage SUO-54. Als Bomben können 8 Stück 500 kg, 10 Stück 250 kg, 20 Stück 100 kg, 4 Brandbehälter (Napalm) oder vier Bombencontainer KMG-U mitgeführt werden. Die Bomben werden entsprechend ihrer Aufgaben in drei Gruppen unterteilt:

- Gefechtsbomben zur direkten Zielvernichtung. Dazu gehören Sprengbomben (FAB)[34], Splitterbomben (AO), Splitter-Sprengbomben (OFAB), Brandbomben (ZAB), Panzerbekämpfungsbomben (PTAB) sowie Brandbehälter (ZAB), FAB 500 SchN (Sturm/Tiefflug mit Bremseinrichtung)
- Hilfsbomben zur Sicherstellung der Flugnavigation und im Kampf gegen Erdziele. Dazu gehören Leuchtbomben (SAB), Orientierungs-Signalbomben für den Tageseinsatz (DOSAB) und den Nachteinsatz (NOSAB).
- Spezialbomben wie Übungsbomben, Imitationsbomben (IAB) sowie Nebelbomben.
- Die einmalig verwendbaren Bombenkassetten (RBK-500-375) dienen zur Aufnahme klein-kalibriger Gefechtsbomben (AO, PTAB, ZAB).
- Der wiederverwendbare Einheitscontainer KMG-U kann kleine Bomben der Typen AO und PTAB aufnehmen.

In den letzten beiden Absätzen sind eine Fülle von Einsatzmitteln und Systeme der Su-22M4 aufgeführt, die der normalinteressierte Leser nicht kennt und auch nur unzureichende Vorstellungen über deren Zweckbestimmung und Wirkung am Ziel hat. Der Vollständigkeit halber werden sie in der Anlage 10 aufgelistet. Dennoch möchte ich an dieser Stelle eine allgemeinverständliche Auslegung anbringen: Wenn die normale Startmasse dieses Jagdbombenflugzeuges etwas über 13.800 kg beträgt, kann die Su-22M4 ca. 4.000 kg in unterschiedlichen Rüstvarianten gemäß der damaligen Dienstvorschrift (DV) A 101/1/127 Ausgabe 1985 aufnehmen. Die DV kennt ungefähr 100 verschiedene Waffenzuladungen.

Hier spielt in erster Linie der zu erfüllende Kampfauftrag die ausschlaggebende Rolle, also welche gegnerischen Kräfte sind im Gefecht zu erwarten und wie sollen diese vorrangig bekämpft werden. Die Su hat zehn Außenlastträger, an die jeweils nur bestimmte Raketen, Bomben oder Zusatzbehälter angehangen werden können. So befinden sich zum Beispiel in einem Behälter ungelenkte Raketen mit unterschiedlichen Gefechtsköpfen, andere Rohrstartbehälter enthalten ungelenkte Raketen mit einem anderen Kaliber. Weiterhin können zwei weitere großkalibrige Raketen eingesetzt werden. Die Rakete S-24 hat einen 123,4 kg schweren Splitter-Spreng-Gefechtskopf und bricht beim Aufschlag einen unter zwei Meter Erdboden befindlichen und bis zu einem Meter dicken Stahlbeton. Am Flugzeug können bis zu sechs S-24 Raketen an den ganz

[34] Alle im Weiteren aufgeführten Abkürzungen der Bewaffnung und Ausrüstung der Su-22M4 sind an die deutsche Übersetzung der russischen Bezeichnungen angelehnt und werden der Einfachheit halber nur in ihrer Zweckbestimmung aufgelistet und nicht wortgemäß aus dem Russischen entschlüsselt. (Keine Einträge im Abkürzungsverzeichnis)

Eine Su-22M4 mit verschiedenen Typen an un- und gelenkten Raketen sowie Bomben und Artilleriemunition. Diese „Ausstellungsgalerie" demonstriert die Vielfalt seiner Einsatzmöglichkeiten in verschiedenen Rüstvarianten. (Quelle: Hannes Mallwitz)

bestimmten Waffenpylonen angehängt werden. Das Kaliber beträgt 240 mm. Eine andere ungelenke Rakete, die S-25 hat einen Gefechtskopf je nach Zweck bis zu 193 kg. Die S-25-0 wurde in den 80er-Jahren speziell für den Kampf gegen die Mittelstreckenrakete Pershing entwickelt. Beim Aufprall zerlegt sich der Kopf in 5500 Splitter mit einer Masse von je 2 - 20 g. Die S-25-OF und S-25-OFM besitzen Splitter-Spreng Gefechtsteile. Das Kaliber beträgt je nach Typ bis zu sage und schreibe 420 mm.

Interessant und bedeutsam für den Gefechtseinsatz sind besonders die gelenkten Raketen. Die **Rakete Ch-25ML** wird gegen kleine unbewegliche und bewegliche Erd- und Seeziele auf Sicht eingesetzt. Solche Ziele sind Funkmeßstationen und Startrampen der Fla-Raketenkomplexe, Flugzeuge auf offenen Abstellplätzen und in Splitterschutzboxen, kleine Brücken und Übersetzstellen, Schiffe mit geringer Tonnage und Landungsschiffe sowie Eisenbahnzüge. Die Ch-25ML besteht aus insgesamt sechs Sektionen von denen eine der halbaktive Laserzielsuchkopf zur Steuerung der Rakete ist. An die Su-22M4 können vier Raketen Ch-25ML gehängt werden.

Die **Rakete Ch-29T** wird zur Bekämpfung auf Sicht von Erd- und Seezielen mit großer Festigkeit eingesetzt. Dazu zählen Shelterbauten für Luftfahrzeuge, Eisenbahn- und Straßenbrücken, Industrieanlagen und Lager, Führungsstellen, betonierte Start- und Landebahnen (SLB) und Rollbahnen sowie Lande- und Absetzmittel. Als zweite Version kann die Rakete als Ch-29T mit Fernsehzielsuchkopf eingesetzt werden. Hierzu wird zum Zielen der Fernsehbildschirm IT-23M auf dem Hauptinstrumentenbrett im Cockpit eingerüstet.

Die **Rakete Ch-58U** mit passiven Funkmesszielsuchkopf ist bestimmt zum Angriff auf Funkmessstationen (Radargeräte) mit Dauer- bzw. Impulsabstrahlung. Die Rakete kann mit drei verschiedenen Funkmesszielsuchköpfen A, B und C unterschiedlicher Frequenzbereiche bestückt werden. Mögliche Ziele sind Radaranlagen unterschiedlicher Aufgabenstellung, z.B. Schiffsradargeräte und Luftverteidigungsstellung. An das Flugzeug können zwei Raketen Ch-58U zusammen mit der Zielzuweisungsanlage „Wjuga" angehängt werden. „Wjuga" gibt Steuerkommandos an die Zielsuchköpfe A und C. Die Antenne ist unter dem Rumpf montiert.

Als letzte der konventionellen Einsatzmittel ist die gelenkte **Rakete R-60** oder **R-60M** anzuführen. Diese Lenkrakete hat einen passiven Infrarot-Zielsuchkopf und dient in erster Linie zur Selbstverteidigung beim Luftkampf. An den Jagdbomber werden zwei R-60 an die Aufhängepunkte 9 und 10 festmontiert.

Den Abschluss in diesem einführenden Kapitel über die waffentechnische Ausstattung des Jagdbombers Su-22M4 bildet die gefährlichste und auch unheilbringendste Waffe – die Atombombe.

Dieser Flugzeugtyp war vorgesehen um Kernwaffen in die, im Spannungsfall vorgesehenen und geplanten Ziele des Gegners, zu bringen. Deswegen, unter anderem auch beim Übergang vom Frieden- in den Kriegszustand, die Umunterstellung unter sowjetische Befehlsgewalt. In diesem Zusammenhang wären durch die Kräfte und Mittel der kernwaffentechnischen Sicherstellung der Sowjetarmee die Atombomben in den vorgesehenen Detonationsstärken entweder in den sowjetischen Dezentralisierungsflugplätzen oder direkt in Laage für die beiden Jagdbombengeschwader bereitgestellt wurden. Übungen mit dem Ziel Kernwaffen bereitzustellen und an das MFG-28 zu übergeben, haben in dem kurzen Zeitraum seiner Existenz nicht stattgefunden. Lediglich eine festgelegte Anzahl von 10-12 Piloten des MFG-28 erhielten im „Ausbildungszentrum Nuklear" in Laage dementsprechende Ausbildung und praktisch wurden Trainings zum imitierten Abwurf von Atombomben im Übungsgebiet Peenemünde durchgeführt. In diesem Zusammenhang habe auch ich Programmier- und Flugkarten für den Navigationskomplex unserer Su-22 gesehen, welche Ziele im Bereich der 4. ATAF[35] im Raum Ramstein und Spangdahlem zeigten. Damit ist der Gedanke über das ausschließliche Zusammenwirken mit maritimen Kräften über der Ostsee wohl weit hergeholt und richtet sich eher nach bedeutsameren Zielen mit operativer und strategischer Zweckbestimmung. Sicherlich gab es dazu konkrete Ablaufpläne und Ausbildungsdokumente, die wahrscheinlich die ersten Dokumente waren, die vor dem Beitritt zur Bundesrepublik aus den Panzerschränken der NVA und der Westgruppe der Truppen vernichtet oder in die Sowjetunion zurückgeführt wurden.

4.2.2 Fliegerische Ausbildung, Gefechtsschießen mit gelenkten Raketen und Bordwaffen der SU-22M4 und ausgewählte Beispiele über das Zusammenwirken des MFG-28 mit anderen Teilstreitkräften

Seit Ende Juli trugen die Angehörigen die blaue Uniform der DDR-Seestreitkräfte. Äußerlich ein Zeichen der Zugehörigkeit zu den Jungs von der Waterkant. Symbolisch vielsagend, aber substantiell definierte sich das faktische Zusammenwirken mit der VM, rein aus dem Unterstellungsverhältnis zu den Frontfliegerkräften, eher bescheiden. Im Nachhinein betrachtet verblieb diesem Geschwader nur ein paar Jahre der umfänglichen Gefechtsausbildung unter den Bedingungen der NVA. Ende 1990 existierte es schon gar nicht mehr. Aber der Reihe nach, denn die Momente der militärischen Aufgabenerfüllung dieses fliegenden Verbandes an der Küste der DDR sind es wert doch etwas ausführlicher zu beleuchten. Rekapitulieren wir die bisher vermittelten Ausgangsdaten. Die Flugzeuge trafen ab 1984 stückweise bzw. in kleinen Losgrößen ein und wurden einsatzklar gemacht. Die Piloten aus anderen Verbänden wurden versetzt und umgeschult, das Gros junger, neu ausgebildeter Piloten ging erst ab 1987 in den Bestand des MFG-28 ein. Ihre fliegerische Gefechtsausbildung begann erst spürbar in der Folgezeit. Wie aus den vorangegangenen Darlegungen ersichtlich war mit Abstand die Su-22-M4 das kampfstärkste Jagdbombenflugzeug der Luftstreitkräfte der NVA. Das breit gefächert Einsatzspektrum stellte das fliegende Personal vor komplizierte Aufgaben, um alle Gefechtsmöglichkeiten nicht nur zu beherrschen, sondern auch effektiv einzusetzen. Dabei darf nicht vergessen werden, dass hinten dran ingenieur- und flugplatztechnische Einheiten, Einrichtungen und anderer Dienste standen, die das Fliegen überhaupt sicherstellten. Die notwendigen Dokumente und Pläne zum Übergang aus der Friedensstruktur in den Kriegszustand und in diesem Zusammenhang alle dazu unabdingbaren Befehle und Ausbildungsunterlagen mussten übersetzt, ausgearbeitet und letztendlich in die Truppe eingebracht werden. Auch die Sicherstellung in der gesamten Breite vom Garnisonsbetrieb, über Verpflegung bis hin zu den Treibstoffen mussten funktionieren. Es ist ein Zusammenspiel wie ein riesiges Uhrwerk, welches zum Laufen gebracht werden und letztendlich genauestens abgestimmt sein musste.

Die Unterstellung des Geschwaders erfolge folgerichtig aus militärischen Gründen in den Zuständigkeitsbereich der Luftstreitkräfte. Die politischen Ereignisse in der DDR und in der gesamten WVO erzeugten ganz andere Entwicklungstendenzen als das sie für einen stabilen Aufbau moderner Kampffliegerverbände notwendig gewesen wären. Mit anderen Worten das Zusammenwirken in seiner Ausprägung, wie es bei den Schnellbooten, Küstenraketen, sowie Hubschraubern und technischen Beobachtungsstationen schon über relativ längere Zeiträume praktiziert wurde, konnte vergleichsweise gar nicht in den Maßen entwickelt werden. Untersuchen wir trotzdem die Ansätze, die für ein wirksames und gemeinsames Handeln in dieser Phase gelegt wurden.

A) Die Zuordnung des MFG-28 zu den Frontfliegern erlaubt folgende Überlegungen. Hier waren Gleiche unter Gleichen und unterstellt in vorrangiger Befehlsstruktur einer sowjetischen Luftarmee. Es ist sehr stark anzunehmen, dass der Einsatz der NVA-Marineflieger eher an der Küstenfront oder anderen Frontabschnitten im Kriegsfall eingesetzt worden wären. Die Luftabwehr des Gegners war in den 80er-Jahren stark ausgebildet und Kampfflugzeuge an die Marine abzugeben, wäre wahrscheinlich aufgabenbedingt nur dann notwendig gewesen, wenn zum Beispiel der Durchbruch der Flottenkräfte durch die Ostseeausgänge einer strategischen Bedeutung zuge-

[35] 4. ATAF – 4. Alliierte Taktische Luftflotte war ein Großverband der NATO während des Kalten Krieges, dessen Aufgabe darin bestand, Luftunterstützung für die CENTAG – der Zentralen Armee Gruppierung zur Verfügung zu stellen.

wiesen wurde wäre und der Oberbefehlshaber des Westlichen Kriegsschauplatzes eine Unterstützung für diese Operation befohlen hätte.

B) Sprechen wir über Ziele auf See, also gegnerische Kriegsschiffe mit starken Abwehrkomponenten, so herrschte einhellig die Meinung im Marinefliegergeschwader vor einen großen Bogen um diese Kampfschiffe in See zu machen. Die Wahrscheinlichkeit von den schwimmenden Einheiten auf See abgeschossen zu werden, war im Vergleich zu dem Kampfwert einer Su nicht unbegründet. Deshalb traten bei Übungen und Kriegsspielen der VM in Friedenszeiten die Marineflieger in der Regel als Stoßkräfte der Verbündeten Ostseeflotten zur Ausweitung des Erfolges im Seegefecht auf, wenn es galt angeschlagene und beschädigte Überwasserkräfte des Gegners, die nun nicht mehr über ihre volle Abwehrkomponenten verfügten endgültig kampfunfähig zu machen, also wünschenswert zu versenken. Deshalb ist es nicht verwunderlich, dass sich das Zusammenwirken der Marineflieger mit unseren Flottenkräften in die finale Etappe des betreffenden Gefechts verschoben hätte. Außer auf dem Entschlusskarten der Kommandeure oder Befehlen des Chefs der VM sind bei Übungen diesbezüglich praktische Trainingsflüge praktisch nicht trainiert worden.

C) Es gab dennoch sehr konkrete Vorstellungen wie im Interesse der Flotte und der in Küstenrichtung operierenden Front gegnerische Ziele im küstennahen Bericht zu bekämpfen waren. Es gab unmittelbar an der Küste Landziele, deren Vernichtung von hervorgehobener Bedeutung waren und an erster Stelle, sicher schon in der Spannungsphase, aber auf jeden Fall mit Ausbruch von Kampfhandlungen, bekämpft worden wären. Die Bekämpfung bzw. deren Zerstörung stand unmittelbar auch im Interesse der in dem Gebiet operierenden Vereinten Ostseeflotten. Beispielhaft möchte ich drei dieser erwähnten Ziele im westlichen Bereich der Ostsee in Sichtweite von See aus nennen, weil diese im Rahmen der Ausbildung der Kommandeure und deren Stäbe angeführt wurden: Pelzerhaken, Klaustorf und Marienleuchte. Sie wurden im Sprachgebrauch immer kurz als „Türme" bezeichnet. Hier ein paar Worte mehr über diese Ziele, die auch vom MFG-28 als Vorrangziele mit der Luft-Boden-Rakete Ch-28T zur Bekämpfung in Erwägung gezogen wurden. Die Aufklärungstürme wurden von den Eloka- Einheiten von Heer, Luftwaffe und Marine der Bundeswehr an der Nahtstelle zum Gegner aufgestellt und betrieben, um die Streitkräfte des Ostblocks aufzuklären. Die Türme der Luftwaffe übermittelten ihre Ergebnisse dem Fernmeldebereich 70 der Luftwaffe in Trier zur zusammenfassenden Auswertung und wurden Fernmeldesektortürme genannt. Die Türme befanden sich in unmittelbarer Nähe zur Grenze, teils in Sichtweite zu ihren östlichen Gegenparts. Sie waren mit umfangreichen Geräten zur Fernmelde- und elektronischen Aufklärung ausgestattet. In einem Turm waren in der Regel bis 200 Soldaten im Schichtbetrieb beschäftigt. Diese waren in einer Kaserne in der Umgebung untergebracht.

Aufklärungsturm M in Pelzerhaken.
(Quelle: https://de.wikipedia.org/wiki/ Aufklärungsturm_M)

Am Standort des Turmes M in Pelzerhaken nahe Neustadt (Ostholstein) zum Beispiel war der MFmSt 711 (Marinefernmeldesektor 73) stationiert. Diese Einrichtung der Bundesmarine wirkte mit dem Flottendienstgeschwader und mit Seefliegerkräften (Marinefliegergeschwader-3) bis Ende 1992 zusammen.

Der Turm A war ein Aufklärungsturm der Bundeswehr in Klaustorf nahe Großenbrode, er diente der elektronischen Spionage bis in eine Entfernung von 600 km. Im 4. Stock des 75 m hohen Turms saß die Fernmeldestatistik, also der BND, im 6. Stock die Marine und der Kryptoraum und im 8. Stock die Abhörzentrale des Richtfunks. Der Großteil dieser Türme wird heute nicht mehr militärisch genutzt.

Bis in die 1980er-Jahre befanden sich auf der Station Marienleuchte eine Marinesignalstelle, eine Marineunterwasserortungsstelle,

Aufklärungsturm A in Klaustorf.
(Quelle: https://de.wikipedia.org/wiki/Aufklärungsturm_A)

stelle, beide zugehörig zur Marinefernmeldegruppe 53, (Neustadt Ostholstein) und die Außenstelle Marienleuchte des Marinefernmeldesektors 73 (Neustadt/Holstein), die alle dem Marineführungsdienstkommando unterstanden. Die Fernmeldeaufklärung des Marinefernmeldesektors 73 war ebenfalls im Keller der Station untergebracht. Das Personal der Unterabteilung für Sprechfunkaufklärung wurde nach Einstellen der Erfassung von Marienleuchte abgezogen.

In der Nähe des Leuchtturms Marienleuchte sollte 1987 eine völlig neue Aufklärungsstation gebaut werden. Heute ist die Station als Elektronische Erfassungsstelle Marienleuchte dem Fernmeldbereich 91 der Streitkräftebasis unterstellt. Sie ist also auch heute noch aktiv. Außerdem befindet sich dort weiterhin die Marineunterwasserortungsstelle. Am 13. Januar 1993 wurde die Passivsonaranlage DWQX-12 dort eingeführt und erlaubt seitdem eine umfangreiche Erfassung und Analyse sowohl im Geräusch- als auch im Sonar- und bei der akustischen Unterwassertelefonie, dem sogenannten UT-Sektor. Besonders die hohe Peilgenauigkeit ermöglicht mit Hilfe der Radar- und optronischen Sensoren eine präzise

Marienleuchte. (Quelle: https://de.wikipedia.org/wiki/Marineküstenstation_Marienleuchte)

Zuordnung von Seefahrzeugen. Das System wurde von der NATO finanziert und erlaubt, schon auf relativ große Entfernungen Fahrzeuge zu detektieren und zu klassifizieren.

Erste Ausbildungselemente für den Einsatz von lasergelenkten Raketen vom Typ Ch-25ML gegen Erdziele, wie zum Beispiel die eben beschriebenen „Türme", erfolgten am 5.Februar 1988 auf den Schießplatz der 16.Luftarmee in Wittstock. Vor dem realen Schießen wurde ein Übungsflug mit simuliertem Waffeneinsatz durchgeführt. Dieser entsprach in seinem Ablauf dem eines realen Gefechtseinsatzes. Zu Trainingszwecken erfolgt der Einsatz der Lenkrakete aus dem Sturzflug unter einem Winkel zwischen 15° und 25° und Schussentfernung unter 7 km.

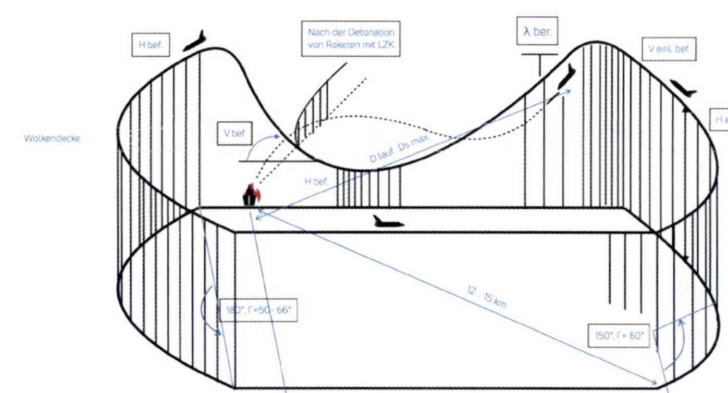

Manöver zum Abschuss einer Rakete aus dem Sturzflug. (Quelle: Peter Prast gemäß geltender DV)

Lageplan des nachgestellten NATO-Flugplatzes mit Zielpunkt (Originalausschnitt aus einer Karte der GSSD/WGT). (Quelle: Hannes Mallwitz)

Dass Schießen mit der Lenkrakete Ch-25ML erfolgte auf eine Flugzeugdeckung südlich des nachgebauten „NATO-Flugplatzes“.

Der Zielpunkt befindet sich, automatisch stabilisiert, auf der Flugzeugdeckung (schwarzer Pfeil). Hier sieht man die Lenkbewegungen der Rakete bei einer Entfernung von 1600 m. (roter Pfeil)

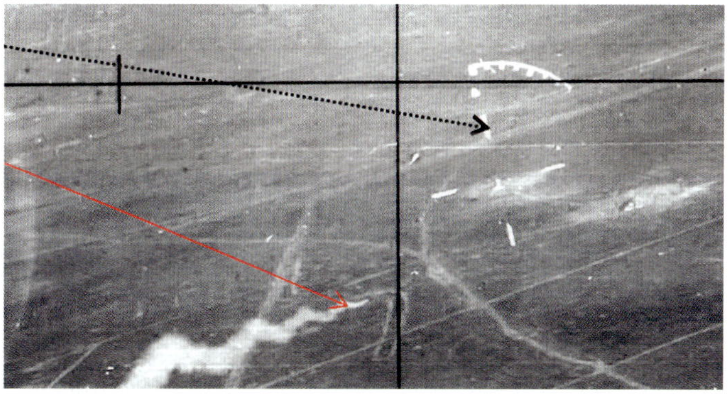
Ich war enttäuscht, weil sich die Rakete im direkten Anflug mit der Zielsuchlenkanlage in der letzten Phase dem Ziel zu tief genähert hatte, dann aber in eine Bodenerhebung ca. 60 m Meter vor dem Ziel eingeschlagen ist. (Quelle: Hannes Mallwitz)

Man kann gut erkennen, dass der Zentralpunkt des Visiers während des Angriffes unverändert auf der Flugzeugdeckung automatisch fixiert war, die Rakete aber in den davor sich befindlichen Hügel einschlug.
Leider konnten wir unsere Hauptbewaffnung – die Luft-Boden-Rakete Ch-29T mit autonomer TV-Lenkung – nicht erproben. Diese Rakete hatte eine Ressource von 15 Landungen, d.h. sie durfte nur 15 Mal mitfliegen ohne verschossen zu werden. Außerdem war sie wohl auch recht teuer. Auch waren Trainingsflüge mit angehängter Rakete nicht gestattet. Im Weiteren wurde das Schießen in Wittstock eingestellt, weil bei Trainingsflügen anderer Fliegerkräfte sich gezeigt hatte, dass die energoballistischen Möglichkeiten dieser Rakete ein Ausbrechen über die Grenzen des Schießplatzes hinaus zuließ und damit die Sicherheit Unbeteiligter gefährdete. Deshalb mussten wir später zum Gefechtsschießen nach Weißrussland ausweichen.

Lasergelenkte Luft-Boden-Rakete Ch-25ML.

Nachdem wir nun eine Reihe von Landobjekten auf dem Territorium im Norden der Bundesrepublik als Vorrangziele für eine luftgestützte Bekämpfung herausgefiltert haben, wurde das in die Ausbildungsprogramme des Geschwaders aufgenommen und geübt. In diesem Zusammenhang ist mir ein Bericht[36] des Fluginspekteurs der Frontfliegerkräfte Oberstleutnant Hans Roemer zur Kenntnis gekommen, der über das Gefechtsschießen mit Lenkwaffen unserer Front- und Marineflieger in Weißrussland berichtet. Einige Auszüge werden hier kurz zusammengefasst wiedergegeben. Das Schießen fand, nach gründlicher Vorbereitung des fliegenden und technischen Personals in der DDR an den Standorten Drewitz und Laage, in der Zeit vom 11. bis 15.09.89 mit Flugzeugen und Piloten des JBG-37, JBG-77 und des MFG-28 auf dem Schießplatz in Plisetzk (Belorussland) statt. Dazu verlegten folgende Flugzeuge zum Flugplatz Luninetz in Weißrussland: 1 Su-22UM3K und 6 Su-22M4 des JBG-77 vom Flugplatz Laage, 6 Su-22M4 des MFG-28 ebenfalls vom Flugplatz Laage und 4 MiG-23BN des JBG-37 vom Flugplatz Drewitz.
Für das Schießen standen 12 lasergelenkte Raketen Ch-25ML für die Su-22M4 und 4 Ch-23M für die MiG-23BN zur Verfügung. Die Reichweite der Ch-25ML, die auf dem Laserstahl auf das Ziel gehalten wird, beträgt 7 km, die Ch-23M wird über Funkkommando gelenkt auf eine max. Distanz von 10 Km.

Nach einem imitierten Training ging es am 1. Schießtag zur Sache, jedes Flugzeug eine Rakete. Gedeckter Anflug in extrem geringer Höhe. Jeder Pilot führte den ersten Angriff blind durch und schaltete dann die Waffenanlage ein. Von diesen ersten geschossenen Raketen Ch-25ML verfehlte eine das Ziel und brach umgelenkt aus, weil der Flugzeugführer eine Wolke auf dem Angriffskurs nicht beachtet hatte. Eine zweite Rakete hatte eine Abweichung von 5 m zum Ziel. Vier trafen die beiden Ziele im Zentrum und zerstörten diese vollständig, einschließlich den gesamten Erdhügel um das Ziel. Die MiG-23BN setzten zwei Ch-23 ein. Die eine hatte eine Abweichung von 10 m, die andere 20 m, was bei der komplizierten Lenkung der Raketen durch die Piloten ein sehr gutes Ergebnis darstellte, und zusätzlich waren die Ziele nicht mehr in ihrer ursprünglichen Konfiguration vorhanden. Am 14.09.89 erfolgte wiederum der Einsatz von sechs Ch-25ML durch die Su-22M4 und zwei Raketen Ch-23 durch die MiG-23BN. Wie am Vortag führten die neu eingesetzten Piloten den ersten Anflug „blind", dann „scharf" durch. Für sie bestand ein höherer Schwierigkeitsgrad, weil die Ziele nur notdürftig über Nacht wiederhergerichtet werden konnten und schwer erkennbar waren. Nach den ersten beiden Paaren der Su-22M4 existierten sie nicht mehr. Das erste Paar MiG-23BN traf die Reste der Ziele. Das dritte Paar Su-22M4 bekam zwei Mirage-3 als Ziele zugewiesen und vernichtete diese vollständig. Für den dritten Flug war für alle der Einsatz der Bordkanone geplant und wurde so auch durchgeführt. Als Ziele dienten zwei Flugzeuge und eine Kfz-Kolonne. Im Ergebnis des ersten scharfen Schießens der Su-22M4 aus dem MFG-28 muss den Piloten eine hohe Anerkennung ausgesprochen werden. Das heißt aber nicht, dass das alles auch so im Krieg abgelaufen und unsere „Türme" in Schutt und Asche gelegt worden wären. Der Krieg folgt seinen eigenen Gesetzen. Aber eine erste Anerkennung muss man den durchweg jungen Piloten auf jeden Fall zollen.

D) Nähern wir uns im Abschluss immer mehr dem klassischen Teil im Zusammenwirken des MFG-28 mit der VM. Hier liegt ein Bericht des Flugleiters Oberstleutnant a.D. Alfred Rienecker vor, der als Verbindungsoffizier bei der letzten gemeinsamen Truppenübungen der Verbündeten Ostseeflotten mit der Teilnahme von Marinefliegern eingesetzt wurde. Auch diese Episode ist in dem bereits erwähnten Fliegergeschichten auf den Seiten 249 bis 253 veröffentlicht. Daraus möchte ich eine Passage in diesen Beitrag einbauen. Mehr als 20 Jahre hat Alfred Rienecker als Flugzeugführer in der NVA gedient, zuletzt auch auf der Su-22M4, und den damit verbundenen Einsätzen als Flugleiter in verschiedenen Dienststellungen. Dieses Mal als Verbindungsoffizier auf einem Küstenschutzschiff. Beim Packen des Seesacks steckte er sicherheitshalber eine kleine Funkstation R-809 ein und meldete sich an Bord des KSS „Halle". Es war die letzte Truppenübung des Vereinten Geschwaders der Verbündeten Ostseeflotten, welche im Zeitraum vom 5. bis 20. Juni 1990 stattfand. Neben dem alltäglichen Leben an Bord, den administrativen Aufgaben, die durch die Verantwortlichen der Marine durchgeführt wurden, kam es natürlich auch zu den Gefechtseinsätzen der Schiffe und der Marineflieger. Eine konkrete Auflistung der Handlungen ist leider

[36] Quelle: „Fluggeschichten - Vom Start bis zur Landung", herausgegeben durch den Fliegerstammtisch Straußberg, 2013 S.227-230

in diesem Bericht nicht aufgeführt. Es war geplant, dass der Verbindungsoffizier über eine Funkstation vom Schiff Verbindung mit den Flugzeugführern aufnehmen sollte. Aus, bis heute unerklärbaren Gründen, klappte das genau zum Zeitpunkt des Einsatzes der Marineflieger nicht. Als schon der Wetterflug startete und Alfred Rienecker froh war seine kleine Funkstation ersatzweise, aber eben problemlos für den folgenden Funkverkehr mit den Piloten in Betrieb nehmen zu können. Das klappte auch, aber weitere Ausführungen werden in diesem Artikel nicht niedergeschrieben. Nun kann das KRR-18 als Teilnehmer dieser Übung einspringen, weil es zu diesem Zeitpunkt durch dessen Einsatzstab auf dem Gefechtsstand der 6.Flottille genau diesen Schiffsverband mit Küstenraketen im Zusammenwirken mit den Schnellbooten angegriffen haben. Auf dem, den Schiffsverband begleitende, UAW-Schiff „Perleberg", befand sich der neue Abrüstungs- und Verteidigungsminister Eppelmann. Die stattfindenden Handlungen des Zusammenwirkens der unterschiedlichen Waffengattungen auf See erklärten ihm der Chef der NVA Theodor Hoffmann und der Chef der Volksmarine Vizeadmiral Hendrik Born. So erfolge pünktlich ein oder mehrere simulierte Angriffe der Marineflieger auf den Schiffsverband zur vorgegebenen Schlagzeit. Hier hat es sich nur um demonstrative Tief- oder Überflüge einer Kette von Su-22 gehandelt. Eppelmann war sicherlich tief beeindruckt, aber gerettet hat es das Geschwader vor der Abrüstung auch nicht. Interessant ist zum Beispiel der Aspekt, dass zu Beginn der Übung die gegenseitige Aufklärung zu Wasser und zu Luft auf vollen Touren lief, ob seitens der BRD, Dänemarks oder den USA. Während der gemeinsamen Übung ist dann die Entscheidung gefallen, die gegenseitige Aufklärung einzustellen, und seit diesem Zeitpunkt hatten wir keine Begleiter mehr. Hat Eppelmann vielleicht nachgeholfen?

E) Neben den typischen Jagdbomberaufgaben gehörte ebenso die Luftaufklärung zum festen Bestandteil beider Geschwader. Sie ist eine bedeutsame Art der Gefechtssicherstellung und ist damit ein integrierter Teil des taktischen Zusammenwirkens der am Gefecht beteiligten Kräfte. Aufklärungsflüge wurden zu jeder Jahres- und zu jeder Tageszeit auf Befehl des Vorgesetzten und anderer Führungsorgane durchgeführt. Zur optischen und Funkmessaufklärung dient der Aufklärungscontainer ARK.

Die Aufklärungsausrüstung des Flugzeuges Su-22M4 besteht aus dem in Modulbauweise gebauten Komplexaufklärungscontainer KKR-1TÄ und wird bei Bedarf an die Rumpfmittelstation befestigt. Im Container sind die Sensoren, Luftbildaufklärung und funktechnische Luftaufklärung eingebaut und ermöglichen eine umfangreiche Aufklärung am Tag und in der Nacht. Im Vorderteil befindet sich die Luftbildausrüstung bestehend aus:

Eine Su-22M4 mit dem Aufklärungscontainer ARK. (Quelle: Jens Opitz)

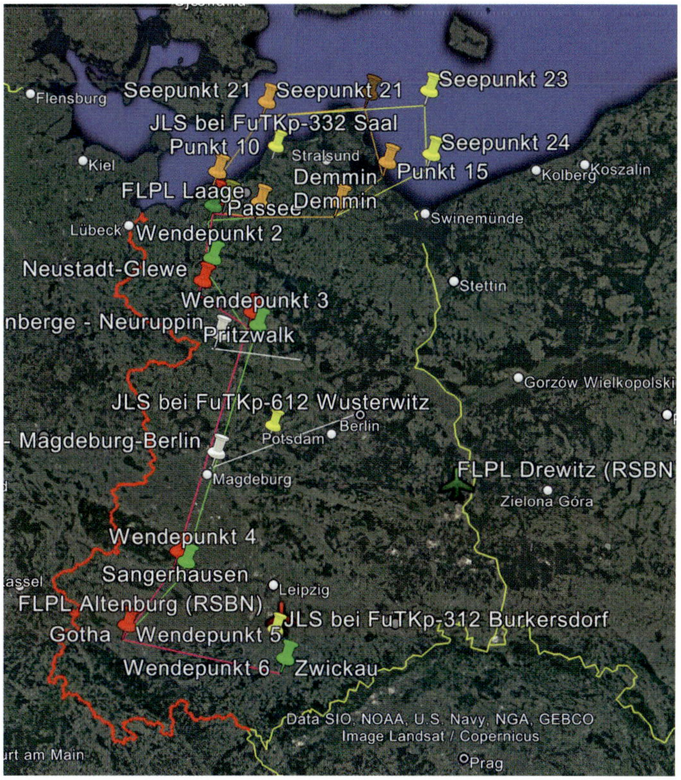

Flugstrecken gem. Verzeichnis der Standardflugstrecken der 16. Luftarmee und der Fliegerkräfte der NVA sowie der Grenztruppen der DDR. (VVS-Nr. 989300, 25.August 1989)

- Luftbildkamera A-39 für Tagaufnahmen, die bei der Flugvorbereitung für Senkrecht- oder Schrägaufnahmen nach vorn eingestellt werden kann.
- Panoramakamera PA-1 von Horizont zu Horizont für den Tageinsatz und eine
- Nachtluftbildkamera UA-47

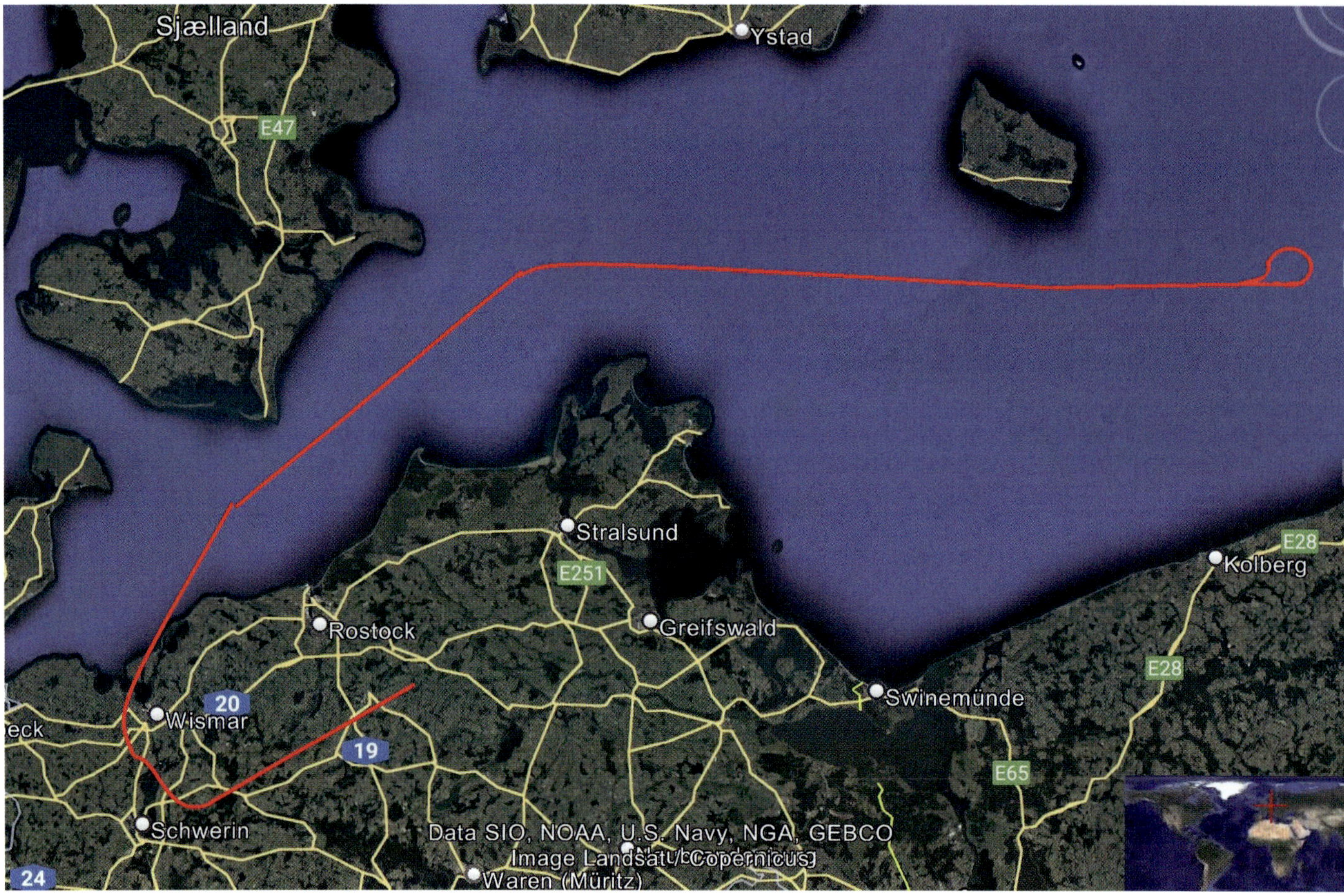

Flugstrecke Ostsee. (Quelle: Google Earth)

Standardaufklärungsflüge in Richtung Nord-Süd bis Wendepunkt 6 und zurück gehörten ebenfalls zum Inhalt der Luftaufklärung. Dazu wurde die Technik im Container dementsprechend programmiert und eingesetzt. Die Aufklärungsergebnisse müssen offensichtlich recht erfolgreich gewesen sein, denn es folgten nach der Auswertung, gelegentlich auch Dankschreiben von HV A - der Hauptverwaltung Aufklärung. Als Marineflieger ist es allzu verständlich, wenn besonders die Operationszone der VM in beiden Richtung West-Ost mit Aufklärungsflügen bis in die Arkonasee abgeflogen wurde.

Das Training des Einsatzes der möglichen Waffenvarianten des Flugzeuges Su-22 auf Erd- und Seeziele war bei den geringen Möglichkeiten der NVA ein grundsätzliches Problem. Für das MFG-28 bestanden neue Aufgaben in der Erarbeitung und dem Training taktischer Verfahren zum Bekämpfen von Seezielen. Diese neuen Aufgaben unterschieden sich grundsätzlich von den Standardverfahren am allseits bekannten Schießplatz Peenemünde. Die Ziele dort waren in unmittelbarer Küstennähe und es gab eigentlich nur drei Standardverfahren für die Angriffe auf die vier reichlich, durch langjährigen Beschuss, zerstörten Schiffsreste.

Die neue Idee bestand darin, auf geschleppte Seeziele zu schießen. Geschleppte Seeziele wurden normalerweise für das Schießen auf See durch Schiffseinheiten der Volksmarine verwendet. Diese Seeziele waren Schleppscheiben mit der Größe von 4 × 4 m bzw. 10 × 6 m – diese zwei Scheiben wurden dann an einer 1000 m langen Leine im Zielgebiet durch einen Schlepper gezogen.
In enger Zusammenarbeit Verantwortlicher des Kommandos LSK/LV, mit dem Chef Truppenluftabwehr, Generalmajor Kneiphoff, wurde als Schießplatz der Flak-Artillerieschießplatz Zingst (FAS) festgelegt. Dieser Schießplatz gehörte zum Fla-Raketenausbildungszentrum-40 (kurz FRAZ-40) der Truppenluftabwehr, welches sich am östlichen Ende auf der Halbinsel Zingst befand.
Für das MFG-28 bestand die Aufgabe darin, die Flugzeugführer für das Schießen auf offener See vorzubereiten und die entsprechenden organisatorischen Maßnahmen für die Sicherstellung des Schießens festzulegen. Dazu gehörte unter anderem - einen Flugleiter mit der notwendigen Ausrüstung auf das Schleppschiff zu entsenden. Der Schlepper war im Stützpunkt der 6.Flottille auf dem Bug auf Rügen stationiert - von Flugplatz Laage aus eine ziemlich weite Anreise - hinzu kam noch rund 20 Seemeilen für die Fahrt des

Reste von zerschossenen Schiffswracks vor dem Strand in Peenemünde. (Quelle: Hannes Mallwitz (Foto links) und Uwe Huster (Foto rechts))

Schleppgespanns in das Zielgebiet, was auch ein paar Stunden in Anspruch nahm.

Die Ausbildung des fliegenden Personals wurde nach dem vierten Programm durchgeführt. Dieses Programm beinhaltete die Ausbildung über See – angefangen von der Navigation über den einfachen Kunstflug, bis hin zum höheren Kunstflug. Die Navigation über See war kein Problem. Für den höheren Kunstflug mussten aber spezielle Zonen genutzt werden – Flugzonen ohne Sichtbarkeit der Küstenlinie. Da gab es nicht viel Auswahl - wir hatten unsere Zone 04A über dem Seegebiet nordwestlich von Rostock und eine zweite Flugzone östlich von Sassnitz/Rügen. Die zweite Flugzone war natürlich für unseren „Doppelsitzer“ (Su-22 UM3K) aufgrund der langen Hin- und Rückflugstrecken ungeeignet, wenn es um den höheren Kunstflug ging. Aber wir haben das auch irgendwie hinbekommen - auch mithilfe einer Kunstflugzone des Flugplatzes Ribnitz-Damgarten - wenn die sowjetischen Flieger „am Boden“ waren, konnten wir diese, westlich der Halbinsel Zingst, in der Luftschießzone I (LSZ-I) gelegenen Flugraum, nutzen. Die Ausarbeitung unserer Methodik für das Bekämpfen von geschleppten Seezielen musste in Übereinstimmung mit der Ordnung für die Nutzung dieses Sperrgebietes erfolgen. Für schnelle Flugzeuge, wie die Su-22, war nicht viel Platz zum Manövrieren vorhanden. Die rund 25 km Ost-West- Ausdehnung sind bei 800-900 km/h schnell zurückgelegt. Der Anflug des Zieles war nicht unkompliziert, zumal sich die Lage des Zieles variabel zwischen den Punkten A und B befand. Der Flugleiter im Schießplatzgebiet gab die nötigen Informationen zum Kurs des „Zieles“ und seiner verbleibenden Restdauer zum Wendemanöver. Während des Wendemanövers des Schleppverbandes waren Angriffe selbstverständlich verboten. Die Angriffe auf das Schleppziel erfolgten grundsätzlich aus einem rechten Manöver und hatten immer so zu erfolgen, dass sich der Schlepper nach links vom Angriffskurs der Flugzeuge wegbewegte. Meldete also der Schießplatzleiter z.B. „Seeziel 180°“ (Südkurs), erfolgte der Angriff mit Kampfkurs 270° und der Wiederholungsangriff aus einer Nordkurve von See her.

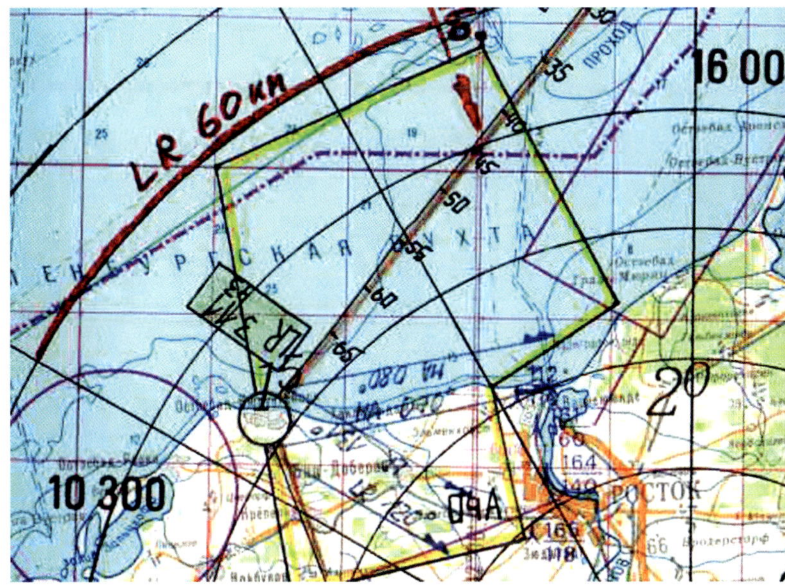

Kunstflugzone 04A Laage. (Quelle: Hannes Mallwitz)

Die Piloten mussten also erst mal richtig zuhören, den entsprechenden Kampfkurs einnehmen, das Ziel lokalisieren und dabei beachten, dass der Kurs um maximal +/- 10° vom Kampfkurs abweichen durfte. Erst nach erfolgreichem Abschluss dieser Verfahren konnte zum eigentlichen Schießen übergegangen werden. Die Anfangsausbildung sah das Schießen mit einfachen Manövern aus dem Sturzflug vor, wobei eine Wolkenuntergrenze von 2500 m erforderlich war. Im Weiteren waren dann auch Angriffe mit komplizierten Manövern und aus extrem geringen Höhen möglich. Angriffe aus extrem geringen Höhen hatten den Vorteil, dass bei Wolkenunter-

Aufbau der Manöver in der Schießzone. In dieser Abbildung ist die schematische Lage des FRAZ-40 bezüglich der Landorientierungspunkte dargestellt. (Quelle: Slg. Hannes Mallwitz)

Bei der Neuerarbeitung von komplizierten Ausbildungselementen wurden zuerst die Fluglehrer geschult. Günstig war, dass zum leitenden fliegenden Personal des MFG-28 erfahrene Piloten gehörten, welche auf ihren vorhergehenden Flugzeugmustern (MiG-17, MiG-21, MiG-23 BN) bereits ähnliche Flugelemente erarbeitet hatten.
Die erste Erarbeitung dieser Angriffe erfolgte mit Einsatz des Fotokontrollgerätes „Sscha-45“. Nachfolgende Flüge wurden mit realem Waffeneinsatz durchgeführt. Dabei kamen ungelenke Raketen des Typs S-5, S-8 und die Bordkanone NR-30 zum Einsatz. Bei Angriffen aus extrem geringen Höhen wurden nur ungelenken Raketen S-5 eingesetzt.
Während des Schießens durften sich maximal zwei Einzelflugzeuge oder Paare im Zielgebiet aufhalten, bei Angriffen im Paar betrug der Abstand der Schleppziele mindestens 50 m. Eine Besonderheit beim realen Waffeneinsatz bestand darin, dass die Schleppziele möglichst nicht beschädigt werden sollten. Deshalb bestand die Anweisung, beim Schießen mit Kanone und ungelenken Raketen den Zielpunkt zwischen die Ziele zu legen.
Nachfolgend möchte ich noch einige Bilder aus dem Seegebiet nördlich der Halbinsel Zingst, welche während der Gefechtsausbildung „geschossen“ wurden, kommentieren.

grenzen ab 500 m dieser Schießplatz genutzt werden konnte.
Die praktische Erarbeitung des Schießens auf geschleppte Seeziele begann nach meinen Aufzeichnungen im November 1989 (siehe Flugbucheintrag). Während des Wetterfluges wurden die Flugelemente abgeflogen und die konkreten Wetterbedingungen im Flugraum gecheckt. Gleichzeitig wurden die Flugsicherungsmittel überprüft - das beinhaltete im konkreten Fall auch den Flug zur FRAZ-40 und die Kontaktaufnahme mit dem Flugleiter auf dem Schlepper. Zum Zeitpunkt des Wetterfluges befand sich dieser natürlich noch außerhalb des Schießplatzes.

Anmerkung des Flugleiters zum Seezielschießen:
Flugleiter war ich irgendwann im Frühjahr 90. Einmal war ich mit einem bereits erfahrenen Flugleiter (wer, weiß ich nicht mehr) dort und dann ein- oder zweimal allein.
Bei meinen Einsätzen ging der Schlepper allerdings nicht von Dranske/Bug ab, sondern von Hohe Düne/ Warnemünde. Wir legten in der Nacht ab, denn bei starkem Seegang brauchten wir bis zur Schießzone auch ca. 4 Stunden. Dann zwei Schichten und abends wieder zurück. Man war also mindestens 24 Stunden unterwegs. Woran ich mich noch gut erinnern kann, war die Gastfreundschaft

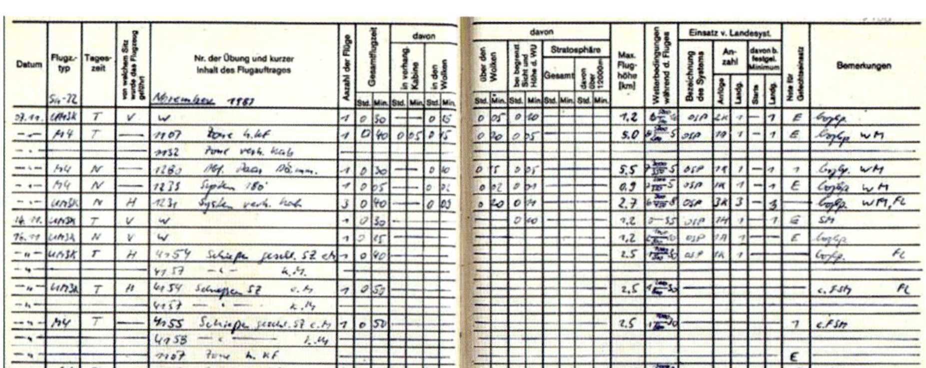
Flugbucheintrag vom 16. November 1989. (Quelle: Slg. Hannes Mallwitz)

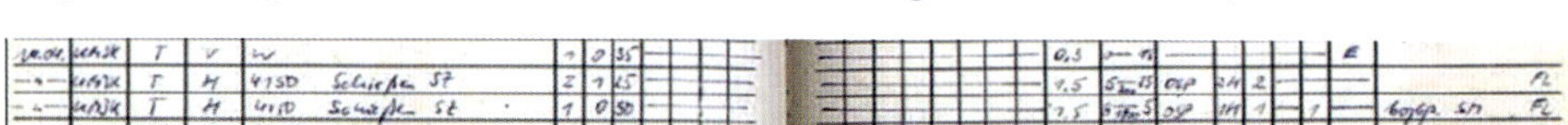
Nutzung der FRAZ-40 im April 1990. (Quelle: Slg. Hannes Mallwitz)

Bestätigt STGALSK	[signature] Oberst	**GE auf geschleppte Seezielscheiben am SP FRAZ-40 ZINGST mit S-5 KD, S-8 KD, NR-30 Einzeln und im Paar; Übung 4150, 4155, 4157, 4158, 4159, 4166,4167, 5457**

1. Bedingungen der Durchführung

Übung	4150	4155	4157	4158	4159	4166	4167	5457
Anzahl	1	1	1	1	2	1	1	1
Höhe	200-2500 m					50–300 m		200-2500
Wetter	1500 6		HF			500 6		
Betankung	voll, ohne ZB / mit 2 ZB 800							
Zeit	je 40 min.							
Ausbild-stand	4107, 4119, 1165							

2. **Ziel der Übung**
Ausbildung und Überprüfung der FF im GE, einfache und Komplizierte Manöver auf geschleppte Seezielscheiben

3. **Ordnung der Durchführung**

- Start, Steigflug, Anflug SP, x-45° über FF Trent bzw. Zingst. H ≥ 600 m
- 30 km vor Erreichen SP-Aufnahme der Funkverbindung mit FL-SP Einholen der Erlaubnis zum Anflug SP,FL befiehlt Anflug H und KK
- Identifizierung des Zieles, Einholen der Arbeitserlaubnis
- FL erteilt Erlaubnis zur Einnahme des KK 90°, bzw. 270°
- Meldung FF, Meldung FF auf Kampfkurs 90°- (270°) FL erlaubt GE
- Einschalten der WA

Aufbau Manöver zum Angriff durch den FF.
- nach Aufgabenerfüllung bzw. Erreichen KS-Rest 1600 kg – WA aus Meldung an FL-SP, Rückflug Str. 984
- in der SP-Runde dürfen sich gleichzeitig, nur 2 Paare bzw. 2 Einzelziele befinden

4. **Methodische Festlegungen**

- Erarbeitung des GE hat nach den Übungen 4150,4155, 4157, 4158, 4159 zu erfolgen, dabei 4155 u. 4159 nach Erfüllung 4150 bzw. 4157
- Nutzung SP grundsätzlich gemeinsam mit MHG-18 Ziel ist Schleppscheibe 4 x 4 m (10 x 6,5 m)
- Ersterarbeitung mit SScha 46 ohne reale Bewaffnung
- als Fluglehrer zugelassen nach Erfüllung der Übungen 4155 u. 4159 auf geschleppte Scheiben, sowie 5157
- Aufbau Manöver grundsätzlich nach rechts KK-90° ± 10° und 270° ± 10° in Richtung Land bei KK=90° ± 10° und 270° ± 10° (SZ 180°)
- auf KK muß sich Schleppfahrzeug (SZ 360°) links vom Angreifer befinden
- Schleppfahrzeug schleppt Ziel an > 1000 m Leine y_z-15 km/h

- GKz = 360° = von Punkt A 54°27,9´ zu Punkt B 12°50,5´ bzw
- GKz = 180° = von Punkt B zu Punkt A
- wenn Schleppfahrzeug Punkt „B“ erreicht – Meldung des Kdr.
  → Unterbrechung GE, Wenden des Schleppers und Anlaufen Position A, danach Bereitschaftsmeldung des Kommandanten, danach GE wieder erlaubt bis zum Erreichen Position A

Waffeneinsatz nur erlaubt im Gebiet 54°31´- 12°47´ / 54°31´ 12°52´
54°27´,8´- 12°47´ / 54°23,8´ – 12°52´

- Versetzung des Zieles im Angriff - 500 – 900 m
- Kampfkurs - 90° ± 10° od. - 270° ± 10°
- Funkverbindung mit FL auf Schleppfahrzeug auf Kanal Rufname „Zement“
- Manöveraufbau wie auf ein unbewegliches Ziel
- Regime Schießen - HF S6 H = 100 m V_w - 900 km/h $D_s \geq 1500$ m
  - HF S8 H = 100 m V_w – 900 km/h $D_s \geq 1800$m
  - Sturzflug Einleithöhe 1200 m

V 750 km/h DS = 1600 S – 5
DS > 1800 S – 8
DS > 1500 NR – 30

Übergang Steigflung 20° mit Ny=4 und seitlichem auskurven

- Als FL auf dem Schleppfahrzeug wird zugelassene FL entsprechend der DV 111/0/001, Pkt. 230 nach einer gesonderten Einweisung einzusetzen.

5. **Charkteristische Fehler**

- Vernachlässigung der befohlenen Regime, V_{smin} – 600 km/h
- Überschreitung D_{smin} - ständig Zielgröße im Visier einschalten
  - Kontrolle der Höhe und D_s
- Nichteinhaltung H_{min} und H_{min} über dem Ziel entsprechend der Waffenvariante

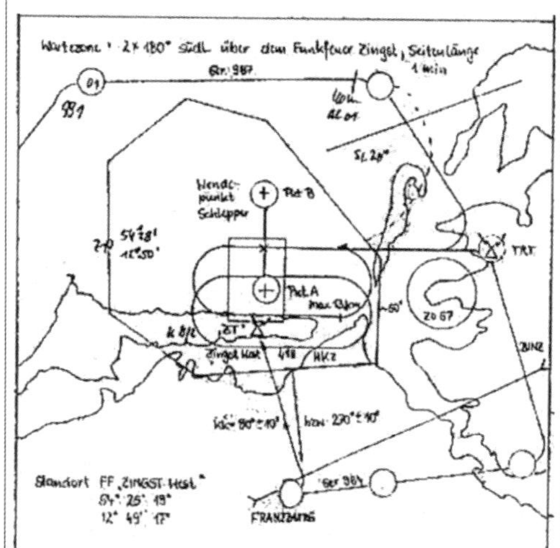

6. **Sicherheitsbestimmungen**

- vor dem realen Gefechtseinsatz ist ein Kontrollabflug der Schießzone durchzuführen
- KK – 90° ± 10°, 270° ± 10° → bei Nichteinhaltung Feuerverbot
- GE nur bei stabiler zweiseitiger Funkverbindung erlaubt
- GE verboten bei: - Einlaufen von anderen Zielen im SP-Bereich
  - Nichterkennen bzw. nicht eindeutige Zielidentifizierung
  - bei Gefahrensignalen
  - bei Kursmanöver des Schleppfahrzeuges
  - bei Nichteinhaltung KK ± 10°

- Während des WE hat Kurs des Schleppfahrzeuges 360° bzw. 180° zu betragen
- Mindestlänge Schleppleine 1000 m
- Die WA ist auf KK einzuschalten und vor dem Abkurven von KK auszuschalten und zu melden
- Einsatz Spt – Sprengmunition verboten
- Schießen im Paar, Abstand zwischen den Scheiben 50 m
- Schießen Nr. S – 5/ / NR – 30 grundsätzlich mit Zielpunkt zwischen beide Ziele

7. **Bedienung der Waffenanlage M-4**

- am Boden: · „ГЛАВН“ aus
  · Reflexscheibe hoch сщ ƒ < 10°
  · TCP-54, „ПЛДЦ“
  · АТАКА 2 ВИДА aus, ВОЗД-ЗЕМЛЯ – „ЗЕМЛЯ“
  · ПО – 2
  · БП, C-60 entspr. Waffenvariante
  · Kontrolle Arbeitsbereitschaft und Helligkeit
- in der Luft: · nur auf KK
  · АТАКА und Kontrolle „ГЛАВН“ ein
  · Kontrolle Blenker, Durchlader Kanone
- Angriff · nach Einleiten Sturzflug
  · „ЗАПУСК“ drücken und „ОГОНЬ“ halb umlegen
  · ZP auf das Ziel legen und mit gedrücktem „ЗАПУСК-2“ begleiten
  · „ЗАПУСК“ loslassen, ZP erneut aufs Ziel legen
  · bei $D_{s\,max}$ (grüne Lampe, Tonsignal) Feuereröffnung mit KK „ОГОНЬ“ – NR-30, bzw. „ПОДВЕСКИ“ – UЛR СРРУ nach Beendigung des Schießens (spätestens D_s min) SL beseitigen
  · KK sichern und mit n_y = 4 abfangen
  · bei ⊖ (Steigwinkel) = 20° auskurven
  · „ГЛАВНИ“ aus und „НАВИГ“ drücken

Literatur: Ordnung FRAZ-40 und AZ-20 WS/C799983
A 111/1/127 S. 7/50
DV 111/0/024
Technische Beschreibung
A 111/1/129 S. 4/3, 7/68

Erarbeitet:
Kommandeur MFG-28 Mallwitz / OSL

Vom Kommando LSK/LV bestätigte Methodik für den GE auf geschleppte Seezielscheiben. (Quelle Seite 159 und 160: Thomas Kuplin / Slg. Mallwitz)

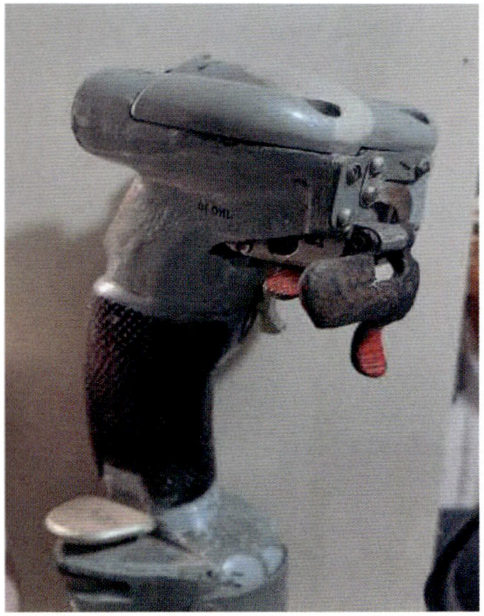

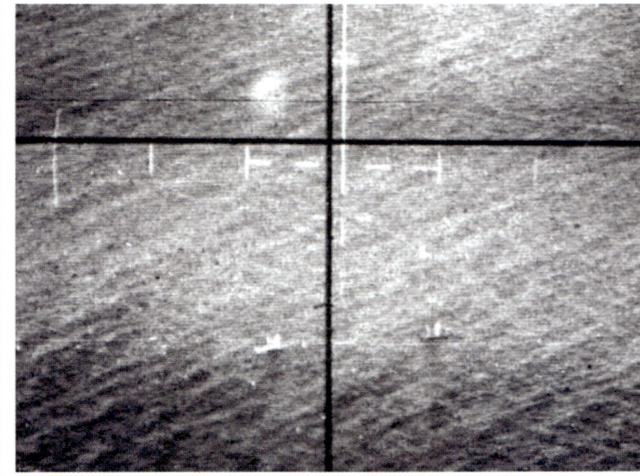

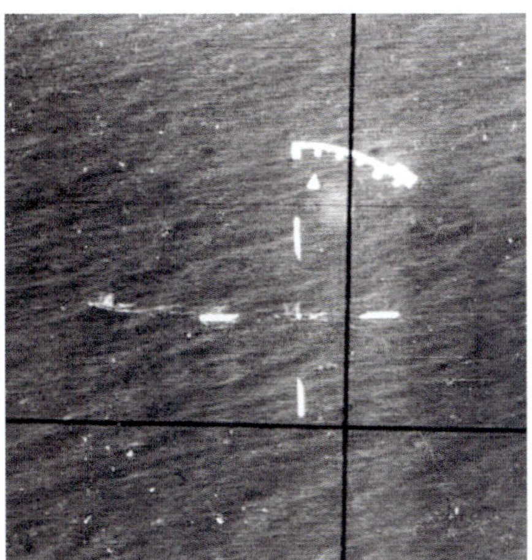

Dieses Bild zeigt einen Angriff mit der Bordkanone/Kamera aus dem Sturzflug – Schussentfernung 1100 m – da der Zentralpunkt auf dem Ziel liegt, kann es nur um einen imitierten Waffeneinsatz handeln.

Dieses Bild zeigt den Schlepper mit seinen zwei Schleppzielen auf der Fahrt zur Schießzone FRAZ-40. Aufgenommen wahrscheinlich während des Wetterfluges.

Dieses Bild zeigt den Angriff aus dem Sturzflug mit ungelenken Raketen und starrem Visiernetz. Der Zielpunkt liegt zwischen den beiden Zielen. (Die Ziele sollten ja nicht beschädigt werden.)

an Bord. Es gab viel zu Essen, sie haben sogar extra Kuchen an Bord gebacken.

Fazit: Wenn der Unterpunkt 4.2.2. versucht die Gefechtsausbildung des MFG-28 und deren maritimer Ausrichtung zu beschreiben, diente das nur einem Ziel: Das MFG-28 und genauso das JBG-77 hatten jeweils vier Kampfmaschinen in einer Bereitschaftsstufe. Die Flugzeuge waren technisch einsatzbereit in der geschlossenen Deckung geparkt und mit Raketen bzw. Bomben aufmunitioniert. Nach Alarmierung mussten die Flugzeuge innerhalb einer festgelegten Normzeit in der Luft sein, um erste Aufgaben zum Schutz der DDR zu erfüllen. Möge an dieser Stelle allen Angehörigen dieser beiden Geschwader Dank gesagt werden, die sich dem Ziel untergeordnet und mit Einsatz ihres Wissens und Könnens dazu beigetragen haben, dass bis zum letzten Tag der Existenz der DDR kein Krieg in Europa ausgebrochen ist.

Su-22M4 des MFG-28 bei einem Flug durch die Abendröte. Diese Aufnahme wurde durch einen mitfliegenden Fotografen des britischen Luftwaffenmagazins Airforces Monthly aus einem Doppelsitzer aufgenommen. Mögen allen Piloten der Su-22M4 diese „romantischen und friedlichen Momente" in steter Erinnerung bleiben. (Quelle: AIRFORCES MONTHLY)

4.3. Aufbau und kurzer geschichtlicher Abriss des Marinehubschraubergeschwaders der NVA

Beitrag von Fregattenkapitän a.D. Rolf Zaspel

Im August 1959 stellte der Minister für nationale Verteidigung mit einem Befehl die Weichen für die zukünftigen Hubschrauberkräfte der Volksmarine. Innerhalb des Hubschraubergeschwaders 31 (Brandenburg-Briest)[37] wird im September 1959 eine Seekette gebildet, die von Stralsund-Parow aus im Interesse der Seestreitkräfte der DDR (später Volksmarine) handeln soll. Die Formierung der Marinefliegerkräfte als Waffengattung der Volksmarine war ein kontinuierlicher Prozess. Entsprechend der Forderung der Sowjetunion, dass die DDR bewaffnete Kräfte schaffen muss, begann mit der Aufstellung der Nationalen Volksarmee, entgegen den vorerst unrealistischen Vorstellungen – (hier standen u.a. zu Beginn der fünfziger Jahre Forderungen von der sowjetischen Seite über den Aufbau einer DDR-U-Bootwaffe), ein planmäßiger Prozess. Eine Armee unter der Ägide der Sowjetunion wurde logischerweise nach der Struktur der Sowjetarmee aufgebaut. Für die Teilstreitkraft Volksmarine der DDR galt das gleichfalls. Während die Reichswehr/Wehrmacht auf Grund von Gerangel der Kompetenzen keine Waffengattung Marineflieger bildete, hatte die Rote Armee bereits 1924 die Grundlagen dafür gelegt. Auch die Bundesmarine hatte bei ihrem Aufbau die Erkenntnisse aus dem zweiten Weltkrieg berücksichtigt und entsprechende Fliegerkräfte in ihre Marine integriert. Für die DDR als territorial kleines Land und finanziell schwach ausgestatteter Staat stellte die Bildung einer Waffengattung Marinefliegerkräfte keine vorrangige Aufgabe dar, da in der Anfangsphase die allgemeine Un-

[37] ab 1971 HG-34, ab 1981 THG-34

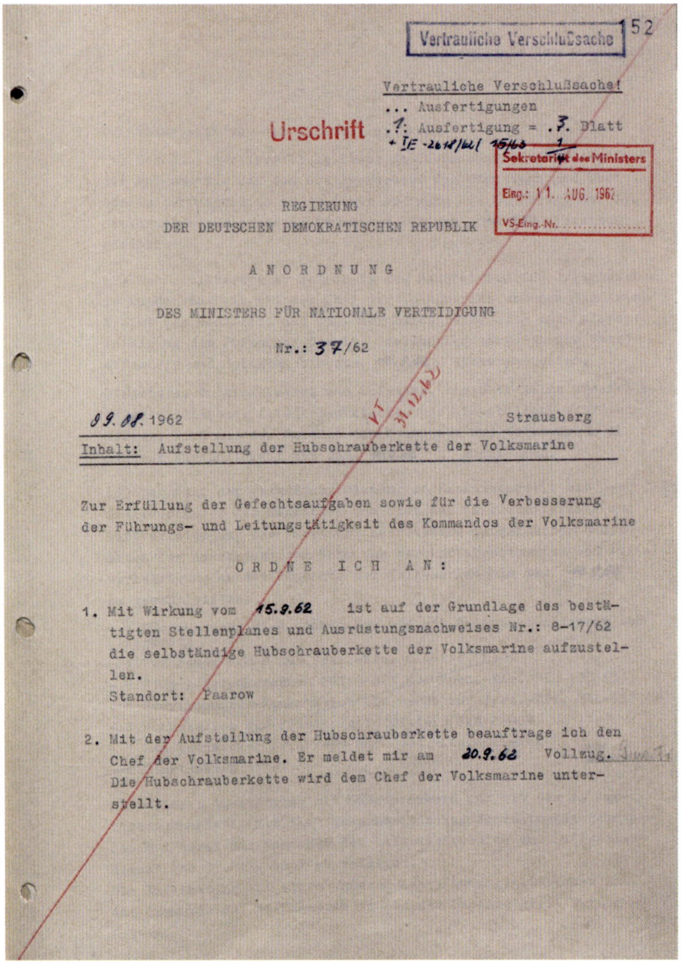

152

Vertrauliche Verschlußsache

Vertrauliche Verschlußsache!
... Ausfertigungen
.1. Ausfertigung = .3. Blatt
+ IE-2618/62 / 15/63 1

Urschrift

Sekretariat des Ministers
Eing.: 11. AUG. 1962
VS-Eing.-Nr. ....

REGIERUNG
DER DEUTSCHEN DEMOKRATISCHEN REPUBLIK

A N O R D N U N G

DES MINISTERS FÜR NATIONALE VERTEIDIGUNG

Nr.: 37/62

VT 31.12.62

09.08.1962 Strausberg

Inhalt: Aufstellung der Hubschrauberkette der Volksmarine

Zur Erfüllung der Gefechtsaufgaben sowie für die Verbesserung der Führungs- und Leitungstätigkeit des Kommandos der Volksmarine

O R D N E I C H A N :

1. Mit Wirkung vom 15.9.62 ist auf der Grundlage des bestätigten Stellenplanes und Ausrüstungsnachweises Nr.: 8-17/62 die selbständige Hubschrauberkette der Volksmarine aufzustellen.
Standort: Paarow

2. Mit der Aufstellung der Hubschrauberkette beauftrage ich den Chef der Volksmarine. Er meldet mir am 20.9.62 Vollzug. Die Hubschrauberkette wird dem Chef der Volksmarine unterstellt.

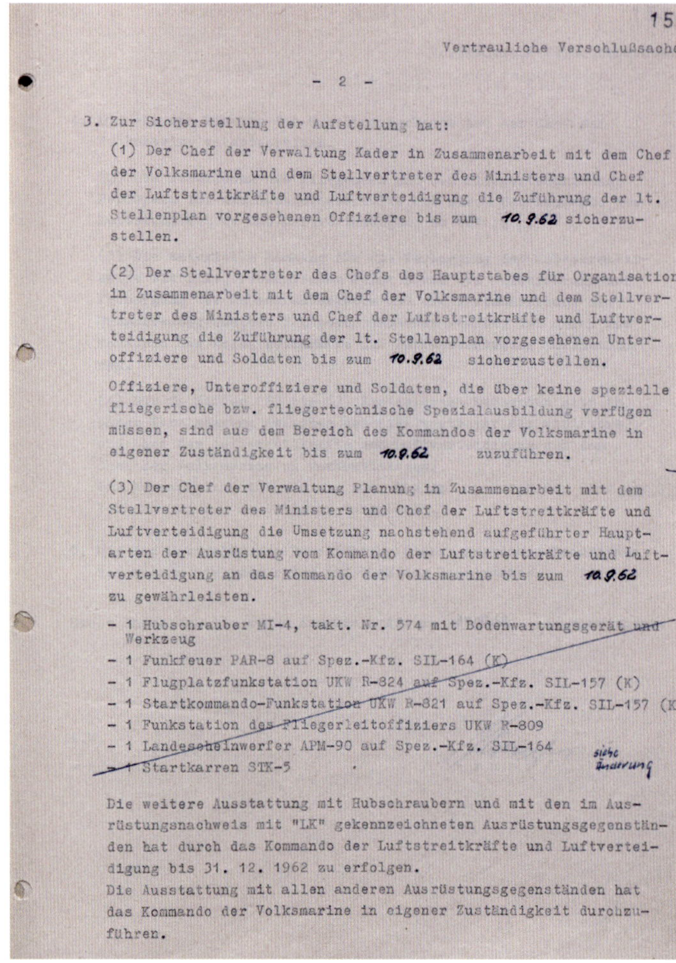

153

Vertrauliche Verschlußsache!

- 2 -

3. Zur Sicherstellung der Aufstellung hat:

(1) Der Chef der Verwaltung Kader in Zusammenarbeit mit dem Chef der Volksmarine und dem Stellvertreter des Ministers und Chef der Luftstreitkräfte und Luftverteidigung die Zuführung der lt. Stellenplan vorgesehenen Offiziere bis zum 10.9.62 sicherzustellen.

(2) Der Stellvertreter des Chefs des Hauptstabes für Organisation in Zusammenarbeit mit dem Chef der Volksmarine und dem Stellvertreter des Ministers und Chef der Luftstreitkräfte und Luftverteidigung die Zuführung der lt. Stellenplan vorgesehenen Unteroffiziere und Soldaten bis zum 10.9.62 sicherzustellen.

Offiziere, Unteroffiziere und Soldaten, die über keine spezielle fliegerische bzw. fliegertechnische Spezialausbildung verfügen müssen, sind aus dem Bereich des Kommandos der Volksmarine in eigener Zuständigkeit bis zum 10.9.62 zuzuführen.

(3) Der Chef der Verwaltung Planung in Zusammenarbeit mit dem Stellvertreter des Ministers und Chef der Luftstreitkräfte und Luftverteidigung die Umsetzung nachstehend aufgeführter Hauptarten der Ausrüstung vom Kommando der Luftstreitkräfte und Luftverteidigung an das Kommando der Volksmarine bis zum 10.9.62 zu gewährleisten.

- 1 Hubschrauber MI-4, takt. Nr. 574 mit Bodenwartungsgerät und Werkzeug
- 1 Funkfeuer PAR-8 auf Spez.-Kfz. SIL-164 (K)
- 1 Flugplatzfunkstation UKW R-824 auf Spez.-Kfz. SIL-157 (K)
- 1 Startkommando-Funkstation UKW R-821 auf Spez.-Kfz. SIL-157 (K)
- 1 Funkstation des Fliegerleitoffiziers UKW R-809
- 1 Landescheinwerfer APM-90 auf Spez.-Kfz. SIL-164
- 1 Startkarren STK-5

siehe Änderung

Die weitere Ausstattung mit Hubschraubern und mit den im Ausrüstungsnachweis mit "LK" gekennzeichneten Ausrüstungsgegenständen hat durch das Kommando der Luftstreitkräfte und Luftverteidigung bis 31. 12. 1962 zu erfolgen.
Die Ausstattung mit allen anderen Ausrüstungsgegenständen hat das Kommando der Volksmarine in eigener Zuständigkeit durchzuführen.

Anordnung des Ministers für Nationale Verteidigung Nr.37/62 vom 09.08.1962. (Quelle: BA-MA DVM_1_8749_031)

terstützung und Sicherstellung der Seestreitkräfte die Hauptaufgabe war und nicht die Forcierung der uneingeschränkten Aufrüstung. In den fünfziger Jahren erfolgte weltweit eine rasante Entwicklung der Flugzeugtechnik von den Propeller - zu den Düsenflugzeugen. Nicht ganz so bemerkenswert fand auch eine Entwicklung der Drehflügler statt. Ende der fünfziger Jahre wurde deren Bedeutung in ihrer breiten Entwicklung immer sichtbarer. Neben der Unterstützung bei einer Vielzahl von Aufgaben, begann auch eine Spezialisierung. Für die Volksmarine war zu diesem Zeitpunkt das breite Spektrum von Sicherungs- und Unterstützungsaufgaben ausschlaggebend. Um dem Rechnung zu tragen, wurde die oben schon erwähnte Seekette mit zwei Hubschraubern vom Typ Mi-4A am Standort Parow gebildet, die am 15.09.1962 aus dem Bestand der LSK/LV herausgelöst und in die Volksmarine integriert wurde.

Gleichzeitig wurden zwei weitere Mi-4A zur Vervollständigung einer Kette übergeben. Verständlicherweise stand diese Aufgabe nicht im allgemeinen Fokus und so übergaben die LSK/LV der NVA vom damaligen Hubschraubergeschwader in Brandenburg die Hubschraubertechnik, die man eben „entbehren" konnte. Die ersten Besatzungen kamen somit auch aus dem fliegerischen Personal der LSK/LV. In den nachfolgenden Jahren wurden auch Offiziere und Offiziersschüler der Volksmarine zur Ausbildung geschickt. Da der Hubschrauber Mi-4A mit einem schweren Maschinengewehr ausgerüstet war, hatte die Aufgabe der Bekämpfung von See- und Landzielen aus der Luft einen größeren Stellenwert erhalten und gehörte zu Schwerpunktaufgaben bei der Ausbildung.
Mit der schon erwähnten Überführung zwei weiterer Mi-4A am 1. Mai 1963 wurde die Seekette zur Hubschrauberstaffel (HSVM) erweitert und offiziell von der Volksmarine als selbständige Einheit operativ unterstellt. Das war der offizielle Gründungstag der Marinehubschrauberkräfte in der NVA.
Mit der Indienststellung von neuen UAW-Schiffen Typ Hai Projekt 12 in den Bestand der Volksmarine, wurde gleichfalls ein Zusammenwirken mit UAW-Fliegerkräften als verstärkende Komponente erkannt. Die Besonderheit der Suche und Bekämpfung von U-Booten aus der Luft unter den Bedingungen der Ostsee führte folgerichtig zur Zuführung der UAW-Hubschrauber Mi-4MÄ (1965)

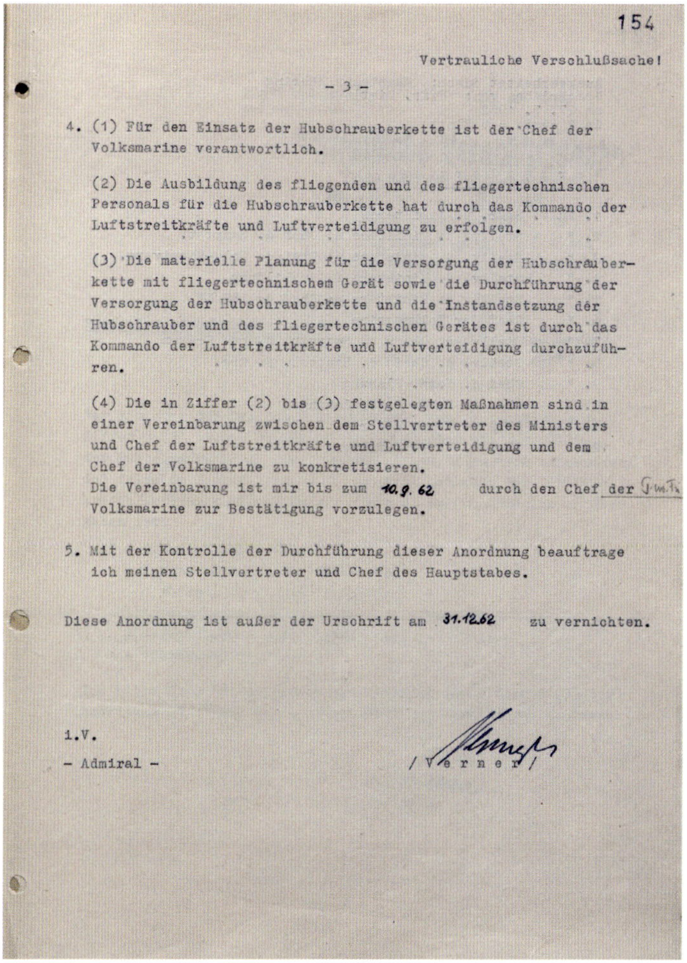
154

Vertrauliche Verschlußsache!

- 3 -

4. (1) Für den Einsatz der Hubschrauberkette ist der Chef der Volksmarine verantwortlich.

(2) Die Ausbildung des fliegenden und des fliegertechnischen Personals für die Hubschrauberkette hat durch das Kommando der Luftstreitkräfte und Luftverteidigung zu erfolgen.

(3) Die materielle Planung für die Versorgung der Hubschrauberkette mit fliegertechnischem Gerät sowie die Durchführung der Versorgung der Hubschrauberkette und die Instandsetzung der Hubschrauber und des fliegertechnischen Gerätes ist durch das Kommando der Luftstreitkräfte und Luftverteidigung durchzuführen.

(4) Die in Ziffer (2) bis (3) festgelegten Maßnahmen sind in einer Vereinbarung zwischen dem Stellvertreter des Ministers und Chef der Luftstreitkräfte und Luftverteidigung und dem Chef der Volksmarine zu konkretisieren.
Die Vereinbarung ist mir bis zum 10.9.62 durch den Chef der Volksmarine zur Bestätigung vorzulegen.

5. Mit der Kontrolle der Durchführung dieser Anordnung beauftrage ich meinen Stellvertreter und Chef des Hauptstabes.

Diese Anordnung ist außer der Urschrift am 31.12.62 zu vernichten.

i.V.

- Admiral -

/ Verner /

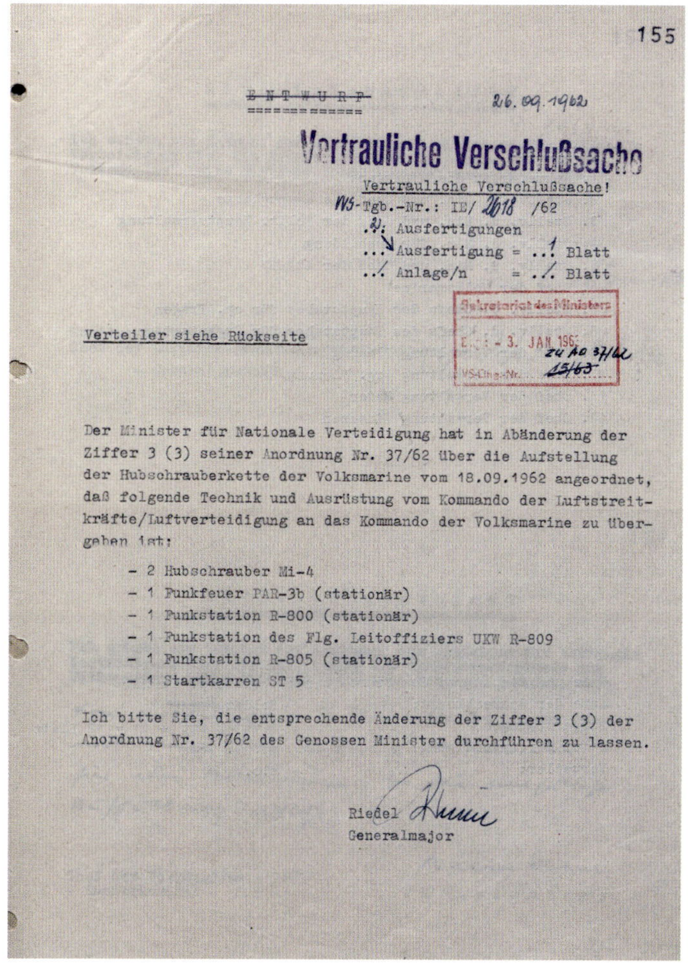
155

~~E N T W U R F~~

26.09.1962

Vertrauliche Verschlußsache

Vertrauliche Verschlußsache!
VVS-Tgb.-Nr.: IE/ 2618 /62
.2. Ausfertigungen
... Ausfertigung = ..1 Blatt
../. Anlage/n = ../. Blatt

Sekretariat des Ministers
- 3. JAN 1963
zu AO 37/62
VS-Dig.-Nr. 15/63

Verteiler siehe Rückseite

Der Minister für Nationale Verteidigung hat in Abänderung der Ziffer 3 (3) seiner Anordnung Nr. 37/62 über die Aufstellung der Hubschrauberkette der Volksmarine vom 18.09.1962 angeordnet, daß folgende Technik und Ausrüstung vom Kommando der Luftstreitkräfte/Luftverteidigung an das Kommando der Volksmarine zu übergeben ist:

- 2 Hubschrauber Mi-4
- 1 Funkfeuer PAR-3b (stationär)
- 1 Funkstation R-800 (stationär)
- 1 Funkstation des Flg. Leitoffiziers UKW R-809
- 1 Funkstation R-805 (stationär)
- 1 Startkarren ST 5

Ich bitte Sie, die entsprechende Änderung der Ziffer 3 (3) der Anordnung Nr. 37/62 des Genossen Minister durchführen zu lassen.

Riedel
Generalmajor

und dabei spielte die spezielle Hubschraubertechnik eine große Rolle. Es erfolgte die Umschulung unter Leitung von sowjetischen Instrukteuren. Dieser Hubschraubertyp verfügte über ein Magnetortungsgerät, ein Funkmessgerät und Scheinwerfer zur U-Boot-Suche sowie eine Bombenbewaffnung verschiedener Kaliber.
In der Zeit von 1968 bis 1971 erfolgte der weitere Ausbau der Anlagen des Flugplatzes in Parow bei Stralsund. Es entstand das Flugleitgebäude, ein Tanklager, ein Unterkunftsgebäude und Abstellflächen für Hubschrauber. Am 1.Dezember 1971 erfolgte die Umbenennung in U-Jagd-Hubschrauberstaffel (UJHS-18). Die weitere perspektivische Entwicklung der Marinefliegerkräfte (Hubschrauber und Flugzeuge) wurde auch in der Kaderpolitik beachtet. Bereits 1971 beendeten die ersten drei Offiziere die Militärakademie der Luftstreitkräfte in der Sowjetunion. Diese Absolventen bildeten (mit zeitweiliger Staffelkommandeursdienststellung) den Grundstock des Marinefliegerführung im Kommando der Volksmarine. Die nächste Generation von drei Absolventen des Jahres 1974 hatte dann den langjährigen Kommandeur (1976 bis 1989) Kapitän zur See Günter Leithold in ihren Reihen.
Die ersten Hubschrauberführer und Angehörigen des ingenieurtechnischen Personals schulten in der Zeit von April bis Juni 1974 an der Fliegerhochschule der Aeroflot in Krementschuk (UdSSR) auf den neuen Typ Mi-8 um.[38] Im August 1974 erhielt die UJHS-18 die ersten Exemplare des Mi-8, das dazugehörige Personal hatte zuvor vom April bis Juli in der Sowjetunion einen Umschulungslehrgang absolviert. Eine zweite Gruppe aus Parow schulte in Krementschuk im April bis Juni 1976 auf den Mi-8-Typ um. Die so vergrößerte Einheit erhielt am 1. Dezember 1976 die Bezeichnung Hubschraubergeschwader 18 (HG-18). Ab Februar 1977 folgte die Ausrüstung mit Kampfhubschraubern Mi-8TB, gleichzeitig wurden bis April alle Hubschrauber des Mi-4-Typs ausgemustert. Die Struktur des HG-18 stellt sich zu dieser Zeit wie folgt dar:

- 1. Hubschrauberstaffel
- 2. Hubschrauberstaffel

[38] An mehreren Stellen in Punkt 4.3. wird sich auf Aussagen bei snafu bezogen und übernommen. http://home.snafu.de/veith/mhg-18.htm

• Kontroll- und Reparaturstaffel (KRS)
• Fliegertechnisches Bataillon 18
• Stab
• Rückwärtige Dienste

Damit beginnt auch bei den Marinefliegerkräften die Umrüstung von Hubschraubern mit Kolbentriebwerken auf Turbinenluftstrahltriebwerke. Gleichzeitig wurde damit die Umstellung von einmotorige auf zweimotorige Hubschrauber vollzogen.
Im Kommando Volksmarine wurde 1981 der Bereich Marineflieger gebildet, er war in direkter Unterstellung des Kommandos VM. Offiziell wurde ein Chef Marinefliegerkräfte berufen. Als erster Chef wurde aus dem Bereich LKS/LV Oberst Irmscher (später Kapitän

Strukturschema

des Bereiches Marinefliegerkräfte im Kommando der Volksmarine

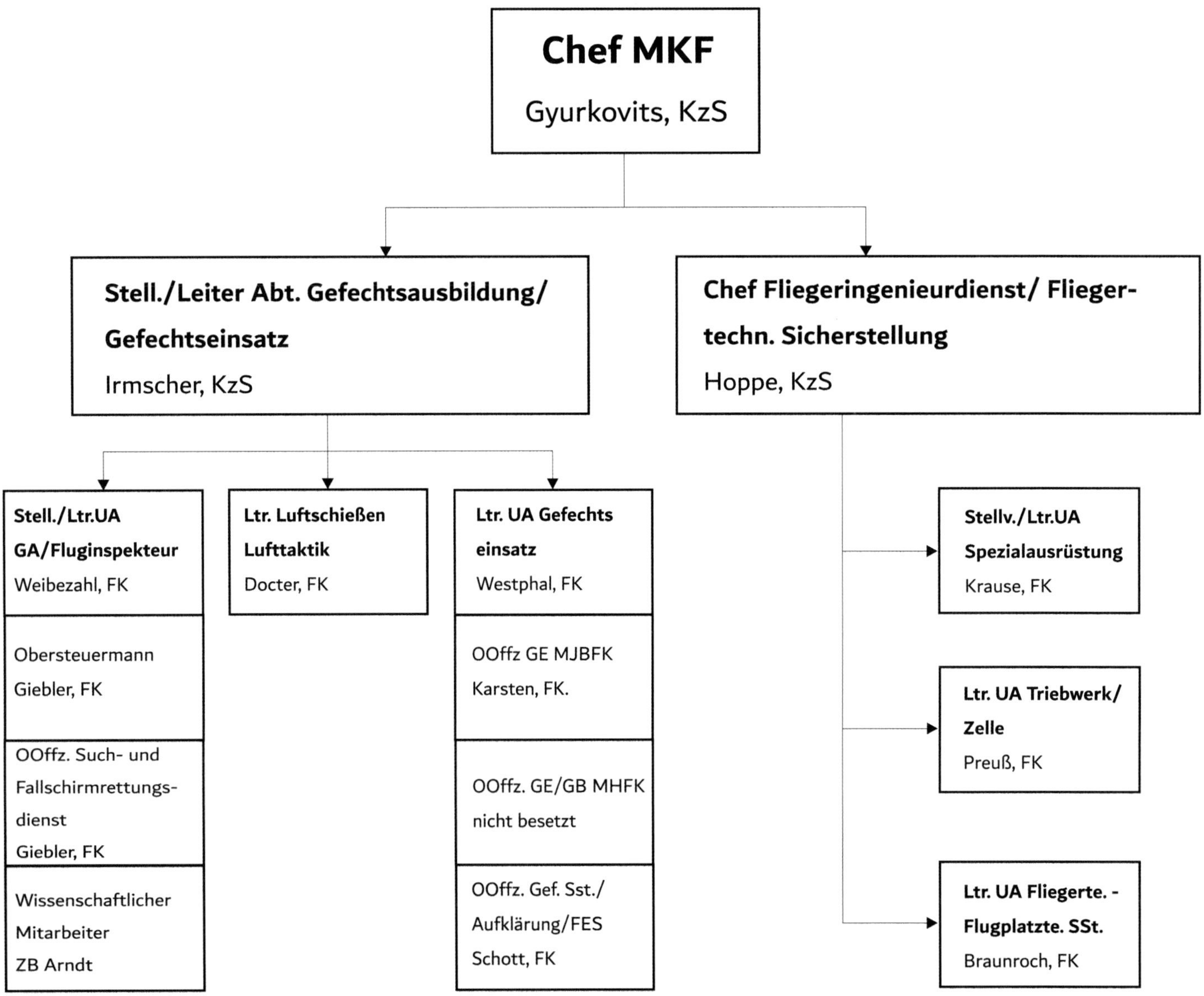

Struktur der Marinefliegerkräfte im Kommando Volksmarine. (Quelle: Fliegergeschichten, Fliegerstammtisch Straußberg, S.239)

zur See) eingesetzt, ab 1983 Oberst Partzsch (später KzS bzw. Konteradmiral) und ab 1989 hatte diese Dienststellung Oberst, dann KzS Gyurkovits inne.

So wie im Flugzeugbau entwickelte sich die Hubschraubertechnik gleichfalls hin zur Nutzung des Turbinenantriebes. Mit der Ausbildung des fliegerischen und technischen Personals wurde dem Rechnung getragen und im Zeitraum Februar bis April 1977 erfolgte die erste Zuführung der als Kampfhubschrauber bezeichneten Mi-8TB. Am 1. Dezember 1977 begann auch die Ausbildung für Nachtflüge und bei schwierigen Witterungsbedingungen.
In der darauffolgenden Zeit wurde eine Grenzkette Mi-8TB zur Sicherung der Seegrenze gebildet und deren Besatzungen ausgebildet. Der Einsatz erfolgte auch jedes Wochenende und an allen Feiertagen sowie auf Anforderung und unter Leitung der 6. Grenzbrigade Küste.

In der Sowjetunion wurde parallel zur Entwicklung des Hubschraubers Mi-8 auf Turbinenbasis die Entwicklung eines speziellen UAW-Hubschraubers vorangetrieben. Mit der Aussonderung der Mi-4MÄ war das Geschwader fast drei Jahre nicht mehr in der Lage UAW-Einsätze durchzuführen. Dies änderte sich erst mit der Einführung des amphibientauglichen Hubschraubers Mi-14PL ab Oktober/November 1979 und der vorausgegangenen, ab April durchgeführten Umschulung von Geschwaderangehörigen in der Sowjetunion.

Der Mi-14PL war mit einem Magnetanomaliedetektor, Tauchsonar und hydroakustischen Sensoren und Funkbojen ausgerüstet, außerdem war er in der Lage, bis zu 2000 kg Wasserbomben mitzuführen. Eine wesentliche Eigenschaft zur „normalen" Variante einer Mi-8 war die Möglichkeit zur Notwasserung (Schwimmfähigkeit) d.h. Landung und Start im Wasser. Eine erste Wasserlandung eines Mi-14PL der NVA wurde am 22. September 1984 in der Prohner Wiek durchgeführt. Dieser Hubschrauber verfügte über die verschiedensten Mittel zur Suche, Identifizierung und Bekämpfung von U-Booten.

Im Gegensatz zu den technischen und damit fliegerischen Fortschritten des Hubschraubers war die elektronische Ausrüstung zur U-Boot-Suche noch stark von einer zwar verbesserten aber weitestgehenden bereits in den UAW-Fliegerkräften längere Zeit vorhandenen Technik gekennzeichnet. Die Schulung und Einweisung des technischen aber besonders des fliegenden Personals ließ seitens der sowjetischen Seite auf dem praktischen Gebiet und besonders der taktischen Möglichkeiten der Hubschrauber sehr zu wünschen übrig. Die ersten Hubschrauber, die dem Geschwader übergeben wurden, waren keine „nagelneuen" Werksauslieferungen, sondern möglicherweise zuerst für die polnische Marine gedacht. Bis 1980 war die Zuführung aller UAW-Hubschrauber beendet.

Teil des fliegenden und technischen Personals (Piloten, Steuerleute und Techniker der 2. UAW-Staffel vor einer Mi-14PL. Ganz links der Kommandeur der Staffel Fregattenkapitän Bauer. (Quelle: unbekannt)

Eine Mi-14PL nach der Wasserung. (Quelle: http://home.snafu.de/veith/mhg-18.htm)

Einwohner der Ortschaft von Garz (Rügen) versuchen die eingeschneiten Straßen freizuschaufeln. Hubschrauber fliegen Versorgungsflüge. (Quelle: Egon Nehls)

U-Jagd-Hubschrauber Mi-14PL und dessen Bewaffnungsvarianten:
1. Reihe von vorn: 8 Wasserbomben PLAB-250-120,
2. Reihe: 12 Wasserbomben PLAB-50-65 (im Bombenschacht),
3. Reihe rechts: Kassette für 16 hydroakustische (Sonar) Funkbojen RGBN/M ,
3. Reihe links: 8 hydroakustische Funkbojen RGBN/M und 4 Orientierungsbomben OMAB,
4. Reihe: Funkmeßmarkierungsboje (Radar) POPLAWOK-B, daneben eine absenkbare hydroakustische Horchboje OKA.
(Quelle: Sammlung R. Kendzia)

Im Katastrophenwinter 1978/79 an der Ostseeküste flog das Geschwader ca. 230 Hilfs- und Rettungseinsätze unter komplizierten meteorologischen Bedingungen für die Zivilbevölkerung, so etwa zur Versorgung der abgeschnittenen Insel Hiddensee und großen Teilen der Insel Rügen mit Lebensmitteln.

Das Hubschraubergeschwader erhält zum 01. März 1981, im Beisein von Ruth Bartel, den Traditionsnamen „Kurt Barthel".[39] Am 20. April 1981 wurde das HG-18 in das Diensthabende System der Luftverteidigung der DDR eingebunden; zu diesem Zweck befand sich eine Mi-8TB in Parow in ständiger Alarmbereitschaft. Am 1. Dezember 1981 erfolgte eine letzte, nunmehr endgültige Umbenennung in **Marinehubschraubergeschwader 18**. Die Struktur des MHG-18 sah dann wie folgt aus:

1. Hubschrauberstaffel
- 10 Kampfhubschrauber Mi-8TB
- 2 Transporthubschrauber Mi-8T
- 1 Passagierhubschrauber Mi-8S

2. Hubschrauberstaffel
- 8 UAW-Hubschrauber Mi-14PL

Ein Hubschrauber Mi-8BT bei der Aufnahme des Minenräumgeschirrs. (Quelle: Sammlung Holger Neidel)

[39] Kurt Barthel * 1914 † 1967 Schriftsteller, bekannt unter den Namen „KuBa". KuBa war 1933-1946 im Exil und schrieb neben Lyrik („Gedicht vom Menschen", Reportagen, Filmdrehbücher (u.a. „Schlösser und Katen") sowie die dramatische Ballade „Klaus Störtebecker" (Rügenfestspiele 1959).

SAR-Hubschrauber des Marinehubschraubergeschwaders 18, das mit dem 3. Oktober 1990 in die Bundeswehr überging. Der Chef der VM verabschiedet sich von einer Besatzung der umgerüsteten Such - und Rettungshubschrauber. (Quelle: Hendrik Born)

3. Hubschrauberstaffel

- 6 MAW-Hubschrauber Mi-14BT

Auf der Grundlage der Plattform des Hubschraubers Mi-14 hatte das Konstruktionsbüro Mikojan-Gurewitsch gleichfalls eine Variante zum Minenräumen den Typ Mi-8BT entwickelt. Die Problematik des Minenräumens wird im Weiteren auf Grund der fehlenden Thematik des Zusammenwirkens mit den Stoßkräften der VM hier nicht weiter beschrieben. Die Zuführung der Hubschrauber Mi-14BT begann im Dezember 1985 und war im Februar 1986 mit sechs Hubschraubern abgeschlossen. Ab Dezember 1986 übte diese Staffel das Zusammenwirken mit Minenabwehrschiffen (MAW) der Volksmarine.

Da der Anstrich, der ab Werk dunkelblau ausgelieferten Mi-14, über See sich als Tarnung sehr effektiv erwies, wurden die Mi-8 bei ihren periodisch durchgeführten Grundüberholungen im ungarischen Szigethalom ebenfalls mit diesem Farbton versehen.

Seit der Bildung als Hubschraubergeschwader absolvierte die Hubschrauberpiloten im Durchschnitt fast 4.000 Flugstunden pro Jahr (Mi-8 Ø2300, Mi-14 Ø1700).

Unter Beachtung der ökonomischen Einschränkungen gelang es damit dem Geschwader einen hohen Stand sowohl bei der allgemeinen fliegerischen Ausbildung unter allen Wetterbedingungen als auch beim Training für den Gefechtseinsatz zu gewährleisten. Das trifft insbesondere für das Fliegen über See zu, dass immer ein besonderes Ausbildungsniveau erfordert.

Zum Abschluss des einführenden Teils über das Marinehubschraubergeschwader der Volksmarine sollte an dieser Stelle allen Angehörigen ein Dank ausgesprochen werden für fliegerisches Können, technische Kompetenz und all denjenigen, die das Fliegen überhaupt ermöglicht und sichergestellt haben, von den Meteorologen über den Tankwart bis hin zum Verpflegungsdienst. Alle haben einen vorschriftsmäßigen Dienst für die Gefechts- und Einsatzbereitschaft der Truppe geleistet und damit den Schutz unseres Vaterlandes gewährleistet.

Erwähnt werden sollte noch, dass das MHG-18 einen sogenannten Feldflugplatz nutzte. Dieser befand sich südlich der Bahnlinie bei Rövershagen. Er wurde von der GST auch als Segelflugplatz genutzt und trug die Bezeichnung Sonderlandeplatz, der in der Nähe gelegenen Ortschaft Purkshof.
Auf die Perspektive der Marinefliegerkräfte nahm auch der letzte Chef der Volksmarine, Vizeadmiral a.D. Hendrik Born in seinem Artikel „Volle Kraft voraus!" zur Volksmarine in den 1980er-Jahren / Planungen für die 1990er-Jahre Bezug. Dort vermerkte er: „Noch im Jahre 1990 plante man das sowjetische Fernzielzuweisungssystem MP-71 (Udar) auf Basis des Hubschraubers KA-27 einzuführen. Dieses System übertrug das Radarbild vom Hubschrauber an die Bodenstation. Somit war der Führungspunkt für die Stoßkräfte in der Lage, den Küstenbatterien, den Jagdbombern und den Raketenschnellbooten Ziele zuweisen. Eine Datenübertragung vom Hubschrauber an die in See handelnden Einheiten gab es allerdings nicht."
Nach der politischen Wende wurden sämtliche Mi-14BT zu SAR-Hubschraubern umgerüstet und vom 1. April 1990 bis zur Wiedervereinigung auf den Standorten Warnemünde (SAR 80), Parow (SAR 81) und Peenemünde (SAR 82) in Bereitschaft gehalten. Die zwei vorhandenen Mi-8T wurden noch eine Zeitlang als Rettungshubschrauber eingesetzt.

Der letzte Flugdienst wurde am 27. September 1990 mit zwei großen Verbandsflügen in Geschwaderstärke, bei dem zur Verabschiedung u. a. das Kommando der Volksmarine in Rostock-Gehlsdorf und der Standort des MFG-28 in Laage überflogen wurden, durchgeführt. Die Außerdienststellung der Hubschrauber erfolgte nach und nach. Die Hubschrauber „landeten" in Wehrtechnischen Dienststellen zwecks Untersuchungen, gingen in die Verschrottung, in Museen oder in den Verkauf. Einzelne Hubschrauber Mi-14BT kamen noch als Löschhubschrauber in Südeuropa zur Anwendung. Der Standort des MHG-18 ging in der Erweiterung und dem Ausbau der Marinetechnikschule der Bundesmarine auf.

4.4. Die fliegerische Ausbildung, die Aufgaben sowie ausgewählte Beispiele über das Zusammenwirken des MHG-18 mit Schnellbooten und Küstenraketen

Fregattenkapitän a.D. Rolf Zaspel

Es ist so gut wie unmöglich zu dem speziellen Thema des Zusammenwirkens der Marinehubschrauber mit anderen Flottenkräften eine Handvoll Hubschrauberpiloten des MHG-18 ausfindig zu machen, die darüber heute noch detaillierte Auskunft geben können. Trotzdem möchte ich nicht anstelle dessen die folgenden Seiten mit den TTD und Fotos der sechs, bis 1990 in Nutzung befindlichen Hubschraubertypen/Varianten des MHG-18 füllen, sondern einleitend ein paar Worte über das Können des fliegenden Personals und über die fliegertechnische Sicherstellung verlieren, damit nicht der Eindruck entsteht - veni, vidi, vici (ich kam, sah und siegte). Nein, die fliegerische Ausbildung und das Ganze drumherum waren, wie das gesamte moderne Waffenhandwerk, ein äußerst komplizierter Prozess, der mit Wissensvermittlung, Fliegen unter einfachen meteorologischen Bedingungen beginnt, sich dann Schritt für Schritt

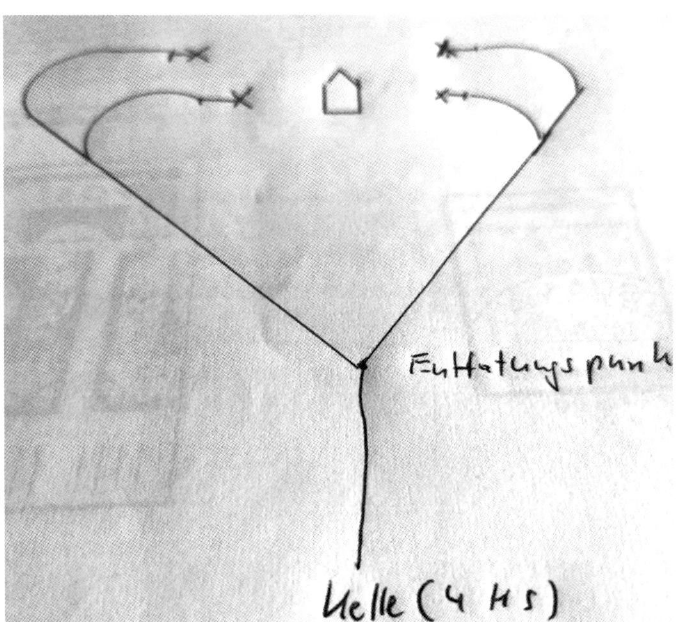

Eine im MHG-18 von FK Finke ausgearbeitete Variante eines Angriffs auf ein Seeziel mit einer Kette (4) Hubschrauber. Diese Variante wurde nicht offiziell benannt, aber inoffiziell als „Finke Zwiebel". (Quelle: S. Finke)

immer weiter entwickelt, über die Taktik zum einfachen faktischen Waffeneinsatz bis hin zum Gefecht „verbundener Waffen“.

Das scheint alles logisch und verständlich, wenn da nicht limitierende Einschränkungen die Flugausbildung und den gesamten Flugbetrieb begrenzten. In der NVA gab es sehr harte Bandagen im Verbrauch von Flugstunden, Treibstoffen und auch die Anzahl der Waffeneinsätze waren durch Befehle und Anordnungen sehr genau festgelegt. Und genau da liegt die Einmaligkeit nicht nur unseres fliegerischen, technischen Könnens, sondern auch der Organisation und in der Wahrnehmung der Verantwortung bei der Erfüllung aller gestellten Aufgaben. Die geleisteten Flugstunden gemäß beiliegender Auflistung sagt darüber kein Wort aus - mit minimalen Aufwand das beste Ergebnis zu erzielen - das war ein Maxim in unserer Flotte und in der gesamten NVA. Nicht immer einfach zu verstehen, aber es war so.

Summa summarum: Die Hubschrauberbesatzungen hatte einen hohen Ausbildungsstand im fliegerischen Können. Bei den verschiedensten Übungen und Inspektionen konnten die Besatzungen diesen immer wieder unter Beweis stellen. Denn das breitgefächerte Spektrum an unterschiedlichsten Aufgaben ist ein eindeutiger Beweis dafür, dass Piloten, Techniker, Führungsorgan und alle, die daran beteiligt waren, dass die Hubschrauber abhoben, den Auftrag erfüllten und sicher wieder auf ihrer Basis landeten.
Die Hubschrauber des MHG-18 hatten verschiedene Kampf- und Sicherstellungsaufgaben zu erfüllen:

- Teilnahme an Seelandungen zwecks Feuerunterstützung und Absetzen von Kampfschwimmern, oder Stoßtrupps zur Bildung eines Brückenkopfes (Fallschirmsprung und Absetzen über Wasser aus Standschwebe oder direkt am Küstenstreifen),
- Aufklärung gegnerischer Kräfte in See,
- verschiedenste Rettungseinsätze mit ständig einem Hubschrauber im Rahmen des Diensthabenden Systems (DHS),
- Minenräumen im Zusammenwirken mit MAW-Schiffen,
- U-Boot-Suche und deren Bekämpfung im Zusammenwirken mit UAW-Schiffen,
- Sicherstellung verschiedenster Ausbildungsaufgaben z.B. das Abwerfen von Flugzielscheiben für das FRAZ-40 auf der Halbinsel Zingst,
- Unterstützung der Grenzbrigade Küste beim Schutz der Seegrenze (an jedem Wochenende und an Feiertagen erfolgte mit Sonnenaufgang ein sogenannter Grenzaufklärungsflug),
- allgemeine Transportaufgaben und Erfüllung von Sonderaufgaben zur Sicherstellung anderer Flottenkräfte
- über die Aufgabe des taktischen Zusammenwirkens mit den Stoßkräften der VM, darüber wollen wir nun im Weiteren ausführlicher berichten.

Flugstunden im MHG-18		
Zeitraum	**Mi-8**	**Mi-14**
1975-1976	799	-
1976-1977	2.138	-
1977-1978	2.235	-
1978-1979	2.423	-
1979-1980	2.005	67
1980-1981	2.393	123
1981-1982	2.198	1.115
1982-1983	2.688	1.325
1983-1984	2.535	1.438
1984-1985	2.367	1.647
1985-1986	2.419	1.626
1986-1987	2.386	1.804
1987-1988	2.318	1.818
1988-1989	1.761	2.060
1989-1990	1.936	1.759
Summe	**32.601**	**14.782**

Auflistung der Flugstunden des MHG-18 auf den beiden Mi-Grundtypen in der Zeit 1975-1990. (Quelle: http://home.snafu.de/veith/mhg-18.htm)

Ausgerüstet mit gelenkten und ungelenkten Raketen erhöhte sich für den Mi-8TB die Möglichkeit der Bekämpfung von Land- und Seezielen wesentlich.

Es muss aber darauf hingewiesen werden, dass die Hubschrauber keinesfalls als die Erstschlagskomponente angesehen wurden. Die Volksmarine hatte neben der Unterstützung zur Erringung der Seeherrschaft in der Ostsee vor allem auch die Mitwirkung beim Durchbruch durch die Ostseeausgänge zum Schwerpunkt. Eine Aufgabe der Kampfhubschrauber war die Bekämpfung und Vernichtung der Küstenbeobachtungsstationen des Gegners. In der Hauptsache konzentrierte man sich auf die Stationen wie zum Beispiel Gedser und Moen. Genau wie das MFG-28 hatten auch die Marinehubschrauberkräfte die vorrangige Aufgabe die „Augen und die Ohren“ des Gegners so früh wie möglich mit Ausbruch der Kampfhandlungen zu bekämpfen. Für die Ausbildung im scharfen Schuss wurde der Erdschießplatz der LSK im Peenemünder Haken genutzt. Dort wurden sowohl die Bekämpfung von Erdzielen mit Bordwaffen und ungelenkten Raketen S-5, als auch die Bekämpfung mit gelenkten Raketen Typ „Maljutka“ auf Schiffsziele geübt. Mit den Hubschraubern Mi-8TB und insbesondere mit dem Typ Mi-14PL (gerade der UAW-Hubschrauber hatte die nachrichten- und rechnertechnische Ausrüstung an Bord) vergrößert sich das Einsatzspektrum der Marineflieger beträchtlich. So wurden die Möglichkeiten des Zusammenwirkens mit den Stoßkräften, insbesondere mit der 6. Flottille, erst-

Die taktische Nummer 808 im Einsatz zur Aufklärung eines NATO-Gegners im Küstenvorfeld der DDR. Hier das Flugkörper-Schnellboot P6160 der Bundesmarine. (Quelle: Sammlung G. Leithold)

Bei der Übung „Oberlicht" im Sommer 1976 übergeben Transporthubschrauber Schiff-Schiff-Raketen P-15 über eine schwimmende Plattform, die durch zwei Schlepper in Position gehalten wird, an ein Raketenschnellboote Projekt 205 - eine spezielle Form der raketentechnischen Sicherstellung durch Hubschrauber. (Quelle: Sammlung Holger Neidel)

Die Waffenpalette des Mi-8TB. (Quelle: Sammlung R. Kendzia)
Der Mi-8TB war die am stärksten bewaffnete Version der sowjetischen Mi-8-Typenreihe. Gut zu erkennen, die beidseitig angebrachten Trägerrahmen zur Aufnahme der Raketen. Die Raketenbehälter UB 32 sind montiert. Die Besatzung und spezielle Aggregate waren gepanzert.
Bewaffnungsvarianten:
Variante 1: 6 x Raketenbehälter von je 32 ungelenken Luft-Boden-Raketen S-5K (Durchschlagskraft 150 mm)
Variante 2: 2 x 6 Bomben 50 - 250 kg
Variante 3: 2 x UB 32, 2 x Bomben 50 - 250 kg
Variante 4: 2 x UB 32, 2 x Brandbehälter ZB-500
Variante 5: 2 Bomben 50 - 250 kg, 2 x Brandbehälter ZB-500 oder Bombe 500 kg
In allen Bewaffnungsvarianten können mitgeführt werden:
1 x 12,7 mm Bug-MG mit 700 Schuss
6 x PALR 9M14M „Maljutka" (drahtgelenkt), Durchschlagskraft 450 mm
6 x Fensterhalterungen für Schützenwaffen

malig erweitert (Scheinzieldarstellung, funktechnische Aufgaben als Fühlunghalter, Bekämpfung von Überwasserzielen und Zielen der Küstenverteidigung).

Im Bestand befanden sich auch ein Hubschrauber Mi-8TB, der ausgerüstet war mit Mitteln der Funkaufklärung und mit dem auch fototechnische Aufklärung geflogen wurde.

Mit Einführung der kleinen Raketenschiffe des Projektes 1241 RÄ in den Bestand der 6. Flottille stand zu den taktischen Fragen eines optimalen Raketeneinsatzes auch die Problematik ihres gedeckten Handels in See unter Ausnutzung des DDR-Küstenprofils und der maximalen Schussdistanz von 80 km. Der Chef der 7. RS-Brigade, FK Michael Heese, war einer der Vordenker zum Einsatz eines fliegenden Fühlunghalters. Dazu eigneten sich Hubschraubern, die

Aufklärungshubschrauber Mi-8TV (umgerüsteter Mi-8TB, taktische Bordnummer 814, Werknummer:10568) für Bild und zur funktechnischen Aufklärung, erkennbar an einer Antenne im vorderen Bordfenster hinter der Kabine (roter Pfeil). (Quelle: Slg. G. Leithold)

Zwei Kampfhubschrauber Mi-8TB wirken zusammen mit einem Raketenschnellboot der 6. Flottille. (Quelle: Slg. G. Leithold)

Originalaufnahme des Kleinen Raketenschiffes 574 mit dem Hubschrauber unmittelbar nach dem erfolgreichen Training des Zusammenwirken beim Raketenschießen im Juli 1986 vor Baltijsk. (Quelle: Rainer Engel)

über eine Funkmessanlage verfügten und gekoppelt mit einem Rechner die genauen Zielkoordinaten ermitteln und an die Schiffe übergeben konnten. Ab 1984 wurde mit der Entwicklung von Einsatzgrundsätzen begonnen und in der Praxis trainiert. In der Sowjetflotte war dazu eine neue Art Hubschrauber eingeführt worden - die Klasse der Kamow-Hubschrauber (visuell erkennbar an dem koaxialen System gegenläufiger Doppelrotoren). In der eigentlichen Aufgabe war er als Bordhubschrauber Ka-25BSch überwiegend zur U-Boot-Abwehr gedacht. Es wurde aber auch ein Hubschrauber Ka-25Z als Fühlunghalter entwickelt, um die Seezielraketen ins Ziel zu bringen. Im Sommer 1984 wurden mit einem solchen Hubschrauber der Baltischen Flotte vom Flugplatz des MHG-18 in Parow Übungen zur Erprobung geflogen. Überlegungen zur Einführung eines solchen Hubschraubers wurden vorerst verworfen. Zum einen befand sich bereits seit längerem der Hubschrauber Ka-27 im Bestand der Sowjetflotte und der Ka-25 war bereits überaltert. Des Weiteren stand der Aufwand für nur einen Hubschrauber mit technisch ganz anderen Parametern finanziell und logistisch in keinem Verhältnis zum Nutzen. Auch hier nochmals der Hinweis aus dem Buch[40] unseres letzten Chefs der VM, Vizeadmiral Hendrik Born, dass ab 1990 das sowjetische Fernzielzuweisungssystem „Udar“ - dt. Schlag) auf Basis des Hubschraubers Ka-27 eingeführt werden sollte.
Somit wurden die begonnenen Einsätze mit der Mi-14PL vorerst fortgeführt. Dazu existieren zwei Fotos vom Juli 1986, die das kleine Raketenschiff 574 mit zwei Hubschraubern beim Training des Fühlunghalter-Schießens auf dem Polygon Baltijsk zeigen. Ein Jahr später sollte der Erfolg diese Anstrengungen belohnen. Darüber konnten leider keine Bild- oder Filmdokumente ermittelt werden.

Dabei flogen die Hubschrauber in Sichtweite der Schiffe im Allgemeinen in Flughöhen von 300 bis 600 m. Die mittleren Funkmessreichweiten von 150 km waren ausreichend. Die ermittelten Zielda-

[40] ebenda

ten wurden per Funk an die Schiffe übermittelt. Unklar bleibt, warum zu diesem Zeitpunkt eine direkte Übermittlung der Zielzuweisungsdaten vom Rechner des Hubschraubers aus an die Schnellboote nicht praktiziert wurde. Dieses Problem war übrigens auch im Zusammenwirken der UAW-Hubschrauber mit den UAW-Schiffen, obwohl die Ausrüstung dafür vorhanden war. Ob das in der Folgezeit abgestellt wurde, entzieht sich meiner Kenntnis und berührt hier nicht im Konkreten die Thematik des Zusammenwirkens der verschiedenen Stoßkräfte. Es ist heute, fast 40 Jahre nach den ersten Einsatzerprobungen so gut wie unmöglich Dokumente und authentische Aussagen von Teilnehmern aufzufinden bzw. zu erfahren, die in diese Programme involviert waren. Aus dem Bericht des Oberoffiziers für Nachrichten des Küstenraketenregiments 18 konnten wir auf jeden Fall entnehmen, dass Nachrichtentechnik (R-809) sowohl bei den Küstenraketenabteilungen als auch beim Regimentsstab beschafft und auch mehrmals mit der Mi-14PL erfolgreich getestet wurde, um Zieldaten für die Küstenraketen von den Hubschraubern zugewiesen zu bekommen. Unklar ist, wie oft diese Zielzuweisungsdaten in Übungen, Überprüfungen und Kontrollen gemeinsam exerziert wurden, um nachhaltige und wiederholbare Ergebnisse zu erzielen.

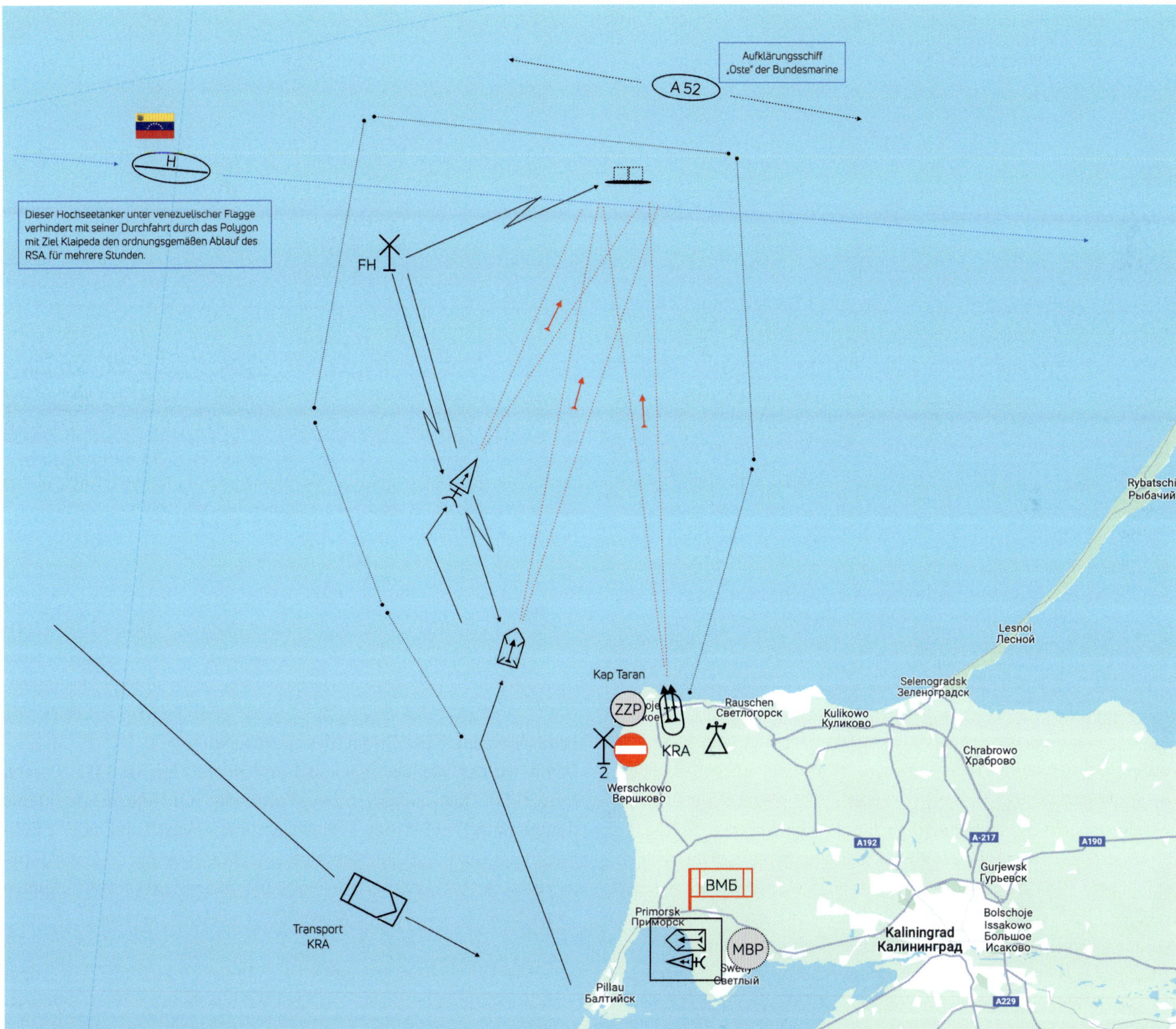

Karte, auf der das Raketenschießen mit Zieldatenzuweisung durch einen Hubschrauber Mi-14PL erfolgte. (Quelle: Rainer Engel und Peter Prast)

„Nach der Erfüllung der Aufgabe". (Quelle: „Soldaten des Volkes" 1.Ausgabe 1984 S.121-122)

Hierzu liegt ein persönlicher Bericht[41] über das faktischen Raketenschießen vor, aus dem ich die inhaltlichen Gedanken zusammenfasse: Am 16.06.1987 war der finale Höhepunkt des Einsatzes der Hubschrauber Mi-14PL als Fühlunghalter für das kleine Raketenschiff 571. Für das, vor Baltijsk alljährlich stattfindende, Raketenschiessen der 7. RSB verlegten zwei Hubschrauber Mi-14PL auf den Flugplatz Donskoje bei Kaliningrad. Der gut vorbereitete erste Einsatz musste wegen mangelnder Absicherung des Seegebietes abgebrochen werden - die Rakete hätte durchaus einen venezuelanischen Tanker, der in „Unkenntnis" der zeitweiligen Sperrung des seeseitigen Polygons durch das Schießgebiet Richtung Klaipeda schipperte - getroffen werden können.

Nach einer zweistündigen Unterbrechung konnte nach Wiederholung der volle Erfolg eines Treffers unter Anwendung der Zielzuweisung durch eine Mi-14PL bei einem faktischen Raketenschießen gemeldet werden.

Zum Abschluss dieses Beitrags möchte ich ein bemerkenswertes Fotodokument an dieser Stelle einbauen. Das Foto enthält eine Reihe interessanter Objekte und Technik aus einer fast idyllischen Landschaftsperspektive. Dieses Bild befindet sich in der Bilddokumentation „Soldaten des Volkes", welche dem 30. Jahrestag der NVA gewidmet wurde und 1984 in der 1.Auflage erschien. Das Bild zeigt Kap Arkona, links der Peilturm, rechts der Leuchtturm und der Schinkelturm. Kommen wir zu den militärischen Aspekten, die in diesem Bild mit einer gewissen Themenrelevanz aufzugreifen sind. Zwei Marinehubschrauber des Typs Mi-14PL überfliegen das Kap. In den Gebäuden unterhalb des Leuchtturms war eine TBK der Grenzbrigade Küste untergebracht und ganz rechts ist der Gefechtsstand der 6. Flottille im Bauzustand zu sehen. Diese Darstellung des Baugeschehens hat damals zu großem Unmut in der Führung der NVA geführt und dafür gesorgt, dass die 1. Auflage, bis auf die schon verkauften Exemplare, komplett eingezogen wurde. In der 2. Auflage war das Foto nicht mehr vorhanden. Aber nun weiß der Leser, wie Mi-14PL fliegend dahingleiten und wie eine malerische Landschaft rund um Kap Arkona mit TBK und Gefechtsstand[42] aussieht.

[41] Quelle: Rainer Engel, Bericht „Wir als Fühlunghalter beim faktischen Raketenschießen der 7. RSB"

[42] Heute befinden sich in den unterirdischen Bauwerken des Gefechtsstandes der 6. Flottille gleich drei verschiedene Ausstellungen: Das Museum zur Geschichte des Untergangs der Brigg „Dispatch" 1805 vor Arkona, ein Museum über den Marineführungsbunker und eine Seezeichenausstellung. Ansehenswert.

5. Das Zusammenwirken der Stoßkräfte mit den Technischen Beobachtungskompanien (TBK) des Landgestützten Beobachtungssystems der Volksmarine

Beitrag von Korvettenkapitän a.D. Uwe Dreßel und Korvettenkapitän a.D. Frank Röder

5.1. *Die Entwicklung des Landgestützten Beobachtungssystems der Volksmarine – ein kurzer Abriss*

Entlang der Küste der DDR wurden mit der Schaffung der bewaffneten Organe der jungen Republik in Form der Grenzpolizei im Jahre 1949 auch zwölf Signalstellen zur Seeraumbeobachtung eingerichtet. Diese befanden sich auf der Greifswalder Oie, Stubbenkammer, Arkona, Dornbusch (Insel Hiddensee), Barhöft, Darßer Ort, Wustrow, Warnemünde, Bukspitze (Kühlungsborn), Insel Poel, Boltenhagen und Barendorf. Sie stellten den Kern der Entwicklung des Landgestützten Beobachtungssystems der Volksmarine (LBS) dar. Die Signalstelle Ahlbeck spielte für die Entwicklung des LBS keine nachhaltige Rolle und soll deshalb hier vernachlässigt werden.

Die Aufgabe der Signalstellen war die Beobachtung und Meldung aller Aktivitäten im See- und Luftraum innerhalb ihres Sichtbereiches sowie die Wetterbeobachtung. Über Drahtnachrichtenverbindungen wurden Beobachtungs- und Wettermeldungen nach festgelegten Meldeschemata an die jeweiligen Auswertezentralen übermittelt und durch die Schiffskräfte genutzt. Das waren die ersten Formen der Zusammenarbeit mit den Flottenkräften. Die Signalstellen unterstanden den Strukturen der Grenzpolizei See/ Flottillen.

Auf den von den Signalstellen überwiegend genutzten Holztürmen standen als Ausrüstung eine Nachtsignalanlage, eine Vartalampe zum Morsen, ein Schweinwerfer (1.000 W) sowie Wettermessgeräte zur Verfügung. Peildiopter und Ferngläser vervollständigten die Ausrüstung.[43]

Das Personal bestand in der Regel aus einem Stationsleiter, einem Maat und vier Matrosen, die in der See- und Luftraumbeobachtung sowie im Morsen und in Wetterkunde ausgebildet waren. Ab Mitte der 1950er-Jahre wurden die Signalstellen mit weiterer Technik ausgerüstet.

Am Beispiel der Station Bukspitze/Kühlungsborn soll hier kurz exemplarisch die Weiterentwicklung der Signalstellen zu Küstenbeobachtungsstationen (KBS) geschildert werden.

Im Jahr 1954/1955 wurde neben dem Gebäude der Signalstelle ein überirdischer Betonbunker zur Aufnahme einer Funkmessstation und von Funknachrichtentechnik (eine UKW-Sprechfunkstation und eine KW-Funkstation) gebaut. Ab Herbst 1955 begann die operative Nutzung der ersten Funkmessanlage (FuM-Anlage) LOT sowjetischer Produktion. Dafür wurde die Signalstation personell um eine FuM - Gruppe mit einem Unteroffizier und 4 Matrosen erweitert. Mit der Kombination der FuM-Beobachtung und der visuell-optischen Beobachtung wurden die Signalstellen zu den KBS weiterentwickelt.

Der schrittweise Ausbau der Signalstellen zu KBS erfolgte mit dem Bau unterschiedlicher Bunkertypen, der Einführung von FuM- und Funktechnik sowie dem Ersetzen der Holzsignaltürme durch solche aus Stahl bis zum Anfang der 1960er-Jahre. In dieser Zeit wurde auch die KBS Sellin geschaffen und die Bedeutung der Signalstelle Barhöft heruntergestuft. In dieser Zeit waren die KBS den Flottillen den Seestreitkräften der DDR, später der Volksmarine, unterstellt. Zum 01. März 1963 wurden das Beobachtungssystem

[43] Siehe „Signalstellen und was aus ihnen wurde“ S. 22, Heinz Dieter Wittwer, Heiber-Verlag, 2012

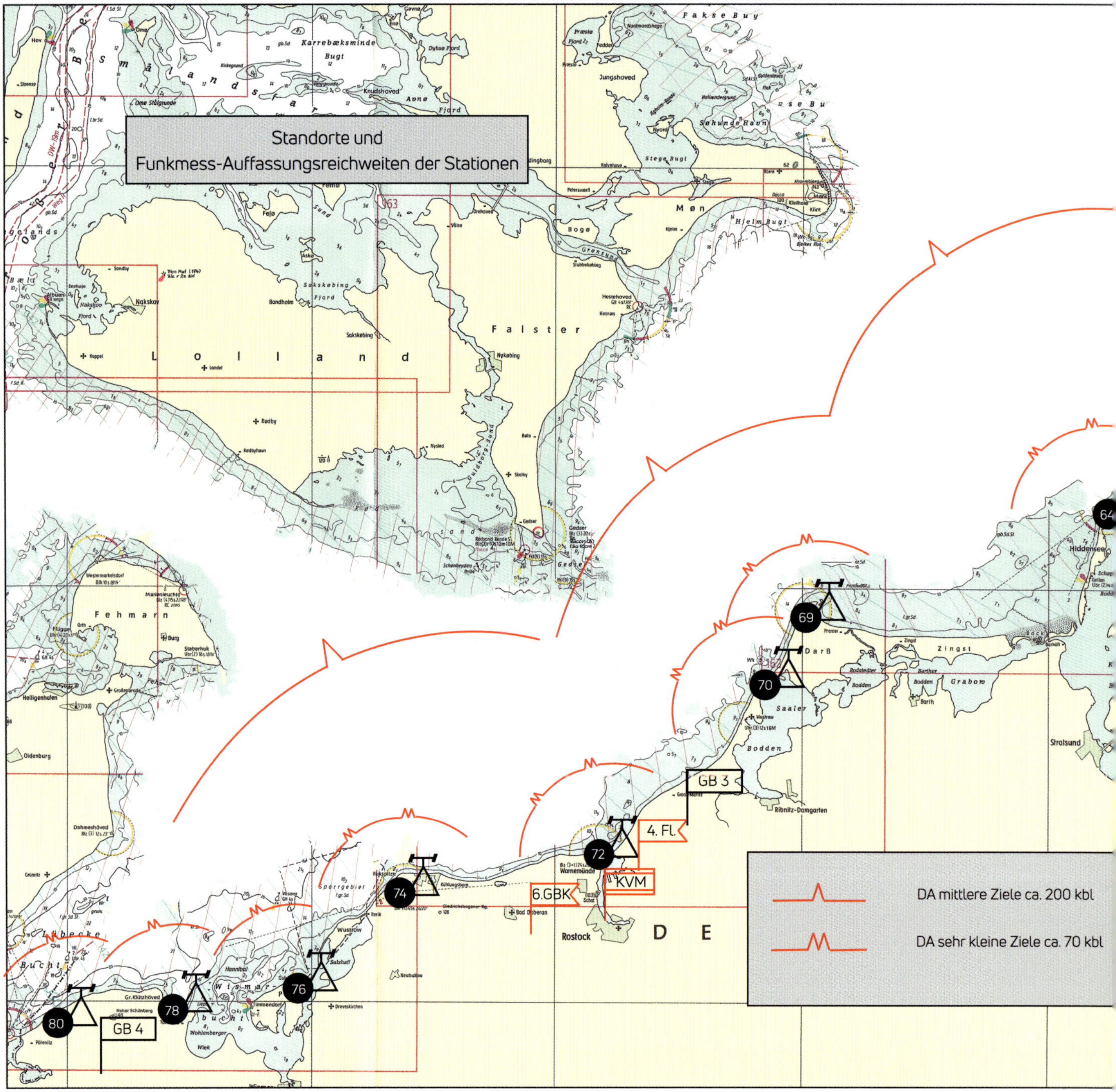

an der Küste der DDR der 6. Grenzbrigade Küste (6. GBrK) übergeben. Zu den Aufgaben der See- und Luftraumüberwachung sowie der Wetterbeobachtung kamen nun Aufgaben der Sicherung der Staatsgrenze auf See hinzu. Auf Grund der gestiegenen Komplexität der Ausrüstung, dem wachsenden Personalbestand und den erweiterten Aufgaben wurden die zwölf KBS zum 1. Dezember 1971 in Technische Beobachtungskompanie (TBK) umgewandelt. Die KBS Barhöft und Ruden bekamen den Status eines Technischen Beobachtungszuges (TBZ).

Im Jahr 1973 erfolgte die Übergabe der mobilen FuM-Kompanie des Nachrichtenbataillons an die 6. GBrK. Auf diese Einheit wird im Punkt 5.4 noch detaillierter eingegangen.

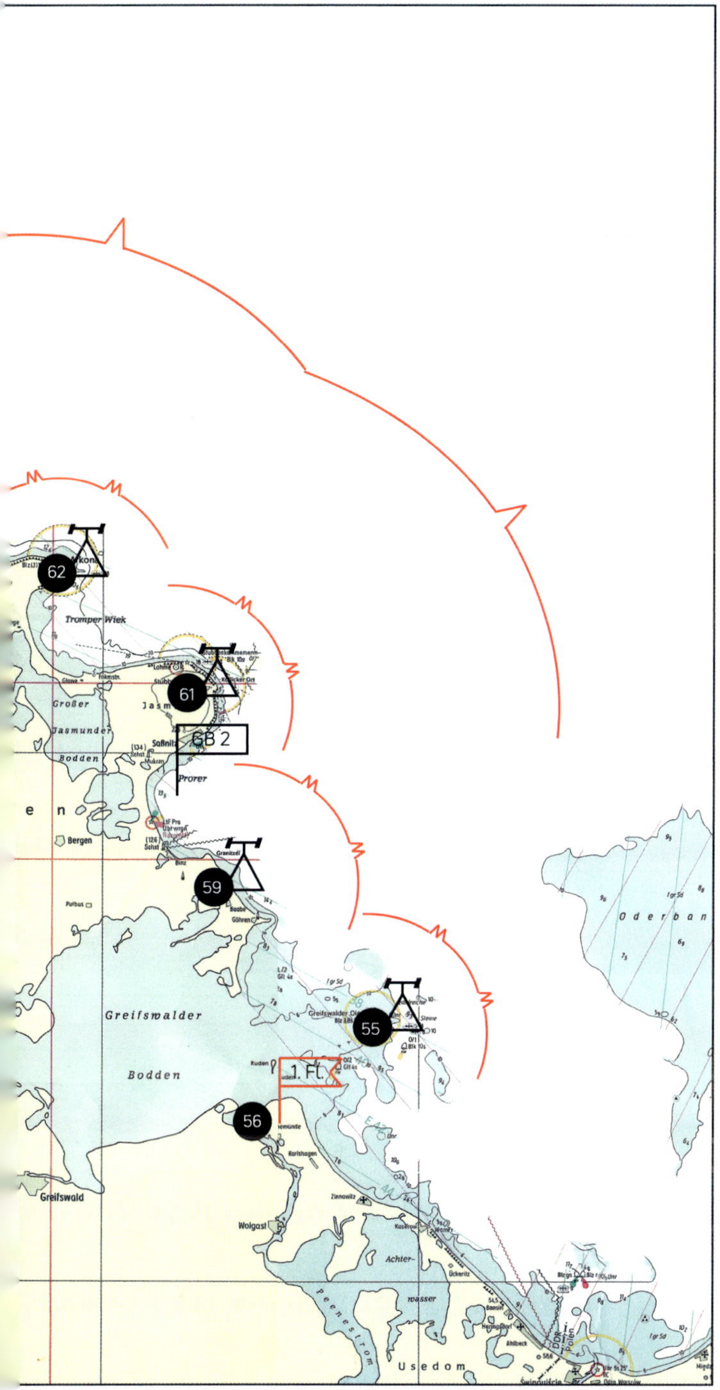

Standorte und Funkmessauffassungsreichweiten der Einheiten. (Quelle: Peter Prast nach den Angaben von Heinz Dieter Wittwer aus „Signalstellen und was aus ihnen wurde", S. 230)

Obwohl das Zusammenwirken zwischen den Signalstellen/KBS mit den Flottenkräften bereits seit den späten 1950-er Jahren in Form von Nachrichtenübermittlung, Zielidentifizierung und Wettermeldungen stattfand, intensivierte sich das Zusammenwirken mit der Schaffung der TBK als Landgestütztes Beobachtungssystem der Volksmarine erheblich. Die TBK erhielten definierte Verantwortungsbereiche, arbeiteten in festgelegten FuM-Schaltgruppen zusammen und intensivierten ihr Zusammenwirken bei der Zielsuche, Zielverfolgung und dem Heranführen von Flottenkräften der Volksmarine und der Vereinten Ostseeflotten an, die im Verantwortungsbereich handelnde, NATO-Kräfte. Auch das Zusammenwirken mit den Stoßkräften der Volksmarine von Torpedo-, über die Raketenschnellboote bis zu den Einheiten der Küstenraketentruppen wurden die Möglichkeiten der Beobachtungseinheiten des LBS erweitert und intensiviert.

Die Entwicklung der FuM-Technik erfolgte mit der Einführung der Freund-Feind-Kennanlage (FFK), der Einführung der FuM-Anlage BWR-X 12A des Gerätewerkes Leipzig als zweite FuM-Anlage ab Jahre 1965 sowie die Einführung der FuM-Anlage MR-10 ab der 2. Hälfte der 1970-er Jahre als Ablösung der seit den 1950-er Jahren genutzten FuM-Anlage LOT stetig weiter.

Am Anfang der 1980-er Jahre waren die TBK mit folgender Technik ausgerüstet:

- FuM-Anlage MR-10
- FuM-Anlage BWR X-12 A
- Freund-Feind-Kennanlage Nickel K (außer 12. TBK)
- FuM-Aufklärungsanlage Bisan (nur 5 ausgewählte TBK)
- UKW-Sprechfunkanlage R-619
- KW-Funkanlage R-617
- drahtgebundene Nachrichtentechnik
- Binokular 20-40x80
- Scheinwerfer
- Dienstferngläser
- Technik zur Wetterbeobachtung

5.2. Die Aufgaben der Einheiten des LBS

Die Station der TBK an der Nordspitze des Darß – Darßer Ort. (Quelle: Von Tine.wv – Eigenes Werk, CC BY-SA 3.0, https://commons.wikimedia.org/w/index.php?curid=22631825)

Die Einheiten des Landgestützten Beobachtungssystems der Volksmarine waren innerhalb der 6. GBrK den Grenzbataillonen (GB) unterstellt. Die 1. - 5. TBK gehörten zum GB-2 Stubbenkammer, die 6. - 9. TBK zum GB-3 Graal Müritz und die 10. - 12. TBK zum GB-4 Tarnewitz. Die Grundlage der Erfüllung der Aufgaben der Einheiten des LBS stellte die Dienstvorschrift 200/0/002 „Landgestützte Seeraum- und Küstenbeobachtung" dar.

Hauptaufgaben der TBK waren die Durchführung der FuM- und optischen Beobachtung des See- und Luftraumes in ihrem Verantwortungsbereich auf der Grundlage von Schaltplänen und auf Befehl, die meteorologische Beobachtung, die Abwicklung von Nachrichten- und Meldetätigkeit, die Begleitung und das Heranführung von Flottenkräften der VM an die, in der Verantwortungszone der VM einlaufenden oder dort operierenden, NATO-Kräften, das Zusammenwirken mit Kräften der Volksmarine und Aufgaben der Grenzsicherung.[44] Dazu stand der TBK ein Personalbestand von insgesamt 24 Mann zur Verfügung, davon 2 Offiziere (Kompaniechef und Stellvertreter für Technik), 2 Berufsunteroffiziere als Zugführer FuM und Zugführer Signal, 3 Maate als Wachleiter, 7 Matrosen als FuM-Gasten und 6 Matrosen als Signalgasten.
Zur Erfüllung ihrer Hauptaufgaben führten die TBK die See- und Luftraumbeobachtung mit optischen und FuM-Mittel durch.
Die Arbeit mit einer FuM Anlage soll hier kurz am Beispiel der MR-10 erläutert werden.

Der Platz des FuM-Gasten ist während des Betriebes der Anlage das Sichtgerät. Auf dem Bild ist der runde Hauptsichtschirm zu erkennen. Der Leuchtstrahl der FuM-Anlage dreht sich auf dem Bildschirm mit einer Geschwindigkeit von 6 Umdrehungen pro Minute (Drehgeschwindigkeit der Antenne) im Uhrzeigersinn und zeichnet so jede 10 Sekunden ein aktualisiertes 360 Grad Bild des See- und Luftraumes. Links und rechts schräg unter dem Bildschirm befindet sich je 1 Handrad, mit dem der FuM-Gast einen Peilstrahl (rechts) und eine Entfernungsmarke (links) so betätigen kann, dass das ausgewählte Ziel im Schnittpunkt der beiden Markierungen liegt. Über die hellen Scheiben über den Handrädern kann jetzt der Azimut (Peilung in Grad) und die Entfernung (Abstand in Seemeilen) zum Ziel abgelesen werden. Links neben dem Hauptsichtschirm befindet sich in einem eckigen Gehäuse das sogenannte Feinsichtrohr. Das fungiert als Lupe bei der genauen Vermessung eines Zieles, z.B. bei einer Verletzung der Territorialgewässer oder bei Aufgaben zur Sicherstellung der Flottenkräfte. Über den Einsatz von Fototechnik konnten spezielle operative Lagen dokumentiert werden.
Der Einsatz der FuM-Anlagen erfolgte auf Befehl oder zu planmäßigen FuM-Schaltzeit in Schaltgruppen:

Schaltgruppe 1 - TBK mit den ungeraden Nummern (1., 3., 5. … 11. TBK)

Schaltgruppe 2 - TBK mit den geraden Nummern (2., 4., 6. … 12. TBK).

Die planmäßigen FuM-Schaltzeit fand in der Regel nachts statt, von ca. 30 Minuten vor Beginn der bürgerlichen Abenddämmerung bis ca. 30 Minuten nach Ende der bürgerlichen Morgendämmerung. Die Hälfte der Gesamtzeit übernahm jeweils eine Schaltgruppe mit einer 30-minütigen Überlappung zur Übergabe der Ziele an die jeweiligen Nachbarstationen. Grundlage hierfür waren die, in der UA Operativ der 6. GBrK, erarbeiteten monatliche Schaltpläne. Die aufgefassten Ziele im Seeraum wurden je nach ihrer Geschwindigkeit alle 15 bzw. 3 Minuten (Schnellläufer) nach Zielnummer, Position (Peilung und Abstand), Kurs, Geschwindigkeit und Besonderheiten per Drahtnachrichtenverbindung an den vorgesetzten Führungsstab gemeldet. Dieser meldete nach klar festgelegten Kriterien ausgewählte Ziele an den Führungspunkt der 6. GBrK und dieser wiederum an den Gefechtsstand der Volksmarine. Zum Melden besonders wichtiger Ziele (z.B. identifizierte NATO-Kräfte) gab es eine Fernübertragungsanlage zur Darstellung der operativen und technischen Lage (FÜ 445), die durch Stecken der Positionen auf einer Seekarte Information zum Ziel drahtgebunden direkt zum Gefechtsstand der Volksmarine weiterleitete. Auch die Wettermeldungen der TBK wurden über die Führungspunkte der 6. GBrK an die Diensthabenden der Flottillen gemeldet und lieferten so die meteorologische Grundlage für Entschlüsse zum Einsatz von Flottenkräften.

[44] Siehe „Signalstellen und was aus ihnen wurde" S. 154 f

Sichtgerät der FuM Anlage „MR-10 / MYS". (Quelle: Grafische Darstellung,Eberhard Marx)

Der Einsatz des Personals der TBK erfolgte nach Bereitschaftsstufen (B-III bis B-I), nach denen die Besetzung der Gefechtsstationen Führungspunkt (FÜP), FuM-Sichtgeräteraum (GS1) und Signalturm (GS2) geregelt war.

B-III – ständige Bereitschaft: FÜP - 1 Wachleiter (Maat), GS1 - 1 FuM-Gast, 1 FuM-Gast in Bereitschaft, GS2 – 1 Signalgast, 1 Signalgast in Bereitschaft.

B-II – erhöhte Bereitschaft: FÜP – 1 Wachleiter + 1 Auswerter (FuM-Gast), GS 1 – 2 FuM-Gasten, GS2 – 2 Signalgasten

B-I – volle Bereitschaft: FÜP – der Diensthabende der TBK führt aus dem FÜP, 1 Wachleiter, 1 Auswerter, GS1 – 2 FuM-Gasten, 1 FuM-Gast in Bereitschaft, GS2 – 2 Signalgasten, 1 Signalgast in Bereitschaft.

Hierbei ist zu beachten, dass die Maate (Wachleiter) der TBK eine Dienstzeit von 3 Jahren und die Matrosen eine Dienstzeit von 1,5 Jahren (Grundwehrdienst) hatten. Nach Abzug der Ausbildungszeit an der Flottenschule erfolgte die Einarbeitung und Zulassung zum selbständigen Dienst sowie die weitere Ausbildung in den Einheiten selbst und hatte unter den Bedingungen des ständigen Gefechtsdienstes eine hohe Belastung des Personalbestandes zur Folge.

Zusätzliche FuM-Schaltzeiten wurden beim Eintreten besonderer Situationen befohlen, wie:

- Aufklären und FuM-Begleitung von NATO – Schiffen und anderen Flottenkräften,
- Zusammenwirken mit Flottenkräften der Volksmarine,
- FuM-Sicherstellung von Handlungen von Flottenkräften,
- Spezielle Wetterlagen im Interesse der Grenzsicherung (z.B. „Nebel, ruhige See")
- Übungen und Manöver,
- Ausbildung.

5.3. Die Arbeit der TBK im Zusammenwirken mit Flottenkräften

Wie im Punkt 5.2. beschrieben, gehörte neben der See- und Luftraumbeobachtung und der Gewährleistung der Sicherheit der Seegrenze vor allem das Zusammenwirken mit den Flottenkräften der Volksmarine zu den Hauptaufgaben der Einheiten des LBS. Im Detail waren das Aufgaben, wie:

- die FuM-Sicherstellung von in Bereitschafts- und Dezentralisierungsräumen befindlichen Flottenkräften,
- die FuM-Begleitung von Flottenkräften der NATO-Staaten beim Einlaufen und bei Handlungen in der Verantwortungszone der Volksmarine,
- das Heranführen von Flottenkräften der Volksmarine an identifizierte Kräfte der NATO-Staaten,
- die Arbeit als landgestützter Fühlunghalter für die Stoßkräfte der Volksmarine,
- die FuM-Sicherstellung von Such- und Rettungsaufgaben.

Die Handlungen der TBK hatten bei diesen Aufgaben eine Reihe von Gemeinsamkeiten. Die hier geschilderten Abläufe beziehen sich nur auf die FuM-technische Arbeit der TBK. Die Arbeit des Personals für die visuell-optische Beobachtung (GS2) bleib hier weitgehend unberücksichtigt.

Das Zusammenwirken mit den Flottenkräften der Volksmarine konnte während der planmäßigen FuM-Schaltzeiten oder in Schaltzeiten auf Befehl erfolgen. Die Identifizierung von begleitpflichtigen Zielen wurde bei Möglichkeit durch den Signalabschnitt der TBK (GS2) durchgeführt, durch charakteristische Merkmale in Größe und Bewegung auf dem FuM Bildschirmen vorgenommen oder die TBK übernahm sie als bereits identifizierte Ziele. Hierbei spielten der Vorposten 72 im Fehmarnsund für die Bewegungsrichtung West-Ost bzw. die Kräfte der Polnischen Flotte für die Bewegungsrichtung Ost-West eine wichtige Rolle. Die Meldungen über begleitpflichtige Ziele liefen im Führungspunkt der TBK auf. Dort wurden die Meldungen durch den Wachleiter oder den Auswerter dokumentiert und auf einem Planchet dargestellt. Das Planchet war eine ca. 1,5 x 1 Meter große Seekarte des Seegebietes der TBK, die an der Wand befestigt war. Die Seekarte enthielt folgende zusätzliche Informationen:

- die Position der TBK,
- die Positionen der Nachbar TBKs,
- den Verlauf der Trennungslinien der Verantwortungsbereiche der TBKs und die Übergabestreifen für die Ziele,
- den Verlauf der Grenze der Territorialgewässer (Staatsgrenze),
- andere Standorte der Volksmarine und
- einen Peilkreis zum Abtragen von Peilungen um den Standort der TBK herum.

Vor der Seekarte befand sich eine Plexiglasscheibe. Im Standort der TBK war ein drehbares Plastik Lineal mit einer Entfernungseinteilung in Seemeilen befestigt. Damit konnten Ziele nach Peilung (Peilkreis) und Abstand (Lineal) auf dem Planchet mit einem Stift als taktisches Zeichen aufgezeichnet werden. Die Standorte über einen bestimmten Zeitraum wurden als Kurslinie verbunden. Kurs und Geschwindigkeit konnten dann mit einem Koppelbesteck ermittelt werden.

Die Position des Zieles wurden an die Gefechtsstationen weitergegeben und dort erfolgte die Identifizierung des Zieles auf dem FuM-Bildschirm und, wenn möglich, mit optischen Mitteln. Erreichte das Ziel den Übergabestreifen, wurde es an die Nachbar TBK übergeben.

Die FuM-Gasten führten während der Schaltzeit die im Sichtbereich der Anlage befindlichen Ziele nach Priorisierung:

- identifizierte NATO-Kräfte,
- identifizierten Kräfte der Volksmarine und der Vereinten Ostseeflotte (VOF),
- identifizierte andere Kräfte,
- identifizierte zivile Schiffe und
- unbekannte Seeziele.

Die FuM-Ziele wurden permanent beobachtet und alle 15 Minuten auf dem Bildschirm nach Peilung und Abstand (Entfernung) in Seemeilen vermessen. Die Ergebnisse wurden in eine Beobachtungskladde eingetragen und zur Meldezeit über eine Wechselsprechverbindung an den Wachleiter gemeldet. Der Wachleiter dokumentierte die Ziele in seiner Wachkladde und wertete wichtige Ziele am Planchet aus. Nach klaren Kriterien wurden meldepflichtige Ziele definiert und an den übergeordneten Führungspunkt (OP-Dienst des Grenzbataillons) gemeldet. Das Meldeintervall von Zielen mit einer Geschwindigkeit von über 30 Knoten betrug 3 Minuten. Gute FuM-Gasten konnten 12 - 15 Ziele über mehrere Stunden fehlerfrei führen.

Die Arbeit des FuM-Gasten und des Wachleiters erfolgte manuell. Automatisierte Funktionen zur Unterstützung der Zielführung sollten erst mit der geplanten Einführung von digitaler FuM-Technik nach dem Jahre 1990 zur Verfügung stehen.

Aufgaben zum Zusammenwirken mit Kräften der Volksmarine wurden in der Regel mit der leistungsstärkeren FuM-Anlage MR-10 durchgeführt. In der nebenstehenden Abbildung ist das Schema des FuM-Bildschirmes dieser Anlage dargestellt.

Der Punkt in der Mitte ist der Standort der TBK. Stilisiert ist der Verlauf der Küstenlinie eingezeichnet. Die Kreise sind die Entfernungslinien von 10, 20 und 30 Seemeilen (sm).

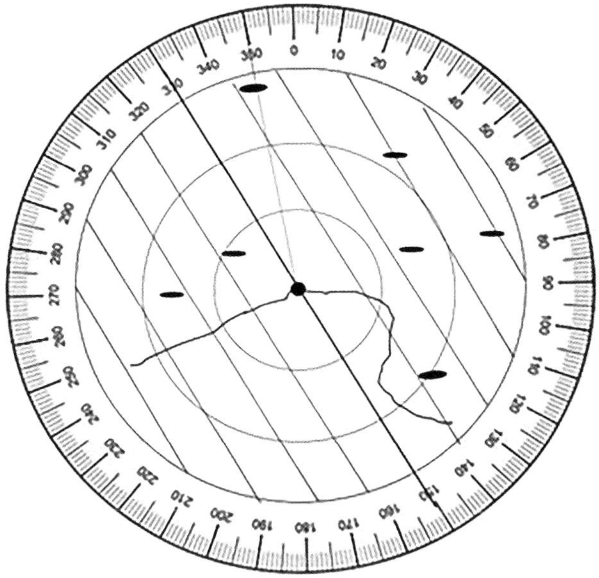

Schematische Darstellung des FuM-Bildes einer TBK.

Der folgende Ablauf stellt eine typische Aufgabe zum Heranführen eines Schiffes der Volksmarine an ein erkanntes Ziel dar:
In Peilung 350°, Abstand 29 sm befindet sich das angenommene Ziel, in Peilung 125°, Abstand 20 sm das Schiff der Volksmarine, das an das Ziel herangeführt werden soll. Die anderen FuM-Ziele auf dem Bildschirm spielen für die Erfüllung dieser Aufgabe keine Rolle. Das Ziel befindet sich außerhalb der FuM-Reichweite unseres Schiffes. Die hellblaue Linie über dem Ziel ist der Peilstrahl der FuM-Anlage. Die Aufgabe der TBK besteht nun darin, dem eigenen Schiff in einem festgelegten Meldeintervall die Zielparameter Peilung, Abstand, Kurs und Geschwindigkeit des Zieles zu übermitteln. An Bord werden aus diesen Angaben, unter Berücksichtigung der eigenen Bewegungselemente, der zu laufende Kurs sowie Position und Zeitpunkt des eigenen Kontaktes mit dem Ziel errechnet.

Der FuM-Gast der TBK muss zunächst mit den Bedienelementen der Anlage Peilung und Abstand zu den jeweiligen FuM-Zielen genau ermitteln, in unserem Falle 350° und 29 sm zum Ziel und 125° und 20 sm zum eigenen Schiff. Erforderlich ist aber in diesem Falle die Übermittlung von Peilung und Abstand vom eigenen Schiff zum Ziel. Dazu kann der FuM-Gast die Peilscheibe mit den parallelen Linien so drehen, dass sich das eigene Schiff und das Ziel auf oder neben einer gleichen parallelen Linie befinden. Durch Ablesen der Peilung an der 0°- Linie (dicke schwarze Linie) ergibt sich die Peilung von 330° zum Ziel. Der resultierende Abstand zwischen den beiden Zielen kann mit der FuM Anlage nicht direkt gemessen werden.
Der FuM-Gast meldet die Positionen der beiden Ziele und die Peilung Schiff – Ziel per Wechselsprechanlage an den Wachleiter. Dieser dokumentiert die Angaben und lässt durch den Auswerter die beiden Positionen am Planchet eintragen. Aus den letzten Peilungen kann er Kurs und Geschwindigkeit beider Fahrzeuge ermitteln. Mit einem Peillineal oder Zirkel kann er nun den Abstand von 45,4 sm zwischen den beiden Zielen messen und so alle geforderten Angaben an das Schiff der Volksmarine übermitteln. Dazu werden die Informationen verschlüsselt und über einen befohlenen UKW- oder KW-Kanal an das eigene Schiff gemeldet. Ist das Ziel ein Schnellläufer, müssen diese Arbeiten im 3 Minuten Takt erfolgen. Diese Tätigkeiten konnten sich über mehrere Stunden hinziehen. Dazu war zusätzliches Personal notwendig, es musste also in einer erhöhten Bereitschaftsstufe (B-II oder B-I) gearbeitet werden. Die Beobachtung und Meldung der weiteren im Verantwortungsbereich der TBK befindlichen Ziele, z.B. während der planmäßigen Schaltzeit, übernimmt der zweite FuM-Gast über die Anlage BWR-X 12A.
Ab dem Jahr 1988 wurde begonnen Rechentechnik für die Berechnung von nautischen Aufgaben für die TBK zu erproben. Die dargestellte Aufgabenerfüllung war das Grundmuster der Erfüllung von Aufgaben der TBK zur FuM-Sicherstellung der Flottenkräfte. Variationen der Handlung einer TBK als landgestützter Fühlunghalter werden im Punkt 5.5. beschrieben.

5.4. Die FuM-Züge (mot) der 6. GBrK

Bereits zum Anfang der 1960er-Jahre gab es im Rahmen der Modernisierung der KBS auch Überlegungen zur Schaffung von mobilen Beobachtungseinheiten. Sie sollten zur Verdichtung des Beobachtungssystems eingesetzt werden. Verschiedene Strukturveränderungen führten ab Sommer 1963 zur Aufstellung einer mobilen Funkmesskompanie. Diese bestand bis zum Jahre 1971 aus 3-5 mobilen FuM-Zügen und sicherstellender Technik. Ihr Einsatz erfolgte vorrangig als Ersatz für im Ausbau befindliche KBS und zur Verbesserung der Minenbeobachtung.
Im Jahr 1972 wurde die Funkmesskompanie dem Chef der 6. GBrK übergeben und dem Kommandeur des Grenzbataillon-3 (GB-3) unterstellt. Nach erfolgter Ausbildung konnte die Grenzfunkmess-

FuM-Zug (mot) im entfalteten Zustand. (Quelle: Heinz Dieter Wittwer „Signalstellen und was aus ihnen wurde" Bild 102 – S. 118)

kompanie-6 (GFuMK-6) zu Beginn des Ausbildungsjahres 1973/74 in das Landgestützte Beobachtungssystem der Volksmarine integriert werden.[45]

Durch die FuM-Züge (mot) der GFuMK-6 konnten an der Küste zusätzliche Punkte für die funktechnische Beobachtung besetzt werden. Da die stationären TBK im Konfliktfalle mit großer Wahrscheinlichkeit vorrangige Angriffsziele sein würden, war die gedeckte und schnelle Entfaltung der Einheiten der Kompanie eine wichtige Möglichkeit, die Fähigkeiten des LBS aufrecht zu erhalten. Dazu waren 4 Dezentralisierungsräume festgelegt. Aus diesen Räumen heraus konnten die FuM-Züge (mot) auf Befehl in 14, an der Küste vermessene und vorbereitete FuM-Stellungen entfalten.

Ab Mitte der 1970-er Jahre verfügte jeder FuM-Zug (mot) bei einer Personalstärke von 10 Mann über:[46]

- einen FuM – Trupp mit Zugfahrzeug Tatra 813, Hänger APM mit der FuM- Anlage „MYS"[47], der Freund-Feind-Kennanlage Nickel K und der funktechnischen Aufklärungsanlage Bisan, sowie einem Stromversorgungsaggregat,
- einen Nachrichtentrupp mit Trägerfahrzeug Tatra-138/148. Im aufgesetzten Container befand sich der Führungspunkt des Zugführers mit der Eingabestelle der Fernübertragungsanlage FÜ 445, Wechselsprechanlage und Feldfernsprecher. Im Funkraum befanden sie die KW-Funkanlage R-617 und die UKW-Sprechfunkanlage R-619. Des Weiteren war ein Richtfunk Gerätesatz RT-415 verfügbar. Die Richtfunkantenne befand sich zusammengelegt auf dem Einachsanhänger des Trägerfahrzeuges.
- ein Mannschaftstransportfahrzeug URAL mit Kofferaufbau,
- ein Führungsfahrzeug des Zugführers P-3
- ein Krad MZ-250 als Melde- und Einweiser-Krad.

Am Ende der 1970er-Jahre erfolgte die Dezentralisierung der Einheiten der GFuMK-6 durch Unterstellung je eines Zuges an die Kommandeure des GB-2, GB-3 und GB-4. Mit Beginn des Ausbildungsjahres 1981/82 wurde die Kompanieführung der GFuMK-6 aufgelöst und der 4. und 5. Zuge als Mobilmachungsreserve eingelagert.

Je ein aktiver FuM-Züge (mot) wurden direkt den Kompaniechefs der 2. TBK / Sellin (GB-2), der 7. TBK / Prerow (GB-3) und der 10. TBK / Poel (GB-4) unterstellt. Die Grundlage für die Erfüllung der Aufgaben während des Einsatzes der Züge war die DV 200/0/002 – Landgestützte Seeraum- und Küstenbeobachtung. Damit hatten die FuM-Züge (mot) die gleichen Aufgaben wie die TBK in der funktechnischen Beobachtung. Das wurde in regelmäßigen, auf Vorschlag der Kommandeure der Grenzbataillone durchgeführten Einsätzen in unterschiedlichen FuM-Stellungen trainiert und in einem zentralen Feldlager 1-mal im Jahr abgenommen.

[45] Siehe „Signalstellen und was aus ihnen wurde" S. 107 ff

[46] Siehe „Signalstellen und was aus ihnen wurde", S. 113

[47] mobile Variante der FuM-Anlage MR-10

Die Vorbereitung und Durchführung des Kfz-Marsches war ebenso Bestandteil eines jeden Einsatzes, wie die Aufklärung und das Beziehen der FuM-Stellung, die Entfaltung und Herstellung der Arbeitsbereitschaft sowie die Tarnung und die Gewährleistung der Sicherheit. Die Normzeit für die Entfaltung der Technik und Herstellung der Arbeitsbereitschaft der Gefechtsstationen nach Beziehen der Stellung betrug 45 Minuten.

Auch für die FuM-Züge (mot) gehörte die Erfüllung von Aufgaben zur FuM-Sicherstellung von Flottenkräften zu den Hauptaufgaben. Handlungen im Interesse der Stoßkräfte der 6. Flottille und des KRR-18 standen dabei im Mittelpunkt. Durch die hohe Mobilität der Züge war es möglich, regelmäßig FuM-Züge (mot) mit zu den Raketenschießabschnitten nach Baltijsk zu befehlen. Sie handelten dort als landgestützte Fühlunghalter oder zur FuM-Sicherstellung von Dezentralisierungsräumen oder Reeden. Diese Einsätze wurden durch die verantwortlichen Kommandeure und Fachoffiziere der 6. GBrK sogfältig vorbereitet und intensiv trainiert.
Der Einsatz selber begann mit der Planung und Durchführung des Kfz-Marsches zum Aufnahmepunkt durch ein Landungsschiff der Volksmarine. Nach der Überführung nach Baltijsk erfolgte der Kfz-Marsch in einen befohlenen Bereitschaftsraum. Hier wurden letzte Überprüfungen von Technik und Personal vorgenommen.
Auf Befehl verlegte der FuM-Zug (mot) gedeckt in eine zugewiesene FuM-Stellung am Kap Taran und entfaltete dort. Die Arbeitsbereitschaft der Gefechtsstationen wurde hergestellt, die befohlenen Nachrichtenverbindungen wurden geschaltet und die Arbeitsbereitschaft wurde gemeldet. Auf Befehl erfolgte die See- und Luftraumbeobachtung in einem zugewiesenen Seegebiet, wie eigentlich in jedem Einsatz auch. Natürlich war die Anspannung größer als üblich. Bloß keinen Fehler machen! Die gute Vorbereitung und das ständige Training im Einsatz an der DDR-Küste waren die Grundlage für die durchweg guten und sehr guten Ergebnisse der FuM-Züge (mot).
Durch die Lage der FuM-Stellung auf über 20-25 Meter über NN war es möglich FuM-Auffassungsreichweiten zu erlangen, die weit über denen der RS-Boote oder der Küstenraketenkomplexe lagen. Damit war der Einsatz der Raketenbewaffnung auf maximale Auffassungsreichweite der Ziele möglich und die Deckung der schießenden Einheiten war gewährleistet. Die Arbeit als landgestützter Fühlunghalter glich den Handlungen der TBK zur Erfüllung dieser Aufgabe. Dazu schildert im Punkt 5.5 der langjährige Kompaniechef der TBK Arkona seine Erfahrungen.
Nach erfolgreicher Erfüllung der Aufgabe wurde die Marschbereitschaft hergestellt und auf Befehl die FuM-Stellung ordentlich und sauber verlassen. Es folgte der Marsch zurück nach Baltijsk und die Rückverlegung in den Heimatstandort. Dort wurde die Einsatzbereitschaft hergestellt und eventuell notwendige Instandsetzungen geplant und durchgeführt, die bereits von unterwegs gemeldet wurden. Nach Auswertung des Einsatzes auf den verschiedenen Ebenen vom Zugführer, Kompaniechef bis zum Verband konnte dann endlich der wohlverdiente Urlaub genossen werden.
Die FuM-Züge (mot) blieben in der geschilderten Unterstellung der drei TBK bis zur nächsten großen Strukturänderung aktiv im operativen Dienst in regelmäßigen Einsätzen in den FuM-Stellungen entlang der Küste der DDR.
Im Frühjahr 1990 wurden die Einheiten des LBS im Technischen Beobachtungsbataillon-18 (TBB-18) unter dem Kommando von Korvettenkapitän Frank Röder zusammengefasst und dem Nachrichtenregiment-18 unterstellt. Zum Bestand des TBB-18 gehörten auch die drei aktiven FuM-Züge (mot).

5.5. Die Arbeit der TBK als Fühlunghalter der Stoßkräfte der Volksmarine – der Kompaniechef der 4. TBK / Arkona erinnert sich

Korvettenkapitän a.D. Frank Röder

Korvettenkapitän a.D. Frank Röder war in der Zeit von 1977 bis 1983 Kompaniechef der 4. TBK. Zur Erfüllung der Aufgaben als landgestützter Fühlunghalter im Interesse der Raketenkräfte der 6. Flottille erinnert er sich:
„Die 4. TBK/ Arkona war aufgrund ihrer geografischen Lage gut für das Training des Zusammenwirkens mit den RS-Booten der 6. Flottille geeignet. Zu meiner Zeit als Einheitskommandeur wurden wir wiederholt zum Training als Fühlunghalter zum Raketenschießen eingesetzt. Dazu verlegten die RS-Boote, soweit ich mich erinnere jeweils 3-4 Boote, in die Tromper Wiek auf verschiedene Einsatzpositionen. Im Anlaufen auf die Positionen wurden sie ständig vom Signalabschnitt (GS2) beobachtet und gemeldet. Für die TBK wurde die Bereitschaftsstufe I befohlen. Das bedeutete folgende Besetzung der Gefechtsstationen:

- FÜP – der Diensthabende der TBK führt aus dem FÜP, 1 Wachleiter, 1 Wachleiter in Bereitschaft,

- GS1 – 2 FuM-Gasten, 1 FuM-Gast in Bereitschaft,
- GS2 – 2 Signalgasten, 1 Signalgast in Bereitschaft.

Als Diensthabender im Führungspunkt handelten unter diesen Bedingungen ausschließlich der Kompaniechef, oder sein Stellvertreter, der technische Offizier. Als aktive FuM-Anlage wurde in der Regel die leistungsstärkere FuM-Anlage MR-10 genutzt, die BWR-X12A befand sich dann in Bereitschaft.

Es gab drei Methoden der FuM-Sicherstellung als landgestützter Fühlunghalter:

1. die Ermittlung von Peilung und Abstand des Zieles von der schießenden Einheit,
2. die Ermittlung von Peilung und Abstand des Zieles vom Standort der TBK,
3. die Ermittlung von Peilung und Abstand des Zieles von einem festgelegten Orientierungspunkt.

Die anzuwendende Methode der Handlung als Fühlunghalter und das als Ziel zu führende Schiff bekamen wir vom OP-Dienst des GB-2 zugewiesen. In der Praxis handelten wir in Arkona meist nach der Methode 2.

Nach der Meldung der Arbeitsbereitschaft der TBK zum befohlenen Zeitpunkt war die erste Aufgabe das Auffassen und Identifizieren des Zieles. Das befand sich in der Regel 15-20 sm nord-westlich unseres Standortes. Danach erfolgte die regelmäßige Ortung des Zieles durch den FuM-Gasten entsprechend des festgelegten Meldeintervalls (meistens 3 Minuten) und die Darstellung der Zielparameter auf der Seekarte im FÜP. Dabei arbeitete der in Bereitschaft befindliche FuM-Gast als Auswerter und Zeichner. Auf Anforderung der Boote wurden die Zielparameter in Form von Zielnummer, Peilung und Abstand vom Wachleiter per befohlenem Nachrichtenkanal an die schießende Einheit übermittelt, natürlich in russischer Sprache. Dabei war das befohlene Meldeintervall von 1 Minute einzuhalten. Da alle Boote auf dem gleichen UKW-Kanal geschaltet waren, konnten sie die Meldungen zeitgleich empfangen und zur Ermittlung ihrer eigenen Schießparameter weiterverarbeiten.

Parallel zur Arbeit mit den RS-Booten erfolgten die Standardmeldungen über das Ziel im Intervall von 15 bzw. 3 Minuten über drahtgebundene Wechselsprechverbindung und FÜ 445 an den OP-Dienst des GB-2, ebenso wie eventuelle Änderungen, wie Zielwechsel, Änderungen des Meldeintervalls u.a. Natürlich wurden alle Ortungen sowohl im FÜP als auch auf der GS1 in den entsprechenden Wachunterlagen dokumentiert. Insgesamt war das eine hohe Arbeitsanspannung für das Personal.

Die Handlungen der TBK als landgestützter Fühlunghalter liefen üblicherweise über mehrere Stunden, meist zur Tageszeit. Nach Beendigung des Einsatzes ging für die TBK der normale Gefechtsdienst in allen Beobachtungsarten weiter.

Durch die RS-Boote wurden während des Fühlunghalter-Trainings natürlich keine Raketen geschossen. Wenn der Kompaniechef hinterher nicht zum Rapport beim Kommandeur befohlen wurde, schienen unsere Leistungen wohl recht gut gewesen zu sein. Ob die Raketen „trafen“ haben wir leider nie erfahren, denn eine Auswertung der Ergebnisse des Trainings gab es leider mit der TBK nie.

In Vorbereitung des Fühlunghalter-Einsatzes haben wir am Vortag ein internes Training mit der Mannschaft durchgeführt. Dazu wurde ein beliebiges Ziel im Seeraum nordwestlich von Arkona ausgewählt, das mit Ostkurs lief. Als Position der schießenden Einheit wurde ein sich zufällig in der Tromper Wiek befindliches Fahrzeug genommen oder der Diensthabenden legte eine zu erwartende Position fest. Im Training ging es hauptsächlich um genaue Ortung in den kurzen Intervallen sowie um Ruhe und strikte Aufgabentrennung bei der Zielführung im Führungspunkt. Da sollte auf keinen Fall etwas durcheinandergeraten.

Die Fühlunghalter-Einsätze waren immer ein gewisser Höhepunkt für die TBK. Auch wenn real keine Rakete zum Einsatz kam, waren unsere Handlungen doch immer so, wie beim „scharfen Schuss“ durch die Raketenschnellboote oder Startrampen der Küstenraketenabteilungen.

Anlagen

Anlage 1

МИНИСТЕРСТВО ИНОСТРАННЫХ ДЕЛ
СОЮЗА СОВЕТСКИХ
СОЦИАЛИСТИЧЕСКИХ РЕСПУБЛИК

УДОСТОВЕРЯЕТ, ЧТО ПРАВИТЕЛЬСТВО СОЮЗА СОВЕТСКИХ СОЦИАЛИСТИЧЕСКИХ РЕСПУБЛИК УПОЛНОМОЧИЛО СЕРГЕЙЧИКА Михаила Алексеевича, Начальника Главного инженерного управления Государственного Комитета Совета Министров СССР по внешним экономическим связям, подписать Соглашение между Правительством Союза Советских Социалистических Республик и Правительством Германской Демократической Республики о поставках из Союза Советских Социалистических Республик в Германскую Демократическую Республику в 1961-1965 годах специального имущества и об оказании технического содействия в эксплуатации этого имущества.

Москва „31" августа 1961 *года.*

Министр Иностранных Дел СССР

Заведующий Договорно-Правовым Отделом

Das Ministerium für Auswärtige Angelegenheiten der "***Union der Sozialistischen Sowjetrepubliken***", (kurz ***UdSSR***)

beglaubigt, dass die REGIERUNG DER UNION SOWJETISCHER SOZIALISTISCHER REPUBLIKEN SERGEJTSCHIK, Michael Alexejewitsch, Chef der Ingenieur-technischen Hauptverwaltung des Staatlichen Komitees des Ministerrates der UdSSR für auswärtige Verbindungen Handlungsvollmacht erteilt, Vereinbarungen zwischen der Regierung der Union Sowjetischer Sozialistischer Republiken und der Regierung der Deutschen Demokratischen Republik über die Lieferungen aus der Union Sowjetischer Sozialistischer Republiken in die Deutsche Demokratische Republik von Spezialausrüstung und der Erweisung technischer Hilfeleistung für die Nutzung dieser Ausrüstung in den Jahren von 1961-1965 zu unterschreiben.

Moskau, den 31. August 1961

Minister für Auswärtige Angelegenheiten der UdSSR
gez. Andrej A. Gromyko
Leiter Vertrags- und Rechtsabteilung

gez. Grigorij I. Tunkin

GKdoS-Nr.: A 384 938 2. Ausf., Bl. 8

1	2	3	4	5	6	7	8	9
9	Raketen W-750W, scharf	Satz	384	192	192	-	-	-
10	Raketen W-750 für Übungszwecke (ohne Ladung)	Stück	5	5	-	-	-	-
11	EWZ-Gruppensätze 1:12 für die Raketen W-750W	Satz	32	16	16	-	-	-
12	EWZ-Gruppensätze 1:48 für die Raketen W-750W	"	8	4	4	-	-	-
	V. Raketenkomplex des Systems "Sopka"							
1	Fahrbare Batterie vom System "Sopka"	Batterie	1	-	1	-	-	-
2	Ausrüstung der technischen Stellung des Systems "Sopka"	Satz	1	-	1	-	-	-
3	Tragflügelbomben S-2, scharf	"	24	-	16	8	-	-
4	Tragflügelbomben S-2 für Übungszwecke	Stück	2	-	2	-	-	-
5	Tragflügelbombe S-2, Schnittmodell	"	1	-	1	-	-	-
	VI. Ausrüstung für Seestreitkräfte							
1	Raketentragende Boote Projekt 205	Einheit	12	-	2	4	3	3
2	Ersatzteil-, Werkzeug- und Ausrüstungssätze für zwei raketentragende Boote Projekt 205	Satz	6	-	1	2	1	2
3	Flügelraketen P-15, scharf	"	144	-	16	40	52	36

GKdoS-Nr.: A 384 938 2. Ausf., Bl. 9

1	2	3	4	5	6	7	8	9
4	Flügelraketen P-15 mit imitierter Ladung	Satz	58	-	4	12	18	24
5	Flügelraketen für Übungszwecke P-15	Stück	2	-	1	1	-	-
6	Flügelraketen P-15, Schnittmodell	"	2	-	1	1	-	-
7	EWZ-Gruppensätze 1:10 für Flügelraketen P-15	Satz	15	-	2	4	5	4
8	EWZ-Gruppensätze 1:50 für Flügelraketen P-15	"	3	-	-	1	1	1
9	Kontroll- und Prüfapparatur sowie Bodenausrüstung für Flügelraketen P-15	"	3	-	1	2	-	-
10	Munition für 30-mm-Kanonen KL-302 (für Boote Projekt 205)	TStück	240,0	-	40,0	80,0	60,0	60,0
	VII. Raketenbewaffnung für Luftstreitkräfte							
1	Raketen K-13, scharf	Stück	480	-	96	384	-	-
2	Raketen K-13 für Übungszwecke	"	5	-	1	4	-	-
3	Raketen K-13, Schnittmodell	"	2	-	1	1	-	-
4	EWZ-Gruppensatz 1:100 für Raketen K-13	Satz	5	-	3	2	-	-
5	Fahrbare Stellungen PPP-13 zur Vorbereitung der Raketen K-13	"	3	-	2	1	-	-

5

MINISTERIUM FÜR STAATSSICHERHEIT

stand wie diejenigen der GSSD. Infrastrukturelle Einschränkungen wurden bei den Flugzeugschutzbauten erkannt, die nur 50 % des Bestandes an Kampfflugzeugen aufnehmen können. Auch die Lagerkapazität für Betriebsstoffe und Munition auf den Einsatzflugplätzen erreicht nur etwa die Hälfte der auf den Flugplätzen der GSSD erkannten Kapazität. Daher wird von der BRD eingeschätzt, daß die NVA-Luftstreitkräfte/Luftverteidigung nur etwa 14 - 16 Tage unter Einsatzbedingungen ohne Anschlußversorgung operieren können. Ein Rückgriff auf sowjetische Vorräte in der DDR wird nur in Notsituationen erwartet. In den kommenden Jahren wird mit der Fortsetzung der Modernisierungsmaßnahmen gerechnet, jedoch in geringerem Tempo, als dies bei den sowjetischen Luftstreitkräften der Fall ist. Schwerpunkt wird die Verbesserung der Tieffliegerbekämpfung sein.

Die NVA-Volksmarine ist mit 16 600 Mann und 248 Kampf- und Hilfsschiffen (einschließlich schwimmender Einheiten der 6. Grenzbrigade Küste) die kleinste Marine der Staaten des Warschauer Vertrages in der Ostsee. Ihr wird jedoch wegen ihrer Nähe zu den unmittelbar an die NATO angrenzenden Seegebieten nach Ansicht der BRD von der Führung des Warschauer Vertrages eine besondere Bedeutung beigemessen. Als reine Küstenmarine hat die Volksmarine in erster Linie die eigene Operationszone im Küstenvorfeld der DDR zu schützen. Hierfür stehen ihr in der 1. und 4. Flottille Küstenschutzschiffe (Raketenfregatten), Minen- und UAW-Schiffe, Landungsfahrzeuge sowie ein Küstenraketenregiment zur Verfügung. Der von der Volksmarine über diesen Hauptauftrag hinaus geleistete Beitrag zu den Stoßkräften des Warschauer Vertrages in der Ostsee beschränkt sich auf die Abstellung von Raketeneinheiten und Torpedoschnellbooten der 6. Flottille. Die Volksmarine verfügt über keine eigene Marineinfanterie, die Marinefliegerkräfte befinden sich im Aufbau. Die Indienststellung der Raketenkorvetten der TARANTUL-Klasse und die Einführung des Küstenraketensystems SSG-3 (mit Reichweiten bis in den Bereich der dänischen Inseln, bzw. zur schwedischen Gegenküste) hat die Kampfkraft gegen Oberwasserziele in der mittleren und westlichen Ostsee deutlich gesteigert. Ebenso hat die Umrüstung der 1. und 4. Flotille auf U-Jagdkorvetten der PARCHIM-Klasse in Verbindung mit den U-Jagdhubschraubern Mi-14 M zu einer erheblichen Steigerung der U-Boot-Bekämpfungskapazität geführt. Dagegen werden die Minenbekämpfungssysteme als veraltet angesehen. Die Volksmarine wird für fähig gehalten, ihren Auftrag, wenn auch zeitlich und räumlich begrenzt, aufgrund ihrer personellen und materiellen Situation sowie durch in-

MINISTERIUM FÜR STAATSSICHERHEIT

tensive Ausbildung bei enger Anbindung an den Warschauer Vertrag im Rahmen der Vereinten Ostseeflotten zu erfüllen.

Die BRD geht davon aus, daß der Warschauer Vertrag entsprechend der sowjetischen Militärdoktrin in einem Krieg gegen die NATO mit dem Einsatz von Massenvernichtungsmitteln rechnet. Die Streitkräfte des Warschauer Vertrages, auch die in der DDR, werden darauf konsequent vorbereitet. Dabei obliegt die grundsätzliche Entscheidung über deren Einsatz der politischen Führung der UdSSR. Die entsprechenden Befehle werden durch die oberste militärische Führung der Sowjetunion gegeben und können in der Folge an nachgeordnete sowjetische Befehlshaber und Kommandeure delegiert werden.

In der DDR verfügen die Landstreitkräfte der GSSD und der NVA auf Front-(nur GSSD), Armee- und Divisionsebene über Kernwaffeneinsatzmittel. Aufgrund ihrer technischen Auslegung sind alle Rohrartilleriesysteme ab Kaliber 152 mm sowie taktische und operativ-taktische Raketen der Typen FROG/SS-21, SCUD/SS-23 und SS-12/22 als Kernwaffeneinsatzmittel geeignet. Das Üben von Schießverfahren für den Kernwaffeneinsatz wurde von den entsprechenden BRD-Stellen nur bei Artillerie-und Raketenverbänden der GSSD beobachtet. Die Lagerung von Nukleargefechtsköpfen in der DDR wird als sicher angenommen, ohne daß konkrete Zahlen festgestellt werden konnten. Aufgrund spezieller Merkmale wurden 8 Munitionsdepots als Kernwaffenlager eingestuft.

Die Kampfflugzeuge in allen Jagdbombenfliegerregimentern der GSSD-Luftstreitkräfte besitzen die technische Fähigkeit, Kernwaffen einzusetzen. Bei diesen Fliegerregimentern (Mirow/MiG-27, Templin/Su-22 M 4, Neuruppin/Su-22 M 4, Brand/Su-24, Zerbst/MiG-27, Finsterwalde/MiG-27, Großenhain/Su-24 und Altenburg/MiG-27) werden Verfahren für den Kernwaffeneinsatz geübt. Aufgrund des Obungsverhaltens wird auch für die MiG-25 des Aufklärungsfliegerregiments Werneuchen eine Kernwaffeneinsatzrolle angenommen. Bei der Mehrzahl der Jagdbombenfliegerregimenter wurden Lagereinrichtungen mit besonderer Eignung zur Aufnahme von Kernwaffen erkannt (Mirow, Templin, Brand, Finsterwalde, Großenhain, Altenburg). Die BRD geht davon aus, daß etwa 390 Kampfflugzeuge uneingeschränkt für den Kernwaffeneinsatz geeignet sind. Daneben werden 310 Kampfflugzeuge in den Jagdfliegerregimentern zwar technisch als kernwaffeneinsatzfähig angesehen. Sie erscheinen jedoch weder im Ausbildungs- und Obungsflugbetrieb bei der Durchführung von nuklearen Ein-

- NW- FLUGZEUG-
239- 311- 77 785 OWZ 02 0850 (13)

VERTEILER 37/ 1- JE DER CHEF

TEXT LT. ANLAGE

MINISTERRAT
DER DEUTSCHEN DEMOKRATISCHEN REPUBLIK
MINISTERIUM FUER ABRUESTUNG UND VERTEIDIGUNG

TAGESBEFEHL
DES MINISTERS FUER ABRUESTUNG UND VERTEIDIGUNG
ZUR
EINGLIEDERUNG DER NATIONALEN VOLKSARMEE IN DIE BUNDESWEHR
ANLAESZLICH DES BEITRITTS DER
DEUTSCHEN DEMOKRATISCHEN REPUBLIK ZUR BUNDESREPUBLIK DEUTSCHLAND
VOM 02. OKTOBER 1990

MEINE HERREN SOLDATEN,UNTEROFFIZIERE, FAEHNRICHSCHUELER UND OFFIZIERSCHUELER,FAEHNRICHE UND OFFIZIERE. (ARZ)
MEINE HERREN GENERALE UND ADMIRALE.(ARZ)
MEINE DAMEN UND HERREN ZIVILBESCHAEFTIGTE.(ARZ)

MIT DEM 2. OKTOBER ,24.00 UHR, HOERT NACH DEM WILLEN UNSERES VOLKES DIE DEUTSCHE DEMOKRATISCHE REPUBLIK AUF ZU BESTEHEN, ABER NICHT IHRE MENSCHEN.

MIT DEM 2. OKTOBER,24.00 UHR, HOERT DIE NATIONALE VOLKSARMEE AUF ZU BESTEHEN , ABER NICHT IHRE SOLDATEN UND ZIVILBESCHAEFTIGTEN.

MIT DEM BEITRITT DER DEUTSCHEN DEMOKRATISCHEN REPUBLIK ZUR BUNDESREPUBLIK DEUTSCHLAND BEGINNT AM 3. OKTOBER 1990 EIN NEUER ABSCHNITT IN DER GESCHICHTE DES DEUTSCHEN VOLKES. NACH 40JAEHRIGER UNNATUERLICHER TRENNUNG WAECHST WIEDER ZUSAMMEN,WAS ZUSAMMEN GEHOERT.

SIE, ALS SOLDATEN UND ZIVILBESCHAEFTIGTE DER NATIONALEN VOLKSARMEE,. GEHOEREN MIT DEM WIRKSAMWERDEN DES BEITRITTS ENTSPRECHEND DEM EINIGUNGSVERTRAG ZUR BUNDESWEHR. UNTER IHRER MITWIRKUNG VOLLZIEHT SICH EIN HISTORISCH EINMALIGER AKT.

DIE NATIONALE VOLKSARMEE STAND UNTER DER VORMUNDSCHAFT EINER PARTEI ,DIE SICH ALS UNFAEHIG ERWIESEN HAT, DEN INTRESSEN DER BUERGER DER DEUTSCHEN DEMOKRATISCHEN REPUBLIK GERECHT ZU WERDEN.

ES BLEIBT JEDOCH DAS VERDIENST DER ANGEHOERIGEN DER NATIONALEN VOLKSARMEE, IHRE VON DER VERFASSUNG GEGEBENE AUFGABE, DIE AEUSZERE SICHERHEIT DER BUERGERINNEN UND BUERGER ZU GEWAEHRLEISTEN UND DER BEWAHRUNG DES FRIEDENS ZU DIENEN, NACH BESTEM KOENNEN UND MIT HOHER PROFESSIONALITAET ERFUELLT ZU HABEN.

SEIT DEM HERBST 1989 HABEN SIE VERANTWORTUNGSBEWUSZT IHREN BEITRAG DAZU GELEISTET,DASZ DER UMGESTALTUNGSPROZESZ IN UNSEREM LANDE FRIEDLICH VERLAUFEN IST UND SICH FREIHEIT UND DEMOKRATIE AUCH IN DIESEM TEIL DEUTSCHLANDS DEN WEG BAHNEN KONNTEN.

GLEICHLAUFEND MIT DEN GESELLSCHAFTLICHEN UMWAELZUNGEN IN DER DEUTSCHEN DEMOKRATISCHEN REPUBLIK HABEN DIE ANGEHOERIGEN DER NATIONALEN VOLKSARMEE EINE UMFASSENDE MILITAERREFORM BEGONNEN UND DEN KURS AUF WEITGEHENDE ABRUESTUNGSMASZNAHMEN AKTIV MITGE-STALTET.

FUER DIE ERFUELLUNG IHRER MILITAERISCHEN PFLICHTEN GEGENUEBER DEM VATERLAND UND IHRE BEREITSCHAFT, PERSOENLICHE INTERESSEN SOWIE DIE BELANGE IHRER FAMILIENANGEHOERIGEN SEHR OFT HINTER DIE DES VOLKES ZU STELLEN, GEBUEHRT IHNEN , MEINE DAMEN UND HERREN, MEIN AUFRICHTIGER DANK.

MIT WIRKUNG VOM 3. OKTOBER 1990 WERDEN SIE DEN MILITAERSICHEN DIENST NACH DEM SOLDATENGESETZ IN VERBINDUNG MIT DEM WEHR-PFLICHTGESETZ DER BUNDESREPUBLIK DEUTSCHLAND, ENTSPRECHEND DEN FEST-LEGUNGEN IM EINIGUNGSVERTRAG, LEISTEN. FUER DIE MEHRHEIT VON IHNEN WIRD DIE AUFGABE DARIN BESTEHEN,DEM VEREINIGTEN DEUTSCHEN STAAT TREU ZU DIENEN, DIE SICHERHEIT DES DEUTSCHEN VOLKES ZU GEWAEHRLEISTEN SOWIE AN DER ERHALTUNG DES FRIEDENS IN EUROPA MITZUWIRKEN.

NICHT WENIGE WERDEN IM ZUSAMMENHANG MIT DER ZUSAMMENFUEUHRUNG VON BUNDESWEHR UND NVA GEMAESZ EINIGUNGSVERTRAG UND DER REALI-SIERUNG DER IN WIEN GEGENUEBER DEN KSZE-STAATEN UEBERNOMMENEN VERPFLICHTUNG ZUR REDUZIERUNG DER DEUTSCHEN STREITKRAEFTE IN DEN NAECHSTEN VIER JAHREN AUS DEM WEHRDIENST AUSSCHEIDEN.

VON ALLEN ERWARTE ICH, DASZ SIE, SOLANGE SIE DIENEN, DIE IHNEN UEBERTRAGENEN PFLICHTEN IN EHRE UND WUERDE ERFUELLEN UND MIT ALLEN IHREN KRAEFTEN ZUM SCHUTZ VON FREIHEIT UND DEMOKRATIE IN EINEM GEEINTEN DEUTSCHLAND UND ZUR AUFRECHTERHALTUNG DES FRIEDENS IN EUROPA BEITRAGEN.

HIERMIT ENTLASSE ICH SIE ALS ANGEHOERIGE ODER ZIVILBESCHAEFTIGTE DER NATIONALEN VOLKSARMEE AUS IHREN VERPFLICHTUNGEN, DIE SIE GEGENUEBE R DER DEUTSCHEN DEMOKRATISCHEN REPUBLIK ZU ERFUELLEN HATTEN.

SIE SIND AB 3 OKTOBER 1990 ,00.00 UHR , SOLDATEN BZW. ZIVIL-ANGESTELLTE DER BUNDESWEHR UND UNTERSTEHEN DEM ZUSTAENDIGKEITS-BEREICH DES BUNDESMINISTERS DER VERTEIDIGUNG DER BUNDESREPUBLIK DEUTSCHLAND.

MEINE DAMEN UND HERREN,
ICH WUENSCHEN IHNEN UND IHREN FAMILIEN ALLES GUT, GESUNDHEIT UND PERSOENLICHES GLUECK.

STRAUSBERG, DEN 02. OKTOBER 1990

RAINER EPPELMANN
MINISTER FUER ABRUSTUNG UND VERTEIDIGUNG

Anlage 4

Taktisch - technische Daten der Selbstfahrenden Startrampe (SSR) „3P-51M" des Küstenraketenkomplexes „Rubesh"

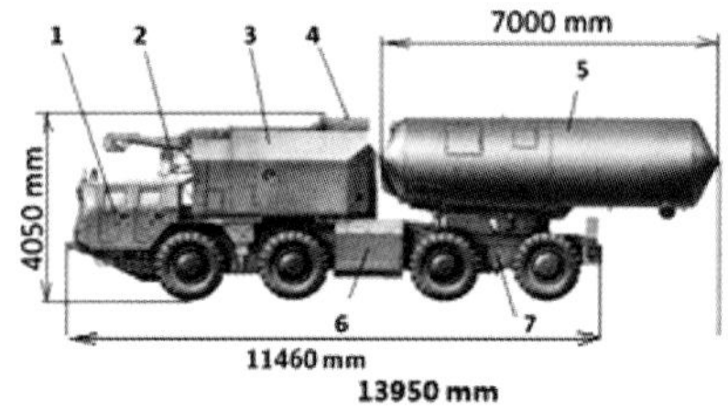

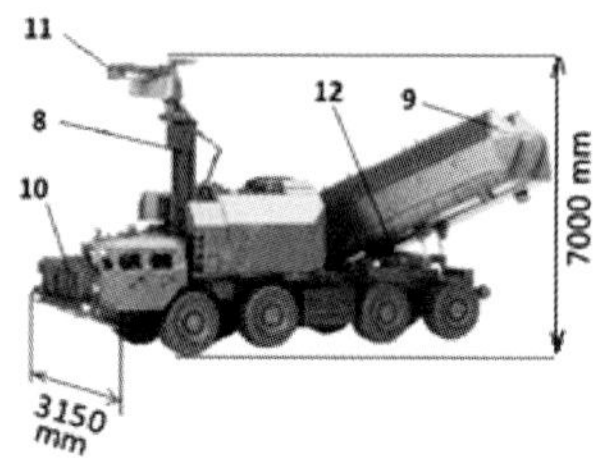

Hauptbestandteile der SSR

1. Fahrerkabine, 2 Arbeitsplätze
2. Antenne der Radaranlage in Marschlage
3. Gefechtskabine, 4 Arbeitsplätze
4. Gasturbine für die E-Versorgung
5. Doppelcontainer „KT-161" mit 2 Raketen
6. Kraftstoffbehälter, beidseitig für je 350 l
7. Trägerfahrzeug „MAZ-543 M", 4 Achsen, Allradantrieb 8 Räder
8. Elektrisch ausfahrbarer Mast der Antenne
9. Containerdeckel
10. V12 Dieselmotor „ D12A-525"
11. Radarantenne ausgefahren, drehbar
12. Elektro-hydraulischer Antrieb zum Heben und Schwenken des Doppelcontainers vertikal 20° und in der Horizontalen jeweils 110° links und rechts aus der Marschlage

Taktisch - technische Daten

Länge in mm	13.950
Breite in mm	3.150
Höhe in Marschlage in mm	4.050
Höhe (Antenne ausgefahren)	7.000
Bodenfreiheit in mm	400
Spurbreite in mm	2.375
Wattiefe in mm	1.000 - 1.300
Wendekreis in mm	27.000
Steigfähigkeit in ° / %	30 / 65
Überschreitfähigkeit in mm	2.500
Radstand L-4 Achsen in mm	7.700
Geschwindigkeit in km/h	60
Aktionsradius in km	560
Tankinhalt in l	2x 350

Motortyp „MAZ-543 M"	D12A-525
Anzahl der Zylinder	12
Motorleistung in PS / KW	525 / 386
Max. Drehmoment in Nm bei 1.200-1.400 U/min.	2150
Kraftstoffverbrauch in l/100 km	125
Masse ohne Raketen in kg	34.995
Masse mit Raketen in kg	40.215
Max. Ladekapazität in kg	19.100
Masse der Ausrüstung und Raketen in kg.	18.300
Besatzung	5

Bestandteile des Komplexes für eine KRA

4 SSR in 2 Startbatterien
4 Raketentransporteinrichtungen „KRAZ-255 B" mit je 2 Raketen für die zweite Salve
1 Autodrehkran „ADK-125"

Anlage 5

Taktisch-technische Daten der Rakete P-21 / P-22 des Küstenraketenkomplexes „Rubesh"

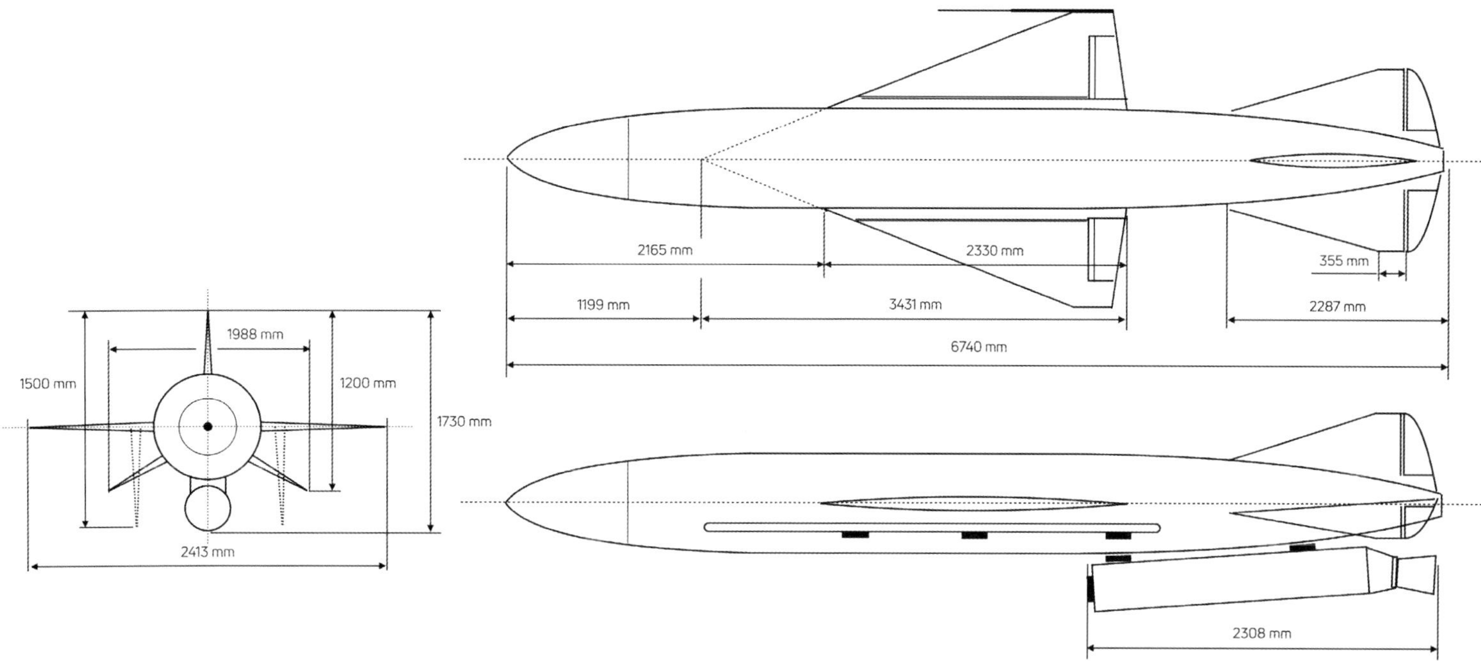

Maximale Schussentfernung	80 km
Minimale Schussentfernung	8-21 km
(in Abhängigkeit von der Höhe der Startposition)	1975
Maximale Zielgeschwindigkeit	80 kn
Maximale Windgeschwindigkeit	bis 20 m/s
Maximaler Seegang beim Einsatz	bis 5
Marschflughöhe	25 oder 50 m
Fluggeschwindigkeit	1.150 km/h
Zeit vom Start bis zum Ausklappen der Tragflächen	0,5 +/- 0,06 s
Startmasse der Rakete	2.624 kg
Masse des Starttriebwerkes „SPRD-192 R“	
ohne Ladung	264 kg
Masse Pulverstangenladung	226 kg
Masse der Rakete ohne "SPRD-192 R"	2.134 kg
Leermasse der Rakete	2.624 kg
ohne Treibstoff, "SPRD-192 R" und Gefechtsteil	805 kg
Masse Brennstoff "TG-02"	219 kg
Masse Oxydator "AK-20K"	635 kg
Masse der Rakete ohne Treibstoff	1.275 kg
Masse des Gefechtsteils mit Zündern	475 kg

Angaben zum Gefechtsteil:	
gebündelte Splitter-Spreng Wirkung	
"P-21" - aktiver Radarzielsuchkopf "DSM-AÄ"	1975
"P-22" - passiver Infrarot-Zielsuchkopf "Snegir"	80 kn
Angaben zum Triebwerk:	
Einkammer-Flüssigkeitstriebwerk mit Turbopumpenaggregat mit 2-stufiger Schuberzeugung	
Masse des Triebwerkes	47,5 kg
Schubkraft im Regime 1 / Regime 2 (Stufe 1 / Stufe 2)	1.215 / 554 N
Treibstoffverbrauch Oxydator (Stufe 1 / Stufe 2)	4,1 / 2,6 kg/s
Treibstoffverbrauch Brennstoff (Stufe 1 / Stufe 2)	1,3 / 0,65 kg/s
Verhältnis Oxydator zu Brennstoff in (Stufe 1 / Stufe 2	3,16 / 3,06
Brenndauer (Stufe 1 / Stufe 2)	45 / 286 s
Brenndauer "SPRD-192 R"	1,4 - 1,7 s

Anlage 6

Schnittdarstellung der Rakete „P-21"

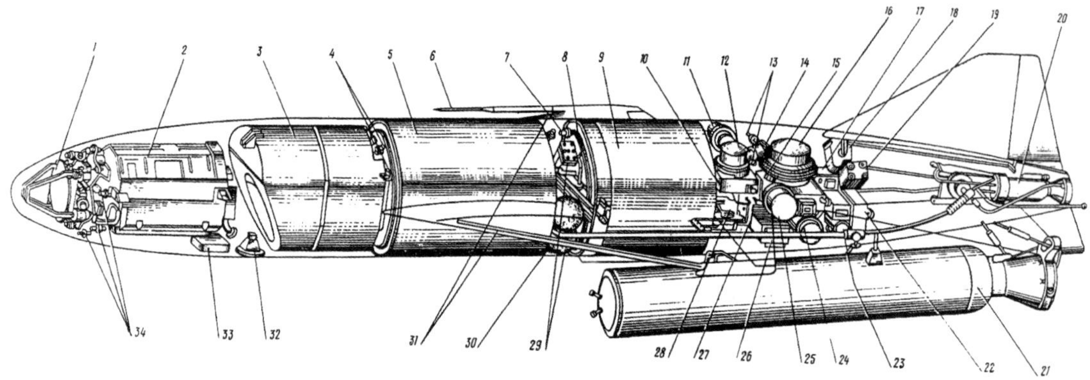

1. Sende- und Empfangsantenne der Funkmesszielsuchanlage
2. Funkmesszielsuchanlage
3. Gefechtsteil
4. Zünder
5. Oxydatortank für Melange 20k (Salpetersäuregemisch)
6. Staurohr
7. Umschalter (Druck) der Arbeitsregime des Marschtriebwerkes
8. Klappmechanismus der Flügel
9. Brennstofftank für Samin
10. Elektroverteiler
11. Höhenkreisel
12. Dämpfungskreiselblock
13. mechanische Schalter
14. Steckverbindung"AERO 129" (Verbindung Startcontainer der SSR-Rakete)
15. Programmmechanismus DWM-A
16. Kreiselblock
17. Gerät 30
18. Rudermaschine Kurs
19. Rudermaschine für die Längsneigung
20. Marschtriebwerk
21. Starttriebwerk
22. Ansteuerung Umformer
23. Umformer PT-125
24. Umformer PT-1500
25. Integrierkreiselblock
26. Sende- Empfangsteil des Funkhöhenmessers
27. Ampullenbatterie
28. Rudermaschine für die Krängung
29. Druckluftbehälter
30. Empfangsantenne des Funkhöhenmessers
31. Flügelkontaktgeber
32. Sendeantenne des Funkhöhenmessers
33. Programmmechanismus DWM-R
34. Kopfkontaktgeber

Explosivdarstellung der Konstruktionselemente der Rakete „P-21"

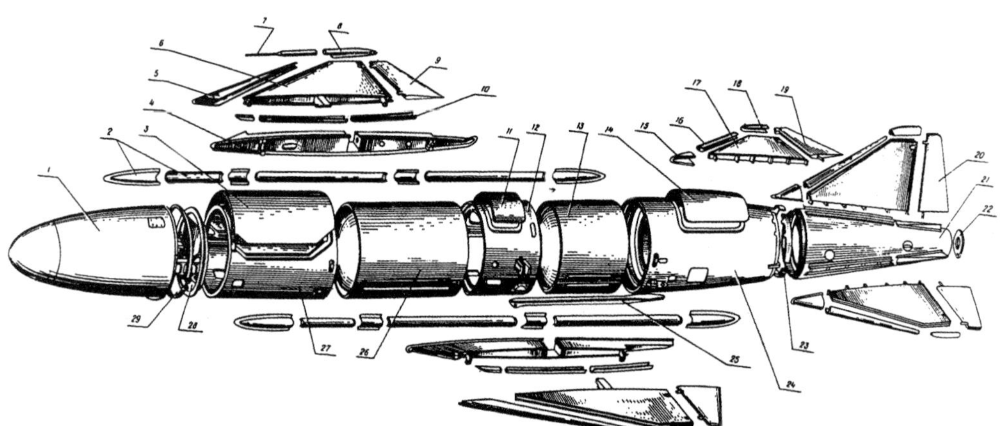

1. Kopfabdeckung
2. Kabelkanal
3. Abdeckung der Luke für Gefechtsteilsektion
4. Flügelansatz am Rumpf
5. Frontabdeckung des Flügels
6. Flügelkonsole
7. Staurohr
8. Flügelendstück
9. Ruder
10. Abdeckung der Flügelbefestigungen
11. Abdeckung des Zugangs zum Pneumatiksystem
12. Sektion Nr. 12
13. Tanksektion „B"
14. Abdeckung des Zugangs zu den E-Anlagen
15. Verkleidung des Leitwerkansatzes am Rumpf
16. Verkleidung der Front des Leitwerks
17. Leitwerkflosse
18. Endstück des Leitwerks
19. Höhenruder
20. Kursruder
21. Schwanzstück des Rumpfes
22. Düsenaustrittsverkleidung
23. Verbindungsstück
24. Apparatesektion
25. Versteifungsbalken
26. Tanksektion „O"
27. Sektion für Gefechtsteil
28. Ringversteifungen

Anlage 7

Rakete „P-22“ mit IR-Zielsuchkopf

Gefechtsteil beim Einsetzen in die Rakete

Heckteil der Rakete beim Anhängen des Starttriebwerks

Gefechtsteil von vorn

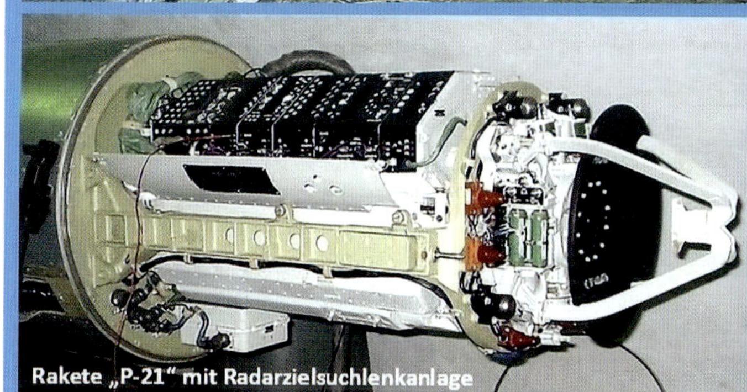
Rakete „P-21“ mit Radarzielsuchlenkanlage

Gefechtsteil in der Rakete

Heckteil der Rakete mit Marschtriebwerk und Leitwerk

Anlage 8

Strukturschema
Küstenraketenregiment 18

Geheime Verschlußsache ! GVS-Nr.: D 458 814
7. Ausfertigung Blatt 04

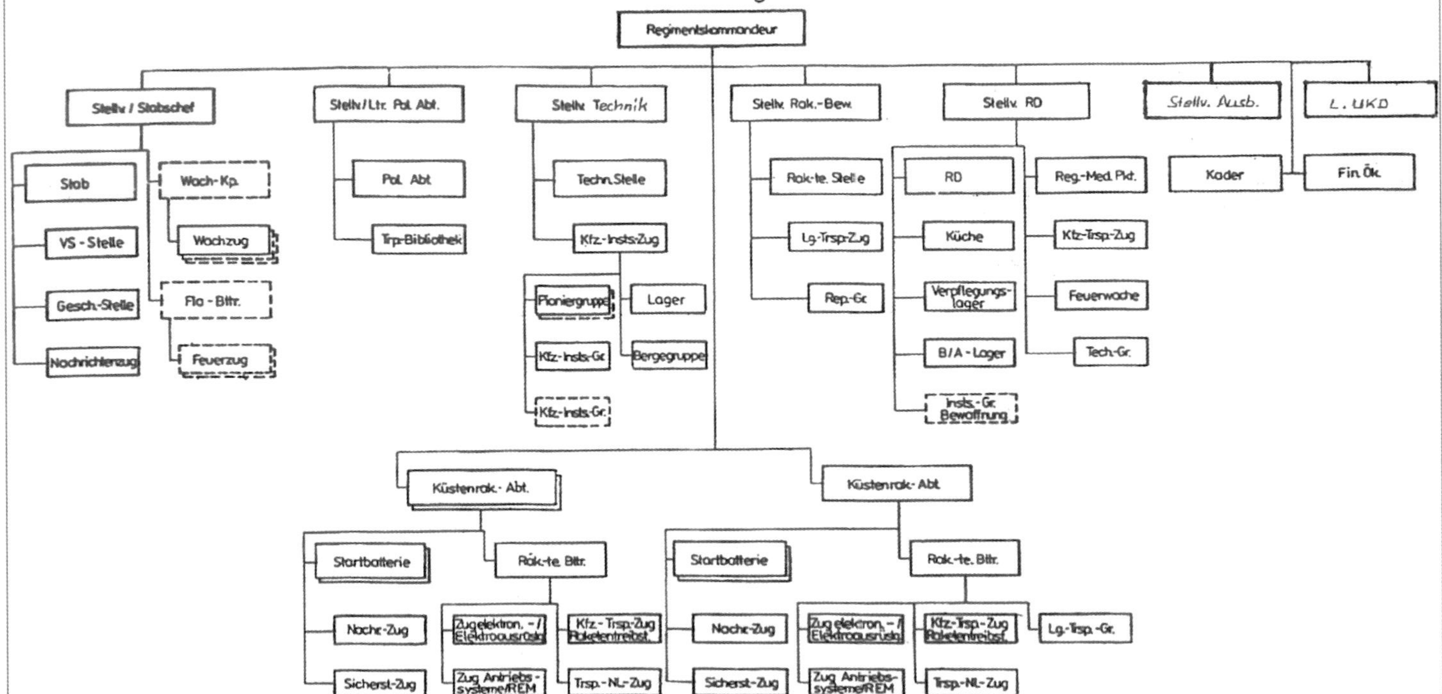

Bezeichnung	Soll 1								Soll 2							
	O	F	BU	UaZ	S	G	Z	Insg.	O	F	BU	UaZ	S	G	Z	Insg.
Gesamt	63	41	48	101	173	426	12	438	73	44	52	126	299	594	12	606
darunter weiblich			2	1		3		3			2	1		3		3
darunter Res.Wechselb.																
Führung	24	4	5	1		34	7	41	25	4	5	2		36	7	43
Einheiten d. Gef.-Sicherst.	1	1	3	8	30	43	1	44	7	4	5	20	103	139	1	140
eine KRA (1 oder 2)	12	10	10	20	34	86		86	13	10	10	23	43	99		99
3. KRA	12	10	12	30	42	106		106	13	10	12	32	51	118		118
eine Startbatterie	2	2	2	4	1	11		11	2	2	2	4	1	11		11
Einh. d. mat/techn/med.Sst.	2	6	8	22	33	71	4	75	2	6	10	26	59	103	4	107

Bezeichnung	Soll																											
	Rubesh		RTE P21/22		KIPS-PR		PASTA 4M		Fla-Rak		ZU-23		R-140		R-142		KNdT		MT-LB		Kfz-Ges.		LKW					
	1	2	1	2	1	2	1	2	1	2	1	2	1	2	1	2	1	2	1	2	1	2	1	2	1	2	1	2
Gesamt	12	12	18	18	3	3	3	3	12	12		6	4	4	4	4	4	4	2	2	183	204	23	31				
darunter weiblich																												
darunter Res.Wechselb.																												
Führung																					1	1						
Einheiten d. Gef.-Sicherst.												6	1	1	1	1	1	1			7	14		7				
eine KRA (1 oder 2)	4	4	4	4	1	1	1	1	4	4			1	1	1	1	1	1			39	41	3	3				
3. KRA	4	4	6	6	1	1	1	1	4	4			1	1	1	1	1	1	1	1	52	53	6	6				
eine Startbatterie	4	4																			6	6						
Einh. d. mat/techn/med.Sst.			4	4															1	1	43	49	31	12				

Anlage 9

Raketenschießabschnitte der RS-Boote / Kleinen Raketenschiffen der 6. Flottille 1964-1989
(unvollständige Angaben)

Zeitraum	RSA	Teilnehmende Boote | Schiffe	Bemerkungen
05.-13.05.1964	1. RSA	RSB 711, 712	RSB 711 startet erste Rakete P-15 in der VM
15.-31.05.1965	2. RSA	RSB 711, 712, 713, 714	
21.-28.05.1966	3. RSA	RSB 751, 752, 753, 754	
16.-20.06.1967	4. RSA	RSB 711, 713, 731, 733	
05.-10.06.1968	5. RSA	RSB 712, 714, 751, 753	erstmalig auf bewegliche Ziele
30.05.-05.06.1969	6. RSA	RSB 731, 732, 751, 752	
26.05.-05.06.1970	7. RSA	RSB 731, 732, 713, 714, 733, 734	
21.-30.04.1971	8. RSA	RSB 732, 734, 753, 754	
12.-16.06.1972	9. RSA	RSB 714, 731	
Juni 1973	10. RSA	RSB 751, 753, 754, Schulboot S-31	
23.-28.06.1974	11. RSA	RSB 731, 732, 734, 754	734: 4 Raketenstarts auf 2 Ziele
10.-14.06.1975	12. RSA	Schulboot S-32	
14.-19.06.1976	13. RSA	RSB 713	
13.-18.06.1977	14. RSA	RSB 731, 732, 733, 734	
20.-22.06.1978	15. RSA		
08.-13.07.1979	16. RSA	RSB 731, 732, 733, 752	
12.06.1980	17. RSA	RSB 711, 713	
15.-19.06.1981	18. RSA	RSB 754, KSS 141, 142	754: 3 Raketenstarts
1982	19. RSA	RSB 731, 732, 733, 734	
18.-22.07.1983	20. RSA		
Juli 1984	21. RSA	RSB 733, 751, 752, 753	
1985	22. RSA	RSB 731, 732, 733, 734, KRS 572	erstmalige Teilnahme Projekt 1241
07.-18.07.1986	23. RSA	KRS 573, 574, KSS 142, 143	
1987	24. RSA	RSB 731, 734, KRS 571, 575	
1988	25. RSA	RSB 732, 733, KRS 572, 573	
19.-21.07.1989	26. RSA	KRS 573, KSS 141, 143	

Raketenschießabschnitte der Küstenraketentruppen der Volksmarine 1962-1990

KRT	RSA	Leiter des RSA	Zeitraum	Kommandeur Abteilung	Startrampe	Kommandeur Startrampe	Besatzung	Kommandeur RTA / RTB	Starts	Ergebnis
SKA-Abteilung	1. RSA	KK Nahlik	11.05.1964						2 Raketen „S-2"	Kein Treffer
	2. RSA	KK Nahlik	26.05.1965						1 Rakete „S-2"	Treffer
	3. RSA	KK Nahlik	19.05.1967							Treffer
	4. RSA	KK Nahlik	25.05. - 05.06.1969							Treffer
KRA-18	1. RSA	FK Stippkugel	18.06.- 08.07.1982		SSR 502	OL Glodschei	SSR 502 SSR 602	KL Eger	1x „P-21" 1x „P-22"	Treffer Treffer
KRR-18	1. RSA	FK Schmidt	18.07.- 28.07.1984	1. KRA KK Lonitz	SSR 111	KL Brennecke KL Schmidtke	SSR 111 SSR 112	KL Eger	1x „P-21" 1x „P-22"	Treffer Treffer
	2. RSA	KzS Schmidt	06.07.- 20.07.1985	2. KRA KK Roesner	SSR 221	L C. Walter L Ullrich	SSR 221 SSR 222	KK Schwarz	1x „P-21" 1x „P-22"	Treffer Treffer
	3. RSA	KzS Schmidt	01.07.- 19.07.1986	1. KRA KK Lonitz	SSR 122		SSR 122		1x „P-21" 1x „P-22"	Treffer Treffer
	4. RSA	KzS Schmidt	08.06.- 19.06.1987	2. KRA KK Roesner	SSR 121		SSR 121		1x „P-21" 1x „P-22"	Treffer Treffer
	5. RSA	KzS Dix	1988	1. KRA KL Braasch	SSR 112	L U.Walter	SSR 112		1x „P-21" 1x „P-22"	Treffer Treffer
	6. RSA	KzS Dix	1989	2. KRA FK Schwarz	SSR 222		SSR 222		1x „P-21" 1x „P-22"	Treffer Treffer

Auflistung der Typenbewaffnung für den Jagdbomber Su22-M4[48]

Luft-Luft-Lenkflugkörper

• 2 × APU-60-1-Startschiene für je 1 × Wympel R-60 M – fest installiert infrarotgesteuert, selbstsuchend für Kurzstrecken

Infrarot-Rakete vom Typ Wympel R-60 M.
(Quelle: George Chernilevsky - https://commons.wikimedia.org/w/index.php?curid=7161375)

Luft-Boden-Lenkflugkörper

• bis zu 4 × APU-68UM3-Startschiene für je 1 × Swesda Ch-25 ML/MR– Laser- bzw. funkkommandogelenkt
• bis zu 4 × APU-68UM3-Startschiene für je 1 × Swesda 25 MP – Antiradarrakete mit passiver Lenkung
• 2 × AKU-58M-Startschiene für je 1 × Wympel Ch-29 T – TV-gesteuert
• 2 × AKU-58-Startschiene für je 1 × Raduga Ch-58 U – Antiradarrakete mit passiver Lenkung
• Ch-58U 2. Serienversion mit neuem Motor, verbessertem *PRGS-58M*-Suchkopf mit der Möglichkeit der Zielerfassung nach dem Start. Reichweite 120–160 km.

Ch-25ML (Quelle: Wikipedia, Varga Attila, CC BY-SA 3.0)

Ch-58 U (Quelle: Wikipedia, public domain)

[48] Quelle: https://de.wikipedia.org/wiki/Suchoi_Su-22

Ungelenkte Luft-Boden-Raketen

- bis zu 6 × UB-32-A73-Raketen-Rohrstartbehälter für je 32 × ungelenkte S-5 - Luft-Boden-Raketen; Kaliber 57 mm
- bis zu 6 × B-8M1-Raketen-Rohrstartbehälter für je 20 × ungelenkte S-8 - Luft-Boden-Raketen; Kaliber 80 mm
- bis zu 6 × B-13L-Raketen-Rohrstartbehälter für je 5 × ungelenkte S-13 - Luft-Boden-Raketen; Kaliber 122 mm
- bis zu 6 × APU-68UM3-Raketen-Startschiene für je eine ungelenkte S-24B - Luft-Boden-Rakete; Kaliber 240 mm
- bis zu 6 × PU-O-25-Raketen-Startbehälter für eine ungelenkte S-25/S-25OF/S-25FM - Luft-Boden-Rakete; Kaliber 340–370 mm

UB-32-A73 (Quelle: Wikipedia, public domain)

B-8M1 (Quelle: Wikipedia, George Chernilevsky, CC BY-SA 3.0)

UB-32-A73 (Quelle: Wikipedia, Russian Ministry of Defence, http://syria.mil.ru/photo/gallery.htm?id=26856@cmsPhotoGallery, CC BY-SA 4.0)

S-24 (Quelle: Wikipedia, Allocer, CC BY-SA 3.0)

S-25 (Quelle: Wikipedia, Allocer, CC BY-SA 3.0)

Ungelenkte Freifallbomben

- bis zu 8 × 500 kg Bomben der verschiedensten Ausführungen FAB (Sprengbombe), OFAB (Splitter-Sprengbombe), ZAB (Brandbombe), AGITAB (Bombe mit Agitationsmaterial) u.a.
- bis zu 8 × RBK-500 (500-kg-Streubombe)
- bis zu 4 × Mehrfachbombenträger MBD-U6-68-I mit je 6 × FAB-100 (100-kg-Freifallbombe) oder je 2 FAB-250 (250-kg-Freifallbombe)
- bis zu 8 × Basalt FAB-250 (250-kg-Freifallbombe)
- bis zu 8 × RBK-250-275 (275-kg-Streubombe)
- bis zu 6 × Basalt KMGU-2 (270-kg-Submunitionsbehälter für Kleinbomben und Minen)

RBK-250 (Quelle: Wikipedia, George Chernilevsky, public domain)

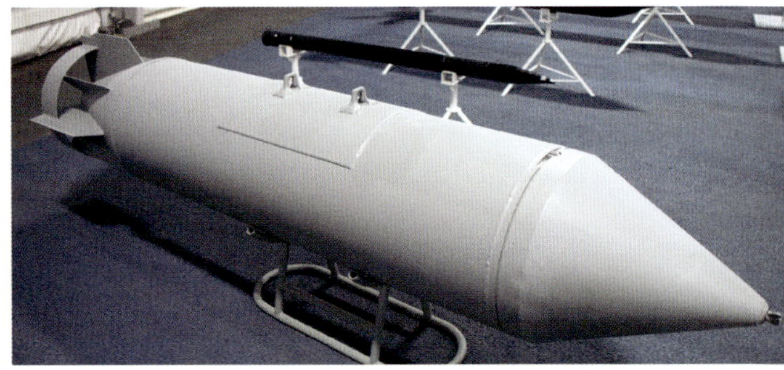
RBK-500 (Quelle: Wikipedia, Vitaly V. Kuzmin, http://www.vitalykuzmin.net/Military/Park-Patriot-New-photos-part3, CC BY-SA 4.0)

Basalt KMGU (Quelle: Wikipedia, KGyST, CC BY-SA 3.0)

Zusatzbehälter (alle Zusatzbehälter sind abwerfbar)
• bis zu 4 × Zusatztank PTB-800 für 800 Liter Kerosin
• 2 × Zusatztank PTB-1150 für 1.150 Liter Kerosin
• bis zu 4 × Kanonenbehälter SPPU-22 mit einer um 30° vertikal schwenkbaren Zwillingskanone GSch-23L Kampfsatz: 260 Schuss Munition). Diese Maschinenkanone bekämpft sozusagen im Abflug gegen aus der Deckung kommende Schützen mit tragbaren Fla-Raketen.
• bis zu 6 × Basalt KMGU-2 (270-kg-Submunitionsbehälter für Kleinbomben und Minen)

(Quelle: https://de.wikipedia.org/wiki/Suchoi_Su-22)

• Lusch-Rechnercontainer, am hinteren Ende unter dem Rumpf verschraubt, zur Berechnung der Ziellösung passiver Antiradarraketen Ch-25 MP und Ch-58U
• Aufklärungscontainer ARK (nähere Angaben unter Punkt 4.2.2. E im Beitrag über das MFG-28)

Autoren

Werner Murzynowski Jahrgang 1941
1963 Absolvent der Seeoffiziersschule der Volksmarine, Unterleutnant,
1963 – 1968 Kommandant eines Torpedoschnellbootes, danach Stellvertreter des ACH für Torpedoeinsatz,
1969 – 1973 Besuch Seekriegsakademie Leningrad,
1973 – 1974 Abteilungskommandeur TS-Bootsabteilung, anschließend Stabschef RTSB-Brigade,
1976 – 1983 Chef einer Raketen-Torpedo-Schnellbootsbrigade,
1983 – 1985 Einsatz im Stab der 6. Flottille Unterabteilung Operativ,
1985 – 1987 Stabschef 6. Flottille,
1987 – 1990 Chef der 6. Flottille, letzter Dienstgrad Kapitän zur See.

Lothar Schmidt † Jahrgang 1943
Absolvent der Kadettenschule der NVA 1956 – 1961, Abitur,
Absolvent der Kaspischen Höheren Seekriegsschule „S. M. Kirow“ 1961 – 1966, Dipl.- Ing., Leutnant zur See,
I.WO 1966 – 1968 und Kommandant eines Raketenschnellbootes 1968 – 1970, Oberleutnant zur See,
Stabschef 1970 und Chef einer Raketenschnellbootsabteilung 1970 – 1971, Kapitänleutnant,
Absolvent der Seekriegsakademie „A. A. Gretschko“ der UdSSR 1971 – 1974, Dipl. rer. mil.,
Chef der 5. Raketenschnellbootsabteilung 1974 – 1975,
Stabschef 1975 – 1978 und Chef der 5. Raketen-Torpedo-Schnellbootsbrigade 1978 – 1982, Korvettenkapitän,
Oberoffizier Operativ im Stab der Volksmarine 1982 – 1983, Fregattenkapitän,
Kommandeur des Küstenraketenregiments-18 1983 – 1987, Kapitän zur See,
Flaggoffizier für Operative Führung der Volksmarine 1987 – 1990,
Inhaber einer Handelsvertretung 1991 – 2010,
Rentner, verstorben 2020.

Wolfgang Schädlich † Jahrgang 1952
Absolvent der Kaspischen Höheren Seekriegsschule „S. M. Kirow“ 1972 – 1977, Dipl.-Ing., Oberleutnant zur See
I. Wachoffizier eines Raketenschnellbootes in der 6. Flottille, Kommandant eines Raketenschnellbootes,
Absolvent der Seekriegsakademie „A. A. Gretschko“ der UdSSR,
Stellvertreter des Kommandeurs für Raketenbewaffnung im KRR-18 1983 – 1984, Kapitänleutnant
Stellvertreter des Kommandeurs und Stabschef im KRR 18 1984 – 1988,
Korvettenkapitän, später Fregattenkapitän,
Oberoffizier für Gefechtsausbildung/Gefechtsbereitschaft im Ministerium für
Nationale Verteidigung,
Marktleiter beim Möbeldiscounter „Roller“
Rentner, verstorben 2021.

Wolfgang Domigalle Jahrgang 1953
1972 – 1976 Studium an der Offiziershochschule der VM der DDR in Stralsund ,Sektion Seeoffizier, Leutnant zur See,
1976 – 1981 Wachoffizier auf einem Raketenschnellboot der Volksmarine, Oberleutnant zur See,
1981 – 1984 Kommandant auf einem Raketenschnellboot, Kapitänleutnant,
1984 – 1988 Stabschef einer Küstenraketenabteilung, Korvettenkapitän,
1988 – 1990 Kommandeur einer Küstenraketenabteilung, Fregattenkapitän,
1991 – 1994 Angestellter bei McDonalds INC
1994 – 2017 Restaurantleiter in verschiedenen Filialen im Großraum Bremen,
Rentner.

Klaus-Peter Gödde Jahrgang 1952
Absolvent der Kaspischen Höheren Seekriegsschule „S. M. Kirow“ 1972-1977, Oberleutnant zur See,
Zugführer Autopilot, Offizier für Raketentreibstoffe und Lagerwirtschaft in der RTA-6 der RD der 6.Flottille 1977-1984, Oberleutnant zur See,
Stellvertreter für Raketenbewaffnung des Kommandeurs der RTA-6 1983-1984, Kapitänleutnant,
Absolvent der Militärakademie „Friedrich Engels“ der NVA 1984-1987, Korvettenkapitän
Leiter der Unterabteilung Raketen-und Waffentechnischer Dienst in der 6.Flottille 1987-1988,
Stellvertreter des Kommandeurs für Raketenbewaffnung des KRR-18 1988-1990, Fregattenkapitän,
Kommandeur des Küstenraketenregiments 18 1990,
Lager-/Betriebsleiter in der Logistik verschiedener Handelsunternehmen,
Rentner.

Dr. Harald Genzow Jahrgang 1941
Absolvent der Kaspischen Höheren Seekriegsschule „S.M.Kirow“ Baku 1961 – 1966, Leutnant zur See
I.WO eines RS-Bootes, Raketenwaffenoffizier einer RS-Brigade 1966 – 1971,
Absolvent der Militärakademie der Seestreitkräfte der UdSSR 1971 – 1974, Oberleutnant zur See,
Einsatz in der Operativ-Abteilung des Kommandos der VM 1974 – 1990 in den Dienststellungen:
- Oberoffizier Einsatz der RS-Boote, Kapitänleutnant,
- Arbeitsgruppenleiter Einsatz Raketenkräfte, Korvettenkapitän,
- Unterabteilungsleiter Einsatz Flottenkräfte, Fregattenkapitän,
- Flaggoffizier Einsatz Raketenkräfte, Kapitän zur See,

Rentner.

Holger Neidel Jahrgang 1957
1976 Eintritt Offiziershochschule der Volksmarine in Stralsund
1977 – 1982 Kaspische Höhere Seekriegsschule in Baku, Abschluss Dipl.-Ingenieur, Oberleutnant zur See in der Fachrichtung Raketenbewaffnung von Überwasserschiffen,
ab 1982 Dienst an Bord von Raketenschnellbooten und kleinen Raketenschiffen als 2. und 1. Wachoffizier, GA-Kommandeur und Kommandant, Kapitänleutnant,
1989 Beginn des Studiums an der Seekriegsakademie in Leningrad in der Fachrichtung Raketenbewaffnung
1990 aus der NVA entlassen, letzter Dienstgrad NVA Korvettenkapitän,
Tätig in der Versicherungsbranche.

Hannes Mallwitz † Jahrgang 1953
1969 – 1971 fliegerische Ausbildung in BAZ Neuhausen,
1971 – 1974 Flugschule Bautzen (zwei Jahre L-29, ein Jahr MiG-21),
1975 – 1983 JG-3 Preschen, davon 1977 – 1981 Militärakademie der Luftstreitkräfte der UdSSR in Monino bei Moskau,
1982 – 1983 Staffelkommandeur,
1983 – 1985 JG-1 Fluginspekteur im Geschwader,
1985 – 1987 Stellvertreter Kommandeur MFG-28,
1987 – 1990 Kommandeur MFG-28,
1991 – 1993 Verbindungskommando 80 in Neubrandenburg,
1994 – 2011 ZVBw, Geilenkirchen,
Seit 2011 Pensionär
Verstorben 2024.

Ralf Jähnig Jahrgang 1959
1978 – 1981 Absolvent der Offiziershochschule Landstreitkräfte, Sektion Nachrichten, Leutnant,
1981 – 1983 Funk-Zugführer, Stellv. KCH Nachrichtenregiment-18 Volksmarine,
1983 – 1985 Zugführer Führungs- und Nachrichtenzug KRR-18, Oberleutnant,
1986 – 1990 Oberoffizier Nachrichten KRR-18, Kapitänleutnant,
1990 – 2020 IT-Bereich Landespolizei Mecklenburg-Vorpommern,
Seit 2020 Pensionär.

Rolf Zaspel Jahrgang 1949
1968 – 1972 Besuch Offiziershochschule Stralsund (spezialisiert U-Bootabwehr),
1972 – 1973 Einsatz in U-Jagd-Hubschrauberstaffel- (UHJS-18),
1973 – 1978 Diensthabender Gefechtsstand MHG-18,
1980 – 1984 Besuch Militärakademie der Luftstreitkräfte in Monino (UdSSR),
1984 – 1986 Stabschef MHG-18,
1986 – 1989 Lehroffizier MFK an MAK NVA Dresden,
1989 – 1990 Diensthabender MFK im GS der VM,
1990 – 1991 Diensthabender SAR im GS Marinekommando Rostock,
letzter Dienstgrad Fregattenkapitän.

Uwe Dreßel Jahrgang 1954
1973 Eintritt Offiziershochschule der Volksmarine „Karl Liebknecht“
1974 – 1979 Studium an der Kaspischen Höheren Seekriegsschule „S.M.Kirow“, Oberleutnant zur See,
1979 – 1981 Offizier für Visuell-Optische und Technische Beobachtung des Grenzbataillon-2,
1981 – 1982 Zugführer Instandsetzungszug der Grenzinstandsetzungskompanie-6,
1982 – 1986 Offizier für technische Beobachtung im Stab der 6. Grenzbrigade Küste, Kapitänleutnant,
1986 – 1989 Studium an der Militärakademie der NVA „Friedrich Engels“, Korvettenkapitän,
1989 – 1990 Leiter der Arbeitsgruppe Beobachtung der 6. Grenzbrigade Küste,
30.09.1990 Entlassung aus dem aktiven Wehrdienst auf eigenen Wunsch,
1991 – 1992 Studium an der Universität Rostock, Studiengang Angewandte Informatik,
Seit 1992 Arbeit in der Softwareindustrie,
Rentner.

Frank Röder Jahrgang 1949
1968 – 1972 Offiziershochschule der Volksmarine „Karl Liebknecht“,
1972 – 1974 Technischer Offizier 1. TBK (Insel Greifswalder Oie) Leutnant,
1974 – 1977 Zugführer 1.TBZ (Insel Ruden) Oberleutnant,
1977 – 1978 Technischer Offizier 4. TBK (Kap Arkona) Kapitänleutnant,
1979 – 1983 Kompaniechef 4. TBK (Kap Arkona) Korvettenkapitän,
1983 – 1985 Kompaniechef 2. TBK (Sellin),
1985 – 1990 Kompaniechef 3. TBK (Stubbenkammer),
1990 – 1990 Kommandeur TBB-18 (Bad Sülze),
31.12.1990 Entlassung aus dem aktiven Wehrdienst auf eigenen Wunsch,
1991 – 2003 Arbeit im RWE,
2003 Vorruhestand, jetzt Rentner.

Abkürzungsverzeichnis

A
ACH - Abteilungchef
AFm-S - aktive Funkmeß-Station
AGÜ - Abteilungsgefechtsübung
AHJ - Ausbildungshalbjahr
AI - Abteilungsingenieur
AJ - Ausbildungsjahr
AMA - Allgemeinmilitärische Ausbildung
AO - Anordnung
APV - Abteilungspolitstellvertreter
ASR - Anti-Schiffsrakete
ATAF - Allied Tactical Air Force /Alliierter Taktische Luftflotte
ATO - Abteilungsoffizier für Torpedoeinsatz

B
BA - Bekleidung und Ausrüstung
BAZ - Berufsausbildungszentrum
BCH - Brigadechef
BF - Baltische Flotte
BND - Bundesnachrichtendienst
BRF - Baltische Rotbannerflotte
BÜ - Bordübertragung

C
CENTAG - Central Army Group / Zentrale Heeresgruppe
ČSSR - Tschechisch-Slowakische Sozialistische Republik
CVM - Chef der Volksmarine

D
DDR - Deutsche Demokratische Republik
DHS - Diensthabendes System
DV - Dienstvorschrift

E
EG - Erhöhte Gefechtsbereitschaft
Eloka -Elektronische Kampfführung

F
FAS - Flak-Artillerieschießplatz
FBAS - Flugplatzbasis
FCH - Flottillenchef
FFL - Flugzeugführerlehrgang
FFK - Freund-Feind-Kennung bzw. Freund-Feind-Kennanlage
FH - Fühlungshalter
Fla-MG — Flugzeugabwehr- Maschinengewehr
Fml - Funkmeßleit
FMK - Funkmeßkompanie
FP oder FüP - Führungspunkt
FOFMTFK - Führungsorgan Front-Militärtransportfliegerkräfte
FRAZ - Fla-Raketenausbildungszentrum
FTB - Fliegertechnisches Bataillon
FuM-Anlage - Funkmess-Anlage

G
GA - Gefechtsabschnitt
GB - Grenzbattaillon, aber auch Gefechtsbereitschaft
GbG - Grenzbootgruppe
GBK oder GBrK - Grenzbrigade Küste
GCH - Gruppenchef
GD - Gefechtsdienst
GFuMK - Grenzfunkmesskompanie
GFZ - Gefechtsführungszentrum
GK - Grenzkompanie
GS - Gefechtstationen
GS - Gerätesatz
GSA - Grenzschiffsabteilungen
GVS - Geheime Verschlusssache
GWD - Grundwehrdienst

H
HBS - Hauptbefehlsstand
HG - Hubschraubergeschwader
HGS - Hauptgefechtsstand
HSVM - Hubschrauberstaffel Volksmarine
HV A - Hauptverwaltung Aufklärung

I
IMDS - International Maritime Defence Show
ISW - Institut für Schiffbautechnik Wolgast
IWP - Instandsetzungswerk Pinnow

J
JG - Jagdfliegergeschwader
JGB - Jagdbombenfliegergeschwader

K
kbl - Kabellänge
KBS - Küstenbeobachtungsstation
Kdo. - Kommando
KK - Korvettenkapitän

KK I - Kampfkern I bzw. II
KR - Kampfreserve
KL - Kapitänleutnant
KNBT - Kommandeurs-Nachrichten-Betriebstrupp
KRK - Küstenraketenkomplex
KRS - Kontroll- und Reparaturstaffel
KRT - Küstenraketentruppen
KS - Kampfsatz
KSK - Kampfschwimmerkommando
KTS-Boote - Kleine Torpedoschnellboote
KSS - Küstenschutzschiff
KSÜ - Kommandostabsübug
KVK - Küstenverteidigungskomplex
KVM - Kommando der Volksmarine
KW - Kernwaffen
KW - Kurzwelle
KzS - Kapitän zur See

L
LB - Lagerbezirk
LBS - Landgestütztes Beobachtungssystem
LSK/LV - Luftstreitkräfte/Luftverteidigung
LSM - Landungsschiff (mittel)
LTS - Leichtes Torpedoschnellboot

M
MFG - Marinefliegergeschwader
MFK - Marinefliegerkräfte
MFmSt - Marinefernmeldesektor
MHG - Marinehubschraubergeschwader
MHM - Militärhistorisches Museum
MiG - Flugzeugtyp Mikojan-Gurewitsch
MKE - Militärische Körperertüchtigung
MKF - Militärkraftfahrer
MLR - Minenleg- und Räumschiff
mot - motorisiert
MPi - Maschinenpistole
MSR - Motorisiertes Schützenregiment
MSR-Schiff— Minensuch-und Räumschiff
MVW - Massenvernichtungswaffen

N
NA - Nächste Aufgabe
NATO - North Atlantic Treaty Organization
NB - Nachrichtenbataillon
NFB - Nachrichten-/Flugsicherheitsbataillon
NVA - Nationale Volksarmee

O
OB - Oberbefehlshaber
OKVSK - Oberkommandierender der Vereinten Streitkräfte (der Warschauer Vertragsstaaten)
OP - Operativ
OPV - Operativer Vorrat
OPZ - Operationszone
OTF - Operativ-Taktische Forderung
OTL - Oberstleutnant

P
PALR - Panzerabwehrlenkrakete
PFm-S - passive Funkmeß-Station
PWW - Peenewerft Wolgast

R
RSA - Raketenschießabschnitt, Raketenschnellbootsabteilung
RSB - Raketenschnellboot
RSB oder RSBr- Raketenschiffbrigade
RSK - Raketenschiff klein
RTA - Raketentechnische Abteilung
RTSB - Raketen-Torpedo-Schnellbootsbrigade

S
SAS - Abkürzung für das sowjetische Chiffriersystem und den Chiffrierdienst
SaZ - Soldat auf Zeit
SC - Stabschef
SGB - Ständige Gefechtsbereitschaft
SKA - Spezialküstenartillerie
SKFR - Seekriegsflotte Russlands
SOM - Stabsobermeister
SPRD - Feststoffstarttriebwerk (aus dem Russischen)
SSG - Schiffsschlaggruppe
SSK - Seestreitkräfte
SSKF -Sowjetische Seekriegsflotte
SSP - Schwimmender Stützpunkt
SSR - selbstfahrende Startrampe
SSV - Schutz, Sicherung und Verteidigung
SSTA - Schiffsstammabteiluung
STAN - Stellen - und Ausrüstungsnachweis
STKPA - Stellvertreter des Kommandeurs für Politische Arbeit
STKRD - Stellvertreter des Kommandeurs für Rückwärtige Dienste
STKSC - Stellvertreter des Kommandeur und Stabschef
STKTA - Stellvertreter des Kommandeurs für Technik und Ausrüstung
Su - Flugzeugtyp Suchoi
SU - Sowjetunion

T

TAFS - Taktische Aufklärungsfliegerstaffel

TASK-FORCES - TF, ist eine Einheit oder Formation, die eingericht wurde, um an einer einzelnen definierten Aufgabe oder Aktivität zu arbeiten

TB - Technische Batterie

TBK - Technische Beobachtungskompanie

TBZ - Technischer Beobachtungszug

TRV - Truppenvorrat

T/S - Treib- und Schmierstoffe

TSB - Torpedoschnellboot

TTD - Taktisch-Technische Daten

TZ - Technische Zone

U

UAW - U-Bootabwehr

UaZ - Unteroffizier auf Zeit

UDM - Grundfernzündungsmine (aus dem Russisch)

UdSSR - Union der Sozialistischen Sowjetrepubliken

UKW - Ultrakurzwelle

UJHS - U-Jagd-Hubschrauberstaffel

ÜW - Überwasser

V

VAL - Versorgung - und Ausrüstungslager

VEB -Volkseigener Betrieb

VG - Volle Gefechtsbereitschaft

VOF - Verbündete Ostseeflotten (Friedenszeit), Vereinigte Ostseeflotten (Kriegszeit)

VM - Volksmarine

VS - Verschlusssache

VVB - Vereinigung Volkseigener Betriebe

VVS - Vertrauliche Verschlusssache

W

WA - Weitere Aufgabe

WO - Wachoffizier

WTD - Wehrtechnische Dienststelle

WVO - Warschauer Vertragsorganisation

Z

ZSLA - Zielsuchkenkanlage

ZU - Flugzeugabwehrkanone (aus dem Russisch)

ZVBw - Zentrum für Verifikationsaufgaben Bundeswehr

ZW - Zusammenwirken

Epilog

Wenn in der Einleitung der Dank all denjenigen ausgesprochen wurde, die an der Erschaffung dieses Buches direkt mitgewirkt oder unterstützend zur Seite standen, so dürfte dem Leser nun wohl klar sein, dass hier nur ein Teil der Geschichte unserer Volksmarine in Wort und Bild verfasst wurde. Hier wurden hauptsächlich die „kämpfende Truppe“ auf See, in der Luft und im Küstenstreifen beschrieben. Welch gewaltiger Apparat im Hintergrund tätig war, damit Schiffe/Boote, Flugzeuge und Raketen immer einsatzbereit waren und ihre Gefechtsaufgaben erfüllen konnten, kann nun der Leser erahnen. Ich möchte an dieser Stelle den Dank all den Menschen aussprechen, die über Jahrzehnte sich dieser Aufgabe der Sicherstellung und Verwaltung verschrieben haben. Dazu gehören die Rückwärtigen Dienste mit Ihren klassischen Elementen und Versorgungslagern – Verpflegung, Treib- und Schmierstoffe sowie Bekleidung und Ausrüstung. Ohne Raketentechnischen Abteilung, der Torpedo-Technische Kompanie und den Munitionslagern sind unsere Einsatzmittel „zahnlose Tiger“. Auch die unzähligen Instandsetzungsbasen, Werkstätten in allen Fachbereichen wie Kfz, Schiffsmotoren, Artillerie, Funk- und Nachrichtenmittel, die riesigen Stützpunkt- und Flugplatzdienste, die gesamten Flieger-Ingenieurtechnischen Dienste und nicht zu vergessen die Ausbildungseinrichtungen sowie die operativen und rückwärtigen Führungsorgane, die mit den Kommandeuren immer die richtigen Entscheidungen zu treffen hatten, damit die gestellten Aufgaben erfüllt werden konnten. Dass die Finanz-, Kader- und UKD-Abteilungen wichtige Instanzen waren, ohne denen sich nichts drehte, bedarf keiner weiteren Erläuterungen. Unser abschließender Dank an alle.

Klaus-Peter Gödde, Worms im April 2024

WEITERE INTERESSANTE BÜCHER ZUM THEMA

Peter Kraus hat als Offizier die Entwicklung und Aufstellung des Fla-Ra-Komplexes S 200 »Wega« von Anfang an erlebt. In seinem Buch gibt er ein profundes und detailliertes Portrait dieser Waffe mit all ihren Besonderheiten wieder.
240 Seiten, 350 Abb., 230x265 mm
ISBN 978-3-613-04212-4
€ 29,90 | € (A) 30,80

Jörg Siegert widmet sich in diesem Band den Rohr- und Raketenwaffen der NVA, die in bewährter Manier umfassend dargestellt und porträtiert werden. Neben den eigentlichen Waffenträgern werden auch die zahlreichen Leit- und Unterstützungsfahrzeuge vorgestellt.
176 Seiten, 200 Abb.,210x242 mm
ISBN 978-3-613-04654-2
€ 34,90 | € (A) 35,90

Jörg Siegert widmet sich in diesem Band den Rohr- und Raketenwaffen der NVA, die in bewährter Manier umfassend dargestellt und porträtiert werden. Neben den eigentlichen Waffenträgern werden auch die zahlreichen Leit- und Unterstützungsfahrzeuge vorgestellt.
176 Seiten, 180 Abb., 230x265 mm
ISBN 978-3-613-04556-9
€ 29,90 | € (A) 30,80

Jörg Siegert beschreibt in diesem Buch in Wort und Bild die gepanzerten Rad-Panzer und Spezialfahrzeuge des Militär-Transportwesens, der Nachrichten- und Pioniertruppen, des Kfz-Dienstes und des Militär-Bauwesens, wie sie bis 1989 bei der NVA in Dienst standen.
160 Seiten, 254 Abb., 210x280 mm
ISBN 978-3-613-04513-2
€ 24,90 | € (A) 25,60

Leseproben zu allen Titeln auf unserer Internetseite

Stand April 2024
Änderungen in Preis und Lieferfähigkeit vorbehalten.

Überall, wo es Bücher gibt, oder unter
WWW.MOTORBUCH-VERSAND.DE
Service-Hotline: 0711 / 78 99 21 51
www.facebook.com/MotorbuchVerlag

Motor buch Verlag